教育部人文社会科学研究青年项目〝模态完全性理论的句法研究〞（项目批准号12YJC72040001）早期研究成果
重庆市人文社会科学重点研究基地项目〝模态模型论研究〞（项目批准号10SKB30）研究成果

丛书主编／何向东

逻辑、博弈与认知研究丛书

分次模态语言的模型论

马明辉／著

科学出版社
北京

图书在版编目(CIP)数据

分次模态语言的模型论/马明辉著. —北京: 科学出版社, 2012.6
(逻辑、博弈与认知研究丛书)
ISBN 978-7-03-034392-5

Ⅰ.①分… Ⅱ.①马… Ⅲ.①模态逻辑 Ⅳ.①B815.1

中国版本图书馆 CIP 数据核字(2012)第 102266 号

责任编辑: 樊 飞 郭勇斌 房 阳/责任校对: 朱光兰
责任印制: 赵德静/封面设计: 黄华斌
编辑部电话: 010-64035853
E-mail: houjunlin@mail.sciencep.com

科 学 出 版 社 出版
北京东黄城根北街 16 号
邮政编码: 100717
http://www.sciencep.com
中国科学院印刷厂印刷
科学出版社发行 各地新华书店经销
*
2012 年 7 月第 一 版 开本: B5(720×1000)
2012 年 7 月第一次印刷 印张: 12 3/4 插页: 2
字数: 300 000
定价: 45.00 元
(如有印装质量问题, 我社负责调换)

总　序

多学科相互渗透与交叉融合，是当今学科发展的趋势。对于交叉学科问题，如认知、决策、行动和理性等，学界不断提出新的研究问题和方法，从多学科角度加以探讨，取得了许多优秀的前沿研究成果。当代逻辑学的发展也充分体现了多学科交叉融合的特点。20 世纪 80 年代以来，逻辑学从大量基础学科和应用学科中获得新的主题和方法，逐渐形成了逻辑学与计算机科学、语言学、哲学、数学、心理学和神经科学、经济学、法学、政治学、管理学等众多学科的交叉融合研究的前沿领域。我国逻辑学以及相关学科的发展，应该吸收这些经验，努力开拓新兴、交叉与边缘学科，提高我国基础科学和应用科学研究的水平。

为了鼓励逻辑基础理论的创新研究，注重运用逻辑学的技术、方法和观念研究认知、决策、行动和理性等交叉学科问题，推动逻辑学与相关学科的繁荣和发展，我们组织编写了这套"逻辑、博弈与认知研究"丛书，以汇集逻辑学界高水平的学术研究成果，尤其汇集逻辑、博弈与认知交叉研究的成果，促进逻辑学与哲学、认知科学、语言学、经济学(博弈论)等学科的交叉综合研究。

逻辑学与其他学科的交叉研究，一方面表现为其他学科领域的研究丰富和发展了逻辑理论。例如，20 世纪 80 年代以来计算机科学的发展推动了逻辑理论的发展，出现了命题动态(程序)逻辑、描述逻辑、有穷模型论、余代数逻辑、人工智能中的非单调逻辑和缺省逻辑等。又如，语言学中关于自然语言的形式语义学、Lambek 演算、Lambda 演算、广义量词理论等，都为逻辑学的发展开辟了新的领域。从认识论研究中产生的认知逻辑，随着进一步融合计算机科学、语言学、经济学(博弈论)等领域的思想和方法，形成了动态认知逻辑这个分支，专门处理信息及其动态变化。

另一方面，逻辑理论的发展又反作用于其他学科在交叉学科问题方面的研究。在这方面，当代动态认知逻辑的发展是很好的例子。运用动态认知逻辑方法，可以将许多其他学科的理论形式化，如经济学中的博弈论。博弈作为一种现实的行动模型，具有各种不同的类型，例如合作博弈与非合作博弈、现实生活中的无穷博弈、静态博弈与动态博弈、完美信息博弈与不完美信息博弈等，人们在博弈中进行理性选择，做出决策并采取行动。博弈论研究在经济学、管理学、社会学等领域具有重要的理论与应用价值。利用动态认知逻辑方法，博弈求解过程以及博弈中涉及的策略选择等问题，都可以运用形式化方法来处理，其优势在于可能获得计算方面较好的结果，由此推动人工智能技术的发展和应用。

这套丛书的编写主要以重庆市人文社会科学重点研究基地——西南大学逻辑与智能研究中心的科研力量为依托。西南大学逻辑与智能研究中心一直秉承多学科交叉融合的发展思路，先后承揽教育部哲学社会科学重大攻关项目，国家社会科学基金重点项目、一般项目和青年项目，以及其他省部级项目10多项，中心成员在《中国科学》、《哲学研究》、《哲学动态》、《自然辩证法研究》等国内权威学术期刊，以及"逻辑、理性与互动"(LORI)、"模态逻辑前沿"(AIML)等重要国际学术会议发表论文20多篇，出版专著、国家规划教材多部；邀请国内外著名专家学者30多人次访学，在整体科研能力和学术水平上得到了国内外学者的广泛认同，成为我国西部地区逻辑与智能研究的学术中心和全国逻辑学主要研究基地之一。

这套丛书是开放性的，我们将以宽广的胸怀团结全国学界同仁，以国际化的视野联合国际学术界的科研力量，共同努力推动逻辑基础理论和应用研究，促进逻辑学与其他学科的交叉融合，为繁荣和发展我国逻辑学和交叉学科研究做出贡献。我们热忱欢迎学界同仁加盟，使这套丛书不断完善和丰富。

何向东

2011 年 12 月于西南大学

前　言

　　当代模态逻辑的发展主要从三个方面展开：完全性理论、可定义性理论和对偶理论。20 世纪 60 年代以来，在关系语义学下研究模态逻辑公理系统的完全性，主要目的是找出各种不同的完全的逻辑类，其中以有限模型性质为重要方向，即能被有限框架组成的类刻画。同时，不完全性逻辑类以及斐尼(K. Fine)和布洛克(W. J. Blok)研究的不完全度也是研究难题，还有关于表格和濒表格性质、深度和宽度性质的研究，都属于当代模态逻辑学家研究的前沿。可定义性理论主要研究哪些结构类或结构性质在模态语言中可定义，以及哪些模态可定义的结构类在经典逻辑中是可定义的，这类问题就是要探讨模态逻辑与经典逻辑之间的密切联系，代表性结果是范本特姆(J. van Benthem)等在 70 年代创立和发展的对应理论、戈德布拉特–托马森(R. Goldblatt–S. K. Thomason)定理等。对偶理论主要研究模态逻辑的代数语义，基本结果是框架和代数之间的相互转换以及运算之间的对偶关系，雍森和塔尔斯基(B. Jónnson and A. Tarski)关于模态代数的研究是对偶理论的基础，对偶理论至今仍然是模态逻辑研究的前沿领域。

　　目前，关于模态逻辑数学方面的研究成果主要是关于正规模态逻辑性质的一般性结论，虽然也有许多关于扩张模态逻辑的研究，典型例子包括时态逻辑、混合逻辑、认知逻辑等。基本模态语言的表达力是有限制的，因此要表达一些不能在基本模态语言中定义的结构性质，就必须考虑模态语言的扩张。本书考虑一种特殊的扩张，即分次模态逻辑。基本模态语言中的可能算子是表达"至少存在一个后继"这种意义的局部量词。由此可以推广为表达"至少存在 n 个后继状态"的关于自然数的局部量词。分次模态逻辑就是关于这些数字模态词的逻辑。更一般地，对任何基数都存在这样的模态词。这种思想很早就出现在模态逻辑学家的著作中，例如，斐尼的博士论文以及他在 1972 年发表的文章。但是这种关于有限基数的模态逻辑，始终没有得到很好的研究。直到 20 世纪 80 年代，一些意大利逻辑学家重新发现了分次模态逻辑，在关系语义学下重新研究了分次模态逻辑的完全性问题。但是，关于这种特殊而有意义的模态逻辑的研究仍然止步不前，原因在于没有恰当的方式处理模态词中所含数字信息。

　　基数概念对于逻辑的发展有特殊意义。一阶逻辑最初只有"存在"和"所有"两个量词，它们互为对偶。只看存在量词，其意义是"至少存在 1 个"，或者个体域的非空子集组成的集合。后来出现了"至少存在 n 个"(对自然数 n)这种数字量词，它们可以在带等词的一阶语言中定义，但是直到 1972 年，斐尼才给出了带数字量词的(不带等词)一阶逻辑扩张的完全的公理系统。读者不难想象，对任意基数都有存在量词，正如 1957 年莫斯托夫斯基(A. Mostowski)提出的基数量词概念。对于无穷基数的量词来说，逻辑研究比较困难的。凯斯勒(H. Keisler)在 1970 年发表的论文"量词'存在不可数多个'的逻辑"中，给出了一个相当简单的完全的公理系统，这实属难得。至于其他无穷基数量词，研究极罕见。

就模态逻辑而言，基数问题不仅仅存在于我们所研究的分次模态逻辑，以及无穷基数的模态逻辑之中，还存在于基本模态逻辑的模型论研究之中。举个例子，人们考虑有穷框架类的模态逻辑的性质，如有穷可公理化、可定义性等。反过来，给定一个逻辑，可以问它是否有有穷框架性质(等同于有穷模型性质)，即被有穷框架组成的框架类刻画。进一步作限制，能被单个有穷框架刻画的逻辑叫表格逻辑。如果放宽基数要求，还可以考虑可数框架上的模态逻辑，同样存在类似的问题。事实上，基数为模态逻辑提供了一把标尺，用来区分不同的逻辑类，关于这把标尺的研究还远远没有穷尽。

回到分次模态逻辑。近年来，余代数理论的发展为研究分次模态逻辑提供了相当有力的工具(参见《模态逻辑手册》中由魏讷玛(Yde Venema)撰写的综述性文章)。可以定义一种特殊的余代数为语义结构，解释分次模态算子。这使得关于分次模态逻辑的完全性、可定义性以及代数语义等方面的技术性研究变得可行了。本书即是在这种背景下完成的。从余代数的角度看，分次模态逻辑是一种非常典型的余代数模态逻辑。本书的目标之一，就是以分次模态余代数为语义结构，研究分次模态逻辑的一些逻辑性质，包括可定义性、完全性、有穷余代数模型性质等。

阅读本书必须具备一些模态逻辑、模型论和余代数方面的知识。基本的概念已经列入附录。其他不明确的地方可参见两本模态逻辑的经典教材：① *Modal Logic* (P. Blackburn, M. de Rijke and Yde Venema. Cambridge University Press, 2001)；② *Modal Logic* (A. Chagrov and M. Zakharyaschev. Oxford: Clarendon Press, 1997)。另一点需要说明的是，我国逻辑学界对模态逻辑的技术性问题的研究很少见，涉及我们开始提到的当代模态逻辑几个方面的研究更少。我相信本书所涉及的可定义性、余代数、对应理论等，有助于推动我国逻辑学界关于模态逻辑技术性问题的研究。

目　　录

导　　论

模型论研究逻辑语言与模型之间的关系，因此模型论的主题是表达力和可定义性，即对于给定的逻辑语言 L，哪些结构形式和结构类在 L 中可定义，语言 L 的表达力应该如何刻画。模型论研究的主要方面可以简单概括如下：

(1) 模型的构造，如经典一阶逻辑中模型的膨胀、子模型、同态、同构、嵌入、初等扩张、初等链、超滤扩张、直积、超积等。

(2) 分析给定的理论或公式的模型和模型类，如经典一阶逻辑中完备理论的可数模型，包括素模型、饱和模型、原子模型等。

(3) 定义结构等价的概念。经典一阶逻辑中初等等价是结构等价的基本概念。

(4) 在抽象逻辑的意义上刻画给定逻辑的表达力，即证明 Lindström 类型的刻画定理，如可以使用紧致性和 Löwenheim-Skolem 性质刻画一阶逻辑的表达力。

(5) 研究内插性质和 Beth 可定义性。

(6) 有穷模型论研究。仅考虑论域有穷的结构，许多经典的模型论定理失效，但出现了新的研究主题，例如 0-1 规律和一阶逻辑的有穷变元片段。

模态模型论研究模态语言及其模型之间的相互联系。因此其关键问题是表达力、可定义性和保持等，如哪些结构类或结构性质在给定的模态语言中是可定义的。我们通过研究上面给出的(1) ~ (4)来回答这样的问题。首先以基本模态逻辑为例加以说明。基本模态语言 ML 只含有一个模态词，即可能算子。这个语言的模型论研究已经十分成熟。下面我从模型和框架两个层次加以说明。

对于点模型，根据模态词的语义条件，通过标准翻译可以将所有模态公式翻译为一阶公式。但是反过来，并非所有一阶公式都等于某个模态公式的标准翻译。因此，模态公式的一阶翻译如何从语义上刻画，这是模态模型论的一个重要问题。结论就是范本特姆刻画定理，即模态语言是一阶语言的互模拟不变片段，也就是说，一个一阶公式逻辑等值于某个模态公式的标准翻译当且仅当该一阶公式对互模拟不变。现在更进一步，哪些点模型类是可以通过模态公式集定义的？在一阶逻辑中，类似的问题是哪些结构类可以通过一阶句子集来定义。对于一阶逻辑来说，可定义性的条件是该结构类对初等等价和超积封闭。对于模态逻辑来说，使用互模拟概念取代初等等价概念，便可以得到如下刻画定理：

一个点模型类被某个模态公式集定义当且仅当它对互模拟和超积封闭，并且它的补类对超幂封闭。

那么对于模型类来说情况是怎样的呢？研究表明，所使用的封闭运算要更复杂一些，需要用超滤扩张这种类似于经典逻辑中饱和模型的构造：

一个模型类被某个模态公式集定义当且仅当它对不相交并、满射互模拟象和超滤扩张封闭，并且它的补类对超滤扩张封闭。

上述定理回答了模型层次上的可定义性问题。

框架上的情况要复杂得多。首先，在框架上，任何模态公式都可以翻译为逻辑等值的二阶公式。但是，一部分模态公式所定义的框架类也是一阶可定义的。这说明在框架上有些模态公式本质上是一阶公式，例如常见的模态公理$\Box p \to \Box\Box p$(传递性)、$\Box p \to p$(自返性)、$p \to \Box\Diamond p$(对称性)、$\Diamond p \to \Box\Diamond p$(欧性)等。由此引出一个问题，哪些模态公式所定义的框架类是由单个一阶句子可定义的？对这个问题的回答就是要找出框架上有一阶对应句子的模态公式，这是模态对应理论的基本问题。萨奎斯特(H. Sahlqvist)1975年从句法上定义了一个公式集，称为萨奎斯特公式集，其特点是，每个萨奎斯特公式都能从其二阶对应句子经过范本特姆–萨奎斯特算法计算得到一个逻辑等值的一阶句子。但是，被单个一阶句子定义的模态公式集是不可判定的。因此，萨奎斯特公式集并不是最大的一阶可定义的模态公式集，有些一阶可定义的模态公式不是萨奎斯特公式。此外，对于全体框架类，也有许多"高阶"模态公式，它们所定义的框架类不是一阶可定义的。

反过来，有许多一阶句子所定义的框架类不能被模态公式集定义，如禁自返性、反对称、禁传递等一阶性质。哪些一阶可定义的框架类是模态可定义的？是否可以给出刻画一阶可定义的框架类的模态可定义的条件？对于这两个问题，答案是肯定的。模仿泛代数中等式可定义的代数类的刻画定理，戈德布拉特和托马森1974年证明，一个一阶可定义的框架类是模态可定义的当且仅当它对不相交并、生成子框架、有界态射象封闭，并且它的补类对超滤扩张封闭。这个定理有代数证明(Goldblatt and Thomason, 1974)和模型论证明(van Benthem, 1993)。从代数证明方面看，框架与代数之间的对偶是关键。因此，代数方法中的对偶理论也用于证明上述模型论的可定义性结论。

以上大致描述了模态模型论的几点基本内容。下面我们回到本书的主题——分次模态逻辑。所谓"分次模态"，简单地说，就是对应于数字量词"至少存在n个"的数字模态词"至少存在n个可及状态"。这种模态词可以用来表达许多在基本模态语言中无法定义的框架性质，如"每个状态至少存在两个后继状态"。分次模态语言的表达力要比基本模态语言更强，主要原因就在于它能够用来定义框架上的许多数字性质。进一步考虑，如果放宽自然数限制，对任何基数 κ，都可以考虑小于它的所有基数形成的模态词，从而得到关于更多基数的模态语言。

本书主要研究 $\mathrm{ML}(\omega,\omega)$(分次模态语言)的模型论，这里前一个 ω 表示只考虑小于 ω 的有穷基数，后一个 ω 表示只使用有穷多个公式的合取。这个限制有两个主要原因：第一，可以利用关于分次模态语言的模型论研究已经取得的成果；第二，如果考虑任意计数模态语言 $\mathrm{ML}(\kappa,\omega)$，实际上是在研究任意基数量词的模态逻辑，然而，即使经典的基数逻辑也没有得到充分研究。关于这样的模型论逻辑的细节，参见巴维斯等(Barwise et al., 1985)的著作。我们把探索模态基数逻辑的问题留作未来研究的问题。对分次模态语言，研究两种语义，一种是关系语义学，另一种是新的余代数语义学。下面对本书在两种语义下对分次模态逻辑研究的各章节内容作一个简单概述。

第 1 章从模态逻辑的语义视角引入了任意基数的计数模态语言，给出了它的关系语义学的基本概念。然后给出了一些基本的模型和框架构造方法，证明了在这些构造下计数模态公式的一些保持或不变性结论，利用这些结论得到了计数语言分层。最后还专门探讨了所有有穷基数的模态语言，即分次模态语言。

第 2 章研究分次模态语言的关系语义学，其主要目的是证明分次模态语言在关系结构上的可定义性定理。在框架层次上，一条定理是证明限制到可被无变元分次模态公式集定义的 Goldblatt-Thomason 类型的定理；另一条定理是限制到有限传递框架类的 Goldblatt-Thomason 类型的定理。在模型层次上，使用分次模态饱和和分次超滤扩张，我们证明使用一些封闭条件刻画模型类可定义性的定理。本章还探索了分次模态逻辑与带计数量词的一阶逻辑之间的对应问题。

第 3 章引入分次模态语言的余代数语义。首先使用分次模态代数将分次模态逻辑的公理系统代数化，然后通过复代数使余代数语义代数化。所得到的一个结论是 Jónsson-Tarski 表示定理对于分次模态逻辑成立。然后通过代数和余代数之间的对偶，证明在余代数语义下，分次模态逻辑有一条自然的 Goldblatt-Thomason 类型的定理。此外，我们还证明一条关于余代数模型类的可定义性定理。最后探索分次模态逻辑的泛余代数，证明泛余代数的一些基本性质。

第 4 章研究余代数语义下公理系统和正规分次模态逻辑的完全性，定义典范余代数模型，并且给出一些分次模态逻辑及其完全性证明。然后证明代数完全性，研究典范性的概念与泛余代数之间的联系。最后在 4.5 节证明正规分次模态逻辑格的分类定理。特别要指出，这些关于完全性的研究是在余代数语义下进行的。

第 5 章研究余代数分次模态逻辑与弱二阶逻辑之间的对应定理。这里的关键事实是分次模态逻辑的余代数语义是一种弱二阶语义，因为分次模态算子是通过对有限子集的量化来解释的，因此可以使用弱二阶语言作为谈论余代数性质的对应语言。然后证明范本特姆–萨奎斯特算法经过调整之后仍然适合分次模态逻辑和弱二阶逻辑。最后还要证明萨奎斯特完全性定理。

第 6 章研究余代数语义下正规分次模态逻辑的有限模型性质。首先通过适当的过滤方法证明一些正规模态逻辑的有限模型性质。然后把子框架逻辑(Fine, 1985)推广为子余代数分次模态逻辑，并且证明它们都具有有限模型性质。还可以把子余代数公式推广为的 $K_g 4^3$ 的典范公式(Zakharyaschev, 1992)。最后探索 NExt(K_gAlt$_n$)这个格，这最初是由贝里斯玛(Bellissima, 1988)对基本模态逻辑进行研究的，我们证明 K_gAlt$_1$ 的每个正规分次模态扩张都有有限模型性。

第 7 章研究使用映射对分次模态语言的公式进行分类，我们要证明四个结果：第一，一个分次模态公式等价于某个正存在公式当且仅当它对 Ω 模拟保持；第二，一个分次模态公式等价于某个全称公式当且仅当它对点余代数子模型保持；第三，一个分次模态公式等价于某个全称存在公式当且仅当它对链并保持；第四，一个分次模态公式等值于某个正公式当且仅当它在保序象下保持。最后进一步探讨基本模态公式的有效性在子框架运算下的保持问题。

第 8 章考虑分次模态语言的扩张。我们探讨三种扩张：第一种是分次模态语言加上分次全通模态词；第二种是分次模态语言加上分次异点算子；第三种是 ML($\aleph_1$, ω)，即分次模态语言加上基数 $\aleph_0$ 的模态词 à$_\omega$。最后证明分次模态语言的一条 Lindström 刻画定理，即使用分次模态互模拟和紧致性来刻画分次模态语言的表达力。

第 1 章   计数模态语言

本章是计数模态语言的简要引论。1.1 节首先讨论研究动机。然后在 1.2 节正式引入计数模态语言及其关系语义学。1.3 节引入一些基本模型构造方法并证明相应的保持结果，第 2 章会使用这些结果。1.4 节集中考虑一种特殊的计数模态语言，即分次模态语言，主要目的是对目前已有的模型论方面的结果进行概述。

1.1   模态逻辑的语义视角

自 20 世纪 60 年代以来，逻辑学家们认识到，在关系语义学中解释的模态算子，只不过是没有明确约束个体变元的"局部"量词。"局部"这个词的意思是，作为量词的模态词算子仅以所有可及状态为量化域。因此，从语义角度看，基本模态逻辑与一阶逻辑(FOL)并非如此不同，因为两者都能用来谈论关系结构的性质。另一方面，一阶逻辑与模态逻辑也存在重要差异，就表达力而言，前者要远远强于后者。在模型层次上，模态逻辑是 FO^2 的一个片段，这里 FO^2 是一阶逻辑带两变元的片段。更确切地说，根据范本特姆(J. van Benthem)刻画定理，模态逻辑是一阶逻辑(或 FO^2，因为模态逻辑可以嵌入 FO^2)的互模拟不变片段。然而，模态逻辑有一些非常好的逻辑性质和计算性质，比如可判定性和低程度的计算复杂性，而一阶逻辑不具有这些性质。因此，如果我们想获得表达力更强的模态语言，但是又保持基本模态逻辑的优良性质，一种方法就是通过增加新模态词对基本模态逻辑进行扩张，这些新模态词在基本模态逻辑中是不能定义的。逻辑学家们一直在探索这个研究方向。

本书采取的研究思路如下：从与语义视角相反的角度看，任给量词 Q，都可以抽象出一元模态词 $\Diamond_Q$，它是关系结构上的一个局部量词。这条从量词到模态词的道路也可以在斐尼的论文(Fine, 1972a)中找到，该文引入了数字量词的模态对应算子。一个带数字量词的一阶公式的形式是 $\exists_n x \alpha(x)$，它在一个一阶模型中是真的当且仅当至少存在 n 个个体满足 $\alpha(x)$(Tarski, 1941)。显然这些量词在带等词的一阶逻辑中是可定义的，但是在不带等词的纯一阶逻辑中是不可定义的。一阶公式 $\exists_n x \alpha(x)$ 的模态对应公式可以写作 $\Diamond_n \alpha$，它在一个关系模型中状态 w 上是真的当且仅当 w 至少有 n 个可及状态满足 α。

更一般地, 由于**有限多个(无限多个)**和**可数多个(不可数多个)**这样的概念常常在数学中使用, 它们在一阶逻辑中是不可定义的, 因此可以引入新的量词来丰富一阶逻辑, 从而使这些概念得以表达。莫斯托夫斯基(Mostowski, 1957)提出的广义量词理论, 开启了通向一阶逻辑扩张的模型论之门。任给无限基数 κ, 新语言 $\text{FOL}(Q_\kappa)$ 从 FOL 增加新量词 Q_κ 得到。如下解释形如 $Q_\kappa x\alpha(x)$ 的新公式:

$\mathfrak{M} \vDash Q_\kappa x\alpha(x)$ 当且仅当存在 κ 个元素 b 属于 $\mathfrak{M}$ 使得 $\mathfrak{M} \vDash \alpha(x)[b]$。

令 $[\![\alpha(x_1, \cdots, x_n)]\!]_{\mathfrak{M}} = \{(a_1, \cdots, a_n) : \mathfrak{M} \vDash \alpha(x_1, \cdots, x_n)[a_1, \cdots, a_n]\}$。那么 $\mathfrak{M} \vDash Q_\kappa x\alpha(x)$ 当且仅当 $|\,[\![\alpha(x_1, \cdots, x_n)]\!]_{\mathfrak{M}}\,| \geqslant \kappa$。例如, 在语言 $\text{FOL}(Q_0)$ 中, 可以表达"存在可数多个"这个概念。在这些基数逻辑中, 一个重要结果是"存在不可数多个"这个量词的逻辑可以使用一束相当简单的公式来公理化, 这些公理是凯斯勒(Keisler, 1970)给出的。对这些基数量词来说, 通过推广斐尼(Fine, 1972a)的方法, 也可以抽象出对应的基数模态词。

现在正式引入基数模态词。令 $\mathfrak{M} = (W, R, V)$ 是关系模型, $w \in W$ 并且 $w{\uparrow} = \{v \in W : Rwv\}$。对任何公式 ϕ, 令 $[\![\phi]\!]_{\mathfrak{M}}$ 是 ϕ 在 $\mathfrak{M}$ 中的真集。对每个自然数 $n > 0$, 定义模态词 $\Diamond_n$ 如下:

$$\mathfrak{M}, w \vDash \Diamond_n\phi \text{ 当且仅当 } |\, w{\uparrow} \cap [\![\phi]\!]_{\mathfrak{M}}\,| \geqslant n。$$

公式 $\Diamond_n\phi$ 的意义是至少存在 n 个后继状态使 ϕ 真。同样, 可以把数字模态词推广到任意基数模态词。对每个基数 κ, 定义模态词 $\Diamond_\kappa$ 如下:

$$\mathfrak{M}, w \vDash \Diamond_\kappa\phi \text{ 当且仅当 } |\, w{\uparrow} \cap [\![\phi]\!]_{\mathfrak{M}}\,| \geqslant \kappa。$$

考虑在基本模态逻辑基础上增加基数模态词的扩张。在有限基数的情况下, 增加所有 $\Diamond_n(n > 0)$ 而获得的扩张仍然是带等词一阶逻辑的片段。然而, 在无限基数的情况下, 所获得的模态语言比一阶逻辑的表达能力更强。本书所要研究的主要内容就是有限基数的模态逻辑。在 1.4 节, 笔者将概述目前文献中所得到的关于分次模态逻辑的模型论结果。下面首先以形式的方式定义计数模态语言、关系语义以及相关的句法和语义概念。

1.2 计数模态语言

基数可用于计算一阶结构中具有特定性质的个体的数目, 在关系结构中, 它们也可以用来计算具有特定性质的可及状态的数目。本节以形式的方式定义计数模态语言及其关系语义学, 还包括一些有用的基本概念。

定义 1.1 给定(有限的或无限的)基数 $\kappa > 0$, **计数模态语言** $\text{ML}(\kappa, \omega)$ 由

模态相似型 $\tau_\kappa = \{\Diamond_\lambda : \lambda < \kappa\}$ 和命题字母集 Φ 组成。所有 ML(κ, ω) 公式的集合 Form(κ, ω) 由如下归纳规则给出：

$$\phi ::= p \mid \perp \mid \phi_1 \to \phi_2 \mid \Diamond_\lambda \phi,$$

其中 $p \in \Phi$ 并且 $\Diamond_\lambda \in \tau_\kappa$。其他联结词 $\top$，$\neg$，$\wedge$ 和 $\vee$ 如命题逻辑中定义。定义对偶算子 $\Box_\lambda \phi := \neg \Diamond_\lambda \neg \phi$ 以及缩写 $\Diamond!_\lambda \phi := \Diamond_\lambda \phi \wedge \neg \Diamond_{\lambda^+} \phi$，其中 λ^+ 是大于 λ 的最小基数，即 λ 的后继基数。在一些地方也使用无穷的基数模态语言 ML(κ, ∞)，它允许对任意公式集合取和析取。

下面定义一些句法概念。对任何计数模态公式 ϕ，定义 var$(\phi) = \{p : p$ 是在 ϕ 中出现的命题字母$\}$。也可以写 $\phi(p_1, \cdots, p_n)$，如果 var$(\phi) \subseteq \{p_1, \cdots, p_n\}$。称 ϕ 为**无变元** ML(κ, ω) 公式，如果 var$(\phi) = \varnothing$。还可以令 Sf$(\phi) = \{\psi : \psi$ 是 ϕ 的子公式$\}$。子公式的概念容易归纳定义。此外，还定义两个句法概念。

定义 1.2　所有 ML(κ, ω) 公式 ϕ 的**模态度** md(ϕ) 递归定义如下：

(1) md$(p) = $ md$(\perp) = 0$。

(2) md$(\phi_1 \to \phi_2) = \max\{md(\phi_1),$ md$(\phi_2)\}$。

(3) md$(\Diamond_\lambda \phi) = $ md$(\phi) + 1$。

定义 1.3　任何 ML(κ, ω) 公式 ϕ 的**等级**定义为

$$\text{gd}(\phi) = \max\{\lambda : \Diamond_\lambda \psi \in \text{Sf}(\phi)\}。$$

下面定义计数模态语言的关系语义。研究的本体是所有只带一个二元关系的关系结构(框架)组成的类。用 Frm 表示所有框架组成的类。所有 ML(κ, ω) 公式都如 1.1 节说明的那样在关系结构中进行解释。引入 ML(κ, ω) 的关系语义的代数形式。令 $\mathfrak{F} = (W, R)$ 是框架。前面已经引入记号 $w\uparrow$，它代表 $\mathfrak{F}$ 中状态 w 的所有 R 后继状态的集合，有时也记为 $R(w)$。还可以定义

$$w\downarrow = \{v \in W : Rvw\},$$

即 w 的所有前驱状态的集合。这两种运算可扩张到状态集。对集合 $X \subseteq W$，如下定义：

$$X\uparrow = \{w \in W : X \cap w\uparrow \neq \varnothing\} \text{ 和 } X\downarrow = \{w \in W : X \cap w\downarrow \neq \varnothing\}。$$

此外，在幂集 $\wp(W)$ 上可以定义补运算 $-X := W \setminus X$。还可以定义模态运算

$$\langle\lambda\rangle X = \{w \in W : |w\uparrow \cap X| \geqslant \lambda\}。$$

同样，算子 $\langle\lambda\rangle$ 的对偶算子定义为 $[\lambda]X := -\langle\lambda\rangle - X$。与句法复合算子 $\Diamond!$ 一样，可以引入记号 $\langle\lambda\rangle!X := \langle\lambda\rangle X \cap -\langle\lambda^+\rangle X$。这些运算在下面定义模型中公式的意义(真集)时起作用。

定义 1.4 令 $\mathfrak{M} = (W, R, V)$ 是模型。所有 $\mathrm{ML}(\kappa, \omega)$ 公式 ϕ 在 $\mathfrak{M}$ 中的**真集** $[\![\phi]\!]_{\mathfrak{M}}$ 递归定义如下：

$$[\![p]\!]_{\mathfrak{M}} = V(p),$$
$$[\![\bot]\!]_{\mathfrak{M}} = \varnothing,$$
$$[\![\phi_1 \rightarrow \phi_2]\!]_{\mathfrak{M}} = -[\![\phi_1]\!]_{\mathfrak{M}} \cup [\![\phi_2]\!]_{\mathfrak{M}},$$
$$[\![\Diamond_{\lambda}\phi]\!]_{\mathfrak{M}} = \langle\lambda\rangle[\![\phi]\!]_{\mathfrak{M}}。$$

计算可得，$[\![\Box_{\lambda}\phi]\!]_{\mathfrak{M}} = [\lambda][\![\phi]\!]_{\mathfrak{M}}$ 和 $[\![\Diamond!_{\lambda}\phi]\!]_{\mathfrak{M}} = \langle\lambda\rangle![\![\phi]\!]_{\mathfrak{M}}$。

满足关系可以定义为：$\mathfrak{M}, w \vDash \phi$ 当且仅当 $w \in [\![\phi]\!]_{\mathfrak{M}}$。称 ϕ 在 $\mathfrak{M}$ 中**可满足**，如果 $\mathfrak{M}$ 中存在状态 w 使得 $\mathfrak{M}, w \vDash \phi$。对于 $\mathfrak{M}$ 中任何状态子集 X，写 $\mathfrak{M}, X \vDash \phi$，如果对所有 $x \in X$ 都有 $\mathfrak{M}, x \vDash \phi$。称 ϕ 在 $\mathfrak{M}$ 中是**全局真的**(记为 $\mathfrak{M} \vDash \phi$)，如果 $[\![\phi]\!]_{\mathfrak{M}} = W$。称 ϕ 在点框架 $(\mathfrak{F}, w)$ 中**有效**(记为 $\mathfrak{F}, w \vDash \phi$)，如果对 $\mathfrak{F}$ 中每个赋值 V 都有 $\mathfrak{F}, V, w \vDash \phi$。称 ϕ 在框架 $\mathfrak{F}$ 中**有效**(记为 $\mathfrak{F} \vDash \phi$)，如果对 $\mathfrak{F}$ 中每个状态 w 都有 $\mathfrak{F}, w \vDash \phi$。

例 1.1 这里给出计数模态语言的一些例子。

(1) 计数模态语言 $\mathrm{ML}(1, \omega)$ 只含模态词 $\Diamond_0$ 和 $\Box_0$。根据真之定义，容易验证公式 $\Diamond_0\phi$ 逻辑等值于 $\top$，而公式 $\Box_0\phi$ 逻辑等值于 $\bot$。因此，$\mathrm{ML}(1, \omega)$ 这个语言等价于古典命题演算的语言。

(2) 很容易看到，基本模态算子 $\Diamond$ 和 $\Box$ 分别可以定义为 $\Diamond_1$ 和 $\Box_1$。因此，基本模态语言恰恰等价于计数模态语言 $\mathrm{ML}(2, \omega)$。

(3) 如果 $\kappa = \omega$，则得到语言 $\mathrm{ML}(\omega, \omega)$，它的模态相似型是所有模态词 $\Diamond_n (n \in \omega)$ 的集合。这恰好就是斐尼(Fine, 1972a)所引入的分次模态语言。

另外，还要定义一些关于句法和语义之间相互联系的概念。在任何计数模态语言 $\mathrm{ML}(\kappa, \omega)$ 中，给定框架类 K，它的**逻辑**定义为

$$\mathsf{Log}(\mathsf{K}) = \{\phi : \phi \text{ 是 } \mathrm{ML}(\kappa, \omega) \text{ 公式并且对所有 } \mathfrak{F} \in \mathsf{K} \text{ 都有 } \mathfrak{F} \vDash \phi\}。$$

反之，给定任何 $\mathrm{ML}(\kappa, \omega)$ 公式集 Σ，它定义这样一个框架类

$$\mathsf{Frm}(\Sigma) = \{\mathfrak{F} : \text{ 对所有 } \phi \in \Sigma \text{ 都有 } \mathfrak{F} \vDash \phi\}。$$

由此，对每个计数模态语言 $\mathrm{ML}(\kappa, \omega)$，存在下面两种运算：

(1) $\mathsf{Log}(\,.\,) : \wp(\mathrm{Frm}) \rightarrow \wp(\mathrm{Form}(\kappa, \omega))$。

(2) $\mathsf{Frm}(\,.\,) : \wp(\mathrm{Form}(\kappa, \omega)) \rightarrow \wp(\mathrm{Frm})$。

容易验证如下关于这两种运算的事实。

事实 1.1 令 Σ 和 Γ 是 $\mathrm{ML}(\kappa, \omega)$ 公式集，并且 K，C 是框架类。

(1) 如果 $\Sigma \subseteq \Gamma$，那么 $\mathsf{Frm}(\Gamma) \subseteq \mathsf{Frm}(\Sigma)$。

(2) 如果 $\mathsf{K} \subseteq \mathsf{C}$，那么 $\mathsf{Log}(\mathsf{C}) \subseteq \mathsf{Log}(\mathsf{K})$。

(3) $\Sigma \subseteq \mathsf{Log}(\mathsf{Frm}(\Sigma))$ 并且 $\mathsf{K} \subseteq \mathsf{Frm}(\mathsf{Log}(\mathsf{K}))$。

(4) $\mathsf{Log}(\mathsf{Frm}(\Sigma)) = \Sigma$ 当且仅当 $\Sigma = \mathsf{Log}(\mathsf{K})$ 对某个框架类 K。

(5) $\mathsf{Frm}(\mathsf{Log}(\mathsf{K})) = \mathsf{K}$ 当且仅当 $\mathsf{K} = \mathsf{Frm}(\Sigma)$ 对某个公式集 Σ。

称 $\mathrm{ML}(\kappa, \omega)$ 公式集 Σ **定义框架类 K**，如果 $\mathsf{K} = \mathsf{Frm}(\Sigma)$。称 Σ **定义模型类 C**，如果 $\mathsf{C} = \{\mathfrak{M} : 对所有 \phi \in \Sigma 都有 \mathfrak{M} \vDash \phi\}$。同样的概念可扩展到点结构。称一个结构类在 $\mathrm{ML}(\kappa, \omega)$ 中可定义，如果存在 $\mathrm{ML}(\kappa, \omega)$ 公式集定义它。

1.3 构造模型和框架的基本方法

逻辑学家并非孤立地研究结构，而是要研究结构之间的相互联系，即如何从旧结构构造新结构。本节定义一些模型构造的方法或运算，在这些运算下，计数模态语言的公式的真是不变的，而且公式的有效性是保持的，这些运算包括：不相交并、生成子结构、树型展开、超积、计数有界态射和计数互模拟。

定义 1.5 令 $\{\mathfrak{M}_i = (W_i, R_i, V_i) : i \in I\}$ (不相交的)模型族，并且 $\{\mathfrak{F}_i = (W_i, R_i) : i \in I\}$ 是(不相交的)框架族。模型 $\mathfrak{M}_i(i \in I)$ 的**不相交并**定义为模型 $\biguplus \mathfrak{M}_i = (W, R, V)$，其中① $W = \bigcup_{i \in I} W_i$；② $R = \bigcup_{i \in I} R_i$；③ $V(p) = \bigcup_{i \in I} V_i(p)$ 对每个命题字母 p。框架 $\mathfrak{F}_i(i \in I)$ 的**不相交并**定义为 $\biguplus_I \mathfrak{F}_i = (W, R)$。

不相交并使原来的结构在新的结构中成为"孤岛"，因此不改变后继状态的数目。这个事实蕴涵如下关于计数模态公式的不变性和保持结果。

命题 1.1 令 $\biguplus_I \mathfrak{M}_i$ 是模型 $\mathfrak{M}_i(i \in I)$ 的不相交并，而 $\biguplus_I \mathfrak{F}_i$ 是框架 $\mathfrak{F}_i(i \in I)$ 的不相交并。对每个 $\mathrm{ML}(\kappa, \omega)$ 公式 ϕ 以及模型 $\mathfrak{M}_i$ 或框架 $\mathfrak{F}_i$ 中的状态 w，

(1) 对所有 $i \in I$：$\biguplus_I \mathfrak{M}_i, w \vDash \phi$ 当且仅当 $\mathfrak{M}_i, w \vDash \phi$。

(2) 对所有 $i \in I$：$\biguplus_I \mathfrak{F}_i, w \vDash \phi$ 当且仅当 $\mathfrak{F}_i, w \vDash \phi$。

(3) $\biguplus_I \mathfrak{M}_i \vDash \phi$ 当且仅当对所有 $i \in I$ 都有 $\mathfrak{M}_i \vDash \phi$。

(4) $\biguplus_I \mathfrak{F}_i \vDash \phi$ 当且仅当对所有 $i \in I$ 都有 $\mathfrak{F}_i \vDash \phi$。

证明 容易对 ϕ 归纳证明(1)，其他几项通过类似于基本模态逻辑的论证得到(Blackburn et al., 2001)。∎

定义 1.6 令 $\mathfrak{M} = (W, R, V)$ 和 $\mathfrak{M}' = (W', R', V')$ 是模型，而 $\mathfrak{F} = (W, R)$ 和 $\mathfrak{F}' = (W', R')$ 是框架。模型 $\mathfrak{M}$ 称为 $\mathfrak{M}'$ 的**子模型**(记为 $\mathfrak{M} \subseteq \mathfrak{M}'$)，如果

(1) $W \subseteq W'$。

(2) $R = R' \cap (W \times W)$。

(3) 对每个命题字母 p，$V(p) = V'(p) \cap W$。

模型 $\mathfrak{M}$ 称为 $\mathfrak{M}'$ 的**生成子模型**(记为 $\mathfrak{M} \rightarrowtail \mathfrak{M}'$),如果 $\mathfrak{M} \subseteq \mathfrak{M}'$ 并且对每个状态 $w \in W$ 都有 $R'wu$ 蕴涵 $u \in W$。

任给非空子集 $X \subseteq W'$,$\mathfrak{M}$ 称为 $\mathfrak{M}'$ 从 X 生成的子模型,如果 $\mathfrak{M} \subseteq \mathfrak{M}'$ 并且 $W = \bigcup_{i < \omega} W_i \subseteq W'$,其中 $W_0 = X$ 并且 $W_{n+1} = W_n\uparrow$。称 $\mathfrak{M}$ 是 $\mathfrak{M}'$ 的**点生成子模型**,如果存在状态 $w \in W'$ 使得 $\mathfrak{M}$ 是 $\mathfrak{M}'$ 从 $\{w\}$ 生成的子模型。对框架来说,去掉赋值条件便可定义如上概念。

与不相交并一样,生成过程也不改变当前状态所有可及状态的数目,因为生成封闭条件保留原来结构中所有可及状态。由此可得如下不变性和保持结果。

命题 1.2 令 $\mathfrak{M} \rightarrowtail \mathfrak{M}'$ 并且 $\mathfrak{F} \rightarrowtail \mathfrak{F}'$。对每个 $\mathrm{ML}(\kappa, \omega)$ 公式 ϕ 以及模型 $\mathfrak{M}$ 或框架 $\mathfrak{F}$ 中的状态 w,

(1) $\mathfrak{M}, w \vDash \phi$ 当且仅当 $\mathfrak{M}', w \vDash \phi$。

(2) 如果 $\mathfrak{M}' \vDash \phi$,那么 $\mathfrak{M} \vDash \phi$。

(3) $\mathfrak{F}, w \vDash \phi$ 当且仅当 $\mathfrak{F}', w \vDash \phi$。

(4) 如果 $\mathfrak{F}' \vDash \phi$,那么 $\mathfrak{F} \vDash \phi$。

证明 对 ϕ 归纳证明(1),其他各项容易得出。∎

下面引入树型展开。令 $\mathfrak{F} = (W, R)$ 是框架并且 $w \in W$。定义 $\mathrm{Seq}(\mathfrak{F}, w)$ 为 $\mathfrak{F}$ 中从 w 出发的所有非空有限状态序列。定义函数 $\mathrm{last} : \mathrm{Seq}(\mathfrak{F}, w) \to W$ 使得对每个序列 $s = (w_0, \cdots, w_n) \in \mathrm{Seq}(\mathfrak{F}, w)$,$\mathrm{last}(s) = w_n$,即序列 s 的最后一个分量。一个框架 $\mathfrak{F}$ 或模型 $\mathfrak{M}$ 称为有根的,如果存在一个状态 w 使得其他每个状态都是可以从 w 在有限步之内可及的。

定义 1.7 令 $\mathfrak{M} = (W, R, V)$ 是有根模型,$\mathfrak{F} = (W, R)$ 是有根框架,$w \in W$ 是根状态。定义 $\mathfrak{M}$ 从状态 w 的**树型展开**是模型 $\mathrm{unr}\mathfrak{M}[w] = (W^*, R^*, V^*)$,其中

(1) $W^* = \mathrm{Seq}(\mathfrak{F}, w)$。

(2) $R^* = \{(s, su) : u \in W \,\&\, \mathrm{last}(s)Ru\}$。

(3) $V^*(p) = \{s : \mathrm{last}(s) \in V(p)\}$。

框架 $\mathfrak{F}$ 从 w 的**树型展开**定义为 $\mathrm{unr}\mathfrak{F}[w] = (W^*, R^*)$。

显而易见,树型展开不会改变可及状态的数目,因为没有任何状态会在展开过程中被切除。因此,也有如下关于树型展开的不变性和保持结果。

命题 1.3 令 $\mathrm{unr}\mathfrak{M}[w]$ 和 $\mathrm{unr}\mathfrak{F}[w]$ 是从 w 的树型展开结构。对每个 $\mathrm{ML}(\kappa, \omega)$ 公式 ϕ 和序列 $s \in \mathrm{Seq}(\mathfrak{F}, w)$,

(1) $\mathrm{unr}\mathfrak{M}[w], s \vDash \phi$ 当且仅当 $\mathfrak{M}, \mathrm{last}(s) \vDash \phi$。

(2) $\mathfrak{M} \vDash \phi$ 当且仅当 $\mathrm{unr}\mathfrak{M}[w] \vDash \phi$。

(3) 如果 $\mathrm{unr}\mathfrak{F}[w], s \vDash \phi$,那么 $\mathfrak{F}, \mathrm{last}(s) \vDash \phi$。

(4) 如果 $\mathrm{unr}\mathfrak{F}[w] \vDash \phi$,那么 $\mathfrak{F} \vDash \phi$。

证明 对 ϕ 归纳证明(1)，其他各项容易得出。∎

根据 $\mathrm{ML}(\kappa, \omega)$ 公式在树型展开下的不变性结果，显然任何计数模态语言 $\mathrm{ML}(\kappa, \omega)$ 都具有**树模型性质**，即每个可满足的 $\mathrm{ML}(\kappa, \omega)$ 公式都可以在某个树模型的树根上可满足。简要论证如下：从满足公式 ϕ 的模型中使 ϕ 真的某个状态出发，首先由该状态生成一个子模型，再从生成点展开便得到树模型，根据不变性结果，ϕ 在根状态上是真的。

下面定义计数模态语言的超积。这种运算要比上面引入的运算更复杂，它在一阶逻辑中是可定义性的关键概念。对于基本模态逻辑来说，它对于点模型类的可定义性来说也是非常重要的(Blackburn et al., 2001)。令 $\{W_i : i \in I\}$ 是非空集合族。定义 $W_i\,(i \in I)$ 的**直积**为如下集合：

$$\textstyle\prod_I W_i = \{f : I \to \bigcup_{i \in I} W_i \mid \text{对所有 } i \in I,\ f(i) \in W_i\}。$$

对任意基数 κ，指标集 I 上一个超滤子 u 称为 κ **完备的**，如果下面的条件成立：

$$\text{如果对所有 } i < \kappa \text{ 都有 } X_i \in u，\text{那么} \textstyle\bigcap_{i < \kappa} X_i \in u。$$

给定 I 上任意超滤子 u，定义 $W_i\,(i \in I)$ 相对于 u 的**超积** $\prod_I^u W_i$ 为商集 $\prod_I W_i/{\sim_u}$，其中 $\sim_u$ 是如下定义的 $\prod_I W_i$ 上的等价关系：

$$f \sim_u g \text{ 当且仅当} \{i \in I \mid f(i) = g(i)\} \in u。$$

元素 f 的等价类用 $[f]_u$ 表示(或者用 $[f]$ 表示，如果不产生混淆)。

定义 1.8 令 $\{\mathfrak{M}_i = (W_i, R_i, V_i) \mid i \in I\}$ 是模型族，并且 $\{\mathfrak{F}_i = (W_i, R_i) \mid i \in I\}$ 是框架族。令 u 是 I 上的超滤子。定义**超积模型** $\prod_I^u \mathfrak{M}_i = (W_u, R_u, V_u)$ 如下：

(1) $W_u = \prod_I^u W_i$。

(2) $[f] R_u [g]$ 当且仅当 $\{i \in I \mid f(i) R g(i)\} \in u$。

(3) $V_u(p) = \{[f] \mid \{i \in I \mid f(i) \in V_i(p)\} \in u\}$，对每个命题字母 p。

如果 $\mathfrak{M}_i = \mathfrak{M}$，则写成 $\prod_I^u \mathfrak{M}$，称之为 $\mathfrak{M}$ 的一个**超幂**。这些概念和记号去掉赋值条件便可定义框架的超积和超幂。

命题 1.4 对任意基数 $\kappa > 1$ 和 κ 完备的超滤子 u，令 $\prod_I^u \mathfrak{M}_i$ 和 $\prod_I^u \mathfrak{F}_i$ 分别是模型 $\mathfrak{M}_i$ 和框架 $\mathfrak{F}_i(i \in I)$ 的超积。那么对任何 $\mathrm{ML}(\kappa, \omega)$ 公式 ϕ 和状态 $[f]$，

(1) $\prod_I^u \mathfrak{M}_i, [f] \vDash \phi$ 当且仅当 $\{i \in I \mid \mathfrak{M}_i, f(i) \vDash \phi\} \in u$。

(2) $\prod_I^u \mathfrak{M}_i \vDash \phi$ 当且仅当 $\{i \in I \mid \mathfrak{M}_i \vDash \phi\} \in u$。

(3) 如果 $\prod_I^u \mathfrak{F}_i, [f] \vDash \phi$，那么 $\{i \in I \mid \mathfrak{F}_i, f(i) \vDash \phi\} \in u$。

(4) 如果 $\prod_I^u \mathfrak{F}_i \vDash \phi$，那么 $\{i \in I \mid \mathfrak{F}_i \vDash \phi\} \in u$。

证明 只对 ϕ 归纳证明(1)。原子情况和布尔情况是显然的。对情况 $\phi := \Diamond_\lambda \psi$，首先假设 $\prod_I^u \mathfrak{M}_i, [f] \vDash \Diamond_\lambda \psi$。那么存在 $\{[f_\xi] : \xi < \lambda$ 并且 ξ 是基数$\}$ 使得 $[f_\xi] \neq [f_\zeta]$ 对

所有 $\xi \neq \zeta < \lambda$，$[f]R_u[f_\xi]$ 并且 $\prod_I{}^u \mathfrak{M}_i, [f_\xi] \vDash \psi$ 对所有 $\xi < \lambda$。令 $\Delta_\xi = \{i \in I \mid f(i)Rf_\xi(i) \in u\}$。由归纳假设，$\Gamma_\xi = \{i \in I \mid \mathfrak{M}_i, f_\xi(i) \vDash \psi\} \in u$。因此 $\Delta_\xi \cap \Gamma_\xi = \{i \in I \mid \mathfrak{M}_i, f_\xi(i) \vDash \psi \ \& \ f(i)Rf_\xi(i)\} \in u$。因为 u 是 κ 完备的，所以 $\Theta = \bigcap\{\Delta_\xi \cap \Gamma_\xi : \xi < \lambda\} \in u$。由于 $\Theta \subseteq \{i \in I \mid \mathfrak{M}_i, f(i) \vDash \Diamond_\lambda \psi\}$，所以 $\{i \in I \mid \mathfrak{M}_i, f(i) \vDash \Diamond_\lambda \psi\} \in u$。

反之，设 $J = \{i \in I \mid \mathfrak{M}_i, f(i) \vDash \Diamond_\lambda \psi\} \in u$，则 $J \neq \varnothing$。任取 $i \in J$ 得，$\mathfrak{M}_i$，$f(i) \vDash \Diamond_\lambda \psi$。因此存在 $\{w_\xi : \xi < \lambda\}$ 使 $w_\xi \neq w_\zeta$ 对所有 $\xi \neq \zeta < \lambda$，$f(i)Rw_\xi$ 且 $\mathfrak{M}_i$，$w_\xi \vDash \psi$ 对所有 $\xi < \lambda$。令 f_ξ 是常函数使 $f_\xi(i) = w_\xi$ 对所有 $i \in I$。对所有 $i \in I$ 都有 $[f]R_u[f_\xi]$。由归纳假设，$\prod_I{}^u \mathfrak{M}_i, [f_\xi] \vDash \psi$。所以 $\prod_I{}^u \mathfrak{M}_i, [f] \vDash \Diamond_\lambda \psi$。∎

下面要引入的模型构造方法是计数有界态射和计数互模拟。这两种构造对于计数模态语言来说是关键性的，因为它们确实扩展了对基本模态语言的类似模型构造。容易验证，基本模态逻辑的有界态射和互模拟不适合对基本模态语言的计数扩张，因为对每个基数 $\lambda > 2$，公式 $\Diamond_\lambda p$ 在基本模态逻辑的有界态射和互模拟运算下都不是不变的。然而，只需要增加一个新的条件，便可以得到不变性结果。首先定义局部单射这个关键概念。

定义 1.9 令 $\mathfrak{F} = (W, R)$ 和 $\mathfrak{F}' = (W', R')$ 是框架。一个函数 $f: W \to W'$ 称为从 $\mathfrak{F}$ 到 $\mathfrak{F}'$ 的**局部单射**，如果对所有 $w \in W$ 和 $u, v \in w{\uparrow}$，$u \neq v$ 蕴涵 $f(u) \neq f(v)$。

令 f 是从 $\mathfrak{F}$ 到 $\mathfrak{F}'$ 的局部单射。对 $\mathfrak{F}$ 中每个状态 w 和 $n > 0$，如果 $X \subseteq w{\uparrow}$ 并且 $|X| = n$，那么 $|f[X]| = n$。注意局部单射比单射更弱。现在定义计数有界态射。

定义 1.10 令 $\mathfrak{M} = (W, R, V)$ 和 $\mathfrak{M}' = (W', R', V')$ 是模型。函数 $f: W \to W'$ 称为从 $\mathfrak{M}$ 到 $\mathfrak{M}'$ 的一个**计数有界态射**，如果下面的条件成立：

(1) 如果 $f(w) = w'$，则 w 和 w' 满足相同的命题字母。

(2) f 是局部单射。

(3) 如果 Rwu，那么 $R'f(w)f(u)$。

(4) 如果 $R'f(w)u'$，那么存在 $u \in W$ 使得 $f(u) = u'$ 并且 Rwu。

称 $\mathfrak{M}'$ 是 $\mathfrak{M}$ 的**计数有界态射象**(记为 $\mathfrak{M} \twoheadrightarrow \mathfrak{M}'$)，如果存在从 $\mathfrak{M}$ 到 $\mathfrak{M}'$ 的满射计数有界态射。只要去掉原子条件(1)便可对框架定义如上概念。

注意在计数有界态射的定义中，只在基本模态逻辑的有界态射概念上增加了局部单射条件(2)，它对于计数模态词来说是关键性的。然而，也可以引入另一个等价的有界态射的概念，即使用下面这个条件替换定义 1.10 中的局部单射条件(2)和前进条件(3)：

对每个基数 $\lambda < \kappa$，如果 $X \subseteq w{\uparrow}$ 并且 $|X| = \lambda$，那么 $f[X] \subseteq f(w){\uparrow}$，并且对所有 $x \neq y \in X$，都有 $f(x) \neq f(y)$。

如果 $\kappa = 2$，那么这个定义等价于基本模态逻辑的有界态射的定义。下面证明计数有界态射这种运算下的不变性和保持结果。

命题 1.5　令 $f\colon \mathfrak{M} \to \mathfrak{M}'$ 并且 $f\colon \mathfrak{F} \to \mathfrak{F}'$。对每个 $\mathrm{ML}(\kappa, \omega)$ 公式 ϕ 和模型 $\mathfrak{M}$ 或框架 $\mathfrak{F}$ 中的状态 w，如下成立：

(1) $\mathfrak{M}, w \vDash \phi$ 当且仅当 $\mathfrak{M}', f(w) \vDash \phi$。

(2) $\mathfrak{M} \vDash \phi$ 当且仅当 $\mathfrak{M}' \vDash \phi$。

(3) 如果 $\mathfrak{F}, w \vDash \phi$，那么 $\mathfrak{F}', f(w) \vDash \phi$。

(4) 如果 $\mathfrak{F} \vDash \phi$，那么 $\mathfrak{F}' \vDash \phi$。

证明　对 ϕ 归纳证明 (1)，其他各项容易得出。∎

还可以通过另一种方式来定义计数有界态射。我们引入集合上的计数有界态射的概念。这个概念是从德莱克 (de Rijke, 2000) 最初引入的模态语言 $\mathrm{ML}(\omega, \omega)$ 的分次互模拟的概念中抽象出来的。令 $\mathfrak{F} = (W, R)$ 是框架。定义 $\wp_{\kappa}(W) = \{X \subseteq W\colon |X| < \kappa\}$。我们还使用记号 RxX 表示：对所有 $y \in X$ 都有 Rxy 成立。

定义 1.11　令 $\mathfrak{M} = (W, R, V)$ 和 $\mathfrak{M}' = (W', R', V')$ 是两个模型。一个函数 $\eta\colon \wp_{\kappa}(W) \to \wp_{\kappa}(W')$ 称为**基于集合的计数有界态射**，如果下面的条件成立：

(1) 对每个 $x \in W$，$\{x\} \subseteq V(p)$ 当且仅当 $\eta(\{x\}) \subseteq V'(p)$ 对所有命题字母 p。

(2) 如果 RxX，$\eta(\{x\}) = \{y\}$ 且 $\eta(X) = Y$，那么①$R'yY$；②$|X| = |Y| > 0$；③对所有 $x \in X$，存在 $y \in Y$ 使得 $\eta(\{x\}) = \{y\}$，反之亦然。

(3) 如果 $R'yY$ 且 $\eta(\{x\}) = \{y\}$，那么存在 $X \in \wp_{\kappa}(W)$ 使得 $\eta(X) = Y$；并且①RxX；②$|X| = |Y| > 0$；③对所有 $x \in X$，存在 $y \in Y$ 使得 $\eta(\{x\}) = \{y\}$，反之亦然。

如果 η 是满射，那么称 $\mathfrak{M}'$ 是 $\mathfrak{M}$ 的**基于集合的计数有界态射象**。去掉赋值条件 (1) 便可对框架定义如上概念。

下面可以证明对基于集合的计数有界态射这种运算的不变性和保持结果。

命题 1.6　令满射 η 是从模型 $\mathfrak{M} = (\mathfrak{F}, V)$ 到 $\mathfrak{M}' = (\mathfrak{F}', V')$ 的基于集合的计数有界态射。对每个 $\mathrm{ML}(\kappa, \omega)$ 公式 ϕ 和 $\mathfrak{M}$ 中的状态 w，如果 $\eta(\{w\}) = \{w'\}$，那么

(1) $\mathfrak{M}, w \vDash \phi$ 当且仅当 $\mathfrak{M}', w' \vDash \phi$。

(2) $\mathfrak{M} \vDash \phi$ 当且仅当 $\mathfrak{M}' \vDash \phi$。

(3) 如果 $\mathfrak{F}, w \vDash \phi$，那么 $\mathfrak{F}', w' \vDash \phi$。

(4) 如果 $\mathfrak{F} \vDash \phi$，那么 $\mathfrak{F}' \vDash \phi$。

证明　只对 ϕ 归纳证明 (1)。对模态情况 $\phi := \Diamond_{\lambda}\psi$，假设 $\mathfrak{M}, w \vDash \Diamond_{\lambda}\psi$。那么存在集合 X 使得 RwX，$|X| = \lambda$ 并且 $\mathfrak{M}, X \vDash \psi$。令 $\eta(X) = Y$。那么 $R'w'Y$，$|X| = |Y| = \lambda$，并且对所有 $x \in X$ 都存在 $y \in Y$ 使 $\eta(\{x\}) = \{y\}$，反之亦然。由假设，$\mathfrak{M}', Y \vDash \psi$。所以 $\mathfrak{M}', w' \vDash \Diamond_{\lambda}\psi$。另一方向使用后退条件证明。∎

命题 1.7 令 $\mathfrak{M} = (W, R, V)$ 和 $\mathfrak{M}' = (W', R', V')$ 是模型。从每个计数有界态射 $f\colon W \to W'$ 可能行构造基于集合的计数有界态射 $\eta\colon \wp_\kappa(W) \to \wp_\kappa(W')$，反之亦然。

证明 假设 $f\colon W \to W'$ 是计数有界态射。定义 $\eta\colon \wp_\kappa(W) \to \wp_\kappa(W')$ 如下：$\eta(X) = f[X]$。可证 η 是基于集合的计数有界态射。原子情况显然。假设 $RxX, \eta(\{x\}) = \{y\}$ 并且 $\eta(X) = Y$，那么 $f[X] = Y$。由局部单射得，$|X| = |Y| > 0$。由函数定义，对所有 $x \in X$，存在 $y \in Y$ 使 $\eta(\{x\}) = \{y\}$，反之亦然。后退条件类似证明。反之，给定基于集合的计数有界态射 $\eta\colon \wp_\kappa(W) \to \wp_\kappa(W')$，定义 $f\colon W \to W'$ 如下：$f(w) = w'$ 当且仅当 $\eta(\{w\}) = \{w'\}$。易证 f 是计数有界态射。只证局部单射条件。假设 Rxy, Rxz 且 $y \neq z$。由前进条件得，$R'f(x)f(y), R'f(x)f(z)$ 且 $f(y) \neq f(z)$。∎

我们已在关系结构上定义了一些结构运算，使用有界态射的概念可以把这些运算联结起来。

命题 1.8 令 $\mathfrak{F} = (W, R)$ 是框架，$\mathfrak{F}_w$ 是 $\mathfrak{F}$ 从状态 w 生成的子框架。那么 $\mathfrak{F}$ 是不相交并 $\uplus_{w \in W} \mathfrak{F}_w$ 的计数有界态射象。

证明 根据不相交并和生成子框架不改变后继状态这个事实，可以证明把不相交并框架中的每个状态映射到 $\mathfrak{F}$ 中原来的状态，可得满射的计数有界态射。∎

命题 1.9 令 $\mathfrak{F} = (W, R)$ 是框架并且以 w 为根状态。那么 $\mathfrak{F}$ 是它从 w 的树型展开框架 $\mathrm{unr}\mathfrak{F}[w]$ 的计数有界态射象。

证明 根据树型展开不改变可及关系这个事实，可以证明 last 函数恰好是满射的计数有界态射，因为它把每个非空有穷状态序列映射到其最后一个分量。∎

容易看到，计数有界态射要比基本模态逻辑的有界态射强更强。然而，它在如下意义上是**保守扩张**：只考虑基本模态公式的保持问题，计数有界态射与基本模态逻辑的有界态射是相同的。使用计数模态公式在计数有界态射下的不变性结果，还可以得到更多的结论。

命题 1.10 对每个基数 $\kappa > 1$，模态词 $\Diamond_\kappa$ 在基本模态语言中不可定义。

证明 若不然，则存在基数 $\kappa > 1$ 使得 $\Diamond_\kappa$ 可在基本模态语言中定义，即存在基本模态公式 $\phi(p)$ 使得对任意点模型 $(\mathfrak{M}, w)$，都有 $\mathfrak{M}, w \vDash \Diamond_\kappa p$ 当且仅当 $\mathfrak{M}, w \vDash \phi(p)$。如下构造模型 $\mathfrak{M} = (W, R, V)$ 和 $\mathfrak{M}' = (W', R', V')$：① $W = \{w\} \cup X$ 使 $|X| = \kappa$；$W' = \{w', u'\}$；② $R = \{w\} \times X$；$R' = \{(w', u')\}$；③ $V(p) = X$；$V'(p) = \{u'\}$。定义函数 $f\colon W \to W'$ 使 $f(w) = w'$ 并且 $f(u) = u'$ 对所有 $u \in X$，易证 f 是基本模态语言的有界态射。由 $\mathfrak{M}, w \vDash \Diamond_\kappa p$ 得，$\mathfrak{M}, w \vDash \phi(p)$。由不变性结果得，$\mathfrak{M}', w' \vDash \phi(p)$。所以 $\mathfrak{M}', w' \vDash \Diamond_\kappa p$，矛盾。∎

下面引入 $\mathrm{ML}(\kappa, \omega)$ 互模拟这个更一般的概念。互模拟可以看作有界态射到模型(或框架)之间的关系提升。因此，可以从计数有界态射提升到基数互模拟关系。首先定义**关系提升**这个概念。令 W 和 W' 是非空集合，$Z \subseteq W \times W'$ 是非空关系。定义 Z 的关系提升 $\widehat{Z} \subseteq \wp(W) \times \wp(W')$ 如下(图 1.1)：

$$\widehat{Z} = \{(X, Y) : (\forall x \in X)(\exists y \in Y)xZy \ \& \ (\forall y \in Y)(\exists x \in X)xZy\}.$$

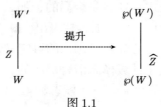

图 1.1

定义 1.12　令 $\mathfrak{M} = (W, R, V)$ 和 $\mathfrak{M}' = (W' \ R', V')$ 是模型。一个非空二元关系 $Z \subseteq W \times W'$ 称为 ML(κ, ω)**互模拟**，如果它满足如下条件：对所有$(w, w') \in Z$ 和基数 $0 < \lambda < \kappa$，

(1) w 和 w' 满足相同的命题字母。

(2) 如果 $X \subseteq w{\uparrow}$并且$|X| = \lambda$，那么存在 $Y \subseteq w'{\uparrow}$使得$|Y| = \lambda$ 并且 $X \ \widehat{Z} \ Y$。

(3) 如果 $Y \subseteq w'{\uparrow}$并且$|Y| = \lambda$，那么存在 $X \subseteq w{\uparrow}$使得$|X| = \lambda$ 并且 $X \ \widehat{Z} \ Y$。

用记号 $Z : \mathfrak{M}, w \ \underline{\leftrightarrow}_\kappa \ \mathfrak{M}', w'$ 表示 Z 是 $\mathfrak{M}$ 和 $\mathfrak{M}'$ 之间的 ML(κ, ω)互模拟关系使 wZw'。称 w 和 w' 是 ML(κ, ω)**互模拟的**，如果存在 $Z : \mathfrak{M}, w \ \underline{\leftrightarrow}_\kappa \ \mathfrak{M}', w'$。称 Z 是**全局** ML(κ, ω)**互模拟**，如果 Z 是 ML(κ, ω)互模拟，并且对所有 $w \in W$ 存在 $w' \in W'$使 wZw'，反之亦然。去掉原子条件，便可对框架定义以上概念(图 1.2)。

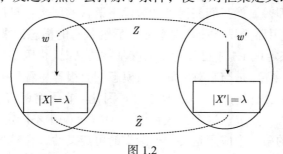

图 1.2

显然 ML$(2, \omega)$互模拟与基本模态逻辑的互模拟重合，而且 ML(ω, ω)互模拟也与德莱克(de Rijke, 2000)引入的分次互模拟的概念重合。此外，不相交并、生成子结构和树型展开等都是基本模态逻辑的互模拟的特殊情况，因此它们也是计数互模拟的特殊情况。容易验证计数有界态射也可以诱导计数互模拟关系。回到计数互模拟的概念，如下命题是关于计数模态公式对计数互模拟的不变和保持结果。

命题 1.11　令 $Z : \mathfrak{M}, w \ \underline{\leftrightarrow}_\kappa \ \mathfrak{M}', w'$并且 $Z : \mathfrak{F}, w \ \underline{\leftrightarrow}_\kappa \ \mathfrak{F}', w'$。对每个 ML$(\kappa,$

ω)公式 ϕ,如下成立:

(1) $\mathfrak{M}, w \vDash \phi$ 当且仅当 $\mathfrak{M}', w' \vDash \phi$。

(2) 如果 Z 是全局的,那么 $\mathfrak{M} \vDash \phi$ 当且仅当 $\mathfrak{M}' \vDash \phi$。

(3) 如果 ϕ 是无变元公式,那么 $\mathfrak{F}, w \vDash \phi$ 当且仅当 $\mathfrak{F}', w' \vDash \phi$。

(4) 如果 ϕ 是无变元公式并且 Z 是全局的,那么 $\mathfrak{F} \vDash \phi$ 当且仅当 $\mathfrak{F}' \vDash \phi$。

证明 对 ϕ 归纳证明(1),其他项容易得出。∎

命题 1.11 还有一些推论。首先对模态词的可定义性和框架类的可定义分别给出两个结果。如下定理是关于计数模态语言层次的,层次划分由基数决定。

定理 1.1 对任何后继基数 $\kappa > 1$,模态词 $\Diamond_\kappa$ 不能在语言 $\mathrm{ML}(\kappa, \omega)$ 中加以定义。

证明 若不然,对某个后继基数 $\kappa > 1$,令 $\mathrm{ML}(\kappa, \omega)$ 公式 $\phi(p)$ 定义 $\Diamond_\kappa$,即对任何模型 $\mathfrak{M} = (W, R, V)$ 和 $w \in W$,$\mathfrak{M}, w \vDash \Diamond_\kappa p$ 当且仅当 $\mathfrak{M}, w \vDash \phi(p)$。如下构造模型 $\mathfrak{M} = (W, R, V)$ 和 $\mathfrak{M}' = (W', R', V')$:

(1) 令 $\iota^+ = \kappa$。定义 $W = \{w\} \cup \{u_\xi : \xi \leq \iota\} \cup U$ 使得 $|\{u_\xi : \xi \leq \iota\} \cup U| = \kappa$。令 $W' = \{w'\} \cup \{u_\xi' : \xi \leq \iota\}$。

(2) $R = \{(w, u_\xi) : \xi \leq \iota\} \cup (\{w\} \times U)$;$R' = \{(w', u_\xi') : \xi \leq \iota\}$。

(3) $V(p) = W$;$V'(p) = W'$。

定义关系 $Z = ((\{u_\xi : \xi \leq \iota\} \cup U) \times \{u_\xi' : \xi \leq \iota\}) \cup \{(w, w')\}$。易证 Z 是 $\mathrm{ML}(\kappa, \omega)$ 互模拟。那么 $\mathfrak{M}, w \vDash \Diamond_\kappa p$ 且 $\mathfrak{M}, w \vDash \phi(p)$。由命题 1.11(1),$\mathfrak{M}', w' \vDash \phi(p)$。那么 $\mathfrak{M}', w' \vDash \Diamond_\kappa p$,矛盾。∎

根据这条定理,显然我们获得了计数模态语言的层次:对每个后继基数 κ,模态词 $\Diamond_\kappa$ 不能使用那些只能计算少于 κ 个后继状态的模态词来定义。

说明 1.1 在定理 1.1 中已处理了后继基数的情况。极限基数的情况如何呢?以基数 $\aleph_0$ 为例。令 $\Diamond_\omega$ 是与它对应的基数模态词。很容易看到 $\Diamond_\omega p$ 这个公式可以使用 $\mathrm{ML}(\omega, \omega)$ 公式集 $\{\Diamond_n p : n \in \omega\}$ 来定义。因此,在无穷语言 $\mathrm{ML}(\omega, \infty)$ 中,可以定义 $\Diamond_\omega p := \bigwedge_{n \in \omega} \Diamond_n p$。这个公式在语言 $\mathrm{ML}(\omega, \omega)$ 中不能定义。

计数互模拟的第二个应用是关于框架类的可定义性。容易验证 $\mathsf{Frm}(\Diamond_\kappa \top) = \{\mathfrak{F} : \mathfrak{F} \vDash \forall x(|x{\uparrow}| \geq \kappa)\}$,即 $\Diamond_\kappa \top$ 定义了每个状态至少有 κ 个后继状态的框架类。要证明这个框架类在 $\mathrm{ML}(\kappa, \omega)$ 中不能定义,我们使用如下关于簇的概念。

定义 1.13 给定框架 $\mathfrak{F} = (W, R)$,定义等价关系 $\sim \subseteq W \times W$ 如下:

$$w \sim u \text{ 当且仅当 } w = u \text{ 或者}(Rwu \,\&\, Ruw)。$$

相对于 $\sim$ 的等价类称为簇。对任何状态 w,令 $C(w)$ 表示由 w 生成的簇。称一个簇 $C(w)$ 是**退化簇**,如果 $C(w) = \{\bullet\}$,即由禁自返状态组成的单元集。称 $C(w)$ 为**简单簇**,如果 $C(w) = \{\circ\}$,即由自返状态组成的单元集。称 $C(w)$ 为**真簇**,如

果 $|C(w)| > 1$。称 $C(w)$ 为(禁)自返簇,如果 $C(w)$ 中每个状态(禁)自返。

定理 1.2 对每个后继基数 $\kappa > 1$,框架类 $\mathsf{Frm}(\Diamond_\kappa\top)$ 在 $\mathrm{ML}(\kappa, \omega)$ 中不可定义。

证明 假设存在后继基数 $\kappa > 1$ 和 $\mathrm{ML}(\kappa, \omega)$ 公式 ϕ 定义 $\mathsf{Frm}(\Diamond_\kappa\top)$,即对每个框架 $\mathfrak{F}$,$\mathfrak{F} \vDash \Diamond_\kappa\top$ 当且仅当 $\mathfrak{F} \vDash \phi$。构造框架 $\mathfrak{F} = (W, R)$ 和 $\mathfrak{F}' = (W', R')$:

(1) 令 $\iota^+ = \kappa$,$U_\iota = \{u_\xi : \xi \leqslant \iota\}$ 并且 $U'_\iota = \{u_\xi' : \xi \leqslant \iota\}$。定义 $W = \{w\} \cup U_\iota \cup U$ 使得 $|U_\iota \cup U| = \kappa$。令 $W' = \{w'\} \cup U'_\iota$。

(2) U,U_ι 和 U'_ι 都是自返簇。令 $U_\iota \cup U \subseteq w{\uparrow}$ 并且 $U'_\iota \cup U \subseteq w'{\uparrow}$。

定义 $Z = ((U_\iota \cup U) \times U'_\iota) \cup \{(w, w')\}$。容易验证 Z 是 $\mathrm{ML}(\kappa, \omega)$ 互模拟。此外,Z 也是全局的。根据 $\mathfrak{F} \vDash \Diamond_\kappa\top$ 和命题 1.11(4),$\mathfrak{F}' \vDash \Diamond_\kappa\top$,矛盾。∎

因此,对每个无限的后继基数 κ,框架类 $\mathsf{Frm}(\Diamond_\kappa\top)$ 不能在 $\mathrm{ML}(\omega, \omega)$ 中定义。例如,"每个状态有 $\aleph_1$ 个后继"这条性质就不能在 $\mathrm{ML}(\omega, \omega)$ 中定义。同样,这里也遇到极限基数的问题。注意 $\Diamond_\omega\top$ 定义每个状态有可数多个后继这种性质,然而这种性质可以用 $\mathrm{ML}(\omega, \omega)$ 公式集 $\{\Diamond_n\top : n \in \omega\}$ 来定义。

1.4 分次模态逻辑

本节集中考虑计数模态语言 $\mathrm{ML}(\omega, \omega)$,它在文献中被称为分次模态语言 GML,模态词 $\Diamond_n$ 称为分次模态词。我们的目标是概述关于 GML 目前已经取得的模型论结果,参见关于分次模态逻辑的综述(Ma, 2010a)。

在斐尼的论文(Fine, 1972a)中,分次模态词是作为塔尔斯基(Tarski, 1941)提出的数字量词的模态对应算子提出来的。斐尼给出了极小正规分次模态逻辑以及几个正规扩张。极小正规分次模态逻辑有如下公理模式和推理规则:

公理模式:

(1) 命题重言式的所有个例。

(2) $\Box(\phi \to \psi) \to (\Box\phi \to \Box\psi)$。

(3) $\Diamond_k\phi \to \Diamond_l\phi(l < k)$。

(4) $\Diamond_k\phi \leftrightarrow \bigvee_{i \leqslant k} \Diamond_i(\phi \wedge \psi) \wedge \Diamond_{k-i}(\phi \wedge \neg\psi)$。

(5) $\Box(\phi \to \psi) \to (\Diamond_k\phi \to \Diamond_k\psi)$。

推理规则:

MP:从 ϕ 和 $\phi \to \psi$ 推出 ψ。

Gen:从 ϕ 推出 $\Box\phi$。

注意公理(2)不是独立的,它可以从其他公理推导出来。斐尼所证明的主要结果是一些正规分次模态逻辑的完全性,他的证明采用了逐步构造的方法。

在法托·罗西-巴尔纳巴和德卡罗的论文(Fattorosi-Barnaba and de Caro, 1985)

中，重新发现了分次模态逻辑，这篇文章提出了一个不同版本的极小正规分次模态逻辑，它以 MP 和 Gen 为推理规则，含有如下三个公理模式：

(1) $\diamond_{k+1}\phi \to \diamond_k\phi$。

(2) $\square(\phi \to \psi) \to (\diamond_k\phi \to \diamond_k\psi)$。

(3) $\neg\diamond(\phi \wedge \psi) \wedge \diamond!_m\phi \wedge \diamond!_n\psi \to \diamond!_{m+n}(\phi \vee \psi)$。

一些意大利逻辑学家在此之后写了许多关于 GML 的论文。比如德卡罗 (de Caro, 1988)使用典范模型方法解决了极小正规分次模态逻辑的完全性问题。构造典范模型的关键想法是复制极大一致公式集，这个想法其实已经蕴涵在斐尼 (Fine, 1972a)关于典范映射的构造之中了。稍后，在一些论文中解决了一些正规扩张的完全性问题。例如，在希拉托(Cerrato, 1990)断言，含对称性公理 $p \to \square\diamond p$ 的正规分次模态逻辑没有德卡罗(de Caro, 1985)的典范模型，但他给出了一种并不算漂亮的解决方法。所有这些方法都没有以统一的方式解决正规分次模态逻辑的完全性问题。

关于分次模态逻辑的重要工作是德莱克的一篇笔记(de Rijke, 2000)，他定义了分次互模拟的概念，而且证明了 GML 的 van Benthem 类型的刻画定理，以及点模型类的可定义性定理。

定理 1.3(de Rijke, 2000) GML 是带等词一阶逻辑的分次互模拟不变片段。

定理 1.4(de Rijke, 2000) 一个点模型类 K 能被 GML 公式集定义当且仅当它对分次互模拟和超积封闭，而它的补类对超幂封闭。此外，K 能被单个 GML 公式定义当且仅当它对分次互模拟和超积封闭，而它的补类也对超积封闭。

德莱克的论文还提出这样一个问题，即使用分次互模拟的概念为 GML 证明一条 Goldblatt-Thomason 类型的框架可定义性定理。这个问题将在第 2 章得到解决。此外，抽象模型论是模型论的另一重要分支。在腾卡特等的论文(ten Cate et al., 2007)中使用两个关于分次模态逻辑的事实证明了刻画分次模态语言表达力的抽象模型论定理：①分次模态公式并非对基本模态逻辑的互模拟不变，但对树型展开不变；②任何有限树模型可用单独一个 GML 公式不计同构地加以描述。

定理 1.5(ten Cate et al., 2007) 一个扩张 GML 的抽象逻辑满足树型展开不变、紧致性和 Löwenheim-Skolem 性质当且仅当它的表达力等于 GML。

在已出版的文献中没有进一步重要的模型论结果，这意味着 GML 的模型论仍然是没有得到很好研究的领域，这正是本书所要研究的方向。然而，在应用方面 GML 已得到许多关注，下面举一些分次模态语言应用的例子。

例 1.2(分次认知模态词) 在范德胡克和迈耶的论文(van der Hoek and Ch. Meyer, 1992)中为研究知识的不确定性提供了一种新方法。给定一个认知 S5 模型 $\mathfrak{M}$，含认知算子 K_n 的公式 $K_n\phi$ 解释为

$$\mathfrak{M}, w \vDash K_n \phi \text{ 当且仅当} |R[w] \cap -[\![\phi]\!]_\mathfrak{M}| < n,$$

即主体认为 ϕ 例外的次数少于 n。公式 $K_1\phi$ 对应于标准的认知逻辑公式 $K\phi$。在公式 $K_n\phi$ 中，n 越大，主体接受 ϕ 的程度越小。这个公式表达了某种不确定知识的度。公式 $K_n\phi \to K_{n+1}\phi$ 直觉上是有道理的，因为如果主体知道 ϕ 的例外次数少于 n，那么显然他知道 ϕ 例外的次数少于 $n+1$。用下图表示知识不确定度的变化：

$$K_1\phi \Rightarrow \cdots \Rightarrow K_n\phi \Rightarrow K_{n+1}\phi \Rightarrow \cdots \Rightarrow \cdots \langle K_{n+1}\rangle\phi \Rightarrow \langle K_n\rangle\phi \Rightarrow \cdots \Rightarrow \langle K_1\rangle\phi,$$

其中 $\langle K_n\rangle$ 是 K_n 的对偶算子。公式 $\langle K_n\rangle\phi$ 的直观意义是主体认为 ϕ 并非是不可能的。此外，参考分次模态词在动态认知逻辑中的应用(Ma, 2008; 2009)。

例 1.3(广义量词理论)　范德胡克和德莱克的论文(van der Hoek and de Rijke, 1993)在广义量词理论中应用分次模态词，表达三段论和牵涉数字量词的推理：

(1) 所有 A 是 B。有的 C 不是 B。所以，有的 C 不是 A。该三段论可以表达为：$\Box(A \wedge B), \Diamond(C \wedge \neg B) \vdash \Diamond(C \wedge \neg A)$。

(2) 存在10个 A。至少有7个 B 是 A。至少有4个 C 是 A。所以，至少有1个 B 是 C。这个推理可以表达为：$\Diamond!_{10}A, \Diamond_7(B \wedge A), \Diamond_4(C \wedge A) \vdash \Diamond_1(B \wedge C)$。

这些分次模态词可以用数字量词来替代，但是关键事实在于模态词是没有是没有使用明确约束变元的量词，而且模态逻辑有较好的计算性质。

例 1.4(数字限制)　人工智能中的描述逻辑是用于知识表示的形式语言，在描述逻辑中，应用范围(对象)的知识可以通过定义相关概念来表示，使用这些概念来确定应用范围中对象的性质。举一个例子(Baader and Nutt, 2003)。如下描述要么拥有不超过一个孩子、要么拥有至少三个孩子并且其中至少有一个是女性的人

Person $\sqcap$ ($\leqslant$ 1 hasChild $\sqcup$ ($\geqslant$ 3 hasChild $\sqcap$ $\exists$ hasChild.Female))。

这个例子中表达了两种因素：一种因素是有限制的量化，另一种因素是数字限制。这里的量化限制到特定范围的对象，数字也可以看作量化的特殊限制。比如表达式 Female $\sqcap$ ($\geqslant$ 3 relative young)具有($\geqslant nRC$)这种形式，它可以转化为模态公式 $\langle R\rangle_n C$(van der Hoek and de Rijke, 1995)。

例 1.5(分次 CTL)　在费兰特等的论文(Ferrante et al., 2009)中提出了分次计算树逻辑，即在计算树逻辑(CTL)基础上增加对状态和路径的分次模态词。这种逻辑的好处在于它能表达具备特定性质的状态和路径的数目。考虑两个自动机(图 1.3、图 1.4)。

图 1.3 中的自动机有两个使性质 P 真的状态，这两个状态都能从初始状态到达。然而，图 1.4 中的自动机只有一个这样的状态。这两个自动机在 CTL 中是不能区分的，因为它们是互模拟的。但是在分次 CTL 中，可以计算从初始状态出发

到达具有特殊性质的状态的路径数目。分次 CTL 的公式如下解释:

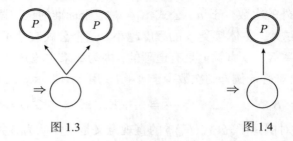

图 1.3   图 1.4

(1) 公式 $\Diamond_n\phi$ 在状态 w 上是真的当且仅当 w 至少有 n 个后继的 ϕ 状态。

(2) 公式 $\triangle_n\phi$ 在状态 w 上是真的当且仅当至少存在 n 条从 w 出发的不同路径使得 ϕ 在这些路径的每个状态上都是真的。

(3) 公式 $\phi U_n \psi$ 在状态 w 上是真的当且仅当至少存在 n 个不同的有穷路径使得 ϕ 在终点上是真的并且 ψ 在这些路径中除终点之外其他所有状态上是真的。

这里有一点值得注意。CTL 是某种完整的分支时序逻辑,因此这里实际上在探索分次时序逻辑。分次分支时序逻辑的完全公理化是一个新的开放问题。

最后我还想指出一些关于模态逻辑的余代数视角的东西。余代数模态逻辑是近年来在计算机模态逻辑学家中兴起的。下面这句取自魏讷玛的论文(Venema, 2007)的话可以当作他们的标语:

正如等式逻辑是代数的自然逻辑一样,模态逻辑则是余代数的自然逻辑。

余代数是基于状态的动态系统的抽象数学模型,这些动态系统包括有向图(模态逻辑的关系框架)、转换系统、自动机等,它们都可以看作关系结构。模态语言的设计是为了谈论这些关系结构。直到近些年人们才发现,关系结构有非常自然的余代数形式。比如每个关系框架对应于一个 $\wp$ 余代数,即以集合为对象、以集合间的函数为箭头的范畴 **SET** 上幂集函子 $\wp(\cdot)$ 的余代数。对于余代数与模态逻辑之间的联系,参见库兹的讲义(Kurz, 1999)。对于分次模态逻辑来说,还有一些论文把可以看作余代数的复合图作为解释的框架(D'Agostino and Visser, 2002;Schröder, 2005;Schröder and Pattinson, 2007)。

除了关系语义学,本书主要考虑分次模态语言 GML 的余代数语义学。通过全书可以表明,对于 GML 来说,余代数语义要比关系语义表现更好,原因在于我们可以把语言中的数字信息在余代数模型中明确表示出来。这就是为什么一些逻辑学家说余代数理论涵盖了分次模态逻辑。在本书中,我们假定关于余代数的基础知识,还假定读者了解基本模态逻辑、模型论和泛代数的基础知识。本书所需要的概念可查阅附录。

第 2 章　分次模态语言的关系语义学

第 1 章给出了一般性的计数模态语言的句法和关系语义学, 这也适用于分次模态语言 $\mathrm{GML} = \mathrm{ML}(\omega, \omega)$。下面重新回顾 GML 的一些基本概念。这个语言的模态相似型是由一元分次模态词组成的集合 $\tau_\omega = \{\Diamond_n : n \in \omega\}$。给定命题字母集 Φ, 所有 GML 公式的集合 $\mathrm{Form}(\omega, \omega)$ 如下递归定义:

$$\phi ::= p \mid \bot \mid \phi_1 \to \phi_2 \mid \Diamond_n \phi,$$

其中 $p \in \Phi$ 并且 $\Diamond_n \in \tau_\omega$。定义 $\Box_n \phi := \neg \Diamond_n \neg \phi$ 和 $\Diamond!_n \phi := \Diamond_n \phi \wedge \neg \Diamond_{n+1} \phi$。一个 GML 公式 ϕ 称为**无变元公式**, 如果 $\mathrm{var}(\phi) = \varnothing$。对每个自然数 $n \in \omega$, 定义

$$\mathrm{Form}(\omega, \omega)_n = \{\phi \in \mathrm{Form}(\omega, \omega) \,:\, \mathrm{md}(\phi) \leqslant n\},$$

即模态度至多为 n 的所有 GML 公式的集合。对每个自然数 $m > 0$, 定义

$$\mathrm{Form}(m + 1, \omega) = \{\phi \in \mathrm{Form}(\omega, \omega) : \mathrm{gd}(\phi) \leqslant m\},$$

即所有等级至多为 m 的 GML 公式的集合。因此 $\mathrm{Form}(m+1, \omega)_n$ 就是所有模态度至多为 n 并且等级至多为 m 的 GML 公式的集合。给定框架 $\mathfrak{F} = (W, R)$ 和状态 $w \in W$, 对所有 $n \in \omega$, 定义幂集 $\wp(W)$ 上的一元代数运算 $\langle n \rangle$ 如下:

$$\langle n \rangle X = \{w \in W : |\, w{\uparrow} \cap X\,| \,\geqslant\, n\}.$$

定义 $[n]X := -\langle n \rangle -X$ 和 $\langle n \rangle! X := \langle n \rangle X \cap -\langle n+1 \rangle X$。简单计算可得: $\langle n \rangle! X = \{w \in W : |\, w{\uparrow} \cap X\,| = n\}$。任给关系模型 $\mathfrak{M} = (W, R, V)$, 递归定义公式 ϕ 在 $\mathfrak{M}$ 中的真集 $[\![\phi]\!]_{\mathfrak{M}}$ 如下:

$$[\![p]\!]_{\mathfrak{M}} = V(p),$$
$$[\![\bot]\!]_{\mathfrak{M}} = \varnothing,$$
$$[\![\phi_1 \to \phi_2]\!]_{\mathfrak{M}} = -[\![\phi_1]\!]_{\mathfrak{M}} \cup [\![\phi_2]\!]_{\mathfrak{M}},$$
$$[\![\Diamond_n \phi]\!]_{\mathfrak{M}} = \langle n \rangle [\![\phi]\!]_{\mathfrak{M}},$$

因此, $[\![\Box_n \phi]\!]_{\mathfrak{M}} = [n][\![\phi]\!]_{\mathfrak{M}}$ 并且 $[\![\Diamond!_n \phi]\!]_{\mathfrak{M}} = \langle n \rangle! [\![\phi]\!]_{\mathfrak{M}}$。容易验证, 对每个子集 $X \subseteq W$, $\langle 0 \rangle X = W$。因此, 对每个公式 ϕ, $[\![\Diamond_0 \phi]\!]_{\mathfrak{M}} = W$。因此 $\Diamond_0 \phi$ 逻辑等值于 $\top$。视情况可以忽略 $n = 0$ 的情况, 而仅对 $n > 0$ 考虑分次模态词 $\Diamond_n$。

令 $\mathfrak{M} = (W, R, V)$ 和 $\mathfrak{M}' = (W', R', V')$ 是模型，$w \in W$ 并且 $w' \in W'$。称 w 和 w' 是 GML **等价的**(记为 $\mathfrak{M}, w \equiv \mathfrak{M}', w'$)，如果对所有 GML 公式 ϕ，$w \in [\![\phi]\!]_{\mathfrak{M}}$ 当且仅当 $w' \in [\![\phi]\!]_{\mathfrak{M}'}$。根据三种不同的公式 $\mathrm{Form}(\omega, \omega)_n$、$\mathrm{Form}(m+1, \omega)$ 和 $\mathrm{Form}(m+1, \omega)_n$，还可以定义三种不同的分次模态等价的概念：

(1) (**模态度 n 等价**)我们写 $\mathfrak{M}, w \equiv_n \mathfrak{M}', w'$，如果对每个使得 $\mathrm{md}(\phi) \leqslant n$ 的公式 GML 公式 ϕ，$w \in [\![\phi]\!]_{\mathfrak{M}}$ 当且仅当 $w' \in [\![\phi]\!]_{\mathfrak{M}'}$。

(2) (**等级 m 等价**)我们写 $\mathfrak{M}, w \equiv^m \mathfrak{M}', w'$，如果对每个使得 $\mathrm{gd}(\phi) \leqslant m$ 的 GML 公式 ϕ，$w \in [\![\phi]\!]_{\mathfrak{M}}$ 当且仅当 $w' \in [\![\phi]\!]_{\mathfrak{M}'}$。

(3) (**二维等价**)我们写 $\mathfrak{M}, w \equiv_n^m \mathfrak{M}', w'$，如果对每个使得 $\mathrm{md}(\phi) \leqslant n$ 并且 $\mathrm{gd}(\phi) \leqslant m$ 的公式 GML 公式 ϕ，$w \in [\![\phi]\!]_{\mathfrak{M}}$ 当且仅当 $w' \in [\![\phi]\!]_{\mathfrak{M}'}$。

二维等价是在深度和等级两个方向上进行限制的分次模态等价的概念。在关系模型中相应的语义动作，乃是从当前状态出发，只关心有限多个后继状态，而且沿可及关系只向前移动有限多步。

给定关系结构(点模型、模型、点框架、框架)$\mathcal{S}$，定义 $\mathcal{S}$ 的 GML **理论**为公式集 $\mathrm{Th}(\mathcal{S}) = \{\phi : \phi$ 是 GML 公式并且 $\mathcal{S} \models \phi\}$，即所有在 $\mathcal{S}$ 中真或有效的 GML 公式的集合。显然，对于点模型 $(\mathfrak{M}, w)$ 和 $(\mathfrak{M}', w')$ 有 $\mathfrak{M}, w \equiv \mathfrak{M}', w'$ 当且仅当 $\mathrm{Th}(\mathfrak{M}, w) = \mathrm{Th}(\mathfrak{M}', w')$。可满足关系、全局真和有效等其他语义概念都如第 1 章定义。这些概念也可在白磊本等的著作(Blackburn et al., 2001)中找到。

2.1 模型和框架构造

本节回顾 GML 的一些基本模型构造方法，包括不相交并、生成子结构、分次有界态射和分次互模拟等。

定理 2.1 令 $\{\mathfrak{F}_i = (W_i, R_i) : i \in I\}$ 是框架族，$\{\mathfrak{M}_i = (\mathfrak{F}_i, V_i) : i \in I\}$ 是模型族。

(1) 对所有 $i \in I$ 和 $w \in W_i$，$\mathrm{Th}(\uplus_I \mathfrak{M}_i, w) = \mathrm{Th}(\mathfrak{M}_i, w)$。

(2) $\mathrm{Th}(\uplus_I \mathfrak{M}_i) = \bigcap_{j \in I} \mathrm{Th}(\mathfrak{M}_j)$。

(3) 对所有 $i \in I$ 和 $w \in W_i$，$\mathrm{Th}(\uplus_I \mathfrak{F}_i, w) = \mathrm{Th}(\mathfrak{F}_i, w)$。

(4) $\mathrm{Th}(\uplus_I \mathfrak{F}_i) = \bigcap_{j \in I} \mathrm{Th}(\mathfrak{F}_j)$。

证明 第(1)项对 GML 公式归纳证明，其他项容易得出。■

定理 2.2 对模型 $\mathfrak{M} = (\mathfrak{F}, V)$ 和 $\mathfrak{M}' = (\mathfrak{F}', V')$，假设 $\mathfrak{M}' \rightarrowtail \mathfrak{M}$。对 $\mathfrak{M}'$ 中每个状态 w，如下成立：

(1) $\mathrm{Th}(\mathfrak{M}', w) = \mathrm{Th}(\mathfrak{M}, w)$。

(2) $\mathrm{Th}(\mathfrak{M}) \subseteq \mathrm{Th}(\mathfrak{M}')$。

(3) $\mathrm{Th}(\mathfrak{F}, w) = \mathrm{Th}(\mathfrak{F}', w)$。

(4) $\mathrm{Th}(\mathfrak{F}) \subseteq \mathrm{Th}(\mathfrak{F}')$。

证明　第(1)项对 GML 公式归纳证明，其他项容易得出。∎

推论 2.1　如果一个模型类(或框架类)K 是分次模态可定义的,那么 K 对不相交并和生成子模型(或生成子框架)封闭。

定义 2.1　两个模型 $\mathfrak{M} = (W, R, V)$ 和 $\mathfrak{M}' = (W', R', V')$ 之间一个**分次互模拟**是一个非空二元关系 $Z \subseteq W \times W'$(记为 $Z: \mathfrak{M} \underline{\leftrightarrow}_g \mathfrak{M}'$,若不产生混淆则删除下标 g)使得 Z 满足下面的条件: 对所有 $n > 0$ 和 $(w, w') \in Z$, 如下成立:

(1) 对每个命题字母 p, $w \in V(p)$ 当且仅当 $w' \in V'(p)$。

(2) 若 $X \subseteq w{\uparrow}$ 且 $|X| = n$, 则存在 $X' \subseteq w'{\uparrow}$ 使 $|X'| = n$ 且 $X \widehat{Z} X'$。

(3) 若 $X' \subseteq w'{\uparrow}$ 且 $|X'| = n$, 则存在 $X \subseteq w{\uparrow}$ 使 $|X| = n$ 且 $X \widehat{Z} X'$。

如果 wZw', 则称 w 和 w' 是**分次互模拟的**(记为 $Z: \mathfrak{M}, w \underline{\leftrightarrow}_g \mathfrak{M}', w'$)。如果 $Z: \mathfrak{M} \underline{\leftrightarrow}_g \mathfrak{M}'$, 则 $\mathfrak{M}'$ 称为 $\mathfrak{M}$ 的**分次互模拟象**。互模拟关系 Z 称为**满射互模拟**, 如果 W' 中所有状态在 W 中都存在一个互模拟的状态。互模拟关系 Z 称为**全局互模拟**, 如果 Z 和 Z^{-1} 都是满射互模拟。去掉原子条件即可对框架定义上述概念。

定理 2.3　对模型 $\mathfrak{M} = (\mathfrak{F}, V)$ 和 $\mathfrak{M}' = (\mathfrak{F}', V')$, 令 $Z: \mathfrak{M} \underline{\leftrightarrow}_g \mathfrak{M}'$。如下成立:

(1) 若 wZw', 则 $\mathfrak{M}, w \equiv \mathfrak{M}', w'$。

(2) 若 Z 是满互模拟, 则 $\mathrm{Th}(\mathfrak{M}) \subseteq \mathrm{Th}(\mathfrak{M}')$。

(3) 若 Z 是全局互模拟, 则 $\mathrm{Th}(\mathfrak{M}) = \mathrm{Th}(\mathfrak{M}')$。

(4) 对所有无变元 GML 公式 ϕ, 若 wZw', 则 $\mathfrak{F}, w \vDash \phi$ 当且仅当 $\mathfrak{F}', w' \vDash \phi$。

(5) 若 Z 是满射, 则对所有无变元 GML 公式 ϕ, $\mathfrak{F} \vDash \phi$ 蕴涵 $\mathfrak{F}' \vDash \phi$。

(6) 若 Z 是全局的, 则对所有无变元 GML 公式 ϕ, $\mathfrak{F} \vDash \phi$ 当且仅当 $\mathfrak{F}' \vDash \phi$。

证明　第(1)项对公式归纳证明。第(2)、(3)项易证。第(4)项成立, 因为无变元公式在框架上的有效性与赋值无关。由(4)易证第(5)、(6)项。∎

推论 2.2　如下关于可定义结构类的命题成立:

(1) 若模型类 K 分次模态可定义, 则 K 对满互模拟象和全局互模拟象封闭。

(2) 若框架类 K 由 GML 的某个无变元公式集可定义, 则 K 对满互模拟象和全局互模拟象封闭。

证明　根据定理 2.3 的(2)、(3)、(5)和(6)得出。∎

定义 2.2　从模型 $\mathfrak{M} = (W, R, V)$ 到 $\mathfrak{M}' = (W', R', V')$ 的一个**分次有界态射**是满足如下条件的满射 $f: W \to W'$: 如果 $f(w) = w'$, 那么

(1) 对所有命题字母 p, $w \in V(p)$ 当且仅当 $w' \in V'(p)$。

(2) 如果 $X \subseteq w{\uparrow}$ 并且 $|X| = 2$, 那么 $f[X] \subseteq w'{\uparrow}$ 并且 $|f[X]| = 2$。

(3) 如果 $u' \in w'{\uparrow}$，那么存在 $u \in w{\uparrow}$ 使得 $f(u) = u'$。

如果存在从 $\mathfrak{M}$ 到 $\mathfrak{M}'$ 的满射分次有界态射，则称 $\mathfrak{M}'$ 为 $\mathfrak{M}$ 的**分次有界态射象**（记为 $\mathfrak{M} \to_g \mathfrak{M}'$，若不存在混淆，则可删除下标 g）。去掉原子条件即可对框架定义上述概念。

在定义 2.2 中，条件(2)等价于，对每个 $n > 0$ 和 $X \subseteq w{\uparrow}$ 使得 $|X| = n$，都有 $f[X] \subseteq w'{\uparrow}$ 并且 $|f[X]| = n$。局部单射蕴涵于该条件之中。

命题 2.1 假设 f 是从模型 $\mathfrak{M}$ 到 $\mathfrak{M}'$ 的分次有界态射。如下成立：

(1) $\text{Th}(\mathfrak{M}, w) = \text{Th}(\mathfrak{M}', f(w))$。

(2) $\text{Th}(\mathfrak{M}) \subseteq \text{Th}(\mathfrak{M}')$，并且如果 f 是满射，那么 $\text{Th}(\mathfrak{M}) = \text{Th}(\mathfrak{M}')$。

(3) $\text{Th}(\mathfrak{F}, w) \subseteq \text{Th}(\mathfrak{F}', f(w))$。

(4) 如果 f 是满射，那么 $\text{Th}(\mathfrak{F}) \subseteq \text{Th}(\mathfrak{F}')$。

证明 第(1)项对 GML 公式归纳证明，其他项容易得出。∎

推论 2.3 如下命题成立：

(1) 若模型类(框架类)K 分次模态可定义，则 K 对分次有界态射象封闭。

(2) 每个框架 $\mathfrak{F}$ 是它所有点生成子框架不相交并的分次有界态射象。

证明 第(1)项由命题 2.1 的(2)和(4)得出。第(2)项这样来证明，取一个函数使得每个复制状态都映射到它在原来框架 $\mathfrak{F}$ 中对应的状态。∎

下面引入基于集合的分次有界态射的概念。对任何非空集合 W，令 $\wp^+(W) = \{X \subseteq W : X$ 是有限非空集合$\}$。

定义 2.3 令 $\mathfrak{M} = (W, R, V)$ 和 $\mathfrak{M}' = (W', R', V')$ 是模型。一个函数 $\eta: \wp^+(W) \to \wp^+(W')$ 称为从 $\mathfrak{M}$ 到 $\mathfrak{M}'$**基于集合的分次有界态射**，如果以下条件成立：对所有 $n > 0$，如果 $\eta(\{w\}) = \{w'\}$，那么

(1) w 和 w' 满足相同的命题字母。

(2) 如果 $\eta(X) = Y$ 并且 $|X| = n$，那么 $|Y| = n$，并且对所有 $x \in X$，存在 $y \in Y$ 使得 $\eta(\{x\}) = \{y\}$，反之亦然。

(3) 如果 $X \in \wp^+(w{\uparrow})$，那么 $\eta(X) \in \wp^+(w'{\uparrow})$。

(4) 如果 $Y \in \wp^+(w'{\uparrow})$，那么存在 $X \in \wp^+(w{\uparrow})$ 使得 $\eta(X) = Y$。

定理 2.4 假设 η 是从模型 $\mathfrak{M}$ 到 $\mathfrak{M}'$ 的基于集合的分次有界态射。如下成立：

(1) 如果 $\eta(\{w\}) = \{w'\}$，那么 $\text{Th}(\mathfrak{M}, w) \subseteq \text{Th}(\mathfrak{M}', w')$。

(2) $\text{Th}(\mathfrak{M}) \subseteq \text{Th}(\mathfrak{M}')$，并且如果 η 是满射，那么 $\text{Th}(\mathfrak{M}) = \text{Th}(\mathfrak{M}')$。

(3) 如果 $\eta(\{w\}) = \{w'\}$，那么 $\text{Th}(\mathfrak{F}, w) \subseteq \text{Th}(\mathfrak{F}', w')$。

(4) 如果 η 是满射，那么 $\text{Th}(\mathfrak{F}) \subseteq \text{Th}(\mathfrak{F}')$。

证明 第(1)项对 GML 公式归纳证明，其他项容易得出。∎

现在可以证明，每个基于集合的分次有界态射可以诱导一个分次有界态射。

命题 2.2 如果 η 是从模型 $\mathfrak{M} = (W, R, V)$ 到 $\mathfrak{M}' = (W', R', V')$ 的(满射)基于集合的分次有界态射，那么存在从模型 $\mathfrak{M}$ 到 $\mathfrak{M}'$ 的(满射)分次有界态射。

证明 如下定义映射 $f: W \rightarrow W'$：对每个状态 $x \in W$，令 $f(x) = y$ 当且仅当 $\eta(\{x\}) = \{y\}$。注意 f 是函数，因为 η 是函数。原子条件显然。对于前进条件，假设 $X \subseteq w{\uparrow}$ 且 $|X| = n$。由基于集合的有界态射的条件，只要证 $f[X] = \eta(X)$。检验从左到右的包含关系。若不然，则存在 $y \in f[X] \setminus \eta(X)$。因此，存在 $x \in X$ 使得 $f(x) = y$ 并且 $y \notin \eta(X)$。那么 $\eta(\{x\}) = \{y\}$。对于 $x \in X$，可以选择 $z \in \eta(X)$ 使 $\eta(\{x\}) = \{z\}$。然后有 $y \neq z$，与 η 是函数矛盾。对另一个方向的包含，假设 $y \in \eta(X)$。那么存在 $x \in X$ 使 $\eta(\{x\}) = \{y\}$。那么 $f(x) = y$，所以 $y \in f[X]$。∎

对于命题 2.2 的逆命题，首先改变基于集合的分次互模拟的概念。只需限制定义 2.3 的条件(2)，整合到条件(3)和(4)，即条件 $|X| = |\eta(X)|$ 只对模型中某个状态的有穷后继状态集合 X 成立。一般地，一个函数 $\eta: \wp^+(W) \rightarrow \wp^+(W')$ 称为**从 $\mathfrak{M}$ 到 $\mathfrak{M}'$ 的有限制的基于集合的分次有界态射**，如果以下条件成立：对任何 $w \in W$，如果 $\eta(\{w\}) = \{w'\}$，那么

(1) w 和 w' 满足相同的命题字母。

(2) 如果 $X \in \wp^+(w{\uparrow})$，那么 ① $|X| = |\eta(X)| > 0$；② $\eta(X) \subseteq w'{\uparrow}$ 并且 ③ 对所有 $x \in X$ 都存在 $y \in \eta(X)$ 使得 $\eta(\{x\}) = \{y\}$，反之亦然。

(3) 如果 $Y \in \wp^+(w'{\uparrow})$，那么存在 $X \subseteq w{\uparrow}$ 使得 ① $\eta(X) = Y$ 并且 ② 对所有 $x \in X$ 都存在 $y \in Y$ 使得 $\eta(\{x\}) = \{y\}$，反之亦然。

容易验证，定理 2.4 关于不变性和保持的结果在有限制的基于集合的分次有界态射这个概念下仍然成立。现在证明命题 2.2 的逆命题。

命题 2.3 如果 f 是从模型 $\mathfrak{M} = (W, R, V)$ 到 $\mathfrak{M}' = (W', R', V')$ 的分次有界态射(满射)，那么存在从模型 $\mathfrak{M}$ 到 $\mathfrak{M}'$ 的(满射)有限制的基于集合的分次有界态射 η(满射)。

证明 定义映射 $\eta: \wp^+(W) \rightarrow \wp^+(W')$ 如下：$\eta: X \mapsto f[X]$。可以证明 η 是有限制的分次有界态射。对原子条件，令 $\eta(\{w\}) = \{w'\}$。那么 $f[\{w\}] = \{w'\}$。因此 $f(w) = w'$。由分次有界态射，w 和 w' 满足相同的命题字母。对前进条件，设 $X \in \wp^+(w{\uparrow})$。那么 $f[X] \in \wp^+(w'{\uparrow})$。因此，$\eta(X) \in \wp^+(w'{\uparrow})$ 并且 $|X| = |\eta(X)|$。对每个状态 $x \in X$，存在 $y \in f[X]$ 使 $f(x) = y$，即 $\eta(\{x\}) = \{y\}$。另一个方向类似。现在证后退条件。设 $Y \in \wp^+(w'{\uparrow})$。由分次有界态射的后退条件，选择子集 $X \subseteq w{\uparrow}$ 使 $f[X] = Y$ 且 $|X| = |Y|$，容易验证 X 和 Y 就是所需集合。∎

2.2 分次超滤扩张与饱和

本节引入分次超滤扩张的模型构造方法，以及分次模态语言的分次饱和这个

重要概念。分次超滤扩张的重要性体现于证明框架类的可定义性定理，而分次饱和这个概念的重要性体现于证明模型类的可定义性定理。我们的出发点是验证为分次模态词定义的幂集上的代数运算 $\langle n \rangle (n > 0)$ 的一些性质。对于集合 W，令 $\mathrm{Uf}(W)$ 是 W 上所有超滤子组成的集合。

引理 2.1　令 $\mathfrak{F} = (W, R)$ 是框架，$u \in Uf(W)$ 并且 $X, Y \subseteq W$。

(1) 如果 $X \subseteq Y$，那么 $\langle n \rangle X \subseteq \langle n \rangle Y$。

(2) 如果 $m \leqslant n$，那么 $\langle n \rangle X \subseteq \langle m \rangle X$。

(3) $\langle n \rangle ! X \in u$ 当且仅当 $\langle n \rangle X \in u$ 并且 $\langle n+1 \rangle X \notin u$。

(4) 如果 $\langle n \rangle ! X \in u$，那么 n 是唯一的。

(5) 要么 $\forall n \in \omega \ \langle n \rangle X \in u$，要么 $\exists m \in \omega \ \langle m \rangle ! X \in u$。

(6) 如果 $X \subseteq Y$ 并且 $\langle n \rangle ! Y \in u$，那么存在唯一 $m \leqslant n$ 使得 $\langle m \rangle ! X \in u$。

证明　第(1)项由 $\langle n \rangle$ 的单调性得出。第(2)项由 $\langle n \rangle$ 的定义得出。第(3)项由超滤子的性质得出。对(4)，设 $\langle n \rangle ! X \in u$ 且 $\langle m \rangle ! X \in u$ 但 $m \neq n$。设 $m < n$ 而不失一般性。那么 $m+1 \leqslant n$。由(3)得，$\langle m+1 \rangle X \notin u$。由(2)得，$\langle n \rangle X \notin u$，与 $\langle n \rangle ! X \in u$ 矛盾。对(5)，假设存在 $n \in \omega$ 使 $\langle n \rangle X \notin u$。那么 $n > 0$，因为 $\langle 0 \rangle X = W \in u$。令 k 是最小自然数使 $\langle k \rangle X \notin u$。那么 $\langle k-1 \rangle X \in u$。因此 $\langle k-1 \rangle ! X \in u$。对(6)，设 $X \subseteq Y$ 且 $\langle n \rangle ! Y \in u$。那么 $\langle n+1 \rangle Y \notin u$。由(1)得 $\langle n+1 \rangle X \notin u$。由(5)和(6)得，存在唯一自然数 m 使 $\langle m \rangle ! X \in u$。设 $m > n$。由(2)得，$\langle m \rangle X \in u$，所以 $n+1 \leqslant m$ 并且 $\langle n+1 \rangle X \notin u$，矛盾。∎

定义 2.4　给定框架 $\mathfrak{F} = (W, R)$，定义映射 $\rho : \mathrm{Uf}(W) \times \mathrm{Uf}(W) \to \omega + 1$ 如下：

$$\rho(u, v) = \begin{cases} \omega, & \text{如果对所有 } n \in \omega \text{ 和 } X \in v \text{ 都有 } \langle n \rangle X \in u, \\ \min\{n \in \omega : \langle n \rangle ! X \in u \ \& \ X \in v\}, & \text{否则。} \end{cases}$$

该定义是可靠的。如果存在数 n 和 $X \in v$ 使 $\langle n \rangle X \notin u$，由引理 2.1(5)，存在自然数 m 使 $\langle m \rangle ! X \in u$。因此，存在极小自然数 m 使 $X \in v$ 且 $\langle m \rangle ! X \in u$。

函数 ρ 的直观意义如下。固定超滤子 u，函数值 $\rho(u, v)$ 决定了在超滤扩张中 u 需要多少个 v 的复制超滤子作为后继状态。把任何状态集 X 看作代表一个"命题"。显然函数 ρ 的定义运用了法托·罗西-巴尔纳巴和德卡罗的论文(Fattorosi-Barnaba and de Caro, 1985)所给出的构造典范模型的想法。如果对所有 $n \in \omega$ 和 $X \in v$ 都有 $\langle n \rangle X \in u$，那么需要可数多个 v 的复制超滤子作为 u 的后继。否则，只需要选择极小的自然数 n 使得 $\langle n \rangle ! X \in u$ 并且 $X \in v$。注意如果 $\langle n \rangle X \notin u$，那么对所有自然数 $m > n$，$\langle m \rangle X \notin u$。这些想法在定义分次超滤扩张时还要运用。

命题 2.4 令 $\mathfrak{M} = (W, R, V)$ 是模型并且 $u, v \in \mathrm{Uf}(W)$。

(1) $\rho(u, v) \geqslant k$ 当且仅当 $\{\langle k \rangle X : X \in v\} \subseteq u$ 当且仅当 $\{X : [k]X \in u\} \subseteq v$。

(2) 如果 $\llbracket \Diamond \phi \rrbracket_{\mathfrak{M}} \in u$，那么存在 v 使得 $\llbracket \phi \rrbracket_{\mathfrak{M}} \in v$ 并且 $\rho(u, v) > 0$。

证明 (1) 第二个双条件显然成立。对第一个双条件，首先假设 $\rho(u, v) \geqslant k$。如果 $\rho(u, v) = \omega$，显然由定义可得，$\{\langle k \rangle X : X \in v\} \subseteq u$。假设 $\rho(u, v) = n \geqslant k$。再设 $X \in v$，要证 $\langle k \rangle X \in u$。假设不然。那么 $\langle k \rangle X \notin u$，选择极小自然数 $m \leqslant k$ 使得 $\langle m \rangle X \notin u$。显然 $m > 0$。因此 $\langle m{-}1 \rangle X \in u$。因此 $\langle m{-}1 \rangle! X \in u$。因为 $\rho(u, v) = n$，所以 $n \leqslant m{-}1$，但 $n \geqslant k \geqslant m > m{-}1$，矛盾。反之，假设 $\{\langle k \rangle X : X \in v\} \subseteq u$ 但 $\rho(u, v) = n < k$。那么令 $\langle n \rangle! X \in u$ 对某个 $X \in v$。根据 $\langle n{+}1 \rangle X \notin u$ 和 $n{+}1 \leqslant k$，有 $\langle k \rangle X \notin u$，矛盾。

(2) 假设 $\llbracket \Diamond \phi \rrbracket_{\mathfrak{M}} \in u$。那么 $\langle 1 \rangle \llbracket \phi \rrbracket_{\mathfrak{M}} \in u$。令 $Y = \{X : [1]X \in u\} \cup \{\llbracket \phi \rrbracket_{\mathfrak{M}}\}$。利用 $[1](X \cap Z) = [1]X \cap [1]Z$，容易验证 Y 具有有限交性质。因此 Y 可以扩张为超滤子 v 使得 $\rho(u, v) > 0$。■

命题 2.4 说明了函数 ρ 的一些基本性质。现在使用这个函数，可以定义分次超滤扩张的概念。

定义 2.5 任给模型 $\mathfrak{M} = (W, R, V)$，定义它的**分次超滤扩张** $\mathfrak{M}^{\mathrm{ue}} = (W^{\mathrm{ue}}, R^{\mathrm{ue}}, V^{\mathrm{ue}})$ 如下：

(1) $W^{\mathrm{ue}} = \{(u, i) : u \in \mathrm{Uf}(W) \ \& \ i \in \omega\}$。

(2) $(u, i) \, R^{\mathrm{ue}} \, (v, j)$ 当且仅当 $j < \rho(u, v)$。

(3) 对每个命题字母 p，$(u, i) \in V^{\mathrm{ue}}(p)$ 当且仅当 $p \in u$。

框架 $\mathfrak{F} = (W, R)$ 的**分次超滤扩张**定义为新框架 $\mathfrak{F}^{\mathrm{ue}} = (W^{\mathrm{ue}}, R^{\mathrm{ue}})$。

下面证明分次超滤扩张的基本定理，直观地说即如下等式成立：在超滤扩张模型中超滤子上真 = 真集属于超滤子。首先证明一些引理。

引理 2.2 任给框架 $\mathfrak{F} = (W, R)$，对不同超滤子 $u_1, \cdots, u_n (n > 1)$，存在集合 $X_1, \cdots, X_n \subseteq W$ 使得 $X_i \in u_i$ 并且 $X_i \cap X_j = \varnothing$ 对所有 $1 \leqslant i \neq j \leqslant n$。

证明 对 n 归纳证明。对于 $n = 2$，令 $u_1 \neq u_2$。那么存在 $X \in u_1 \setminus u_2$。这样 $-X \in u_2$ 并且 $X \cap -X = \varnothing$。假设该命题对 n 成立。考虑不同超滤子 $u_1, \cdots, u_n$ 和 u_{n+1}。令 $X_1, \cdots, X_n$ 使得 $X_i \in u_i$ 并且 $X_i \cap X_j = \varnothing$ 对 $1 \leqslant i \neq j \leqslant n$。令 $Y_i \in u_{n+1} \setminus u_i$ 对 $1 \leqslant i \leqslant n$。令 $Z_i = X_i \cap -Y_i \in u_i$ 对 $1 \leqslant i \leqslant n$ 并且 $Z_{n+1} = \bigcap_{1 \leqslant i \leqslant n} Y_i$。那么 $Z_i \cap Z_j = \varnothing$ 对所有 $1 \leqslant i \neq j \leqslant n+1$。■

引理 2.3 令 $\mathfrak{F} = (W, R)$ 是框架并且 $u \in \mathrm{Uf}(W)$。假设 $X_1, \cdots, X_k \subseteq W (k > 1)$，$\langle n_i \rangle! X_i \in u$ 并且 $X_i \cap X_j = \varnothing$ 对所有 $1 \leqslant i \neq j \leqslant k$。令 $Y = \bigcup_{1 \leqslant i \leqslant k} X_i$ 并且 $m = n_1 + \cdots + n_k$。那么 $\langle m \rangle! Y \in u$。

证明　对 k 归纳证明。对 $k=2$，令 $X_1 \neq X_2$，$\langle n_1 \rangle! X_1 \in u$，$\langle n_2 \rangle! X_2 \in u$，$m = n_1 + n_2$，$Y = X_1 \cup X_2$ 并且 $X_1 \cap X_2 = \varnothing$。我们证明 $\langle m \rangle Y \in u$ 并且 $\langle m+1 \rangle Y \notin u$。假设 $\langle m \rangle Y \notin u$。那么 $[m] - Y \in u$。因此，交集 $D = \langle n_1 \rangle X_1 \cap \langle n_2 \rangle X_2 \cap [m] - Y \in u$，由此 D 是非空的。令 $x \in D$。那么 $|x{\uparrow} \cap X_1| \geq n_1$，$|x{\uparrow} \cap X_2| \geq n_2$ 并且 $|x{\uparrow} \cap Y| < m$。因为 $X_1 \cap X_2 = \varnothing$，所以 $|x{\uparrow} \cap Y| \geq m$，矛盾。再假设 $\langle m+1 \rangle Y \in u$。由 $\langle n_1 + 1 \rangle X_1 \notin u$ 和 $\langle n_2 + 1 \rangle X_2 \notin u$ 得，$[n_1 + 1] X_1 \in u$ 并且 $[n_2 + 1] X_2 \in u$。因此 $[n_1 + 1] X_1 \cap [n_2 + 1] X_2 \cap \langle m+1 \rangle Y \in u$。令 y 是该集合中的元素。那么 $|y{\uparrow} \cap X_1| \leq n_1$，$|y{\uparrow} \cap X_2| \leq n_2$。因此 $|y{\uparrow} \cap Y| \leq n_1 + n_2$。但是由 $y \in \langle m+1 \rangle Y$ 可得，$|y{\uparrow} \cap Y| \geq n_1 + n_2 + 1$，矛盾。对归纳步骤，假设该命题对 k 成立，即 $\langle n_1 + \cdots + n_k \rangle! (\bigcup_{1 \leq i \leq k} X_i) \in u$。考虑 X_{k+1} 使得 $X_{k+1} \cap (\bigcup_{1 \leq i \leq k} X_i) = \varnothing$ 并且 $\langle n_{k+1} \rangle! X_{k+1} \in u$。根据 $m=2$ 的情况，$\langle n_1 + \cdots + n_{k+1} \rangle! (\bigcup_{1 \leq i \leq k+1} X_i) \in u$。■

现在根据上面的引理证明如下关于分次超滤扩张的基本定理。

定理 2.5　令 $\mathfrak{M} = (W, R, V)$ 是模型。对所有 GML 公式 ϕ 和 $(u, i) \in W^{\mathrm{ue}}$，都有 $[\![\phi]\!]_{\mathfrak{M}} \in u$ 当且仅当 $\mathfrak{M}^{\mathrm{ue}}, (u, i) \vDash \phi$。

证明　对 ϕ 归纳证明。原子情况和布尔情况显然。只要证 $[\![\Diamond_n \psi]\!]_{\mathfrak{M}} \in u$ 当且仅当 $\mathfrak{M}^{\mathrm{ue}}, (u, i) \vDash \Diamond_n \psi$。对 $n=0$，它显然成立。假设 $n > 0$。

(1) 假设 $\mathfrak{M}^{\mathrm{ue}}, (u, i) \vDash \Diamond_n \psi$。那么 $|(u, i){\uparrow} \cap [\![\psi]\!]_{\mathfrak{M}^{\mathrm{ue}}}| \geq n$。归纳假设如下：对所有 v，$(v, j) \in [\![\psi]\!]_{\mathfrak{M}^{\mathrm{ue}}}$ 当且仅当 $[\![\psi]\!]_{\mathfrak{M}} \in v$。如果存在 $(v, j) \in [\![\psi]\!]_{\mathfrak{M}^{\mathrm{ue}}}$ 使得 $\rho(u, v) \geq n$，那么由归纳假设得，$[\![\psi]\!]_{\mathfrak{M}} \in v$，再由命题 2.4(1) 得，$[\![\Diamond_n \psi]\!]_{\mathfrak{M}} \in u$。现在假设对所有 $(v, j) \in [\![\psi]\!]_{\mathfrak{M}^{\mathrm{ue}}}$，$\rho(u, v) < n$。存在不同超滤子 $v_1, \cdots, v_h$ 使 $[\![\psi]\!]_{\mathfrak{M}} \in v_i$，$0 < \rho(u, v_i) = n_i < n$ 且 $s = n_1 + \cdots + n_h \geq n$。容易验证 $h > 1$。否则，$h = 1$，$\rho(u, v_1) = n_1 < n$，矛盾。由引理 2.2 得，令 $X_i \in v_i$ 和 $X_i \cap X_j = \varnothing$ 对 $1 \leq i \neq j \leq h$。因为 $\rho(u, v_i) = n_i$，令 $Y_i \in v_i$ 和 $\langle n_i \rangle! Y_i \in u$ 对所有 $1 \leq i \neq j \leq h$。定义 $Z_i = X_i \cap Y_i \cap [\![\psi]\!]_{\mathfrak{M}}$。那么 $Z_i \in v_i$ 且 $Z_i \cap Z_j = \varnothing$ 对所有 $1 \leq i \neq j \leq h$。因为 $Z_i \subseteq Y_i$ 并且 $\langle n_i \rangle! Y_i \in u$，由引理 2.1(6) 得，存在唯一自然数 $m \leq n_i$ 使得 $\langle m \rangle! Z_i \in u$。由 n_i 的极小性可得，$m \geq n_i$。因此 $m = n_i$，即 $\langle n_i \rangle! Z_i \in u$。定义 $Z = \bigcup_{1 \leq i \leq h} Z_i$。由引理 2.3 得，$\langle s \rangle! Z \in u$。由于 $Z \subseteq [\![\psi]\!]_{\mathfrak{M}}$，所以 $\langle s \rangle [\![\psi]\!]_{\mathfrak{M}} \in u$。根据 $s \geq n$ 可得，$\langle n \rangle [\![\psi]\!]_{\mathfrak{M}} \in u$，即 $[\![\Diamond_n \psi]\!]_{\mathfrak{M}} \in u$。

(2) 反之，假设 $[\![\Diamond_n \psi]\!]_{\mathfrak{M}} \in u$。那么 $\langle n \rangle [\![\psi]\!]_{\mathfrak{M}} \in u$，因此 $\langle 1 \rangle [\![\psi]\!]_{\mathfrak{M}} \in u$。根据命题 2.4(2)，存在 v 使得 $[\![\psi]\!]_{\mathfrak{M}} \in v$ 并且 $\rho(u, v) > 0$。如果存在无限多个超滤子 v 使得 $[\![\psi]\!]_{\mathfrak{M}} \in v$ 并且 $\rho(u, v) > 0$，那么 $|(u, i){\uparrow} \cap [\![\psi]\!]_{\mathfrak{M}^{\mathrm{ue}}}| \geq n$。假设只存在有限多个超滤子 $v_1, \cdots, v_h$ 使得 $[\![\psi]\!]_{\mathfrak{M}} \in v_i$ 并且 $\rho(u, v_i) = n_i > 0$。如果存在超滤子 v_i 使得 $[\![\psi]\!]_{\mathfrak{M}} \in v_i$ 并且 $n_i \geq n$，那么 $|(u, i){\uparrow} \cap [\![\psi]\!]_{\mathfrak{M}^{\mathrm{ue}}}| \geq n$。我们假设：如果 $[\![\psi]\!]_{\mathfrak{M}} \in v_i$，那么 $0 < n_i < n$。令 $s = n_1 + \cdots + n_h$。只需证 $s \geq n$。如 (1) 中定义 Z。

情况 1　$h > 1$。令 $Z_1 = -\bigcup_{1 \leq i \leq h} (X_i \cap Y_i)$。那么 $Z \cap (Z_1 \cap [\![\psi]\!]_{\mathfrak{M}}) = \varnothing$。

先证 $Z \cup (Z_1 \cap \llbracket\psi\rrbracket_\mathfrak{M}) = \llbracket\psi\rrbracket_\mathfrak{M}$。论证如下：设 $x \in Z \cup (Z_1 \cap \llbracket\psi\rrbracket_\mathfrak{M})$。那么 $x \in Z$ 或 $x \in Z_1 \cap \llbracket\psi\rrbracket_\mathfrak{M}$。如果 $x \in Z$，由于 $Z \subseteq \llbracket\psi\rrbracket_\mathfrak{M}$，那么 $x \in \llbracket\psi\rrbracket_\mathfrak{M}$。如果 $x \in Z_1 \cap \llbracket\psi\rrbracket_\mathfrak{M}$，显然 $x \in \llbracket\psi\rrbracket_\mathfrak{M}$。反之设 $x \in \llbracket\psi\rrbracket_\mathfrak{M}$ 但 $x \notin Z$。那么 $x \in Z_1$。因此 $x \in Z \cup (Z_1 \cap \llbracket\psi\rrbracket_\mathfrak{M})$。现在证 $\langle 1\rangle(Z_1 \cap \llbracket\psi\rrbracket_\mathfrak{M}) \notin u$。假设不然，则 $\langle 1\rangle(Z_1 \cap \llbracket\psi\rrbracket_\mathfrak{M}) \in u$。所以存在 v 使 $Z_1 \cap \llbracket\psi\rrbracket_\mathfrak{M} \in v$ 且 $0 < \rho(u, v) < n$。那么 $v = v_i$ 对某个 $i \in \{1, \cdots, h\}$。因此 $Z_1 \in v_i$。那么 $Z_i \cap Z_1 = \varnothing \in v_i$，矛盾。现在，由(1)得 $\langle s\rangle! Z \in u$。因为 $Z \cap (Z_1 \cap \llbracket\psi\rrbracket_\mathfrak{M}) = \varnothing$，$\langle 0\rangle!(Z_1 \cap \llbracket\psi\rrbracket_\mathfrak{M}) \in u$，$Z \cup (Z_1 \cap \llbracket\psi\rrbracket_\mathfrak{M}) = \llbracket\psi\rrbracket_\mathfrak{M}$，所以 $\langle s\rangle! \llbracket\psi\rrbracket_\mathfrak{M} \in u$。设 $s < n$。那么 $s + 1 \leqslant n$，因此 $\langle n\rangle \llbracket\psi\rrbracket_\mathfrak{M} \in u$，矛盾。所以 $s \geqslant n$。

情况 2　$h = 1$。令 $Z_2 = -Y_1$，其中 $Y_1 \in v_1$ 并且 $\langle n_1\rangle Y_1 \in u$。那么 $(Y_1 \cap \llbracket\psi\rrbracket_\mathfrak{M}) \cap (Z_2 \cap \llbracket\psi\rrbracket_\mathfrak{M}) = \varnothing$，并且 $\llbracket\psi\rrbracket_\mathfrak{M} = (Y_1 \cap \llbracket\psi\rrbracket_\mathfrak{M}) \cup (Z_2 \cap \llbracket\psi\rrbracket_\mathfrak{M})$。容易验证 $\langle 0\rangle!(Z_2 \cap \llbracket\psi\rrbracket_\mathfrak{M}) \in u$。由(1)的论证可得 $s = n_1$，$Z = Y_1 \cap \llbracket\psi\rrbracket_\mathfrak{M}$ 并且 $\langle n_1\rangle!(Y_1 \cap \llbracket\psi\rrbracket_\mathfrak{M}) \in u$。因此 $\langle n_1\rangle! \llbracket\psi\rrbracket_\mathfrak{M} \in u$。容易验证 $n_1 \geqslant n$。■

根据定理 2.5，我们有 $\llbracket\phi\rrbracket_\mathfrak{M} \in u$ 当且仅当 $\mathfrak{M}^{ue}, (u, i) \vDash \phi$。该事实不依赖于右边的自然数 i。因此，如果 $\llbracket\phi\rrbracket_\mathfrak{M} \in u$，那么 ϕ 在 u 的每个复制状态中是真的。反之，如果存在 u 的复制状态 (u, i) 使得 ϕ 是真的，那么 $\llbracket\phi\rrbracket_\mathfrak{M}$ 属于 u。

推论 2.4　令 $\mathfrak{M} = (W, R, V)$ 是模型并且 $w \in W$。对任何 GML 公式 ϕ，$\mathfrak{M}, w \vDash \phi$ 当且仅当 $\mathfrak{M}^{ue}, (u_w, i) \vDash \phi$，其中 u_w 是从 w 生成的主滤子并且 $(u_w, i) \in W^{ue}$。

推论 2.5　对任何模型 $\mathfrak{M}$，$\mathrm{Th}(\mathfrak{M}) = \mathrm{Th}(\mathfrak{M}^{ue})$。因此，每个分次模态可定义的模型类对分次超滤扩张封闭，而且它的补类也对分次超滤扩张封闭。

证明　假设 $\mathfrak{M} \vDash \phi$。那么 $\llbracket\phi\rrbracket_\mathfrak{M} = W \in u$ 对任何超滤子 $u \in \mathrm{Uf}(W)$。因此根据定理 2.5 可得，$\llbracket\phi\rrbracket_{\mathfrak{M}^{ue}} = W^{ue}$，即 $\mathfrak{M}^{ue} \vDash \phi$。反之，假设 $\mathfrak{M} \nvDash \phi$。那么存在状态 w 使得 $\mathfrak{M}, w \nvDash \phi$。根据推论 2.4 可得，$\mathfrak{M}^{ue}, (u_w, i) \nvDash \phi$。因此 $\mathfrak{M}^{ue} \nvDash \phi$。■

推论 2.6　对任何框架 $\mathfrak{F}$ 和 GML 公式 ϕ，$\mathfrak{F}^{ue} \vDash \phi$ 蕴涵 $\mathfrak{F} \vDash \phi$。因此每个分次模态可定义的框架类 $\mathbf{K}$ 的补类对分次超滤扩张封闭，即 $\mathfrak{F}^{ue} \in \mathbf{K}$ 蕴涵 $\mathfrak{F} \in \mathbf{K}$。

到目前为止，我们已经考察了分次超滤扩张的概念。现在引入另一个重要概念：分次模态饱和。特别是，可以把分次超滤扩张看作一种构造分次模态饱和模型的特殊方式。所要引入的第一个概念是 Hennessy-Milner 模型类。

定义 2.6　一个 GML 模型类 $\mathbf{K}$ 称为 Hennessy-Milner 类，如果对所有点模型 $(\mathfrak{M}, w)$ 和 $(\mathfrak{M}', w')$ 使得 $\mathfrak{M}$ 和 $\mathfrak{M}'$ 属于 $\mathbf{K}$，$\mathfrak{M}, w \equiv \mathfrak{M}', w'$ 蕴涵 $\mathfrak{M}, w \underline{\leftrightarrow}_g \mathfrak{M}', w'$。

一般地说，模态等价不蕴涵互模拟。存在两个点模型是模态等价，但不是分次模态互模拟的。考虑白磊本等的著作(Blackburn et al., 2001)的例 2.23。

例 2.1　令 $\mathfrak{M}$ 和 $\mathfrak{N}$ 是两个模型使得所有命题字母是假的。对每个自然数 $n > 0$，两个模型都有长度为 n 的有限分支。唯一区别是 $\mathfrak{N}$ 中存在一个无限长分支，见图 2.1、图 2.2。

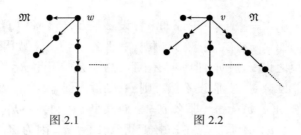

图 2.1   图 2.2

根据命题 2.6 和命题 2.7，可以证明 $\mathfrak{M}, w \equiv \mathfrak{N}, v$。但是很容易验证$(\mathfrak{M}, w)$和$(\mathfrak{N}, v)$不是分次互模拟的。如果它们是分次互模拟的，那么对基本模态语言来说，它们一定是互模拟的。根据白磊本等的著作(Blackburn et al., 2001)中例 2.23 的论证，$(\mathfrak{M}, w)$和$(\mathfrak{N}, v)$不能是互模拟的，矛盾。

命题 2.5　令 Φ 是有限的命题字母集。对 $n \in \omega$ 和 $m > 0$,

(1) $\mathrm{Form}(m+1, \omega)_n$ 中只存在有限多个不等价的分次模态公式。

(2) 公式集 $\mathrm{Th}(\mathfrak{M}, w) \cap \mathrm{Form}(m+1, \omega)_n$ 等价于某个分次模态公式。

(3) 存在一个递归函数 f 列举公式集 $\mathrm{Form}(m+1, \omega)_n$。

证明　只对模态度 n 归纳证明(1)。其他项很容易验证。对 $n = 0, \mathrm{Form}(m+1, \omega)_0$ 是有限的。对 $n+1$ 的情况，对每个公式 $\phi \in \mathrm{Form}(m+1, \omega)_{n+1}$，它等值于命题字母和形如 $\Diamond_1\psi, \cdots, \Diamond_m\psi$ 的公式的布尔组合，其中 $\mathrm{md}(\Diamond_i\psi) \leq n$ 对 $1 \leq i \leq m$。根据归纳假设，$\mathrm{Form}(m+1, \omega)_n$ 中只存在有限多个不等值的公式，所以 $\mathrm{Form}(m+1, \omega)_{n+1}$ 中也只有有限多个不等值的公式。■

定义 2.7　令$(\mathfrak{M}, w)$和$(\mathfrak{M}', w')$是点模型。对每个自然数 $n \in \omega$ 和 $m > 0$，称 w 和 w'是(m, n)**分次互模拟的**(记为 $\mathfrak{M}, w \underleftrightarrow{}_n^m \mathfrak{M}', w'$)，如果存在二元关系序列 $Z_n \subseteq \cdots \subseteq Z_0$ 使得对所有 $i + 1 \leq n$,

(1) wZ_nw'。

(2) 如果 vZ_0v'，那么 v 和 v'满足相同的命题字母。

(3) 如果 $vZ_{i+1}v'$并且 $X \subseteq v{\uparrow}$ 使得 $1 \leq |X| \leq m$，那么存在 $X' \subseteq v'{\uparrow}$使得 $|X| = |X'|$并且 $X \widehat{Z_i} X'$。

(4)如果 $vZ_{i+1}v'$并且 $X' \subseteq w'{\uparrow}$ 使得 $1 \leq |X'| \leq m$，那么存在 $X \subseteq v{\uparrow}$使得 $|X| = |X'|$且 $X \widehat{Z_i} X'$。

下面的命题表明，(m, n)分次互模拟的概念弱于分次互模拟的概念。然而二维分次互模拟的概念与二维分次模态等价的概念重合。

命题 2.6　假设命题字母集合是有限的。那么对所有 $n \in \omega$ 和 $m > 0$，都有 $\mathfrak{M}, w \underleftrightarrow{}_n^m \mathfrak{M}', w'$当且仅当 $\mathfrak{M}, w \equiv_n^m \mathfrak{M}', w'$。

证明　从左到右对 n 归纳容易证明。对另一方向，假设 $\mathfrak{M}, w \equiv_n^m \mathfrak{M}', w'$。要证明序列 $\equiv_n^m \subseteq \cdots \equiv_0^m$ 是(m, n)分次互模拟。只证前进条件。假设 $v \equiv_{i+1}^m v'$, X

$\subseteq v{\uparrow}$并且 $1 \leqslant |X| \leqslant m$。令 $X = \{x_1, \cdots, x_k\}$。把 X 划分为集合 $X_1 \cup \cdots \cup X_t$ 使 X_j 中所有状态在 $\mathrm{Form}(m{+}1, \omega)_i$ 中有相同模态理论 $\phi_j (1 \leqslant j \leqslant t)$。令 $|X_j| = k_j$ 对 $1 \leqslant j \leqslant t$。所以 $\sum\{k_j : 1 \leqslant j \leqslant t\} = k$。现在 $v \vDash \Diamond_{k_j} \phi_j$ 并且 $\mathrm{md}(\Diamond_{k_j} \phi_j) = i + 1$。由 $v \equiv_{i+1}^m v'$ 可得，$v' \vDash \Diamond_{k_j} \phi_{j\circ}$。因此，存在 k_j 个状态 y 属于 $v'{\uparrow}$ 使得 $v \equiv_i^m y$。最终找到 v' 的 k 个后继状态集合 X' 使 $X \stackrel{\displaystyle\frown}{\equiv_i^m} X'$。另一方向类似证明。∎

推论 2.7 令 $\mathsf{K}' \subseteq \mathsf{K}$ 是对同构封闭的点模型类。对 $n \in \omega$ 和 $m > 0$，如下等价：

(1) 对所有 $(\mathfrak{M}, w) \in \mathsf{K}'$ 和 $(\mathfrak{N}, v) \in \mathsf{K} \setminus \mathsf{K}'$，$\mathfrak{M}, w \underset{n}{\leftrightarrows^m} \mathfrak{N}, v$ 不成立。

(2) 存在 $\phi \in \mathrm{Form}(m{+}1, \omega)_n$ 在 K 中定义 K'。

证明 根据命题 2.5 和命题 2.6。∎

令 $\mathfrak{M}$ 是带根状态 w 的模型。在 $\mathfrak{M}$ 中状态 x 的**高度** $\mathrm{height}(x)$ 这个概念对 n 归纳定义。状态 w 是高度为 0 的唯一状态。一个状态 x 的高度为 $n{+}1$，如果存在高度 n 并且还没有指定高度 $\leqslant n$ 的状态 y 使得 $x \in y{\uparrow}$。对任何自然数 k，令 $\mathfrak{M}{\upharpoonright}k$ 是 $\mathfrak{M}$ 的子模型使得它的域是所有高度至多为 k 的状态的集合。

由于一个状态的高度与它的后继状态的个数无关，就可以运用与基本模态逻辑类似的论证(Blackburn et al., 2001)来证明如下命题。

命题 2.7 令 $\mathfrak{M}$ 是带根状态 w 的模型。对任何自然数 k 和 $m > 0$，对 $\mathfrak{M}{\upharpoonright}k$ 的每个状态 u，都有 $\mathfrak{M}{\upharpoonright}k, u \underset{n}{\leftrightarrows^m} \mathfrak{M}, u$，其中 $n = k - \mathrm{height}(u)$。

现在来看例 2.1 中的两个模型，它们对所有自然数 $n \in \omega$ 和 $m > 0$ 是双向分次互模拟的。因此，它们是分次模态等价的，但是它们不是分次互模拟的。所以分次模态等价的概念严格弱于分次互模拟。这表明 Hennessy-Milner 性质这个概念不是平凡的。现在引入分次模态饱和的概念。在莱赫蒂宁的论文(Lehtinen, 2008)中定义了分次模态饱和模型，并且证明所有这样的模型都是可数饱和的。

定义 2.8 令 $\mathfrak{M} = (W, R, V)$ 是模型，$X \subseteq W$，Σ 为 GML 公式集。对任何 $k > 0$，称 Σ 在 X 中 k **可满足**，如果 $|X \cap [\![\Sigma]\!]_{\mathfrak{M}}| \geqslant k$，其中 $[\![\Sigma]\!]_{\mathfrak{M}} = \{w \in W : \mathfrak{M}, w \vDash \phi$ 对每个 $\phi \in \Sigma\}$。称 Σ 在 X 中**有限 k 可满足**，如果 Σ 的每个有限子集在 X 中 k 可满足。称模型 $\mathfrak{M}$ 是**分次模态饱和的**，如果对所有 $w \in W$，$k > 0$ 和 GML 公式集 Σ 都有：Σ 在 $w{\uparrow}$ 中有限 k 可满足蕴涵 Σ 在 $w{\uparrow}$ 中 k 可满足。

命题 2.8 所有分次模态饱和模型组成的模型类是 Hennessy-Milner 类。

证明 假设 $\mathfrak{M}, w \equiv \mathfrak{M}', w'$，其中 $\mathfrak{M} = (W, R, V)$ 和 $\mathfrak{M}' = (W', R', V')$ 是分次模态饱和的。要证 $Z = \{(x, y) : \mathfrak{M}, x \equiv \mathfrak{M}', y\}$ 是分次互模拟。只证前进条件。设 $x_1, \cdots, x_k$ 是 $x{\uparrow}$ 中不同状态。令 n_i 是 $x_1, \cdots, x_k$ 中等价于 x_i 的状态数。分次模态理论 $\mathrm{Th}(\mathfrak{M}, x_i)$ 在 $x{\uparrow}$ 中 n_i 可满足，因此在 $y{\uparrow}$ 中也是 n_i 可满足的。选择 $y{\uparrow}$ 中 k 个不同的状态 $y_1, \cdots, y_k$ 使 $y_i \vDash \mathrm{Th}(\mathfrak{M}, x_i)$，即 $x_i \equiv y_i$ 对所有 $1 \leqslant i \leqslant k$。∎

还可以证明所有分次超滤扩张都是分次模态饱和的，因此所有超滤扩张组成的模型类也是 Hennessy-Milner 类。

定理 2.6 每个分次超滤扩张 $\mathfrak{M}^{ue}$ 是分次模态饱和的。

证明 令 $\mathfrak{M} = (W, R, V)$ 是模型，Σ 是 GML 公式集。令 (u, i) 是 $\mathfrak{M}^{ue}$ 中任何状态。假设 Σ 在 $(u, i)\uparrow$ 中是有限 k 可满足的。我们证明 Σ 在 (u, i) 中是 k 可满足的。根据命题 2.4(1)，只要证明集合 $T = \{[\![\phi]\!]_{\mathfrak{M}} : \phi \in \Sigma\} \cup \{-X : [k]-X \in u\}$ 具有有限交性质。然后可以把 T 扩张为超滤子 v。根据分次超滤扩张的定义和基本定理 2.5，就可以得到所需的结果。现在取 T 的任何有限交

$$([\![\phi_1]\!]_{\mathfrak{M}} \cap \cdots \cap [\![\phi_n]\!]_{\mathfrak{M}}) \cap (-X_1 \cap \cdots \cap -X_m) = [\![\phi_1 \wedge \cdots \wedge \phi_n]\!]_{\mathfrak{M}} \cap -(X_1 \cup \cdots \cup X_m).$$

要证明它非空。根据假设，$\{\phi_1, \cdots, \phi_n\}$ 在 $(u, i)\uparrow$ 中 k 可满足。令 $(v_1, j_1), \cdots, (v_k, j_k) \in (u, i)\uparrow$ 使得 $\mathfrak{M}^{ue}, (v_s, j_s) \vDash \phi_1 \wedge \cdots \wedge \phi_n$ 对 $1 \leqslant s \leqslant k$。

断言 对所有 $X_l \in \{X_1, \cdots, X_m\}$，存在 $1 \leqslant s \leqslant k$ 使得 $X_l \notin v_s$。

证明 任取 $X_l \in \{X_1, \cdots, X_m\}$。如果存在 v_t 使 $\rho(u, v_t) \geqslant k$，那么 $X_l \notin v_t$。若不然。由 $X_l \in v_t$ 和 $\rho(u, v_t) \geqslant k$ 可得，$\langle k \rangle X_l \in u$，与 $[k]-X_l \in u$ 矛盾。假设对所有 v_t，$0 < \rho(u, v_t) < k$。令 $w_1, \cdots, w_r$ 是 $v_1, \cdots, v_k$ 中所有互异的超滤子。那么 $r > 1$，因为 $(v_1, j_1), \cdots, (v_k, j_k)$ 是 $(u, i)\uparrow$ 中 k 个不同超滤子。令 $D_i \in w_i$，$D_i \cap D_j = \varnothing$，$\rho(u, w_i) = n_i$，$\langle n_i \rangle! Y_i \in u$ 并且 $Y_i \in w_i$ 对所有 $1 \leqslant i \neq j \leqslant r$。令 $t = n_1 + \cdots + n_r \geqslant k$。定义 $Z_i = D_i \cap Y_i \cap X_l$，因此 $Z_i \cap Z_j = \varnothing$ 对所有 $1 \leqslant i \neq j \leqslant r$。易证 $\langle n_i \rangle! Z_i \in u$ 对所有 $1 \leqslant i \leqslant r$。定义 $Z = \bigcup_{1 \leqslant i \leqslant r} Z_i$。那么 $\langle t \rangle! Z \in u$。因此 $\langle t \rangle Z \in u$。由 $Z \subseteq X_l$ 得，$\langle t \rangle X_l \in u$。因此 $\langle k \rangle X_l \in u$，与 $[k]-X_l \in u$ 矛盾。证毕。

因此，T 具有有限交性质。∎

定理 2.7 任给模型 $\mathfrak{M}$ 和 $\mathfrak{M}'$ 以及状态 w 和 w'，$\mathfrak{M}, w \equiv \mathfrak{M}', w'$ 当且仅当 $\mathfrak{M}^{ue}, (u_w, i) \underline{\leftrightarrow}_g \mathfrak{M}'^{ue}, (u_{w'}, i)$，其中 u_w 和 $u_{w'}$ 分别是从 w 和 w' 生成的主超滤子。

证明 根据推论 2.4，有 $\mathfrak{M}, w \equiv \mathfrak{M}', w'$ 当且仅当 $\mathfrak{M}^{ue}, (u_w, i) \equiv \mathfrak{M}'^{ue}, (u_{w'}, i)$。根据定理 2.6 和命题 2.8，$\mathfrak{M}, w \equiv \mathfrak{M}', w'$ 当且仅当 $\mathfrak{M}^{ue}$ 和 $\mathfrak{M}'^{ue}$ 之间存在分次互模拟关系 Z 使得 $(u_w, i) Z(u_{w'}, i)$。∎

2.3 模型和框架可定义性

德莱克的论文(de Rijke, 2000)证明了点模型类在 GML 中的可定义性定理，然而在 GML 的可定义性理论中，仍然存在两个主要的缺口：①缺少 Goldblatt-Thomason 类型的框架可定义性结果；②缺少模型类的可定义性结果。本节证明三个可定义性结果来填补这两个缺口。首先证明一条关于模型类的 GML 可定义性定理。魏讷玛的论文(Venema, 1999)证明，一个模型类在基本模态语言中可定义当

且仅当它对不相交并、满射互模拟象和超滤扩张封闭，而它的补类对超滤扩张封闭。现在把它推广到 GML。

引理 2.4　对任何模型 $\mathfrak{M} = (W, R, V)$ 和 $w \in W$，

(1) 模型 $\mathfrak{M}$ 和它的点生成子模型 $\mathfrak{M}_w$ 之间存在满射分次互模拟关系。

(2) 不相交并 $\uplus_w \mathfrak{M}_w$ 和 $\mathfrak{M}$ 之间存在满射分次互模拟关系。

(3) 对任何分次模态可定义的模型类 K，模型 $\mathfrak{M} \in$ K 当且仅当它的每个点生成子模型都属于 K。

证明　第(1)和(2)项通过取 $\mathfrak{M}_w$ 上的恒等关系来证明。第(3)项很容易利用(1)和(2)验证。∎

定理 2.8　一个模型类 K 是分次模态可定义的当且仅当 K 对不相交并、满射分次互模拟象和分次超滤扩张封闭，并且 K 的补类也对分次超滤扩张封闭。

证明　只证从右到左。假设 K 满足右边的封闭条件。我们证明分次模态理论 Th(K) 定义 K 如果 $\mathfrak{M} \in$ K，显然 $\mathfrak{M} \vDash$ Th(K)。反之假设 $\mathfrak{M} = (W, R, V)$ 是 Th(K) 的模型，要证明 $\mathfrak{M} \in$ K。可以假设 $\mathfrak{M}$ 是分次模态饱和的并且是从 w 生成的。如果 $\mathfrak{M}$ 是任意饱和模型，那么 $\uplus_w \mathfrak{M}_w$ 和 $\mathfrak{M}$ 之间存在满射分次互模拟，因此根据 K 的封闭条件，如果每个 $\mathfrak{M}_w \in$ K，那么 $\mathfrak{M} \in$ K。如果 $\mathfrak{M}$ 不是饱和的，那么考虑模态饱和模型 $\mathfrak{M}^{\text{ue}}$，证明它属于 K，然后使用封闭条件可得 $\mathfrak{M} \in$ K。令 $\mathfrak{M}$ 是 $\mathfrak{M}_w$。首先证明 Th$(\mathfrak{M}, w)$ 在某个分次模态饱和模型中可满足。不难证明，每个公式 $\phi \in$ Th$(\mathfrak{M}, w)$ 在某个模型 $\mathfrak{N}_\phi \in$ K 中可满足。若不然，则存在 $\phi \in$ Th$(\mathfrak{M}, w)$ 使得 K $\vDash \neg\phi$。根据 $\mathfrak{M} \vDash$ Th(K) 可得，$\mathfrak{M} \vDash \neg\phi$，因此 $\mathfrak{M}, w \vDash \neg\phi$，与 $\phi \in$ Th$(\mathfrak{M}, w)$ 矛盾。

定义模型 $\mathfrak{N} = \uplus\{\mathfrak{N}_\phi : \phi \in$ Th$(\mathfrak{M}, w)\}$。令 $\mathfrak{N} = (X, S, J)$。那么 $\mathfrak{N} \in$ K，因为 K 对不相交并封闭。现在证明 Th$(\mathfrak{M}, w)$ 在超滤扩张 $\mathfrak{N}^{\text{ue}}$ 中可满足。定义 $\Gamma = \{[\![\phi]\!]_{\mathfrak{N}} : \phi \in$ Th$(\mathfrak{M}, w)\}$。根据 $[\![\phi]\!]_{\mathfrak{N}} \cap [\![\psi]\!]_{\mathfrak{N}} = [\![\phi \wedge \psi]\!]_{\mathfrak{N}}$，$\Gamma$ 具有有限交性质。把它扩张为超滤子 $u \in$ Uf(X)。对所有 $\phi \in$ Th$(\mathfrak{M}, w)$，$[\![\phi]\!]_{\mathfrak{N}} \in u$，那么 $\mathfrak{N}^{\text{ue}}, (u, i) \vDash \phi$。因此 $\mathfrak{N}^{\text{ue}}, (u, i) \vDash$ Th$(\mathfrak{M}, w)$。所以 $\mathfrak{M}, w \equiv \mathfrak{N}^{\text{ue}}, (u, i)$。因为 $\mathfrak{M}$ 和 $\mathfrak{N}^{\text{ue}}$ 是分次模态饱和的，所以 $\mathfrak{N}^{\text{ue}}$ 和 $\mathfrak{M}$ 之间存在分次互模拟关系 Z 使得 $(u, i) Z w$。关系 Z 的满射性质对 $\mathfrak{M}$ 中状态的高度归纳证明，因为 $\mathfrak{M}$ 是点生成的。所以，$\mathfrak{M} \in$ K。∎

这条定理表明，模型类的分次模态可定义性能够得到很好的刻画。然而，在框架层次上，情况要复杂得多。我们要证明两条关于 GML 的框架类可定义性定理：第一条是相对于有限传递框架类的 GML 的 Goldblatt-Thomason 定理；第二条是限制到无变元 GML 公式可定义性的 Goldblatt-Thomason 定理。

我们从相对于有限传递框架类的框架定义性开始。证明这样一条 Goldblatt-Thomason 定理的技巧如下：对带根状态 w 的有限传递框架 $\mathfrak{F}$，使用分次 Jankov-Fine 公式 $\phi_{\mathfrak{F}, w}$ 来描述框架 $\mathfrak{F}$，使得任何传递框架 $\mathfrak{G}$ 满足分次 Jankov-Fine

公式 $\phi_{\mathfrak{F},w}$ 当且仅当 $\mathfrak{F}$ 是 $\mathfrak{G}$ 的某个点生成子框架的分次有界态射象。对于基本模态逻辑的情况，参见斐尼的论文(Fine, 1974a)。

令 $\mathfrak{F} = (W, R)$ 是点生成的有限传递框架并且带根 $w = w_0$。令 $W = \{w_0, \cdots, w_n\}$。对每个非空子集 $X \subseteq W$，令它与命题字母 p_X 相联系。把 $p_{\{w_i\}}$ 写成 p_i。令 $\square^+\phi := \phi \wedge \square\phi$。由于所考虑的框架都是传递的，因此如果 $\square^+\phi$ 在框架 $\mathfrak{F}$ 中根状态 w 上真，那么 ϕ 在该框架中全局真。

定义 2.9 令 $\mathfrak{F} = (W, R)$ 是带根状态 $w = w_0$ 的有限传递框架，并且 $W = \{w_0, \cdots, w_n\}$。定义**分次 Jankov-Fine 公式** $\phi_{\mathfrak{F},w}$ 为所有如下形式的公式的合取：

(1) p_0。

(2) $\square(p_0 \vee \cdots \vee p_n)$。

(3) $\bigwedge\{p_A \to p_B : \varnothing \neq A \subseteq B \subseteq W\}$。

(4) $\bigwedge\{\square^+(p_i \to \neg p_j) : i \neq j \leqslant n\}$。

(5) $\bigwedge\{\square^+(p_A \to \vee\{p_i : w_i \in A\}) : Rw_0A \ \& \ |A| > 0\}$。

(6) $\bigwedge\{\square^+(p_i \to \Diamond!_k p_A) : A \subseteq w_i{\uparrow} \ \& \ |A| = k > 0\}$。

(7) $\bigwedge\{\square^+(p_i \to \neg\Diamond!_k p_A) : A \not\subseteq w_i{\uparrow} \ \& \ |A| = k > 0\}$。

如下引理说明为什么上面定义的分次 Jankov-Fine 公式 $\phi_{\mathfrak{F},w}$ 达到了描述有限传递框架 $\mathfrak{F}$ 的目的。为刻画 Jankov-Fine 公式的可满足性，我们使用基于集合的分次有界态射的概念。正如此前已经看到的那样，从基于集合的分次有界态射可以诱导出分次有界态射。

引理 2.5 令 $\mathfrak{F} = (W, R)$ 是带根状态 $w = w_0$ 的有限传递框架并且 $W = \{w_0, \cdots, w_n\}$，并且 $\phi_{\mathfrak{F},w}$ 是它的分次 Jankov-Fine 公式。对任何传递框架 $\mathfrak{G} = (T, S)$，存在赋值 U 和状态 v 使得 $\mathfrak{G}, U, v \vDash \phi_{\mathfrak{F},w}$ 当且仅当存在从 $\mathfrak{G}_v$ 到 $\mathfrak{F}$ 的满射的基于集合的分次有界态射 f 使得 $f(\{v\}) = \{w\}$。

证明 假设存在从 $\mathfrak{G}_v$ 到 $\mathfrak{F}$ 的满射的基于集合的有界态射 f 使得 $f(\{v\}) = \{w\}$。定义 $\mathfrak{F}$ 中的赋值 V 使得 $V(p_A) = A$ 对每个命题字母 p_A。定义 $\mathfrak{G}$ 中赋值 U 使得对每个命题字母 p_A，

$$U(p_A) = \{x \in T : f(\{x\}) = \{w_i\} \subseteq A\}。$$

如果 $f(\{x\}) = \{w_i\}$，那么 $x \in U(p_A)$ 当且仅当 $w_i \in V(p_A)$。令 $V(q) = \varnothing$ 对所有其他命题字母 q。所以 f 是从 $(\mathfrak{G}_v, U)$ 到 $(\mathfrak{F}, V)$ 的基于集合的分次有界态射，并且 f 是满射。容易验证 $\mathfrak{F}_v, V, w \vDash \phi_{\mathfrak{F},w_0}$。根据不变性结果，$\mathfrak{G}, U, v \vDash \phi_{\mathfrak{F},w_0}$。

对另一个方向，假设 $\mathfrak{G}_v, U, v \vDash \phi_{\mathfrak{F},w_0}$。定义 $f : \wp^+(T) \to \wp^+(W)$ 如下：

$$f(X) = \begin{cases} A, & \text{如果①} \ \forall x \in X(x \vDash p_A); \text{②} \ |X| = |A| > 0; \\ & \text{③} \ \forall x \in X \exists w_i \in A(x \vDash p_i); \text{④} \ \forall w_i \in A \exists x \in X(x \vDash p_i), \\ \varnothing, & \text{否则}。 \end{cases}$$

下面证明 f 是函数。假设 $f(X) = A$ 并且 $f(X) = B$ 但 $A \neq B$。令 $w_i \in A \setminus B$ 而不失一般性。由 $f(X)$ 的定义，存在 $x \in X$ 使 $x \models p_i$。因为 $f(X) = B$，所以存在 $w_j \in B$ 使得 $x \models p_j$。根据 $w_i \neq w_j$ 可得，$x \models p_i$ 并且 $x \models p_i \rightarrow \neg p_j$，有 $x \nvDash p_j$，矛盾。因此 $A = B$。现在证 f 是基于集合的分次有界态射并且 f 是满射。

断言　$f(X) = \bigcup\{f(\{x\}) : x \in X\}$。

证明　令 $w_i \in f(X)$，那么存在 $x \in X$ 使得 $f(\{x\}) = \{w_i\}$。因此 $w_i \in \bigcup\{f(\{x\}) : x \in X\}$。反之假设 $w_i \in \bigcup\{f(\{x\}) : x \in X\}$。那么存在 $x \in X$ 使得 $f(\{x\}) = \{w_i\}$。因此存在 $w_j \in f(X)$ 使得 $f(\{x\}) = \{w_j\}$。因此 $w_i = w_j$，所以 $w_i \in f(X)$。证毕。

关于 f 是满射的事实如下论证。对任何非空子集 $A = \{w_{i1}, \cdots, w_{ik}\} \subseteq W$ 使得 $|A| = k > 0$，有两种情况：

情况 1　$k = 1$。令 $A = \{w_i\}$。如果 $i = 0$，那么 $f(\{v\}) = \{w_0\}$。假设 $i \neq 0$。那么 Rww_i。根据 $v \models p_0 \rightarrow \Diamond!_1 p_i$，有 $v \models \Diamond!_1 p_i$。因此只存在一个状态 x 使得 Svx 并且 $x \models p_i$。那么 $f(\{x\}) = \{w_i\}$。

情况 2　$k > 1$。对每个 $w_{ij} \in A$，存在 $x_{ij} \in T$ 使 $f(\{x_{ij}\}) = \{w_{ij}\}$。对 $1 \leq m \neq j \leq k$，$w_{im} \neq w_{ij}$，因此 $x_{im} \neq x_{ij}$。否则，同一个状态满足两个不同的命题字母 p_{im} 和 p_{ij}。令 $X = \{x_{i1}, \cdots, x_{ik}\}$。由以上断言，$f(X) = \bigcup\{f(\{x\}) : x \in X\} = A$。

现在证明前件条件和后退条件。

(1) 假设 SxX，$|X| = k > 0$ 和 $f(\{x\}) = \{w_i\}$。只要证 $Rw_i f(X)$。假设并非 $Rw_i f(X)$。那么 $x \models p_i \rightarrow \neg \Diamond!_k p_{f(X)}$。由 $x \models p_i$ 得，$x \models \neg \Diamond!_k p_{f(X)}$，即 $|S(x) \cap U(p_{f(X)})| \neq k$。分以下两种情况。

情况 1　$|S(x) \cap U(p_{f(X)})| < k$。那么存在 $x \in X$ 使得 $x \nvDash p_{f(X)}$。因为 $x \in X$，根据 $f(X)$ 的定义，$x \models p_{f(X)}$，矛盾。

情况 2　$|S(x) \cap U(p_{f(X)})| > k$。那么存在 $y \notin X$ 使得 $y \models p_{f(X)}$。那么 $y \models p_i$ 对某个 $w_i \in f(X)$。令 $f(\{y\}) = \{w_m\}$。那么 $y \models p_m$。因此 $i = m$。根据 $w_i \in f(X)$，存在 $z \in X$ 使得 $f(\{z\}) = \{w_i\}$。因此 $f(\{y\}) = f(\{z\})$。根据上述断言，$f(X \cup \{y\}) = f(X)$，与 $|X \cup \{y\}| \neq |X|$ 矛盾，因为 $y \notin X$。

(2) 假设 $Rw_i A$，$f(\{x\}) = \{w_i\}$ 并且 $|A| = k > 0$。那么 $x \models p_i \rightarrow \Diamond!_k p_A$。因此 $x \models \Diamond!_k p_A$。所以 x 存在唯一集合 $X = \{x_1, \cdots, x_k\} \subseteq S(x)$ 使得 $|X| = k$ 并且 $x_i \models p_A$ 对所有 $x_i \in X$。我们证明 $f(X) = A$。因为每个状态 $y \in X$ 都满足 p_A，那么存在状态 $w_j \in A$ 使得 $y \models p_i$。反之，假设存在某个 $w_j \in A$ 在 X 中每个状态上都是假的。因为 $Rw_i w_j$，所以恰有一个状态 $y \in S(x) \setminus X$ 使得 $y \models p_j$。根据 $\{w_i\} \subseteq A$ 可得，$y \models p_A$。因此 $y \in X$，矛盾。∎

定理 2.9　令 K 是有限传递框架类。那么 K 在有限传递框架类中可以被某个分次模态公式集定义当且仅当它对不相交并、生成子框架和分次有界态射象封闭。

证明　从左到右方向已证。反之设 K 满足封闭条件。令 Th(K) 是 K 的分次模态理论。只要证 Th(K) 定义 K 显然 K 中所有框架使 Th(K) 有效。设 $\mathfrak{F} \vDash$ Th(K)。因为每个框架是其点生成子框架的不相交并的分次有界态射象，不妨设 $\mathfrak{F}$ 是从 w 生成的。考虑分次 Jankov-Fine 公式 $\phi_{\mathfrak{F},w}$。因为它在框架 $\mathfrak{F}$ 中状态 w 上可满足，所以 $\neg\phi_{\mathfrak{F},w} \notin$ Th(K)。那么存在框架 $\mathfrak{G} \in$ K 使 $\mathfrak{G} \nvDash \neg\phi_{\mathfrak{F},w}$，即 $\mathfrak{G}$ 中存在赋值 U 和状态 v 使 $\mathfrak{G}, U, v \vDash \phi_{\mathfrak{F},w}$。那么 $\mathfrak{F}$ 是 $\mathfrak{G}$ 从 v 生成的子框架 $\mathfrak{G}_v$ 的基于集合的分次有界态射象，因此也是分次有界态射象。所以 $\mathfrak{G}_v \in$ K，因为 $\mathfrak{G} \in$ K 且 K 对生成子框架封闭。因此 $\mathfrak{F} \in$ K，因为 K 对分次有界态射象封闭。∎

现在证明分次模态逻辑的另一条 Goldblatt-Thomason 定理，它限制到使用无变元 GML 公式集可定义的一阶可定义的框架类。这是 Goldblatt-Thomason 类型定理的弱化定理。所需要注意的关键事实是，无变元模态公式在框架之间的全局分次互模拟关系下是不变的。我们给出模型论证明，该证明最初是在范本特姆的论文 (J. van Benthem, 1993) 中对基本模态逻辑完成的。对基本模态逻辑的 Goldblatt-Thomason 定理的原始证明是代数证明 (Goldblatt and Thomason, 1974)，我们在第 3 章重新考虑它。

定理 2.10　一阶可定义的框架类 K 可以被某个无变元 GML 模态公式集定义当且仅当 K 对不相交并、生成子框架、全局分次互模拟象封闭，并且 K 的补类对分次超滤扩张封闭。

证明　从左到右的方向是显然的。对另一方向，假设 K 是一阶可定义的并且满足右边封闭条件。然后证明 $\text{Th}_G(\text{K}) = \{\phi : \phi$ 是 GML 无变元公式并且 $\mathfrak{F} \vDash \phi$ 对所有 $\mathfrak{F} \in \text{K}\}$ 定义 K。显然 $\mathfrak{F} \vDash \text{Th}_G(\text{K})$ 对所有 $\mathfrak{F} \in$ K。假设 $\mathfrak{F} \vDash \text{Th}_G(\text{K})$。只要证 $\mathfrak{F} \in$ K。注意，框架类 K 对分次有界态射象封闭，因为 K 中框架的分次有界态射象也是全局分次互模拟象。还可以看到，$\mathfrak{F}$ 是 $\uplus_w \mathfrak{F}_w$ 的有界态射象。因此只需证明，$\mathfrak{F}$ 的每个点生成子框架属于 K。

假设 $\mathfrak{F} = (W, R)$ 是从 w 生成的。令 $\Phi_W = \{p_A : A \subseteq W\}$ 是命题字母集合，仅考虑从 Φ_W 构造的 GML 公式集。定义用来描述框架 $\mathfrak{F}$ 的结构的公式集 $\Delta_{\mathfrak{F}}$ 为如下形式的公式的集合：

$$\Box^n(p_{-A} \leftrightarrow \neg p_A),$$
$$\Box^n(p_{A \cap B} \leftrightarrow p_A \wedge p_B),$$
$$\Box^n(p_{\langle k \rangle A} \leftrightarrow \Diamond_k p_A)。$$

最后一个公式对于分次模态词来说是关键的。令 $\Delta = \Delta_{\mathfrak{F}} \cup \{p_A : w \in A\}$ 并且 Δ^+

是从 Δ 通过删除 $\square^n$ 得到的公式集。

断言　Δ 在框架类 K 中有限可满足。

证明　假设不然。令 δ 是 $\Delta_{\mathfrak{F}}$ 的某个有限子集中公式的合取使得 $\gamma := \delta \wedge \bigwedge\{p_{A_i} : w \in A_i \ \& \ 1 \leq i \leq n\}$ 在 K 中不可满足。那么 $\mathsf{K} \models \neg\gamma$。令 γ^c 是从 γ 使用如下定义的统一代入 $(\cdot)^c$ 得到的公式：

$$(p_A)^c = \bot \quad \text{对每个不出现布尔运算和模态运算的 } A。$$
$$(p_{-A})^c = \neg(p_A)^c。$$
$$(p_{A \cap B})^c = (p_A)^c \wedge (p_B)^c。$$
$$(p_{\langle k \rangle A})^c = \Diamond_k (p_A)^c。$$

那么 $\mathsf{K} \models \neg\gamma^c$，因为公式的有效性在统一代入下保持。由于 $\mathfrak{F} \models \mathrm{Th}_C(\mathsf{K})$，我们有 $\mathfrak{F} \models \neg\gamma^c$。注意 $\mathfrak{F}$ 是点生成的，所以它使 γ^c 有效，矛盾。证毕。

因此对 Δ 的每个有限子集的合取 δ，存在框架 $\mathfrak{G}_\delta \in \mathsf{K}$ 满足 δ。那么 Δ 在所有框架 $\mathfrak{G}_\delta$ 的某个超积框架 $\mathfrak{G}$ 中可满足(可以选择由 Δ 所有有限子集组成的集合上的一个超滤子。细节参见模型论的著作(Bell and Slomson, 1969)。由于 K 是一阶可定义的，那么它在超积下封闭。因此 $\mathfrak{G} \in \mathsf{K}$。令 $\mathfrak{G}_w$ 是 $\mathfrak{G}$ 从 w 生成的子框架。因此 $\mathfrak{G}_w$ 满足 Δ^+。取 $\mathfrak{G}_w$ 的可数饱和初等扩张 $\mathfrak{H} = (T, S)$。那么 $\mathfrak{H} \in \mathsf{K}$，因为 $\mathfrak{G}_w \in \mathsf{K}$ 现在定义函数 $f: T \to W^{\mathrm{ue}}$ 如下：

$$f(x) = \{A \subseteq W : \mathfrak{H}, x \models p_A\}。$$

注意 f 不是分次有界态射，因为超滤扩张 $\mathfrak{F}^{\mathrm{ue}}$ 含有超滤子的复制状态，没有方法确定 $f(x)$ 的哪个复制状态是 x 的象。但是可以证明，$\mathfrak{H}$ 和 $\mathfrak{F}^{\mathrm{ue}}$ 之间存在全局分次互模拟。然后根据封闭条件可得 $\mathfrak{F} \in \mathsf{K}$。定义关系：

$$Z = \{(x, (f(x), i)) : x \in T \ \& \ (f(x), i) \in W^{\mathrm{ue}}\}。$$

分几步证明 Z 是全局分次互模拟关系。首先验证 f 是满射。显然每个 $f(x)$ 是超滤子。对任何超滤子 $u \in W^{\mathrm{ue}}$，集合 $\Gamma = \{p_A : A \in u\}$ 在 $\mathfrak{H}$ 中是有限可满足的，因为任何有限交 $B = \bigcap_i A_i \neq \varnothing$，因此 p_B 在 $\mathfrak{F}$ 中可满足。根据 $\mathfrak{H}$ 的饱和性质，Γ 在 $\mathfrak{H}$ 中可满足。因此 $f(x) = u$。

模型 $\mathfrak{H}$ 中每个状态 x 有一个象 $f(x)$，因此可以与任何状态 $(f(x), i)$ 联系起来。反之，对每个状态 $(u, i) \in W^{\mathrm{ue}}$，由于 f 是满射，存在原象 x 使 $f(x) = u$。因此 Z 是全局的。最后证 Z 满足前进和后退条件。对每个自然数 $k > 0$，假设 $xZ(f(x), i)$。

(1) 对所有不同的状态 $x_1, \cdots, x_k \in x\uparrow$，证明存在 k 个不同的状态 $(f(x_j), l_j) \in (f(x), i)\uparrow$ 对 $1 \leq j \leq k$。

断言 $\rho(f(x), f(x_j)) > 0$ 对所有 $1 \leq j \leq k$。

证明   假设 $\rho(f(x), f(x_j)) = 0$ 对某个 x_j。那么 $\langle 0 \rangle! A \in f(x)$ 对某个 $A \in f(x_j)$。因此 $\langle 1 \rangle A \notin f(x)$。那么 $\mathfrak{H}, x \nvDash p_{\langle 1 \rangle X}$。不存在 $z \in T$ 使得 Sxz 并且 $\mathfrak{H}, z \vDash p_A$。根据 Sxx_j 和 $A \in f(x_j)$，我们有 $\mathfrak{H}, x_j \vDash p_A$，矛盾。证毕。

情况 1   对所有 $1 \leq j \neq m \leq k$，$f(x_j) \neq f(x_m)$。那么显然存在 k 个不同的状态 $(f(x_j), l_j) \in (f(x), i)\uparrow$ 对所有 $1 \leq j \leq k$。

情况 2   存在 $1 \leq j \neq m \leq k$ 使得 $f(x_j) = f(x_m)$。对每个 x_i，列出 $\{x_1, \cdots, x_k\}$ 中所有状态 $y_1, \cdots, y_t$ 使得 $f(y_s) = f(x_i) = u$ 对所有 $1 \leq s \leq t$。这些状态都映射到相同的超滤子 u。只需要证明 $\rho(f(x), u) \geq t$。那么可以找出 u 的 t 个不同的复制状态作为 $(f(x), i)$ 的 R^{ue} 后继状态。假设 $\rho(f(x), u) < t$。令 $0 < \rho(f(x), u) = h < t$。那么 $\langle h \rangle! A \in f(x)$ 对某个 $A \in u$。因此，$\langle h+1 \rangle A \notin f(x)$。因为 $h+1 \leq t$，所以 $\langle t \rangle A \notin f(x)$。根据 $f(x)$ 的定义，我们有 $\mathfrak{H}, x \nvDash p_{\langle t \rangle A}$。因此，$T$ 中不存在 t 个状态 z 使得 Sxz 并且 $\mathfrak{H}, z \vDash p_A$。但是 $\{y_1, \cdots, y_t\} \subseteq x\uparrow$ 并且根据 $f(y_s) = u$ 对所有 $1 \leq s \leq t$，我们有 $\mathfrak{H}, z \vDash p_A$，矛盾。

(2)   假设 $(u_1, j_1), \cdots, (u_k, j_k)$ 是 $(f(x), i)\uparrow$ 中 k 个不同的状态。我们证明存在 k 个不同的状态 $x_1, \cdots, x_k \in x\uparrow$ 使得 $f(x_t) = u_t$ 对 $1 \leq t \leq k$。

情况 1   对所有 $1 \leq s \neq t \leq k$，$u_s \neq u_t$。对每个状态 u_t，考虑集合 $\Theta_t = \{Sxy_t\} \cup \{p_A : A \in u_t\}$。现在证明 Θ_t 在 $\mathfrak{H}$ 中有限可满足。由于集合 $\{p_A : A \in u_t\}$ 在有限合取下封闭，只要证明 $Sxy_t \wedge p_A (A \in u_t)$ 是可满足的。由于根据假设可得 $\rho(f(x), u_t) > 0$，所以有 $\langle 1 \rangle A \in f(x)$。那么 $\mathfrak{H}, x \vDash p_{\langle 1 \rangle A}$。根据 Δ^+ 的定义，$\mathfrak{H}, x \vDash \Diamond p_A$。因此 Θ_t 在模型 $\mathfrak{H}$ 中在某个状态 y_t 上可满足。那么 $f(y_t) = u_t$ 且 Sxy_t。根据 $u_s \neq u_t$，有 $y_s \neq y_t$。那么存在 k 个不同的状态 $y_1, \cdots, y_k \in x\uparrow$ 使得 $f(y_t) = u_t$ 对所有 $1 \leq t \leq k$。

情况 2   存在 $1 \leq s \neq t \leq k$ 使得 $u_s = u_t$。对每个状态 u_t，列出 $\{u_1, \cdots, u_k\}$ 中的超滤子 $v_1, \cdots, v_m$ 使得 $v_j = u_t = v$ 对所有 $1 \leq j \leq m$。因为 $(v_1, l_1), \cdots, (v_m, l_m) \in (f(x), i)\uparrow$，那么 $l_i \neq l_j$ 对所有 $1 \leq i \neq j \leq m$。因此 $\rho(f(x), v) \geq m$。存在 $A \in v$ 使得 $\langle m \rangle A \in f(x)$。因此 $\mathfrak{H}, x \vDash p_{\langle m \rangle A}$。那么存在不同状态 $y_1, \cdots, y_m \in x\uparrow$ 使得 $\mathfrak{H}, y_j \vDash p_A$ 对 $1 \leq j \leq m$。因此 $\{Sxy\} \cup \{p_A : A \in v\}$ 可以被 m 个状态 $y_1, \cdots, y_m$ 满足并且 $f(y_j) = v$ 对 $1 \leq j \leq m$。因此，可以找到 k 个状态 $x_1, \cdots, x_k \in x\uparrow$ 使 $f(x_t) = u_t$ 对所有 $1 \leq t \leq k$。■

以上 Goldblatt-Thomason 类型的定理使用了分次互模拟的概念，回答了德莱克提出的问题。然而，是否存在不限于无变元 GML 公式可定义性的 Goldblatt-Thomason 定理？答案是肯定的。在最近一篇论文(Sano and Ma, 2010)中证明了 GML 的一条 Goldblatt-Thomason 类型的定理。它所使用的关键概念是在分次超滤扩张的精神下定义的分次超滤象，我们可以把分次模态语言处理为多模态语言，因此每个分次模态词 $\Diamond_k$ 对应于框架中的一个二元关系 R_k。

称一个组 $F = (W, \{R_k : k \in \omega\})$ 为**多关系框架**，如果每个 R_k 是 W 上的二元关系。一个**多关系模型**是一个有序对 $M = (F, V)$，其中 F 是多关系框架，V 是一个赋值。分次模态词如下解释：

$M, w \vDash \Diamond_k \phi$ 当且仅当存在 W 的有限子集 X 和函数 $f: X \to \omega$ 使得

$$\sum \{f(x) : x \in X\} \geqslant k,\ wR_{f(x)}x \text{ 并且 } M, x \vDash \phi \text{ 对所有 } x \in X。$$

另一关键概念是从斐尼的典范映射构造(Fine, 1972a)中得出的 Fine 映射。

定义 2.10 令 $F = (W, \{R_k : k \in \omega\})$ 是多关系框架，$\mathfrak{G} = (T, S)$ 是关系框架。称函数 $f: T \to W$ 是**斐尼映射**，如果对所有 $n \in \omega$，$x \in T$ 和 $w \in W$，

$$| x{\uparrow} \cap f^{-1}(w) | \geqslant n \text{ 当且仅当 } f(x)R_n w。$$

给定关系框架 $\mathfrak{F} = (W, R)$，定义多关系框架 $(\mathrm{Uf}(W), \{R_k^{\mathrm{ue}} : k \in \omega\})$ 如下：
(1) $\mathrm{Uf}(W)$ 是 W 上所有超滤子的集合。
(2) $u\, R_k^{\mathrm{ue}}\, v$ 当且仅当 $\langle k \rangle X \in u$ 对所有 $X \in v$。

这个定义接近于基本模态逻辑的超滤扩张的定义。由此可定义分次超滤象。

定义 2.11 令 $\mathfrak{F} = (W, R)$ 和 $\mathfrak{G} = (T, S)$ 是关系框架。一个函数 $f: T \to \mathrm{Uf}(W)$ 称为**分次超滤映射**，如果 f 是从 $\mathfrak{G}$ 到多关系框架 $(\mathrm{Uf}(W), \{R_k^{\mathrm{ue}} : k \in \omega\})$ 的 Fine 映射。称 $\mathfrak{F}$ 是 $\mathfrak{G}$ 的**分次超滤象**，如果存在从 $\mathfrak{G}$ 到 $(\mathrm{Uf}(W), \{R_k^{\mathrm{ue}} : k \in \omega\})$ 的满射分次超滤映射。

与斐尼(Fine, 1972a)的完全性证明类似，可以证明如下命题。

命题 2.9 假设 $\mathfrak{F}$ 是 $\mathfrak{G}$ 的分次超滤象。对任何 GML 公式 ϕ，$\mathfrak{G} \vDash \phi$ 蕴涵 $\mathfrak{F} \vDash \phi$。

最后，使用模型论方法可证明如下 Goldblatt-Thomason 类型的定理成立。

定理 2.11(Sano and Ma, 2010) 一阶可定义的框架类能被某个 GML 公式集定义当且仅当它对不相交并、生成子框架、分次有界态射象和分次超滤象封闭。

证明 关键步骤是证明，属于该框架类的框架是饱和模型中框架的超滤象。∎

多关系框架不是分次模态语言的关系框架，因为它含有多个关系。但在证明定理 2.11 的过程中，可以用作辅助框架。这就是我们要引入分次超滤象这个概念的原因。相似的技术也可以在佐藤的论文(Sano, 2010)中找到。

在定理 2.11 中可以发现的另一个类比是，从完全性的典范模型证明方法可以得出证明 Goldblatt-Thomason 类型的定理的方法。这也表明，完全性与可定义性

之间存在密切的联系。一个证据是，超滤扩张可以看成是典范模型的语义对应模型，而超滤子就像极大一致公式集一样起作用。因此，如果我们对某个逻辑有典范模型证明完全性，原则上可以得出一条 Goldblatt-Thomason 类型的定理。

2.4　范本特姆–罗森刻画定理

本节研究 GML 的模态对应理论。对于基本模态逻辑来说，这个主题研究模态逻辑与经典一阶或高阶逻辑之间的联系。详细内容参见范本特姆的著作(J. van Benthem, 1983; 1985)。范本特姆刻画定理是说，基本模态逻辑乃是一阶逻辑的互模拟不变片段，而罗森(Rosen, 1997)还证明这一点对于有限结构仍然成立。对于分次模态逻辑，德莱克的论文(de Rijke, 2000)证明 GML 是带等词一阶逻辑 $\text{FOL}^=$ 的分次互模拟不变片段，即一个 $\text{FOL}^=$ 公式 $\alpha(x)$ 等价于某个 GML 公式的标准翻译当且仅当它在分次互模拟下不变。本节研究 GML 与带计数量词的一阶逻辑之间的关系，然后证明德莱克的 GML 刻画定理对有限结构仍然成立。

使用两种语言作为框架对应语言：$\text{FOL}^=$ 和带计数量词的(不含等词的)一阶语言 $\text{FOL}(C)$。一阶语言 $\text{FOL}(C)$ 是从不带等词的 FOL 增加数字量词 $\exists_n x\alpha(x)$(对所有 $0 < n < \omega$)得到的。给定模型 $\mathfrak{M} = (W, R, V)$，

$$\mathfrak{M} \vDash \exists_n x\alpha(x) \text{当且仅当} \mathfrak{M} \text{中至少存在} n \text{个状态满足} \alpha(x)。$$

注意 $\text{FOL}(C)$ 弱于 $\text{FOL}^=$。关于 $\text{FOL}(C)$，斐尼(Fine, 1972b)证明使用如下公理模式以及 MP、全称概括规则的逻辑系统是完全的：

(1) 所有命题逻辑重言式的个例。

(2) $\forall xA \rightarrow A(t \,/\, x)$，其中 t 对 A 中 x 自由。

(3) $\forall x(A \rightarrow B) \rightarrow (\forall xA \rightarrow \forall xB)$。

(4) $A \rightarrow \forall xA$，其中 x 在 A 中不自由。

(5) $\exists_k xA \rightarrow \exists_l xA$，对 $l < k$。

(6) $\exists_k xA \leftrightarrow \bigvee_{i < k} \exists_i x(A \wedge B) \wedge \exists_{k-i} x(A \wedge \neg B)$。

(7) $\forall x(A \rightarrow B) \rightarrow (\exists_k xA \rightarrow \exists_k xB)$。

(8) $\exists_k xA \rightarrow \exists_k yA(y \,/\, x)$，其中 y 对 A 中 x 自由并且在 A 中不自由。

公理(5)~ 公理(7)是对应于斐尼提出的极小分次模态逻辑(Fine, 1972a)公理的一阶公理，这说明 $\text{FOL}(C)$ 作为分次模态语言的对应一阶语言是很自然的。下面研究从 GML 公式分别到 $\text{FOL}^=$ 和 $\text{FOL}(C)$ 的标准翻译，证明语义对应结果。

定义 2.12　递归定义从 GML 到 $\text{FOL}^=$ 的翻译 $\text{ST}_x(\phi)$ 如下：

$$\mathrm{ST}_x(p) = Px,$$
$$\mathrm{ST}_x(\bot) = \bot,$$
$$\mathrm{ST}_x(\phi_1 \to \phi_2) = \mathrm{ST}_x(\phi_1) \to \mathrm{ST}_x(\phi_2),$$
$$\mathrm{ST}_x(\Diamond_n\phi) = \exists x_0 \cdots x_{n-1}(\bigwedge_{i \neq j < n}(x_i \neq x_j) \wedge \bigwedge_{i < n}(Rxx_i \wedge \mathrm{ST}_{x_i}(\phi))),$$

其中最后一个子句中的变元 $x_0 \ldots x_{n-1}$ 是新变元。

定义 2.13　递归定义从 GML 到 FOL(C)的翻译 $\mathrm{CST}_x(\phi)$ 如下：

$$\mathrm{CST}_x(p) = Px,$$
$$\mathrm{CST}_x(\bot) = \bot,$$
$$\mathrm{CST}_x(\phi_1 \to \phi_2) = \mathrm{CST}_x(\phi_1) \to \mathrm{CST}_x(\phi_2),$$
$$\mathrm{CST}_x(\Diamond_n\phi) = \exists_n y(Rxy \wedge \mathrm{CST}_y(\phi)), \quad \text{其中 } y \text{ 是新变元}.$$

容易看到，在如下意义上翻译 CST 要更经济一些，即 GML 可以嵌入 FOL(C)的两变元片段，而标准翻译 ST 需要更多的变元和不等式。

事实 2.1　对每个 GML 公式 $\phi(p_1, \cdots, p_k)$、模型 $\mathfrak{M}$ 和框架 $\mathfrak{F}$，如下成立：

(1) $\mathfrak{M} \vDash \mathrm{ST}_x(\phi)[w]$ 当且仅当 $\mathfrak{M} \vDash \mathrm{CST}_x(\phi)[w]$。

(2) $\mathfrak{M}, w \vDash \phi$ 当且仅当 $\mathfrak{M} \vDash \mathrm{CST}_x(\phi)[w]$。

(3) $\mathfrak{M} \vDash \phi$ 当且仅当 $\mathfrak{M} \vDash \forall x\mathrm{CST}_x(\phi)$。

(4) $\mathfrak{F}, w \vDash \phi$ 当且仅当 $\mathfrak{F} \vDash \forall P_1 \cdots \forall P_k \mathrm{CST}_x(\phi)[w]$。

(5) $\mathfrak{F} \vDash \phi$ 当且仅当 $\mathfrak{F} \vDash \forall P_1 \cdots \forall P_k \forall x \, \mathrm{CST}_x(\phi)$。

证明　第(1)项容易证明，因为计数量词的意义蕴涵在标准翻译 ST 的不等式之中。第(2)项通过公式 ϕ 归纳证明。其他项容易验证。∎

在事实 2.1 的最后两项中，使用了对一元谓词的二阶量化，这些一元谓词对应于 ϕ 中出现的命题字母。因此，就得到了 GML 公式的二阶翻译，每个分次模态公式在框架上等值于它的二阶翻译。此外，根据事实 2.1(1)和德莱克证明的 GML 的范本特姆刻画定理，易得如下 van Benthem 类型的刻画定理。

定理 2.12　一个 FOL(C)公式 $\alpha(x)$ 逻辑等值于 $\mathrm{CST}_x(\phi)$ 对某个 GML 公式 ϕ 当且仅当 $\alpha(x)$ 在分次互模拟下不变，即如果 $\mathfrak{M}, w \leftrightarroweq_g \mathfrak{M}', w'$，那么 $\mathfrak{M} \vDash \alpha(x)[w]$ 当且仅当 $\mathfrak{M}' \vDash \alpha(x)[w']$。

证明　从左到右方向是显然的。对另一方向，假设 $\alpha(x)$ 在分次互模拟下不变。令 $\alpha^*(x)$ 是 $\alpha(x)$ 的 FOL$^=$ 等值公式。由 (de Rijke, 2000)可得，$\alpha^*(x)$ 等值于 $\mathrm{ST}_x(\phi)$ 对某个 GML 公式 ϕ。容易验证 $\alpha^*(x)$ 等值于 FOL(C)公式 $\alpha(x)$。∎

这里还有另一研究方向：根据翻译 CST，可引入 FOL(C)的"有界片段"。带等词的关系一阶逻辑的有界片段是在安德卡等的论文(Andréka et al., 1998)中引入的。所引入的 FOL(C)的有界片段不使用等词，对这些片段可提出一些常规问题。

例如，这些片段的可满足问题是否可判定？适合这些片段的有界互模拟的概念如何？我们把这些问题作为开放问题。下面证明有限模型类上 GML 的 Rosen 刻画定理，即在有限模型上，GML 是 FOL$^=$的分次互模拟不变片段。首先给出罗森(Rosen, 1997)定义的一些概念。

定义 2.14　令 $\mathfrak{M} = (W, R, V)$是模型。对所有 $w, u \in W$,

(1) 令 $\mathfrak{M}_w$是 $\mathfrak{M}$ 从 w生成的子模型。

(2) 称 w 和 u 是**独立的**，如果 $\mathfrak{M}_w$ 和 $\mathfrak{M}_u$是不相交的。

(3) 在模型 $\mathfrak{M}$ 中状态 w 的 n **邻域模型** $\mathfrak{N}_n(w)$是 $\mathfrak{M}$ 的子模型使得它的域 $\mathrm{dom}(\mathfrak{N}_n(w))$归纳定义如下：

(a) $\mathrm{dom}(\mathfrak{N}_0(w)) = \{w\}$;

(b) $\mathrm{dom}(\mathfrak{N}_{n+1}(w)) = \mathrm{dom}(\mathfrak{N}_n(w)) \cup \mathrm{dom}(\mathfrak{N}_n(w))\!\uparrow \cup\, \mathrm{dom}(\mathfrak{N}_n(w))\!\downarrow$。

(4) $\mathfrak{M}$ 称为 n **伪树模型**，如果对 $\mathfrak{M}$ 中所有状态 w, $\mathfrak{N}_n(w)$是树模型。

注意模型 $\mathfrak{M}$ 中状态 w 的 $n+1$ 邻域模型 $\mathfrak{N}_{n+1}(w)$是增加 $\mathfrak{N}_n$ 中所有状态的前驱状态和后继状态而得到的。如果 $\mathfrak{M}$ 是 n 伪树模型，那么在子模型 $\mathfrak{N}_n(w)$中，每个状态都有唯一的前驱状态。

回顾定义 2.7 的二维分次互模拟关系，这两个维度分别是"深度"和"等级"。这里引入 n 度互模拟的概念，它只关心深度。

定义 2.15　对每个自然数 $n \in \omega$，称两个点模型$(\mathfrak{M}, w)$和$(\mathfrak{N}, v)$是 n **度互模拟的**(记为 $\mathfrak{M}, w \leftrightarrows_n \mathfrak{N}, v$)，如果对所有 $m > 0$, 都有 $\mathfrak{M}, w \leftrightarrows_n^m \mathfrak{N}, v$。

类似地,也有相对于模态度至多为 n 的 GML 公式的分次模态等价$\equiv_n$的概念。容易验证如下事实。

事实 2.2　$\mathfrak{M}, w \equiv_n \mathfrak{N}, v$ 当且仅当对每个 $m > 0$ 都有 $\mathfrak{M}, w \equiv_n^m \mathfrak{N}, v$。

根据命题 2.6，如下命题成立。

命题 2.10　假设命题字母集是有限的。对所有自然数 $n \in \omega$, 都有 $\mathfrak{M}, w \leftrightarrows_n \mathfrak{N}, v$ 当且仅当 $\mathfrak{M}, w \equiv_n \mathfrak{N}, v$。

证明　假设 $\mathfrak{M}, w \leftrightarrows_n \mathfrak{N}, v$。对每个自然数 $m > 0$ 都有 $\mathfrak{M}, w \leftrightarrows_n^m \mathfrak{N}, v$ 并且 $\mathfrak{M}, w \equiv_n^m \mathfrak{N}, v$。所以 $\mathfrak{M}, w \equiv_n \mathfrak{N}, v$。另一方向易证。∎

类似地，根据推论 2.7，如下命题成立。

命题 2.11　令点模型类 $\mathsf{K}' \subseteq \mathsf{K}$ 对同构封闭。对所有 $n \in \omega$ 和 $m > 0$, 如下等价：

(1) 对所有$(\mathfrak{M}, w) \in \mathsf{K}'$和$(\mathfrak{N}, v) \in \mathsf{K} \setminus \mathsf{K}'$，并非 $\mathfrak{M}, w \leftrightarrows_n \mathfrak{N}, v$。

(2) 存在公式 $\phi \in \mathrm{Form}(\omega, \omega)_n$在 K 中定义 K'。

证明　从(1)到(2)，由并非 $\mathfrak{M}, w \leftrightarrows_n \mathfrak{N}, v$，存在 $m > 0$ 使得并非 $\mathfrak{M}, w \leftrightarrows_n^m \mathfrak{N}, v$。因此存在公式 $\phi \in \mathrm{Form}(m+1, \omega)_n$在 K 中定义 K'。反之设 $\phi \in \mathrm{Form}(\omega, \omega)_n$

在 K 中定义 K'。令 $m = \mathrm{gd}(\phi)$。并非 $\mathfrak{M}, w \; \underline{\leftrightarrow}_n^m \; \mathfrak{N}, v$，那么并非 $\mathfrak{M}, w \; \underline{\leftrightarrow}_n \; \mathfrak{N}, v$。■

同样，根据命题 2.7，直接得到如下命题。

命题 2.12 令 $\mathfrak{M}$ 是带根模型。对任何自然数 k，对 $\mathfrak{M}{\restriction}k$ 的每个状态 w，有 $\mathfrak{M}{\restriction}k, w \; \underline{\leftrightarrow}_n \; \mathfrak{M}, w$，其中 $n = k - \mathrm{height}(w)$。

定理 2.13 在有限模型类中，一个点模型类 K 可以被某个 $\mathrm{FOL}^=$ 公式定义并且对分次互模拟封闭当且仅当 K 可以被某个 GML 公式定义。

证明 只证从左到右。设 K 可被某个 $\mathrm{FOL}^=$ 公式定义并且对分次互模拟下封闭，但不能被任何 GML 公式定义。由命题 2.11，对所有自然数 n，存在 $(\mathfrak{M}, w) \in$ K 和 $(\mathfrak{N}, v) \notin$ K 使 $\mathfrak{M}, w \; \underline{\leftrightarrow}_n \; \mathfrak{N}, v$。只需证存在 $(\mathfrak{M}, w) \in$ K 和 $(\mathfrak{N}, v) \notin$ K 使得对所有量词度 $\leqslant n$ 的 $\mathrm{FOL}^=$ 公式 $\alpha(x)$，$\mathfrak{M} \vDash \alpha(x)[w]$ 当且仅当 $\mathfrak{N} \vDash \alpha(x)[v]$。因此 K 不能被 $\mathrm{FOL}^=$ 句子定义。下面证存在函数 f 使得对所有自然数 n，如果 $\mathfrak{M}, w \; \underline{\leftrightarrow}_{f(n)} \; \mathfrak{N}, v$，那么存在 $(\mathfrak{M}', w')$ 和 $(\mathfrak{N}', v')$ 使 $\mathfrak{M}, w \; \underline{\leftrightarrow}_g \; \mathfrak{M}', w'$、$\mathfrak{N}, v \; \underline{\leftrightarrow}_g \; \mathfrak{N}', v'$ 并且 $(\mathfrak{M}', w')$ 和 $(\mathfrak{N}', v')$ 不能区分任何量词度 $\leqslant n$ 的 $\mathrm{FOL}^=$ 公式。

断言 A 如果 $\mathfrak{M}, w \; \underline{\leftrightarrow}_t \; \mathfrak{N}, v$，那么存在 t 伪树模型 $(\mathfrak{M}', w')$ 和 $(\mathfrak{N}', v')$ 使得 $\mathfrak{M}, w \; \underline{\leftrightarrow}_g \; \mathfrak{M}', w'$、$\mathfrak{N}, v \; \underline{\leftrightarrow}_g \; \mathfrak{N}', v'$ 和 $(\mathfrak{M}', w') \; \underline{\leftrightarrow}_t \; (\mathfrak{N}', v')$。

证明 所需要的 t 伪树模型 $(\mathfrak{M}', w')$ 和 $(\mathfrak{N}', v')$ 分别是 $(\mathfrak{M}, w)$ 和 $(\mathfrak{N}, v)$ 的 t 展开模型，其中只使用长度至多为 t 的序列。由 $\underline{\leftrightarrow}_g$ 的传递性可得到所需结果。证毕。

断言 B 令 $\mathfrak{M}, w \; \underline{\leftrightarrow}_t \; \mathfrak{N}, v$ 是 t 伪树模型。存在 t 伪树模型 $(\mathfrak{M}', w')$ 和 $(\mathfrak{N}', v')$ 使得 $\mathfrak{M}, w \; \underline{\leftrightarrow}_g \; \mathfrak{M}', w'$、$\mathfrak{N}, v \; \underline{\leftrightarrow}_g \; \mathfrak{N}', v'$ 并且 $\mathfrak{N}_t(w') \cong \mathfrak{N}'_t(v')$。

证明 对 $s \leqslant t$ 归纳证明。对 $s + 1$，分别把从 w 和 v 在 $s + 1$ 步之内可及状态的复制状态增加到 $\mathfrak{N}_s(w')$ 和 $\mathfrak{N}'_s(v')$。证毕。

断言 C 存在函数 f 使得：对所有自然数 $n \in \omega$、$(\mathfrak{M}, w)$ 和 $(\mathfrak{N}, v)$，如果存在双射 $h: \mathfrak{M} \to \mathfrak{N}$ 使得对 $\mathfrak{M}$ 中所有状态 w 都有 $\mathfrak{N}_{f(n)}(w) \cong \mathfrak{N}_{f(n)}(h(w))$，那么 $(\mathfrak{M}, w)$ 和 $(\mathfrak{N}, v)$ 不能区分所有量词度 $\leqslant n$ 的 $\mathrm{FOL}^=$ 公式。

断言 D 令 $(\mathfrak{M}, w)$ 和 $(\mathfrak{N}, v)$ 是 $2^{f(n)}$ 伪树模型使得 $\mathfrak{N}_{2f(n)}(w) \cong \mathfrak{N}_{2f(n)}(v)$，其中 f 是 Hanf 函数。那么存在 $(\mathfrak{M}', w')$ 和 $(\mathfrak{N}', v')$ 使 $\mathfrak{M}, w \; \underline{\leftrightarrow}_g \; \mathfrak{M}', w'$、$\mathfrak{N}, v \; \underline{\leftrightarrow}_g \; \mathfrak{N}', v'$，并且 $(\mathfrak{M}', w')$ 和 $(\mathfrak{N}', v')$ 不能区分所有量词度 $\leqslant n$ 的 $\mathrm{FOL}^=$ 公式。

证明 模型 $\mathfrak{M}'$ 和 $\mathfrak{N}'$ 分别是从 $\mathfrak{M}$ 和 $\mathfrak{N}$ 增加不相交复制模型使得新模型具有相同的 $f(n)$ 邻域模型而得到的。证毕。

上述断言的详细证明参见罗森的论文 (Rosen, 1997)。由断言 A、B 和 D，存在 $(\mathfrak{M}, w) \in$ K 和 $(\mathfrak{N}, v) \notin$ K 使得对所有量词度 $\leqslant n$ 的 $\mathrm{FOL}^=$ 公式 $\alpha(x)$ 都有 $\mathfrak{M} \vDash \alpha(x)[w]$ 当且仅当 $\mathfrak{N} \vDash \alpha(x)[v]$。■

2.5 GML和FOL(C)之间的框架对应

本节继续考虑 GML 的模态对应理论。我们已经证明，GML 可以通过翻译 CST 嵌入 FOL(C)。我们还有：对每个点框架$(\mathfrak{F}, w)$和 GML 公式 $\phi(p_1, \cdots, p_n)$，

$$\mathfrak{F}, w \vDash \phi \text{ 当且仅当 } \mathfrak{F} \vDash \forall P_1 \cdots \forall P_n \, \mathrm{CST}_x(\phi)[w]。$$

下面所要考虑的问题是，在全体框架类上，哪些 GML 公式具有局部的 FOL(C) 对应公式。这是由范本特姆和萨奎斯特等在 20 世纪 70 年代发展起来的模态对应理论的核心问题。使用范本特姆–萨奎斯特算法，可以自动计算萨奎斯特公式的局部一阶对应公式。本节研究 GML 的框架对应问题，一阶框架语言是 FOL(C)，它的非逻辑符号集是$\{R\}$，即只有一个二元关系符号。

称一个 GML 公式 ϕ **局部对应**于一个 FOL(C)公式 $\alpha(x)$，如果对每个点框架 $(\mathfrak{F}, w)$，都有 $\mathfrak{F}, w \vDash \phi$ 当且仅当 $\mathfrak{F} \vDash \alpha(x)[w]$。称 ϕ（**全局**）对应于一个 FOL(C)句子 α，如果对每个框架 $\mathfrak{F}$，都有 $\mathfrak{F} \vDash \phi$ 当且仅当 $\mathfrak{F} \vDash \alpha$。容易验证，如果 ϕ 局部对应于 $\alpha(x)$，那么它全局对应于 $\forall x \alpha(x)$。下面给出一些框架对应的例子。

例 2.2 (1) $\Diamond_k \top$ 局部对应于 $\exists_k y Rxy$。对每个框架 $\mathfrak{F}$，有 $\mathfrak{F} \vDash \Diamond_k \top$ 当且仅当 $\mathfrak{F} \vDash \forall x \exists_k y Rxy$，因为公式 $\Diamond_k \top$ 在框架上有效当且仅当每个状态都有 k 个后继状态。

(2) $\Diamond_k \Box p$ 局部对应于 $\exists_k y(Rxy \wedge \neg \exists z Ryz)$。对每个框架 $\mathfrak{F}$，都有 $\mathfrak{F} \vDash \Diamond_k \Box p$ 当且仅当 $\mathfrak{F} \vDash \forall x \exists_k y(Rxy \wedge \neg \exists z Ryz)$。假设 $\mathfrak{F} \vDash \forall x \exists_k y(Rxy \wedge \neg \exists z Ryz)$。对 $\mathfrak{F}$ 中每个赋值 V 和状态 w，存在 w 的 k 个后继状态 v 使得 v 没有后继状态。因此 $v \vDash \Box p$，所以 $w \vDash \Diamond_k \Box p$。反之假设 $\mathfrak{F} \vDash \Diamond_k \Box p$。任取 $\mathfrak{F}$ 中任何状态 w。定义 $\mathfrak{F}$ 中赋值 V 使 $V(p) = \varnothing$。那么 $w \vDash \Diamond_k \Box p$。这样便存在 $X \subseteq w{\uparrow}$ 使得 $|X| \geqslant k$，但 $X{\uparrow} = \varnothing$。

(3) 对 $k > 1$，$p \to \Diamond_k p$ 在框架上对应于 $\bot$，因为 $\mathsf{Frm}(p \to \Diamond_k p) = \varnothing$ 对所有 $k > 1$。这一事实容易证明：给定任何框架 $\mathfrak{F} = (W, R)$ 和 $w \in W$，定义赋值 V 使 $V(p) = \{w\}$。那么 $w \nvDash \Diamond_k p$，无论 w 是否自返。这一点是非常有趣的，把它与第 4 章余代数语义解释下的公式 $p \to \Diamond_k p$ 相比较，参照第 5 章余代数对应理论。

(4) 一个明显事实是，每个基本模态逻辑的萨奎斯特公式对应于一个 FOL(C)句子，这是萨奎斯特对应定理保证的。参见如白磊本等的著作(Blackburn et al., 2001)关于萨奎斯特对应定理的说明。

下面给出另一些结果。第一个简单结果是关于无变元公式的框架对应公式。翻译 CST 告诉我们，所有无变元 GML 公式 ϕ 局部对应于某个 FOL(C)公式。

命题 2.13 每个无变元 GML 公式局部对应于某个 FOL(C)公式。

证明　如果 $\mathrm{var}(\phi) = \varnothing$，那么 $\mathrm{CST}_x(\phi)$ 是 ϕ 的局部 FOL(C) 对应公式。∎

现在研究 GML 统一公式。给定 GML 公式 ϕ，一个命题字母 p 的出现在 ϕ 中称为**正出现**，如果它处于偶数个 $\neg$ 出现的范围内。否则，称之为**负出现**。称公式 ϕ 为**正公式(负公式)**，如果 ϕ 中命题字母的所有出现都是正出现(负出现)。称 ϕ 是**统一公式**，如果它要么是正公式，要么是负公式。一个 GML 公式 ϕ 称为**上单调于** p，如果对所有模型 $\mathfrak{M} = (W, R, V)$ 和 $\mathfrak{M}' = (W, R, V')$，如果 $V(p) \subseteq V'(p)$ 并且 $V(q) = V'(q)$ 对 $q \neq p$，那么对所有 $w \in W$，$\mathfrak{M}, w \vDash \phi$ 蕴涵 $\mathfrak{M}', w \vDash \phi$。一个 GML 公式 ϕ 称为**下单调于** p，如果对所有模型 $\mathfrak{M} = (W, R, V)$ 和 $\mathfrak{M}' = (W, R, V')$，如果 $V'(p) \subseteq V(p)$ 并且 $V(q) = V'(q)$ 对 $q \neq p$，那么对所有 $w \in W$，$\mathfrak{M}, w \vDash \phi$ 蕴涵 $\mathfrak{M}', w \vDash \phi$。

命题 2.14　对任何 GML 公式 ϕ，如果 ϕ 正出现于 p，那么 ϕ 上单调于 p，并且如果 ϕ 负出现于 p，那么 ϕ 是下单调于 p。

证明　对 GML 公式 ϕ 归纳。注意 ϕ 正出现于 p 当且仅当 $\neg\phi$ 负出现于 p。∎

命题 2.15　每个 GML 统一公式 ϕ 局部对应于某个可自动计算的 FOL(C) 公式。

证明　如下描述范本特姆–萨奎斯特算法。首先计算 ϕ 的二阶翻译：

$$(\dagger)\forall P_1 \cdots P_n\, \mathrm{CST}_x(\phi)。$$

使用如下定义的一元谓词消去二阶量词：

$$\pi(P) = \begin{cases} \lambda u.\ u \neq u, & \text{如果 } \mathrm{CST}_x(\phi)\text{正出现于 } P, \\ \lambda u.\ u = u, & \text{如果 } \mathrm{CST}_x(\phi)\text{负出现于 } P。 \end{cases}$$

那么得到 $(\dagger\dagger)[\pi(P_1)/P_1, \cdots, \pi(P_n)/P_n]\mathrm{CST}_x(\phi)$。现在证明 $(\dagger\dagger)$ 等价于 $(\dagger)$。显然 $(\dagger)$ 蕴涵 $(\dagger\dagger)$。反之，假设 $\mathfrak{M} \vDash [\pi(P_1)/P_1, \cdots, \pi(P_n)/P_n]\mathrm{CST}_x(\phi)[w]$，要证明 $\mathfrak{M} \vDash \forall P_1 \cdots P_n\mathrm{CST}_x(\phi)[w]$。由 $\pi(P)$ 定义得 $\mathfrak{M} \vDash \forall y(\pi(P)(y) \to P(y))$。因此，对 $P_1, \cdots, P_n$ 的任何解释，$(\mathfrak{M}, P_1, \cdots, P_n) \vDash \mathrm{CST}_x(\phi)[w]$，即 $\mathfrak{M} \vDash \forall P_1 \cdots P_n\mathrm{CST}_x(\phi)[w]$。∎

下面看例 2.2 的公式 $\Diamond_k \Box p$。首先计算它的二阶翻译为

$$\forall P\, \exists_k y(Rxy \wedge \forall z(Ryz \to Pz))。$$

然后定义谓词 $\pi(P) = \lambda u.\ u \neq u$。枚举可得

$$\exists_k y(Rxy \wedge \forall z(Ryz \to z \neq z)),$$

它等价于 $\exists_k y(Rxy \wedge \forall z\neg Ryz)$，即 $\exists_k y(Rxy \wedge \neg\exists z Ryz)$。

我们已证明所有 GML 统一公式都有可以自动计算的 FOL(C) 对应公式。然而，很难把这个结果扩展到所谓萨奎斯特蕴涵式 (Blackburn et al., 2001)。举一个

例子。考虑公式 $\Diamond\Diamond_k p \to \Diamond_k p$。可以证明对每个框架 $\mathfrak{F}$，$\mathfrak{F} \vDash \Diamond\Diamond_k p \to \Diamond_k p$ 当且仅当 $\mathfrak{F} \vDash \forall xyz_0\cdots z_{k-1}(\bigwedge_{i \neq j < k}(z_i \neq z_j) \wedge Rxy \wedge \bigwedge_{i<k} Ryz_i \to \bigwedge_{i<k} Rxz_i)$，如图 2.3 所示。

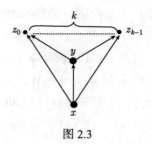

图 2.3

论证如下。假设 $\mathfrak{F} \vDash \Diamond\Diamond_k p \to \Diamond_k p$。任取状态 $x, y, z_0, \cdots, z_{k-1}$，假设 $\bigwedge_{i \neq j < k}$ $(z_i \neq z_j)$，Rxy 并且 $\bigwedge_{i<k} Ryz_i$。令 $V(p) = \{z_0, \cdots, z_{k-1}\}$。因此，$x \vDash \Diamond\Diamond_k p$。由 $\mathfrak{F} \vDash$ $\Diamond\Diamond_k p \to \Diamond_k p$ 得，$x \vDash \Diamond_k p$。存在 k 个后继状态使 p 真。因此 $\bigwedge_{i<k} Rxz_i$。反之，假设 $\mathfrak{F} \vDash \forall xyz_0\cdots z_{k-1}(\bigwedge_{i \neq j < k}(z_i \neq z_j) \wedge Rxy \wedge \bigwedge_{i<k} Ryz_i \to \bigwedge_{i<k} Rxz_i)$。令 V 是 $\mathfrak{F}$ 中任何赋值。假设 $x \vDash \Diamond\Diamond_k p$。那么 x 有后继状态 $y \vDash \Diamond_k p$。所以 y 有 k 个后继状态 $z_0, \cdots, z_{k-1}$ 使得每个 $z_j \vDash p$。由假设可得 $\bigwedge_{i<k} Rxz_i$，因此 $x \vDash \Diamond_k p$。

注意这个 FOL$^=$ 条件并不等值于 FOL(C) 公式 $\forall xy\forall_k z(Rxy \wedge Ryz \to Ryz)$。如果应用范本特姆–萨奎斯特算法，首先有如下二阶翻译：

$$\forall P(\exists y(Rxy \wedge \exists_k z(Ryz \wedge Pz)) \to \exists_k v(Rxv \wedge Pv)).$$

提出前件中所有存在量词可得

$$\forall P\forall y\forall_k z(Rxy \wedge Ryz \wedge Pz \to \exists_k v(Rxv \wedge Pv)).$$

使用 $\lambda u。u = z$ 枚举前件中谓词变元 P 可得

$$\forall y\forall_k z(Rxy \wedge Ryz \to \exists_k v(Rxv \wedge v = z)).$$

对于其中的后件 $\exists_k v(Rxv \wedge v = z)$，如果 $k > 1$，它等值于 $\bot$，这样不能得到所需要的对应公式。

另一点值得注意，我们可以使用弱二阶逻辑，其中只允许对有限子集进行量化，比如 $\exists X\alpha(X)$ 的意思是存在有限子集满足 $\alpha(X)$。然后可以把框架条件 $\forall xyz_0\cdots z_{k-1}(\bigwedge_{i \neq j < k}(z_i \neq z_j) \wedge Rxy \wedge \bigwedge_{i<k} Ryz_i \to \bigwedge_{i<k} Rxz_i)$ 写成

$$\forall xyZ(|Z| = k \wedge Rxy \wedge RyZ \to RxZ).$$

然而，此时要谈论框架的弱二阶性质，后面讨论余代数语义时回到这种思路。

第 3 章　分次模态余代数

本章探讨 GML 的余代数语义。一般来说，余代数是基于状态的动态系统的抽象数学模型。每个关系模型或框架都对应于某个 $\wp$ 余代数，即集合范畴上的幂集函子的余代数。关于余代数与模态逻辑联系，参见库兹的讲义(Kurz, 1999)。对于分次模态逻辑来说，作为余代数的复合图在一些论文中被看作解释 GML 的框架(D'Agostino and Visser, 2002；Schröder, 2008；Schröder and Pattinson, 2007)。本章假设关于余代数理论的基本知识，对于一些基本概念，参见附录 C。

3.1 节定义一些基本语义概念、余代数(余代数模型)上的运算，证明不变性和保持结果。3.2 节证明余代数分次模态逻辑的 Jónsson-Tarski 表示定理。3.3 节通过对偶方法证明一条比较自然的 Goldblatt-Thomason 定理。3.4 节证明余代数结构类和 Ω 模型类的可定义性定理。3.5 节探讨 GML 的泛余代数问题。

3.1　分次模态语言的余代数语义

从余代数角度看，一类自然的余代数可用于解释分次模态语言，这些余代数也可以看成复合图(D'Agostino and Visser, 2002)。为研究余代数语义，首先定义集合范畴 **SET** 上的自函子 $\Omega:\mathbf{SET}\to\mathbf{SET}$。

定义 3.1　给定任何非空子集 S，定义 $\Omega S=(\omega+1)^{S}$，即所有从 S 到集合 $\omega+1=\omega\cup\{\omega\}$ 的函数的集合，其中 ω 是所有自然数的集合。对任何函数 $\eta:S\to T$，定义函数 $\Omega\eta:\Omega S\to\Omega T$ 如下：

对每个 $f:S\to\omega+1$ 属于 ΩS，令 $\Omega\eta(f):T\to\omega+1$ 是函数使得对每个 $t\in T$ 有 $\Omega\eta(f)(t)=\sum\{f(s):\eta(s)=t\}$，若它 $\leqslant\omega$；否则 $\Omega\eta(f)(t)=\omega$。这里 $\sum\{f(s):\eta(s)=t\}$ 是使得 $\eta(s)=t$ 的基数 $f(s)$ 的(无限)和。一个**分次模态余代数**是一个 Ω 余代数 $\mathbb{S}=(S,\sigma)$ 使得 $\sigma:S\to\Omega S$ 是转换映射。如果不产生混淆，则称一个 Ω 余代数或分次模态余代数为**余代数**。一个**Ω模型**(余代数模型)是一个三元组 $\mathcal{M}=(S,\sigma,V)$，其中 (S,σ) 是 Ω 余代数并且 $V:\Phi\to\wp(S)$ 是赋值函数。

下面引入更多记号。给定 Ω 余代数 $\mathbb{S}=(S,\sigma)$ 和状态 x 和 y，有 $\sigma(x)(y)=i\leqslant\omega$。对 $x\in S$ 和 $X\subseteq S$，定义 $\sigma(x)(X)=\sum\{\sigma(x)(y):y\in X\}$，即所有 $\sigma(x)(y)$ 的和(对 $y\in X$)。若 X 有限，则有两种情况。如果存在 $y\in X$ 使 $\sigma(x)(y)=\omega$，那么

$\sigma(x)(X) = \omega$。如果 $\sigma(x)(y) < \omega$ 对所有 $y \in X$，那么 $\sigma(x)(X)$ 是所有自然数 $\sigma(x)(y)$ 求和(对 $y \in X$)。若 X 无限，则 $\sigma(x)(X)$ 是基数 $\sigma(x)(y)$(对 $y \in X$)的无限和。

对任何 $x \in S$，定义 $x{\uparrow} = \{y \in S : \sigma(x)(y) > 0\}$。对每个 $n > 0$，定义 Ω 余代数 $\mathbb{S} = (S, \sigma)$ 中的代数运算如下：$\langle n \rangle X = \{x \in S : \sigma(x)(X) \geqslant n\}$。定义 $[n]X := -\langle n \rangle -X$ 并且 $\langle n \rangle! X := \langle n \rangle X \cap -\langle n{+}1 \rangle X$。

定义 3.2 GML 公式 ϕ 在 Ω 模型 $\mathcal{M} = (S, \sigma, V)$ 中的**真集** $[\![\phi]\!]_{\mathcal{M}}$ 递归定义如下：

$$[\![p]\!]_{\mathcal{M}} = V(p),$$
$$[\![\bot]\!]_{\mathcal{M}} = \varnothing,$$
$$[\![\phi \to \psi]\!]_{\mathcal{M}} = -[\![\phi]\!]_{\mathcal{M}} \cup [\![\psi]\!]_{\mathcal{M}},$$
$$[\![\Diamond_n \phi]\!]_{\mathcal{M}} = \langle n \rangle [\![\phi]\!]_{\mathcal{M}}。$$

那么 $[\![\Box_n \phi]\!]_{\mathcal{M}} = [n][\![\phi]\!]_{\mathcal{M}}$ 并且 $[\![\Diamond!_n \phi]\!]_{\mathcal{M}} = \langle n \rangle![\![\phi]\!]_{\mathcal{M}}$。定义满足关系：$\mathcal{M}, x \vDash \phi$，如果 $x \in [\![\phi]\!]_{\mathcal{M}}$。$\Omega$ 点模型中真和全局真、余代数有效等等语义概念如通常定义。

例 3.1 这里给出例子说明如何计算分次模态公式在余代数模型中状态上的真值。令 $S = \{s_0, s_1, s_2, s_3, s_4, s_5, s_6\}$，$\sigma(s_i)(s_{2i+1}) = 2i{+}1$ 并且 $\sigma(s_i)(s_{2i+2}) = 2i{+}2$ 对 $i < 3$。对其他有序对 $(x, y) \in S^2$，令 $\sigma(x)(y) = 0$。定义 $V(p) = S$。那么得到 Ω 模型 $\mathcal{M} = (S, \sigma, V)$。图 3.1 中对缺少箭头的任何两个状态 x 和 y，都有 $\sigma(x)(y) = 0$。

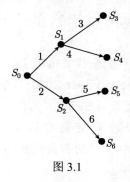

图 3.1

可以验证如下成立：

(1) $\mathcal{M}, s_i \vDash \Box_n p$ 对所有 $i < 7$ 和 $n > 0$。

(2) $\mathcal{M}, s_0 \vDash p \wedge \Diamond_3 p$，$\mathcal{M}, s_1 \vDash p \wedge \Diamond_7 p$ 并且 $\mathcal{M}, s_2 \vDash p \wedge \Diamond_{11} p$。

(3) $\mathcal{M}, s_0 \vDash \Diamond\Diamond_7 p \wedge \Diamond\Diamond_7 \Box_n p \wedge \Diamond_2 \Diamond_{11} p \wedge \Diamond_2 \Diamond_{11} \Box_n p$ 对所有 $n > 0$。

(4) $\mathcal{M}, s_0 \vDash p \wedge \Diamond(p \wedge \Diamond_3 p) \wedge \Diamond(p \wedge \Diamond_4 p) \wedge \Diamond_2 (p \wedge \Diamond_5 p) \wedge \Diamond_2 (p \wedge \Diamond_6 p)$。

(5) $\mathcal{M}, s_0 \nvDash \Diamond_3 \Diamond_{n+12} p$ 对所有 $n \in \omega$。

对每个 GML 公式集 Γ，令 $\mathsf{Coalg}(\Gamma)$(或 $\mathsf{Mod_C}(\Gamma)$)是 Γ 所定义的余代数类(或 Ω 模型类)。一个余代数类(或 Ω 模型类)K 称为**分次模态可定义的**，如果 K 是通过某个分次模态公式集定义的。给定任何余代数 $\mathbb{S}$(Ω 模型 $\mathcal{M}$)，令 $\mathrm{Th}(\mathbb{S})$ ($\mathrm{Th}(\mathcal{M})$)

是$\mathbb{S}(\mathcal{M})$的 GML 理论，即所有在$\mathbb{S}(\mathcal{M})$中有效(真)的 GML 公式的集合。这些概念容易扩展到点结构类。

正如幂集余代数对应于关系框架，分次模态余代数对应于复合图，在例 3.1 中已看到这一点。我们把一个**复合图**定义为有序对 $G = (S, \{R_n\}_{n \in \delta})$，其中 $\varnothing \ne \delta \subseteq \omega + 1$。一个**复合图模型**是有序对 $\mathcal{G} = (G, \theta)$，其中 G 是复合图，$\theta : S \to \wp(\Phi)$ 是加标函数使得每个状态 $x \in S$ 与命题字母集合 $\theta(x)$ 相联系，$\theta(x)$ 代表状态 x 的原子信息，即在状态 x 上所有真的命题字母的集合。容易证明，所有 Ω 余代数(Ω模型)的类与复合图(复合图模型)的类之间存在双射。

定义 3.3　给定复合图 $G = (S, \{R_n\}_{n \in \delta})$，定义对应的 Ω 余代数 $G^{\circledast} = (S, \sigma_{\delta})$ 如下：

$$\sigma_{\delta}(s)(t) = \begin{cases} n, & \text{如果 } sR_n t, \\ 0, & \text{否则。} \end{cases}$$

对于复合图模型$\mathcal{G} = (G, \theta)$，定义它对应的$\Omega$模型$\mathcal{G}^{\circledast} = (G^{\circledast}, V_{\theta})$，其中 $V_{\theta}(p) = \{x \in S : p \in \theta(x)\}$。现在递归定义公式 ϕ 在复合图模型$\mathcal{G} = (S, \{R_n\}_{n \in \delta}, \theta)$中真的概念，只定义原子情况和模态情况，其他显然：

(1) $\mathcal{G}, s \vDash p$ 当且仅当 $p \in \theta(s)$。

(2) $\mathcal{G}, s \vDash \Diamond_n \phi$ 当且仅当存在 $m \in \omega$ 和 $t_0 \cdots t_{m-1} \in S$ 使得 $sR_{k_i}t_i$, $\mathcal{G}, t_i \vDash \phi$(对 $i < m$)并且 $\sum_{i < m} k_i \geqslant n$。

在复合图(复合图模型)中(真)有效的概念如通常定义。

命题 3.1　对任何复合图 G 和复合图模型$\mathcal{G} = (G, \theta)$，状态 s 和 GML 公式 ϕ，

(1) $\mathcal{G}, s \vDash \phi$ 当且仅当$\mathcal{G}^{\circledast}, s \vDash \phi$。

(2) $\mathcal{G} \vDash \phi$ 当且仅当$\mathcal{G}^{\circledast} \vDash \phi$。

(3) $G, s \vDash \phi$ 当且仅当 $G^{\circledast}, s \vDash \phi$。

(4) $G \vDash \phi$ 当且仅当 $G^{\circledast} \vDash \phi$。

证明　第(1)项对 ϕ 归纳证明，其他项容易得出。∎

每个复合图(复合图模型)可表示为 Ω 余代数(Ω模型)使得它们不能区分任何 GML 公式。反之，可以证明每个 Ω 余代数可表示为有同样性质的复合图。

定义 3.4　给定 Ω 余代数$\mathbb{S} = (S, \sigma)$，定义它对应的复合图$\mathbb{S}_{\circledast} = (S, \{R_n\}_{n \in \delta})$ 如下：

(1) $\delta = \{n : \exists s, t \in S (\sigma(s)(t) = n > 0)\}$。

(2) $sR_n t$ 当且仅当 $\sigma(x)(y) = n$。

对任何Ω模型$\mathcal{M} = (\mathbb{S}, V)$，定义它对应的复合图模型为 $\mathcal{M}_{\circledast} = (\mathbb{S}_{\circledast}, \theta_V)$，其中 $\theta_V(s) = \{p : s \in V(p)\}$对每个状态 $s \in S$。

命题 3.2　对每个 Ω 余代数$\mathbb{S}$和Ω模型$\mathcal{M}$，GML 公式 ϕ 和状态 s，如下成立：

(1) $\mathcal{M}, s \vDash \phi$ 当且仅当 $\mathcal{M}_\circledast, s \vDash \phi$。

(2) $\mathcal{M} \vDash \phi$ 当且仅当 $\mathcal{M}_\circledast \vDash \phi$。

(3) $\mathbb{S}, s \vDash \phi$ 当且仅当 $\mathbb{S}_\circledast, s \vDash \phi$。

(4) $\mathbb{S} \vDash \phi$ 当且仅当 $\mathbb{S}_\circledast \vDash \phi$。

证明 第(1)项对 ϕ 归纳证明，其他项容易得出。■

显然，对任何 Ω 余代数 $\mathbb{S}$，都有 $\mathbb{S} \cong (\mathbb{S}_\circledast)^\circledast$。反之，对任何复合图 G，$G \cong (G^\circledast)_\circledast$。因此，使用后面要定义的同态和复合图上对应的态射作为箭头，所得到的余代数类的范畴与复合图类的范畴是同构的。

下面证明一些关于 GML 公式在余代数运算下的不变性和保持结果，这些运算包括：Ω 同态、子余代数(余代数子模型)、Ω 互模拟和 Ω 超滤扩张。这里开始，对任何非空集合 S，再次使用记号 $\wp^+(S) = \{X \subseteq S : X$ 是有限非空的$\}$。

3.1.1 Ω 同态

我们从 Ω 同态开始。这是余代数理论的标准概念，参见附录 C。

定义 3.5 从余代数 $\mathbb{S} = (S, \sigma)$ 到 $\mathbb{S}' = (S', \sigma')$ 的一个 Ω 同态是函数 $\eta : S \to S'$ 使得 $\sigma' \circ \eta = \Omega\eta \circ \sigma$。使用范畴论的术语，$\eta$ 是 Ω 同态，如果图 3.2 是交换的：

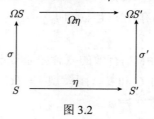

图 3.2

一个函数 $\eta : S \to S'$ 称为从 Ω 模型 $\mathcal{M} = (\mathbb{S}, V)$ 到 $\mathcal{M}' = (\mathbb{S}', V')$ 的 Ω 同态，如果它是从 $\mathbb{S}$ 到 $\mathbb{S}'$ 的 Ω 同态使得对每个状态 $x \in S$ 都有 x 和 $\eta(x)$ 满足相同的命题变元。如果 η 是满射，那么 η 的值域模型称为定义域模型的 Ω 同态象。使用记号 $\mathbb{S} \to \mathbb{S}'$(或 $\mathcal{M} \to \mathcal{M}'$)表示 $\mathbb{S}'$(或 $\mathcal{M}'$)是 $\mathbb{S}$(或 $\mathcal{M}$)的 Ω 同态象。

然而，正如 $\wp$ 余代数之间的 $\wp$ 同态恰好是关系框架之间的有界态射，也可以证明 Ω 同态能够使用余代数(Ω 模型)上的前进和后退条件来刻画。

命题 3.3 一个函数 $\eta : S \to S'$ 是从 Ω 模型 $\mathcal{M} = (S, \sigma, V)$ 到 $\mathcal{M}' = (S', \sigma', V')$ 的 Ω 同态当且仅当对所有 $n > 0$，如下条件成立：

(1) 对所有 $s \in S$ 都有 s 和 $\eta(s)$ 满足相同的命题字母。

(2) 对所有 $x \in S$ 和 $X \in \wp^+(S)$，若 $\sigma(s)(X) \geq n$，则 $\sigma'(\eta(s))(\eta[X]) \geq n$。

(3) 对每个 $Y \in \wp^+(S')$，若 $\sigma'(\eta(s))(Y) \geq n$，则存在 $X \in \wp^+(S)$ 使 $\sigma(s)(X) \geq n$ 并且 $\eta[X] \subseteq Y$。

证明 首先假设 η 是 Ω 同态。只证明前进条件(2)和后退条件(3)。首先假设 $\sigma(s)(X) \geqslant n$。由 Ω 同态的定义可得，$\Omega\eta(\sigma(s)) = \sigma'(\eta(s))$。那么 $\Omega\eta(\sigma(s))(\eta[X]) = \sum\{\sigma(s)(t) : \eta(t) \in \eta[X]\} \geqslant \sigma(s)(X) \geqslant n$。因此 $\sigma'(\eta(s))(\eta[X]) \geqslant n$。对于后退条件，假设 $\sigma'(\eta(s))(Y) \geqslant n$。由 $\Omega\eta(\sigma(s)) = \sigma'(\eta(s))$ 得，$\Omega\eta(\sigma(s))(Y) = \sigma'(\eta(s))(Y) \geqslant n$。那么 $\sum\{\sigma(s)(t) : \eta(t) \in Y\} \geqslant n$。由此可以选择有限子集 $X \subseteq S$ 使得 $\sigma(s)(X) \geqslant n$ 并且 $\eta[X] \subseteq Y$。

现在假设 η 满足前进和后退条件，要证明它是 Ω 同态，即对所有 $s \in S$ 和 $t' \in S'$ 都有 $\Omega\eta(\sigma(s))(t') = \sigma'(\eta(s))(t')$。

情况 1 $\Omega\eta(\sigma(s))(t') = \omega$。那么存在 $X \in \wp(S)$ 使得 $\eta(X) = \{t'\}$ 且 $\sigma(s)(X) = \omega$。假设 $\sigma'(\eta(s))(t') = k < \omega$。令 $Y \in \wp^+(X)$ 使得 $\sigma(s)(Y) \geqslant k+1$。由(2)得，$\sigma'(\eta(s))(t') \geqslant k+1$，矛盾。

情况 2 $\Omega\eta(\sigma(s))(t') = k < \omega$。由 $\sum\{\sigma(s)(t) : \eta(t) = t'\} = k$，$X = \eta^{-1}[t']$ 是有限集，$\sigma(s)(X) = k$。由条件(2)得，$\sigma'(\eta(s)(t')) \geqslant k$。只需证 $\sigma'(\eta(s)(t')) \leqslant k$。假设 $\sigma'(\eta(s)(t')) \geqslant k+1$。由(3)得，存在 $Y \in \wp^+(S)$ 使得 $\eta(Y) \subseteq \{t'\}$ 并且 $\sigma(s)(Y) \geqslant k+1$。显然 $Y \subseteq X$。因此 $\sigma(s)(X) \geqslant k+1$，矛盾。∎

命题 3.4 对余代数 $\mathbb{S} = (S, \sigma)$ 和 $\mathbb{S}' = (S', \sigma')$，令 η 是从模型 $\mathcal{M} = (\mathbb{S}, V)$ 到 $\mathcal{M}' = (\mathbb{S}', V')$ 的 Ω 同态。那么对所有状态 $x \in S$，如下成立：

(1) $\mathrm{Th}(\mathcal{M}, x) = \mathrm{Th}(\mathcal{M}', \eta(x))$。

(2) $\mathrm{Th}(\mathbb{S}, x) \subseteq \mathrm{Th}(\mathbb{S}', \eta(x))$。

(3) 如果 η 是满射，那么 $\mathrm{Th}(\mathcal{M}) = \mathrm{Th}(\mathcal{M}')$。

(4) 如果 η 是满射，那么 $\mathrm{Th}(\mathbb{S}) \subseteq \mathrm{Th}(\mathbb{S}')$。

证明 只对公式归纳证明(1)。对模态情况，设 $\mathcal{M}, x \vDash \Diamond_k\phi$，则存在 $X \subseteq [\![\phi]\!]_{\mathcal{M}}$ 使 $\sigma(x)(X) \geqslant k$。由前进条件，$\sigma'(\eta(x))(\eta[\![\phi]\!]_{\mathcal{M}}) \geqslant k$。只需 $\eta[\![\phi]\!]_{\mathcal{M}} \subseteq [\![\phi]\!]_{\mathcal{M}'}$。令 $y \in \eta[\![\phi]\!]_{\mathcal{M}}$。那么 $y = \eta(z)$ 对某个 $z \in [\![\phi]\!]_{\mathcal{M}}$。由归纳假设，$y \in [\![\phi]\!]_{\mathcal{M}'}$。反之设 $\mathcal{M}', \eta(x) \vDash \Diamond_k\phi$。那么存在 $X' \subseteq [\![\phi]\!]_{\mathcal{M}'}$ 使 $\sigma'(\eta(x))(X) \geqslant k$。由后退条件，存在 $X \subseteq S$ 使得 $\sigma(x)(X) \geqslant k$ 并且 $\eta[X] \subseteq X'$。只需 $X \subseteq [\![\phi]\!]_{\mathcal{M}}$。令 $z \in X$。$\eta(z) \in \eta[X]$，所以 $\eta(z) \in [\![\phi]\!]_{\mathcal{M}'}$。由归纳假设得，$z \in [\![\phi]\!]_{\mathcal{M}}$。∎

推论 3.1 每个 GML 可定义的 Ω 模型类和它的补类都对 Ω 同态象封闭。此外，每个 GML 可定义的 Ω 余代数类对 Ω 同态象封闭。

例 3.2 (1)考虑如下两个 Ω 余代数 $\mathbb{S} = (S, \sigma)$ 和 $\mathbb{T} = (T, \rho)$：

(a) S 为自然数集合；$T = \{e\}$。

(b) 对 $m < n$ 有 $\sigma(m)(n) = 1$；$\rho(e)(e) = \omega$；其他有序对指派 0。

定义函数 $\eta : n \mapsto e$。那么 η 是 Ω 同态，因为 $\sigma(m)(X) = \omega$ 对所有 $m \in \omega$ 和 $X = \{n \in \omega : m < n\}$ 成立。对任何 Ω 余代数 $\mathbb{T}' = (T, \rho')$ 使得 $\rho'(e)(e) < \omega$，不存在

从 $\mathbb{S}$ 到 $\mathbb{T}'$ 的 Ω 同态(图 3.3)。

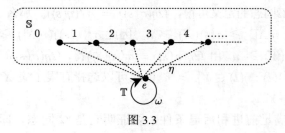

图 3.3

(2) 考虑如下两个 Ω 余代数 $\mathbb{S} = (S, \sigma)$ 和 $\mathbb{T} = (T, \rho)$:

(a) $S = \{a, b, c\}$; $T = \{d, e\}$。

(b) $\sigma(a)(b) = m$, $\sigma(a)(c) = n(m, n > 0)$; $\rho(d)(e) = m + n$; 其他有序对指派 0。

定义函数 $\eta : S \to T$ 使得 $\eta(a) = d$ 并且 $\eta(b) = \eta(c) = e$。容易验证 η 是 Ω 同态。然而对任何 Ω 余代数 $\mathbb{T}' = (T, \rho')$ 使 $\rho'(d)(e) < m+n$,不存在从 $\mathbb{S}$ 到 $\mathbb{T}'$ 的 Ω 同态(图 3.4)。

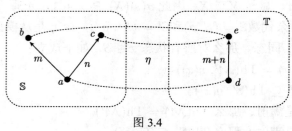

图 3.4

3.1.2 生成子余代数和 Ω 子模型

下面考虑从给定的结构生成子余代数(Ω 子模型)这种运算。若把 Ω 余代数(Ω 模型)看成复合图,则容易定义生成子结构。

定义 3.6 一个 Ω 模型 $\mathcal{M}' = (S', \sigma', V')$ 称为 $\mathcal{M} = (S, \sigma, V)$ 的**生成 Ω 子模型**,如果① $S' \subseteq S$, $\sigma' = \sigma\!\upharpoonright_{S'}$; ② $V'(p) = V(p) \cap S'$ 对每个命题字母 p,并且③ S' 对如下条件封闭: $(\forall x \in S')(\sigma(x)(y) > 0 \Rightarrow y \in S')$。

任给子集 $X \subseteq S$, $\mathcal{M}$ 从 X **生成的 Ω 子模型**是 $\mathcal{N} = (T, \sigma_T, V_T)$ 使得 $X \subseteq T$ 并且 $\mathcal{N}$ 是 $\mathcal{M}$ 的生成 Ω 子模型。如果 $\mathcal{N}$ 是模型 $\mathcal{M}$ 从某个单元集 $\{x\} \subseteq S$ 生成的,那么 $\mathcal{N}$ 称为**点生成的**点生成子余代数的定义是显然的。使用记号 $\mathcal{M}' \rightarrowtail \mathcal{M}$(或 $\mathbb{S}' \rightarrowtail \mathbb{S}$)表示 $\mathcal{M}'$(或 $\mathbb{S}'$)是 $\mathcal{M}$(或 $\mathbb{S}$)的生成 Ω 子模型(或生成子余代数)。

从子集 X 生成余代数子结构是这样的程序,从 X 中的状态开始,搜索对应的复合图(复合图模型)中后继状态。由此很容易证明如下不变性和保持结果。

命题 3.5　假设 $\mathbb{S}' \rightarrowtail \mathbb{S}$ 并且 $\mathcal{M}' \rightarrowtail \mathcal{M}$。那么对 $\mathcal{M}'$ 或 $\mathbb{S}'$ 中每个状态 s,

(1) $\mathrm{Th}(\mathcal{M}, s) = \mathrm{Th}(\mathcal{M}', s)$。

(2) $\mathrm{Th}(\mathcal{M}) \subseteq \mathrm{Th}(\mathcal{M}')$。

(3) $\mathrm{Th}(\mathbb{S}, s) = \mathrm{Th}(\mathbb{S}', s)$。

(4) $\mathrm{Th}(\mathbb{S}) \subseteq \mathrm{Th}(\mathbb{S}')$。

证明　第(1)项对 GML 公式归纳证明,其他项易证。∎

推论 3.2　每个 GML 可定义的 Ω 余代数类(Ω 模型类)对生成子余代数(生成 Ω 子模型)封闭。

3.1.3　求和

下面的运算是余代数结构族的求和,它类似于关系结构的不相交并。

定义 3.7　给定(不相交的)Ω 模型族 $\{\mathcal{M}_i = (S_i, \sigma_i, V_i) : i \in I\}$,它们的**求和**定义为模型 $\coprod_I \mathcal{M}_i = (S, \sigma, V)$,其中 S 是 S_i 的不相交并, $\sigma : S \to \Omega S$ 是函数使得 $\sigma(x)(y) = \sigma_i(x)(y)$ 对所有 $x, y \in S_i$。去掉赋值条件可定义 Ω 余代数族的求和。

余代数求和对应于复合图的不相交并。因此有如下不变性和保持结果。

命题 3.6　假设 $\coprod_I \mathcal{M}_i$ 是 Ω 模型族 $\{\mathcal{M}_i = (S_i, \sigma_i, V_i) : i \in I\}$ 的和,而 $\coprod_I \mathbb{S}_i$ 是余代数族 $\{\mathbb{S}_i = (S_i, \sigma_i) : i \in I\}$ 的和。令 s 是 $\mathcal{M}_i$ 或 $\mathbb{S}_i$ 的状态。

(1) $\mathrm{Th}(\mathcal{M}_i, s) = \mathrm{Th}(\coprod_I \mathcal{M}_i, s)$。

(2) $\mathrm{Th}(\coprod_I \mathcal{M}_j) = \bigcap_{j \in I} \mathrm{Th}(\mathcal{M}_j)$。

(3) $\mathrm{Th}(\mathbb{S}_i, s) = \mathrm{Th}(\coprod_I \mathbb{S}_i, s)$。

(4) $\mathrm{Th}(\coprod_I \mathbb{S}_i) = \bigcap_{j \in I} \mathrm{Th}(\mathbb{S}_j)$。

证明　第(1)项对 GML 公式归纳证明,其他项易证。∎

命题 3.7　如下成立:

(1) 每个 GML 可定义的余代数类(Ω 模型类)及其补类都对求和封闭。

(2) 每个余代数 $\mathbb{S}$ 是它所有点生成子余代数 $\mathbb{S}_x$ 之和的 Ω 同态象。

证明　第(1)项是命题 3.6 的推论。第(2)项易证。∎

3.1.4　余代数树展开

下面定义 Ω 模型从一个状态展开的模型。所用技巧乃是把每个 Ω 模型看作复合图模型,而且从给定的状态展开它。

定义 3.8　给定 Ω 模型 $\mathcal{M} = (S, \sigma, V)$ 和 $s \in S$,其中 $\mathbb{S} = (S, \sigma)$ 是 Ω 余代数, s 是相应复合图的根状态。那么 $\mathcal{M}$ 从状态 s 展开的模型定义为 $\mathrm{unr}(\mathcal{M}, s) = (\mathrm{Seq}(\mathbb{S}, s), \vec{\sigma}, \vec{V})$,其中

(1) $\mathrm{Seq}(\mathcal{M}, s) = \{\vec{s} : \vec{s}$ 是 S 中所有从 s 出发的有限状态序列$\}$。

(2) $\vec{V}(p) = \{\vec{s} : \mathrm{last}(\vec{s}) \in V(p)\}$ 对每个命题字母 p。

(3) $\vec{\sigma}$ 定义如下：$\vec{\sigma}(\vec{s})(\vec{s}\, t) = \sigma(\mathrm{last}(\vec{s}))(t)$ 对所有序列 $\vec{s}$。

Ω 余代数 $\mathbb{S}$ 从 s 展开的余代数定义为 $\mathrm{unr}(\mathbb{S}, s) = (\mathrm{Seq}(\mathbb{S}, s), \vec{\sigma})$。

从树展开的定义可知，这种运算不改变原来余代数中指派给状态有序对的自然数。因此有如下对树展开的不变性和保持结果。

命题 3.8 令 $\mathrm{unr}(\mathcal{M}, s)$ 和 $\mathrm{unr}(\mathbb{S}, s)$ 是从 s 展开的结构。对每个 GML 公式 ϕ 和 $\mathrm{Seq}(\mathbb{S}, s)$ 中的序列 $\vec{s}$，如下成立：

(1) $\mathrm{unr}(\mathcal{M}, s), \vec{s} \vDash \phi$ 当且仅当 $\mathcal{M}, \mathrm{last}(\vec{s}) \vDash \phi$。

(2) 如果 $\mathcal{M} \vDash \phi$，那么 $\mathrm{unr}(\mathcal{M}, s) \vDash \phi$。

(3) $\mathrm{unr}(\mathbb{S}, s), \vec{s} \vDash \phi$ 当且仅当 $\mathbb{S}, \mathrm{last}(\vec{s}) \vDash \phi$。

(4) 如果 $\mathbb{S} \vDash \phi$，那么 $\mathrm{unr}(\mathbb{S}, s) \vDash \phi$。

证明 对 ϕ 归纳证明 (1)，其他各项易证。∎

3.1.5 行为等价和 Ω 互模拟

下面探讨行为等价和互模拟之间的关系，这个问题来自余代数理论。首先，对于 Ω 余代数来说，有如下关于行为等价的定义。

定义 3.9 给定任何两个余代数 $\mathbb{S} = (S, \sigma)$ 和 $\mathbb{S}' = (S', \sigma')$，非空二元关系 $R \subseteq S \times S'$ 称为**行为等价关系**(记为 $R : \mathbb{S} \approx \mathbb{S}'$)，如果存在余代数 $\mathbb{T} = (T, \sigma_T)$ 和两个 Ω 同态 $\eta : S \to T$ 和 $\eta' : S' \to T$ 使得 $(s, s') \in R$ 蕴涵 $\eta(s) = \eta'(s')$。一个状态有序对 $(s, s') \in S \times S'$ 称为**行为等价的**(记为 $s \approx s'$)，如果存在行为等价关系 $R : \mathbb{S} \approx \mathbb{S}'$ 使得 $(s, s') \in R$。

行为等价这个概念很重要，因为它说明了两个动态系统计算行为等价的概念。使用范畴论术语来说，一个二元关系 R 是两个余代数 $\mathbb{S} = (S, \sigma)$ 和 $\mathbb{S}' = (S', \sigma')$ 之间的**行为等价关系**，如果存在中间余代数 $\mathbb{T} = (T, \sigma_T)$ 和两个映射 $\eta : S \to T$ 和 $\eta' : S' \to T$ 使得进行如图 3.5 所示的交换。

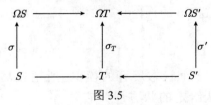

图 3.5

更一般的概念是余代数互模拟。众所周知，余代数互模拟蕴涵行为等价。但是反过来一般不成立。我们如下定义 Ω 互模拟的概念。

定义 3.10 令 $\mathbb{S} = (S, \sigma)$ 和 $\mathbb{S}' = (S', \sigma')$ 是 Ω 余代数。一个非空二元关系 $Z \subseteq \wp^+(S) \times \wp^+(S')$ 称为余代数 $\mathbb{S}$ 和 $\mathbb{S}'$ 之间的**Ω 互模拟**(记为 $Z : \mathbb{S} \underleftrightarrow{}_\Omega \mathbb{S}'$)，如果对所

有 $n > 0$ 和 $\{x\}Z\{y\}$ 如下成立：

(1) 如果 XZY，那么对所有 $a \in X$，存在 $b \in Y$ 使 $\{a\}Z\{b\}$，反之亦然。

(2) 如果 $\sigma(x)(X) \geq n$ 并且 $\sigma(x)(u) > 0$ 对所有 $u \in X$，那么存在 $Y \in \wp^+(S')$ 使得 $\sigma'(y)(Y) \geq n$ 并且 XZY。

(3) 如果 $\sigma'(y)(Y) \geq n$ 并且 $\sigma(y)(v) > 0$ 对所有 $v \in Y$，那么存在 $X \in \wp^+(S)$ 使得 $\sigma(x)(X) \geq n$ 并且 XZY。

如果存在 Ω 互模拟 $Z: \mathbb{S} \leftrightarrow_\Omega \mathbb{S}'$ 使得 $\{s\}Z\{s'\}$，那么 s 和 s' 称为 Ω 互模拟的（记为 $s \leftrightarrow_\Omega s'$）。如果 $(\forall s' \in S')(\exists s \in S)(\{s\}Z\{s'\})$，那么 Z 称为**满射 Ω 互模拟**。如果 Z 是满互模拟并且 $(\forall s \in S)(\exists s' \in S')(\{s\}Z\{s'\})$，那么 Z 称为**全局 Ω 互模拟**。增加赋值条件便可对 Ω 模型定义上述概念。一个 Ω 互模拟 $Z: \mathbb{S} \leftrightarrow_\Omega \mathbb{S}'$ 称为 Ω 模型 $(\mathbb{S}, V)$ 和 $(\mathbb{S}', V')$ 之间的 **Ω 互模拟**，如果它满足如下原子条件：

(4) 如果 $\{s\}Z\{s'\}$，那么 s 和 s' 满足相同的命题字母。

使用记号 $Z: \mathcal{M}, s \leftrightarrow_\Omega \mathcal{M}', s'$ 表示 Z 是 $\mathcal{M}$ 和 $\mathcal{M}'$ 之间的 Ω 互模拟使得 $\{s\}Z\{s'\}$。

如下命题说明上面定义的行为等价和 Ω 互模拟两个概念是重合的。

命题 3.9 令 $\mathbb{S} = (S, \sigma)$ 和 $\mathbb{S}' = (S', \sigma')$ 是 Ω 余代数。任给有序对 $(s, s') \in S \times S'$，都有 $s \approx s'$ 当且仅当 $s \leftrightarrow_\Omega s'$。

证明 假设 $R: s \approx s'$。令 $\mathbb{T} = (T, \sigma_T)$ 是余代数，并且 $\eta: S \to T$ 和 $\eta': S' \to T$ 是 Ω 同态。定义二元关系 $Z \subseteq \wp^+(\mathcal{S}) \times \wp^+(S')$ 如下：

XZY 当且仅当 $(\forall x \in X)(\exists y \in Y)(xRy)$ & $(\forall y \in Y)(\exists x \in X)(xRy)$。

只要证 Z 满足前进条件和后退条件。首先假设 $\{x\}Z\{y\}$ 和 $\sigma(x)(X) \geq k$。由 Ω 同态 η，有 $\sigma_T(\eta(x))(\eta[X]) \geq k$。由 $\{x\}Z\{y\}$ 得 xRy。因此 $\eta(x) = \eta'(y)$。所以 $\sigma_T(\eta'(y))(\eta[X]) \geq k$。根据 Ω 同态 η'，存在 $Y_1 \in \wp^+(S')$ 使得 $\sigma'(y)(Y_1) \geq k$ 并且 $\eta'[Y_1] \subseteq \eta[X]$。如果 $\eta'[Y_1] = \eta[X]$，容易验证 XZY_1。假设存在 $u \in \eta[X] \setminus \eta'[Y_1]$。令 $W = \{v_1, \cdots, v_n : v_i \in \eta[X] \setminus \eta'[Y_1]$ 对 $1 \leq i \leq n\}$。对每个 $v \in W$，存在 $u \in X$ 使得 $\eta(u) = v \notin \eta'[Y_1]$。根据 $u \in X$，有 $\sigma(x)(u) > 0$。根据 Ω 同态，可以选择 $u' \in S'$ 使得 $\eta'(u') = \eta(u) = v$ 对所有 $v \in W$。令 $Y_2 = \{z_1, \cdots, z_n\} \subseteq S'$ 是对所有 $v \in W$ 选择的状态集。那么 $Y_1 \cap Y_2 = \varnothing$。令 $Y = Y_1 \cup Y_2$。只要证 XZY。对所有 $u \in X$，如果 $\eta(u) \in \eta'[Y_1]$，即得。假设 $\eta(u) \notin Y_1$。令 $z \in Y_2$ 是对 u 选择的状态使得 $\eta(u) = \eta'(z)$。那么 $u \approx z$。反之，对所有状态 $w \in Y$，如果 $w \in Y_1$，即得。假设 $w \in Y_2$，令 $w = z'$ 是对 $v \in W$ 选择的状态。那么 $\eta'(z') = \eta(u) = v$ 对某个 $u \in X$。因此 $u \approx z'$。

假设 $Z: \mathbb{S} \leftrightarrow_\Omega \mathbb{S}'$ 使得 sZs'。定义中间余代数 $\mathbb{T} = (T, \sigma_T)$ 如下。对于互模拟 Z 诱导的关系 $Z \subseteq S \uplus S'$，令 $\sim = (Z \cup Z^{-1})^*$ 是 $Z \cup Z^{-1}$ 的自反传递闭包。那么 $\sim$ 是 $S \uplus S'$ 上的等价关系。令 $T = S \uplus S'/\sim$ 是商集。如下定义 σ_T：

$$\sigma_T([x])([y]) = \begin{cases} \sum\{\sigma(x)(X) : X \in \wp^+(S \cap [y])\}, & x \in S, \\ \sum\{\sigma'(x)(X') : X' \in \wp^+(S' \cap [y])\}, & x \in S'. \end{cases}$$

现在证明该定义可靠。设存在 $x \in S$ 和 $x' \in S'$ 使得 xZx'。下面证 $\sigma_T([x])([y]) = \sigma_T([x'])([y])$。如果 $\sum\{\sigma(x)(X) : X \in \wp^+(S \cap [y])\} = \omega$，那么存在 $X \in \wp^+(S \cap [y])$ 使 $\sigma(x)(X) = \omega$。由前进条件，存在 $X' \in \wp^+(S')$ 使 $\sigma'(x')(X') = \omega$ 且 XZX'。同样有 $X' \in \wp^+(S' \cap [y])$。如果 $\sum\{\sigma(x)(X) : X \in \wp^+(S \cap [y])\} = n < \omega$，那么只存在唯一 $X \in \wp^+(S \cap [y])$ 使 $\sigma(x)(X) = n$。由前进和后退条件得，存在 $X' \in \wp^+(S')$ 使 $\sigma'(x')(X') = n$ 并且 XZX'。同样有 $X' \in \wp^+(S' \cap [y])$。根据

(1) 对 $s \in S$ 和 $t \in T$,

$$\Omega\eta(\sigma(s))([t]) = \sum\{\sigma(s)(u) : u \sim t \ \& \ u \in S\} = \sigma_T([s])([t]).$$

(2) 对 $s' \in S'$ 和 $t \in T$,

$$\Omega\eta(\sigma(s'))([t]) = \sum\{\sigma'(s')(u) : u \sim t \ \& \ u \in S'\} = \sigma_T([s])([t]).$$

容易验证从 S 和 S' 到 T 的典范映射 $\eta : x \mapsto [x]$ 和 $\eta' : x' \mapsto [x']$ 是 Ω 同态。∎

另一个相关概念是余代数互模拟性(Venema, 2007)。对集合范畴 **SET** 上的自函子 Σ，两个 Σ 余代数 $\mathbb{A}$ 和 $\mathbb{A}'$，一个二元关系 $R \subseteq A \times A'$ 称为**互模拟性的关系**，如果存在转换映射 $\sigma_R : R \to \Sigma R$ 使得两个投影函数 $\pi : R \to A$ 和 $\pi' : R \to A'$ 都是从 (R, σ_R) 分别到 $\mathbb{A}$ 和 $\mathbb{A}'$ 的 Ω 同态。关于互模拟性的一个事实如下，如果 Σ 保持弱拉回，那么互模拟性与行为等价重合。此外，定义关系 R 的提升为 $\underline{\Sigma R} = \{(\Sigma\pi(u), \Sigma\pi'(u)) : u \in \Sigma R\}$，它是 ΣA 和 $\Sigma A'$ 之间的关系。那么 Σ 保持弱拉回当且仅当 $\underline{\Sigma}$ 是以关系为箭头的集合范畴上的自函子。对于为 GML 定义的函子 Ω，关系 R 提升的定义并不清楚，所以也不清楚互模拟性的概念是否与行为等价重合。然而，我们已证明行为等价与通过前进和后退条件定义的 Ω 互模拟重合，这对于本章所要探讨的问题来说是足够的。下面证明对 Ω 互模拟这种运算的不变性和保持结果。

命题 3.10 令 $\mathcal{M} = (S, \sigma, V)$ 和 $\mathcal{M}' = (S', \sigma', V')$ 是 Ω 模型。假设 $Z : \mathcal{M} \ \underline{\rightleftharpoons}_\Omega \mathcal{M}'$ 使得 $\{x\}Z\{y\}$。那么

(1) $\mathrm{Th}(\mathcal{M}, x) = \mathrm{Th}(\mathcal{M}', y)$。

(2) 如果 Z 是满射 Ω 互模拟，那么 $\mathrm{Th}(\mathcal{M}) \subseteq \mathrm{Th}(\mathcal{M}')$。

(3) 如果 Z 是全局 Ω 互模拟，那么 $\mathrm{Th}(\mathcal{M}) = \mathrm{Th}(\mathcal{M}')$。

证明 只对公式归纳证明(1)，其他项易证。假设 $\mathcal{M}, x \vDash \Diamond_n \phi (n > 0)$。那么 $\sigma(x)(\llbracket\phi\rrbracket_\mathcal{M}) \geqslant n$，因此存在非空有限子集 $X \subseteq \llbracket\phi\rrbracket_\mathcal{M}$ 使得 $\sigma(x)(X) \geqslant n$ 并且 $\sigma(x)(u) > 0$ 对所有 $u \in X$。因此，存在 $Y \in \wp^+(S')$ 使得 $\sigma'(y)(Y) \geqslant n$ 并且 XZY。只需验

证 $Y \subseteq \llbracket \phi \rrbracket_{\mathcal{M}'}$。对任何 $y \in Y$，存在 $x \in X$ 使得 $\{x\} Z \{y\}$。由归纳假设，$y \in \llbracket \phi \rrbracket_{\mathcal{M}'}$。反之假设 $\mathcal{M}', y \vDash \Diamond_n \phi$。那么 $\sigma'(y)(\llbracket \phi \rrbracket_{\mathcal{M}'}) \geqslant n$。因此存在非空有限子集 $Y \subseteq \llbracket \phi \rrbracket_{\mathcal{M}'}$ 使得 $\sigma'(y)(Y) \geqslant n$。因此存在 $X \in \wp^+(S)$ 使 $\sigma(x)(X) \geqslant n$ 且 XZY。只要证 $X \subseteq \llbracket \phi \rrbracket_{\mathcal{M}}$。对任何 $x \in X$，存在 $y \in Y$ 使得 $\{x\} Z \{y\}$。由归纳假设可得，$x \in \llbracket \phi \rrbracket_{\mathcal{M}}$。∎

推论 3.3 每个 GML 可定义的 Ω 模型类对满射 Ω 互模拟象封闭。

运用前面定义的各种运算，可以证明 Ω 余代数和关系框架之间的一种很强的联系。令 $\mathcal{KF}$ 是所有关系框架的类，$\mathcal{CA}$ 是所有 Ω 余代数的类。我们证明每个关系框架可以转化为分次模态等价的 Ω 余代数，反之亦然。

定义 3.11 定义映射 $(\_)^\bullet : \mathcal{KF} \to \mathcal{CA}$ 如下：给定任何关系框架 $\mathfrak{F} = (W, R)$，定义余代数 $\mathfrak{F}^\bullet = (S_\mathfrak{F}, \sigma_\mathfrak{F})$ 使 $S_\mathfrak{F} = W$ 并且对所有 $u, v \in S_\mathfrak{F}$：

$$\sigma_\mathfrak{F}(u)(v) = \begin{cases} 1, & Ruv, \\ 0, & \text{否则}, \end{cases}$$

即对框架中每个有关系的有序对指派自然数 1。

根据这种构造，框架可以直接看作 Ω 余代数。同样，还可以定义从关系模型到 Ω 模型的映射 $(\_)^\bullet : \mathcal{KM} \to \mathcal{CM}$ 如下

定义 3.12 任给关系模型 $\mathfrak{M} = (\mathfrak{F}, V)$，它对应的 Ω 模型定义为 $\mathfrak{M}^\bullet = (\mathfrak{F}^\bullet, V^\bullet)$，其中 $V^\bullet(p) = V(p)$ 对每个命题字母 p。

命题 3.11 给定关系模型 $\mathfrak{M} = (\mathfrak{F}, V)$ 和状态 w，对任何 GML 公式 ϕ，

(1) $\mathfrak{M}, w \vDash \phi$ 当且仅当 $\mathfrak{M}^\bullet, w \vDash \phi$。

(2) $\mathfrak{M} \vDash \phi$ 当且仅当 $\mathfrak{M}^\bullet \vDash \phi$。

(3) $\mathfrak{F}, w \vDash \phi$ 当且仅当 $\mathfrak{F}^\bullet, w \vDash \phi$。

(4) $\mathfrak{F} \vDash \phi$ 当且仅当 $\mathfrak{F}^\bullet \vDash \phi$。

证明 只要对 ϕ 归纳证明 (1)，其他容易得出。∎

命题 3.12 令 η 是从框架 $\mathfrak{F} = (W, R)$ 到 $\mathfrak{F}' = (W', R')$ 的分次有界态射。那么映射 $\eta^\bullet = \eta$ 是从 $\mathfrak{F}^\bullet$ 到 $\mathfrak{F}'^\bullet$ 的 Ω 同态。此外，该命题对模型也成立。

证明 只需展开分次有界态射和 Ω 同态的定义。注意对每个自然数 $n > 0$，$\sigma(x)(X) \geqslant n$ 当且仅当在框架中 x 至少有 n 个后继状态属于 X。∎

下面我们研究相反方向，即从 Ω 余代数到关系框架。

定义 3.13 定义映射 $(\_)_\bullet : \mathcal{CA} \to \mathcal{KF}$ 如下：任给 Ω 余代数 $\mathbb{S} = (S, \sigma)$，定义它对应的框架 $\mathbb{S}_\bullet = (W_S, R_\sigma)$ 如下：

(1) $W_S = \{(x, n) : x \in S \ \& \ n \in \omega\}$。

(2) $(x, n) R_\sigma (y, k)$ 当且仅当 $\sigma(x)(y) > k$。

自然数 k 代表 x 的每个复制状态需要可及的 y 的复制状态的数目。对于 Ω 模

型，只需增加条件 $V_\bullet(p) = \{(x, n) : x \in V(p)\}$ 对每个命题字母 p。

这个定义反映了德卡罗(de Caro, 1988)给出的典范模型构造中蕴涵的想法。第 4 章会表明，根据这种想法，存在一种很好的构造典范 Ω 模型的方法。

命题 3.13 给定 Ω 模型 $\mathcal{M} = (\mathbb{S}, V)$，其中 $\mathbb{S} = (S, \sigma)$，对 $\mathcal{M}$ 中的状态 x 和任何 GML 公式 ϕ 以及自然数 $n \in \omega$，如下成立：

(1) $\mathcal{M}, x \vDash \phi$ 当且仅当 $\mathcal{M}_\bullet, (x, n) \vDash \phi$。

(2) $\mathcal{M} \vDash \phi$ 当且仅当 $\mathcal{M}_\bullet \vDash \phi$。

(3) $\mathbb{S}, x \vDash \phi$ 当且仅当 $\mathbb{S}_\bullet, (x, n) \vDash \phi$。

(4) $\mathbb{S} \vDash \phi$ 当且仅当 $\mathbb{S}_\bullet \vDash \phi$。

证明 只对 ϕ 归纳证明(1)。只证明模态情况 $\phi := \Diamond_k \psi$。假设 $\mathcal{M}, x \vDash \Diamond_k \psi$。那么存在 $y_0, \cdots, y_{m-1}$(对某个 $m > 0$)使得 $\sigma(x)(y_i) = n_i$ 并且 $\mathcal{M}, y_i \vDash \psi(i < m)$ 并且 $\sum_{i < m} n_i \geq k$。因此 $\mathcal{M}_\bullet$ 中存在至少 k 个 ψ 状态的复制状态是 (x, n) 的后继状态。因此 $\mathcal{M}_\bullet, (x, n) \vDash \Diamond_k \psi$。反之假设 $\mathcal{M}_\bullet, (x, n) \vDash \Diamond_k \psi$。那么存在 $(y_0, n_0), \cdots, (y_{k-1}, n_{k-1})$ 使得 $\sigma(x)(y_i) > n_i \geq 0$ 并且 $\mathcal{M}_\bullet, (y_i, n_i) \vDash \psi(i < k)$。由归纳假设可得，$\mathcal{M}, y_i \vDash \psi(i < k)$。令 $Y = \{y_0, \cdots, y_{k-1}\}$。只要证 $\sigma(x)(Y) \geq k$。若不然，则存在少于 k 个 Y 中状态的复制状态，矛盾。因此 $\mathcal{M}, x \vDash \Diamond_k \psi$。∎

下面我们表明，Ω 同态与分次有界态射之间存在一种自然联系。

命题 3.14 令 η 是从 $\mathbb{S} = (S, \sigma)$ 到 $\mathbb{S}' = (S', \sigma')$ 的 Ω 同态。那么映射 $\eta_\bullet : (x, n) \mapsto (\eta(x), n)$ 是从框架 $\mathbb{S}_\bullet$ 到 $\mathbb{S}'_\bullet$ 的分次有界态射。此外，该命题对模型也成立。

证明 展开分次有界态射和同态的定义可得。如果 (x, n) 存在 k 个后继状态 $(y_0, n_0), \cdots, (y_{k-1}, n_{k-1})$，那么 $\sigma(x)(Y) \geq k$ 对 $Y = \{y_0, \cdots, y_{k-1}\}$。这样，由同态 η 的前进条件得到 $\eta[Y]$ 中 k 个复制状态。另一方向由 η 的后退条件得到。∎

因此，我们得到框架范畴 $\mathcal{KF}$ 和 Ω 余代数范畴 $\mathcal{CA}$ 之间的函子(图 3.6)。

$$\mathcal{KF} \overset{(\_)^\bullet}{\underset{(\_)_\bullet}{\rightleftarrows}} \mathcal{CA}$$

图 3.6

现在把两个对偶的运算结合起来，得到如下命题。

命题 3.15 任给关系框架 $\mathfrak{F}$，都有 $\mathfrak{F}$ 可嵌入 $(\mathfrak{F}^\bullet)_\bullet$。

证明 余代数 $\mathfrak{F}^\bullet$ 这样得到：对每个有关系的有序对指派自然数 1。因此框架 $(\mathfrak{F}^\bullet)_\bullet$ 中每个复制状态如果有后继，则它是原来框架中后继状态的复制状态。∎

命题 3.16 任给余代数 $\mathbb{S} = (S, \sigma)$，都有 $\mathbb{S} \underset{\Omega}{\leftrightarrow} (\mathbb{S}_\bullet)^\bullet$。

证明 令 $S' = \{(x, n) : x \in S \ \& \ n \in \omega\}$。如下定义关系 $Z \subseteq \wp^+(S) \times \wp^+(S')$：

$$XZY \text{ 当且仅当 } Y = \{(x, n) : x \in X \ \& \ n \in \omega\}.$$

容易验证 Z 是 $\mathbb{S}$ 和 $(\mathbb{S}_{\bullet})^{\bullet}$ 之间的 Ω 互模拟。∎

3.1.6　Ω 超滤扩张

最后一种余代数模型构造就是余代数的超滤扩张。我们证明 Ω 超滤扩张运算的基本定理。此前需要一些关于代数运算和超滤子性质的引理。首先，通过类似于引理 2.1~引理 2.3 的证明，分别可以证明如下三个引理：

引理 3.1　令 $\mathbb{S} = (S, \sigma)$ 是余代数且 $\mathrm{Uf}(S)$ 是 S 上所有超滤子的集合。对 $X \subseteq S$，

(1) 如果 $m \leqslant k$，那么 $\langle k \rangle X \subseteq \langle m \rangle X$ 并且 $[m]X \subseteq [k]X$。

(2) 如果 $X \subseteq Y \subseteq S$，那么 $\langle k \rangle X \subseteq \langle k \rangle Y$。

(3) 如果 $\langle n \rangle! X \in u$，那么 n 是唯一的。

(4) 要么 $(\forall n \in \omega)(\langle n \rangle X \in u)$，要么 $(\exists n \in \omega)(\langle n \rangle! X \in u)$。

(5) 如果 $X \subseteq Y \subseteq S$ 且 $\langle n \rangle! Y \in u$，那么存在唯一 $m \leqslant n$ 使得 $\langle m \rangle! X \in u$。

引理 3.2　对 $\mathrm{Uf}(S)$ 中不同的超滤子 $u_1, \cdots, u_n(n \geqslant 2)$，存在 $X_1, \cdots, X_n \subseteq S$ 使得 $X_i \in u_i$ 并且 $X_i \cap X_j = \varnothing$ 对所有 $1 \leqslant i \neq j \leqslant n$。

引理 3.3　令 $X_1, \cdots, X_m \subseteq S(m > 1)$，$X_i \cap X_j = \varnothing$，$\langle n_i \rangle! X_i \in u$ 对 $1 \leqslant i \neq j \leqslant m$。令 $Z = \bigcup\{X_i : 1 \leqslant i \leqslant m\}$，$k = n_1 + \cdots + n_m$。那么 $\langle k \rangle! Z \in u$。

定义 3.14　令 $\mathbb{S} = (S, \sigma)$ 是 Ω 余代数。定义 $\mathbb{S}$ 的 **Ω 超滤扩张** 为余代数 $\mathbb{S}^{\mathrm{ue}} = (\mathrm{Uf}(S), \sigma^{\mathrm{ue}})$，其中 σ^{ue} 如下定义：

$$\sigma^{\mathrm{ue}}(u)(v) = \begin{cases} \omega, & \text{如果} (\forall X \in v)(\forall n > 0)\langle n \rangle X \in u, \\ \min\{n : \langle n \rangle! X \in u \ \& \ X \in v\}, & \text{否则。} \end{cases}$$

一个 Ω 模型 $\mathcal{M} = (S, \sigma, V)$ 的 **Ω 超滤扩张** 定义为 $\mathcal{M}^{\mathrm{ue}} = (\mathrm{Uf}(S), \sigma^{\mathrm{ue}}, V^{\mathrm{ue}})$，其中 $V^{\mathrm{ue}}(p) = \{u : p \in u\}$ 对每个命题字母 p。

上面这个定义是可靠的。容易验证 σ^{ue} 是函数。在对应的关系框架中，自然数 $\sigma^{\mathrm{ue}}(u)(v)$ 代表了 u 的每个复制状态需要可及 v 的复制状态的数目。

引理 3.4　令 $\mathcal{M} = (S, \sigma, V)$ 是 Ω 模型并且 $u, v \in \mathrm{Uf}(S)$。那么

(1) $\sigma^{\mathrm{ue}}(u)(v) \geqslant k$ 当且仅当 $\forall X \in v(\langle k \rangle X \in u)$。

(2) 如果 $[\![\Diamond \phi]\!]_{\mathcal{M}} \in u$，那么 $\exists v \in \mathrm{Uf}(S))([\![\phi]\!]_{\mathcal{M}} \in v \ \& \ \sigma^{\mathrm{ue}}(u)(v) > 0)$。

证明　(1) 假设 $\sigma^{\mathrm{ue}}(u)(v) \geqslant k$，但存在 $X \in v$ 使 $\langle k \rangle X \notin u$。令 $m = \min\{k : \langle k \rangle X \notin u\} \geqslant k$。因此 $\langle m-1 \rangle! X \in u$，$\sigma^{\mathrm{ue}}(u)(v) = m-1 < k$，矛盾。反之设 $\forall X \in v(\langle k \rangle X \in u)$，但 $\sigma^{\mathrm{ue}}(u)(v) = h < k$。因此 $\langle k+1 \rangle X \notin u$，矛盾。

(2) 假设 $[\![\Diamond \phi]\!]_{\mathcal{M}} \in u$。根据 (1)，$\sigma^{\mathrm{ue}}(u)(v) \geqslant k$ 当且仅当 $\{X : [k]X \in u\} \in v$。只需证 $D = \{[\![\phi]\!]_{\mathcal{M}}\} \cup \{X : [1]X \in u\}$ 有有限交性质。因为 $[1](X \cap Y) = [1]X \cap [1]Y$，

所以$\{X : [1]X \in u\}$对有限交封闭。只需证对任何X使$[1]X \in u$，都有$X \cap [\![\phi]\!]_{\mathcal{M}} \neq \varnothing$。由假设和$[1]X \in u$可得，$[\![\Diamond\phi]\!]_{\mathcal{M}} \cap [1]X \in u$。所以它是非空的。令$x \in [1]X$且$\mathcal{M}, x \vDash \Diamond\phi$。那么存在状态$y \in x\uparrow$使$y \vDash \phi$且$y \in X$。因此$X \cap [\![\phi]\!]_{\mathcal{M}} \neq \varnothing$。把集合$D$扩张为超滤子$v$。容易验证$\sigma^{\text{ue}}(u)(v) > 0$并且$[\![\phi]\!]_{\mathcal{M}} \in v$。∎

定理 3.1 令$\mathcal{M} = (S, \sigma, V)$是$\Omega$模型，$u$是$S$上的超滤子。对任何 GML 公式$\phi$，$[\![\phi]\!]_{\mathcal{M}} \in u$当且仅当$\mathcal{M}^{\text{ue}}, u \vDash \phi$。

证明 对ϕ归纳证明。原子情况和布尔情况显然成立。对模态情况$\phi := \Diamond_k \psi$，只需证$\langle k \rangle[\![\psi]\!] \in u$当且仅当$\mathcal{M}^{\text{ue}}, u \vDash \Diamond_k\psi(k > 0)$。

(1) 假设$\mathcal{M}^{\text{ue}}, u \vDash \Diamond_k\psi$。那么$\sigma^{\text{ue}}(u)([\![\psi]\!]_{\mathcal{M}^{\text{ue}}}) \geq k$。如果存在$v \in \text{Uf}(S)$使得$v \in [\![\psi]\!]_{\mathcal{M}^{\text{ue}}}$且$\sigma^{\text{ue}}(u)(v) \geq k$，由归纳假设得$[\![\phi]\!]_{\mathcal{M}} \in v$，再由引理 3.4(1)即得$\langle k \rangle[\![\psi]\!]_{\mathcal{M}} \in u$。假设$\forall v \in \text{Uf}(S)(v \in [\![\psi]\!]_{\mathcal{M}^{\text{ue}}} \Rightarrow \sigma^{\text{ue}}(u)(v) < k)$。因为$\sigma^{\text{ue}}(u)([\![\psi]\!]_{\mathcal{M}^{\text{ue}}}) \geq k$，所以存在不同的超滤子$v_1, \cdots, v_h \in \text{Uf}(S)$使得$0 < \sigma^{\text{ue}}(u)(v_i) = n_i < k$并且$l = \sum\{n_i : 1 \leq i \leq h\} \geq k$。因此$[\![\psi]\!]_{\mathcal{M}} \in v_i$对所有$1 \leq i \leq h$。如果只有唯一超滤子$v_1$满足该性质，那么$\sigma^{\text{ue}}(u)(v_1) = n_1 < k$，与$\sigma^{\text{ue}}(u)([\![\psi]\!]_{\mathcal{M}}) \geq k$矛盾。因此$h > 1$。由引理 3.2 得，存在$X_i \in v_i$使$X_i \cap X_j = \varnothing$对所有$1 \leq i \neq j \leq h$。根据$\sigma^{\text{ue}}(u)(v_i) = n_i$，令$Y_i \in v_i$使$\langle n_i \rangle! Y_i \in u$对所有$1 \leq i \leq h$。定义$Z_i = X_i \cap Y_i \cap [\![\psi]\!]_{\mathcal{M}}$对所有$1 \leq i \leq h$。那么$Z_i \in v_i$并且$Z_i \cap Z_j = \varnothing$对所有$1 \leq i \neq j \leq h$。易证$\langle n_i \rangle! Z_i \in u$。令$Z = \bigcup\{Z_i : 1 \leq i \leq h\}$。由引理 3.3 得，$\langle l \rangle! Z \in u$。因为$Z \subseteq [\![\psi]\!]_{\mathcal{M}}$且$\langle l \rangle Z \in u$，所以$\langle l \rangle[\![\psi]\!]_{\mathcal{M}} \in u$。由$k \leq s$得$\langle k \rangle[\![\psi]\!]_{\mathcal{M}} \in u$。

(2) 反之，假设$\langle k \rangle[\![\psi]\!]_{\mathcal{M}} \in u$。那么$\langle 1 \rangle[\![\psi]\!]_{\mathcal{M}} \in u$。根据引理 3.4(2)可得，存在超滤子$v$使得$[\![\psi]\!]_{\mathcal{M}} \in v$并且$\sigma^{\text{ue}}(u)(v) > 0$。如果存在无限多个这样的超滤子$v$，那么根据归纳假设可得，$\sigma^{\text{ue}}(u)([\![\psi]\!]_{\mathcal{M}}) \geq n$。假设只有超滤子$v_1, \cdots, v_h$使得$[\![\psi]\!]_{\mathcal{M}} \in v_j$并且$1 \leq \sigma^{\text{ue}}(u)(v_j) = n_j < n(1 \leq j \leq h)$。令$l = \sum\{n_j : 1 \leq j \leq h\}$。只需要证明$l \geq n$。有两种情况。

情况 1 $h > 1$。如(1)中定义Z以及$Z' = -\bigcup\{X_j \cap Y_j : 1 \leq j \leq h\}$。那么$Z \cap (Z' \cap [\![\psi]\!]_{\mathcal{M}}) = \varnothing$并且$[\![\psi]\!]_{\mathcal{M}} = Z \cup (Z' \cap [\![\psi]\!]_{\mathcal{M}})$。$\langle 1 \rangle(Z' \cap [\![\psi]\!]_{\mathcal{M}}) \notin u$，否则$\langle 1 \rangle(Z \cap [\![\psi]\!]_{\mathcal{M}}) \in u$，那么存在$v_j$使得$[\![\psi]\!]_{\mathcal{M}} \in v_j$并且$Z' \in v_j$，但$Z \cap Z' = \varnothing \in v_j$，矛盾。由(1)得$\langle l \rangle!([\![\psi]\!]_{\mathcal{M}}) \in u$，因为$\langle 0 \rangle!(Z' \cap [\![\psi]\!]_{\mathcal{M}}) \in u$并且$\langle l \rangle! Z \in u$。若$l < n$，则$\langle n \rangle[\![\psi]\!]_{\mathcal{M}} \notin u$，因为$\langle l+1 \rangle[\![\psi]\!]_{\mathcal{M}} \notin u$。所以$l \geq n$。

情况 2 $h = 1$。令$Z'' = -Y$，其中$Y \cap [\![\psi]\!]_{\mathcal{M}} \in v_1$并且$\langle n_1 \rangle! Y \in u$。那么$(Y \cap [\![\psi]\!]_{\mathcal{M}}) \cap (Z'' \cap [\![\psi]\!]_{\mathcal{M}}) = \varnothing$并且$[\![\psi]\!]_{\mathcal{M}} = (Y \cap [\![\psi]\!]_{\mathcal{M}}) \cup (Z'' \cap [\![\psi]\!]_{\mathcal{M}})$。注意$-(Z'' \cap [\![\psi]\!]_{\mathcal{M}}) \notin u$。那么$\langle 0 \rangle!(Z'' \cap [\![\psi]\!]_{\mathcal{M}}) \in u$。由(1)得，$l = n_1$，$Z = Y \cap [\![\psi]\!]_{\mathcal{M}}$，$\langle n_1 \rangle! Z \in u$，即$\langle n_1 \rangle!(Y \cap [\![\psi]\!]_{\mathcal{M}}) \in u$。因此$\langle n_1 \rangle![\![\psi]\!]_{\mathcal{M}} \in u$。如果$n_1 < n$，则$\langle n \rangle([\![\psi]\!]_{\mathcal{M}}) \notin u$，因为$\langle n_1 + 1 \rangle[\![\psi]\!]_{\mathcal{M}} \notin u$。因此$n_1 \geq n$。∎

命题 3.17　令 $\mathcal{M} = (S, \sigma, V)$ 是 Ω 模型并且 $u, v \in \mathrm{Uf}(S)$。如果 $[\![\Diamond_k \phi]\!]_{\mathcal{M}} \in u$，那么存在 $v \in \mathrm{Uf}(S)$ 使得 $[\![\phi]\!]_{\mathcal{M}} \in v$ 并且 $\sigma^{\mathrm{ue}}(u)(v) \geqslant k$。

证明　假设 $[\![\Diamond_k \phi]\!]_{\mathcal{M}} \in u$。由引理 3.4(1) 可得，$\sigma^{\mathrm{ue}}(u)(v) \geqslant k$ 当且仅当 $\{-X : [k]-X \in u\} \in v$。只要证 $D = \{[\![\phi]\!]_{\mathcal{M}}\} \cup \{-X : [k]-X \in u\}$ 有有限交性质。对任何有限交 $D' = [\![\phi]\!]_{\mathcal{M}} \cap (-X_1 \cap \cdots \cap -X_m)$，我们证明 $D' \neq \varnothing$。由假设和定理 3.1 可得，$\mathcal{M}^{\mathrm{ue}}, u \vDash \Diamond_k \phi$。因此 $\sigma^{\mathrm{ue}}(u)([\![\phi]\!]_{\mathcal{M}^{\mathrm{ue}}}) \geqslant k$。那么存在最小有限集合 $\{v_1, \cdots, v_h\}$ 使得 $[\![\phi]\!]_{\mathcal{M}} \in v_i$、$\sigma^{\mathrm{ue}}(u)(v_i) > 0$ 并且 $\sum\{\sigma^{\mathrm{ue}}(u)(v_i) : 1 \leqslant i \leqslant h\} \geqslant k$。只要证明每个 $X_l \notin v_j$ 对某个 $1 \leqslant j \leqslant h (1 \leqslant l \leqslant m)$。如果存在 v_j 使得 $\sigma^{\mathrm{ue}}(u)(v_j) \geqslant k$，那么每个 $X_l \notin v_j$。否则，$\langle k \rangle X_l \in u$，与 $[k]-X_l \in u$ 矛盾。假设 $0 < \sigma^{\mathrm{ue}}(u)(v_i) = n_i < k$。为得出矛盾，假设 $X_l \in v_i$ 对所有 $1 \leqslant i \leqslant h$。令 $s = \sum\{n_i : 1 \leqslant i \leqslant h\} \geqslant k$。令 $Y_i \in v_i$ 使得 $\langle n_i \rangle! Y_i \in u$，选择 $Q_i \in v_i$ 使得 $Q_i \cap Q_j = \varnothing$ 对 $1 \leqslant i \leqslant h$。令 $Z_i = Q_i \cap Y_i \cap X_l$，所以 $Z_i \in v_i$ 并且 $Z_i \cap Z_j = \varnothing$ 对 $1 \leqslant i \neq j \leqslant h$。容易验证 $\langle n_i \rangle! Z_i \in u$。定义 $Z = \bigcup\{Z_i : 1 \leqslant i \leqslant h\}$。由引理 3.3 可得，$\langle s \rangle! Z \in u$。那么 $\langle s \rangle Z \in u$。由 $Z \subseteq X_l$ 可得，$\langle s \rangle X_l \in u$。因此由 $s \geqslant k$ 得 $\langle k \rangle X_l \in u$，与 $[k]-X_l \in u$ 矛盾。∎

推论 3.4　令 $\mathcal{M} = (S, \sigma, V)$ 是 Ω 模型，$\mathbb{S} = (S, \sigma)$ 是余代数。对任何 GML 公式 ϕ，如下成立：

(1) $\mathcal{M}, x \vDash \phi$ 当且仅当 $\mathcal{M}^{\mathrm{ue}}, u_x \vDash \phi$，其中 u_x 是由 x 生成的主滤子。

(2) $\mathcal{M} \vDash \phi$ 当且仅当 $\mathcal{M}^{\mathrm{ue}} \vDash \phi$。

(3) 如果 $\mathbb{S}^{\mathrm{ue}} \vDash \phi$，那么 $\mathbb{S} \vDash \phi$。

(4) 每个 GML 可定义的 Ω 模型类及其补类都对 Ω 超滤扩张封闭。

(5) 每个 GML 可定义的余代数类的补类对 Ω 超滤扩张封闭。

证明　第 (4) 和 (5) 项分别从 (2) 和 (3) 推出。对于 (1)，注意 $\mathcal{M}, x \vDash \phi$ 当且仅当 $x \in [\![\phi]\!]_{\mathcal{M}}$ 当且仅当 $[\![\phi]\!]_{\mathcal{M}} \in u_x$。由定理 3.1 可得，$\mathcal{M}, x \vDash \phi$ 当且仅当 $\mathcal{M}^{\mathrm{ue}}, u_x \vDash \phi$。对 (2)，假设 $\mathcal{M} \vDash \phi$。那么 $[\![\phi]\!]_{\mathcal{M}} = S \in u$ 对每个 $u \in \mathrm{Uf}(S)$。由定理 3.1 得，$\mathcal{M}^{\mathrm{ue}}, u \vDash \phi$ 对所有 $u \in \mathrm{Uf}(S)$，即 $\mathcal{M}^{\mathrm{ue}} \vDash \phi$。反之假设 $\mathcal{M} \nvDash \phi$。那么 $\mathcal{M}, x \nvDash \phi$ 对某个 $x \in S$。由 (1) 得，$\mathcal{M}^{\mathrm{ue}}, u_x \nvDash \phi$。因此 $\mathcal{M}^{\mathrm{ue}} \nvDash \phi$。对于 (3)，假设 $\mathbb{S} \nvDash \phi$。存在赋值 V 和状态 x 使 $\mathbb{S}, V, x \nvDash \phi$。由 (1) 得 $\mathcal{M}^{\mathrm{ue}}, u_x \nvDash \phi$。∎

分次模态公式公式在余代数的 Ω 超滤扩张下保持的结果是所要证明的 Goldblatt-Thomason 定理的一部分，其中关键构造是超滤转换映射 σ^{ue} 的定义。此外，引理 3.4 和命题 3.17 是很重要的，因为它们确实反映了分次模态词在 Ω 超滤扩张中的语义特征。

3.2　分次模态代数

本节定义分次模态代数以及它与 Ω 余代数之间的对偶关系。分次模态代数可以用来使分次模态逻辑的公理系统代数化，然而幂集代数(复代数)作为余代数的对偶，可以用来使余代数语义代数化。然后我们证明余代数分次模态逻辑的 Jónsson-Tarski 表示定理，即抽象的分次模态代数可以表示为具体的集合代数，由此可得极小分次正规模态逻辑的弱完全性。

定义 3.15 一个分次模态代数是有序组 $\mathfrak{A} = (A, +, -, 0, \{\langle n \rangle : n > 0\})$，其中 $(A, +, -, 0)$ 是布尔代数，每个 $\langle n \rangle (n > 0)$ 是一元模态算子使得如下等式成立：

$$\langle n+1 \rangle x \leqslant \langle n \rangle x,$$
$$\Box(-x + y) \cdot \langle n \rangle x \leqslant \langle n \rangle y,$$
$$-\Diamond(x \cdot y) \cdot \langle m \rangle! x \cdot \langle n \rangle! y \leqslant \langle m+n \rangle!(x+y),$$

其中 $[n]x := -\langle n \rangle -x$，$\Box x := [1]x$，$\Diamond x := \langle 1 \rangle x$ 并且 $\langle n \rangle! x := \langle n \rangle x \cdot -\langle n+1 \rangle x$。

命题 3.18 如下命题在每个分次模态代数中成立：对 $0 < n, m < \omega$，

(1) $\Diamond(x + y) = \Diamond x + \Diamond y$。

(2) $\Box(x \cdot y) = \Box x \cdot \Box y$。

(3) $\langle n \rangle 0 = 0$。

(4) $\langle n \rangle x = \sum_{i < n} \langle i \rangle (x \cdot y) \cdot \langle n-i \rangle (x \cdot -y)$。

(5) $\langle m \rangle (x \cdot y) \cdot \langle n \rangle (x \cdot -y) \leqslant \langle m+n \rangle x$。

用于定义抽象的分次模态代数的公理恰好是法托·罗西-巴尔纳巴和德卡罗的论文(Fattorosi-Barnaba and de Caro, 1985)中极小正规模态逻辑 K_g 公理的代数形式。命题 3.18 的等式对应于 K_g 定理。

命题 3.19 模态运算 $\langle n \rangle$ 和 $[n]$ 是单调的，即 $x \leqslant y$ 蕴涵 $\langle n \rangle x \leqslant \langle n \rangle y$ 和 $[n]x \leqslant [n]y$。因此，$\langle n \rangle$ 和 $[n]$ 是古典的，即 $x = y$ 蕴涵 $\langle n \rangle x = \langle n \rangle y$ 和 $[n]x = [n]y$。

证明 只证 $\langle n \rangle$ 的单调性。假设 $x \leqslant y$。那么 $x + y = y$。因此 $-x + y = -x + (x + y) = (-x + x) + y = 1 + y = 1$。容易验证 $\Box 1 = 1$。因此 $\Box(-x + y) \cdot \langle n \rangle x = \Box 1 \cdot \langle n \rangle x = 1 \cdot \langle n \rangle x = \langle n \rangle x$。由公理(2)可得 $\langle n \rangle x \leqslant \langle n \rangle y$。∎

令 K 是分次模态代数类 定义 **H**(K)，**S**(K) 和 **P**(K) 分别为 K 对代数同态象、子代数和乘积的同构复制代数的闭包。由 K 生成的变种恰好是 **HSP**(K)。根据泛代数中 Birkhoff 可定义性定理，一个代数类是等式可定义的当且仅当它是一个变种。详细内容参见布鲁斯和萨卡珀纳瓦的著作(Burris and Sankappanavar, 1981)或附录 A 的基本概念。下面引入复代数，即分次模态幂集代数的子代数。

定义 3.16 给定 Ω 余代数 $\mathbb{S} = (S, \sigma)$，$\mathbb{S}$ 的**全复代数**是幂集代数 $\mathbb{S}^+ = (\wp(S), \cup, -, \varnothing, \{\langle n \rangle : n > 0\})$，其中 $\langle n \rangle : \wp(S) \to \wp(S)$ 是定义为：$\langle n \rangle X = \{x \in S : \sigma(x)(X) \geqslant n\}$。定义 $\langle n \rangle! X := \langle n \rangle X \cap -\langle n+1 \rangle X$ 和 $[n]X := -\langle n \rangle -X$。一个**复代数**是某个全复代数的子代数。

令 K 是余代数类定义 CmK = {𝕊⁺ : 𝕊 ∈ K}，即 K 中余代数的全复代数组成的类对所有 GML 公式 ϕ 和 ψ(在泛代数中公式称为项)，称表达式 $\phi \approx \psi$ 为一个**等式**。下面定义命题字母在分次模态代数中的指派，然后定义等式在代数中的意义和有效的概念。

定义 3.17 令 $\mathfrak{A} = (A, +, -, 0, \{\langle n \rangle : n > 0\})$ 是分次模态代数，Φ 是命题字母集。在代数 $\mathfrak{A}$ 中一个**指派**是一个函数 $\theta : \Phi \to A$。把指派 θ 如下递归扩展到从所有 GML 公式到 A 的意义函数 $\hat{\theta}$：

$$\hat{\theta}(p) = \theta(p),$$
$$\hat{\theta}(\bot) = 0,$$
$$\hat{\theta}(\neg\phi) = -\hat{\theta}(\phi),$$
$$\hat{\theta}(\phi \vee \psi) = \hat{\theta}(\phi) + \hat{\theta}(\psi),$$
$$\hat{\theta}(\Diamond_n\phi) = \langle n \rangle\hat{\theta}(\phi).$$

一个等式 $\phi \approx \psi$ 在代数 $\mathfrak{A}$ 中**有效**(记为 $\mathfrak{A} \vDash \phi \approx \psi$)，如果 $\hat{\theta}(\phi) = \hat{\theta}(\psi)$ 对 $\mathfrak{A}$ 中所有指派 θ。

命题 3.20 每个全复代数 𝕊⁺ 是分次模态代数。

证明 容易验证分次模态代数的所有公理在 𝕊⁺ 上有效，这类似于证明 K_g 相对于全体 Ω 余代数类的可靠性。■

从余代数中的赋值到计算每个公式在余代数中所代表的状态集的函数，这个提升也类似与从代数中赋值到计算公式所代表的元素。因此我们有如下关于余代数语义代数化的命题。

命题 3.21 令 𝕊 是 Ω 余代数，θ 是 𝕊 中的赋值或指派，K 是 Ω 余代数类。那么对每个 GML 公式 ϕ，如下成立：

(1) $\mathbb{S}, \theta, s \vDash \phi$ 当且仅当 $s \in \hat{\theta}(\phi)$。

(2) $\mathbb{S} \vDash \phi$ 当且仅当 𝕊⁺ $\vDash \phi \approx \top$。

(3) $\mathbb{S} \vDash \phi$ 当且仅当 𝕊⁺ $\vDash \phi \approx \top$。

(4) $\mathbb{S} \vDash \phi \leftrightarrow \psi$ 当且仅当 𝕊⁺ $\vDash \phi \approx \psi$。

(5) K $\vDash \phi$ 当且仅当 CmK $\vDash \phi \approx \top$。

(6) K $\vDash \phi \leftrightarrow \psi$ 当且仅当 CmK $\vDash \phi \approx \psi$。

证明 只对 ϕ 归纳证明(1)。对于模态情况 $\phi := \Diamond_n\psi$，$\mathbb{S}, \theta, s \vDash \Diamond_n\psi$ 当且仅当 $s \in \langle n \rangle\llbracket\psi\rrbracket$ 当且仅当 $s \in \langle n \rangle\hat{\theta}(\psi)$ 当且仅当 $s \in \hat{\theta}(\Diamond_n\psi)$。■

我们已经表明如何从 Ω 余代数构造复代数。相反方向如何呢？下面定义的超滤余代数告诉我们如何进行。

定义 3.18 任给分次模态代数 $\mathfrak{A} = (A, +, -, 0, \{\langle n \rangle : n > 0\})$，$\mathfrak{A}$ 的**超滤余代数**定义为 $\mathfrak{A}_+ = (\mathrm{Uf}(\mathfrak{A}), \sigma)$，其中 $\mathrm{Uf}(\mathfrak{A})$ 是 $\mathfrak{A}$ 中所有超滤子的集合，$\sigma : \mathrm{Uf}(\mathfrak{A}) \to$

$\Omega \mathrm{Uf}(\mathfrak{A})$如下定义：

$$\sigma(u)(v) = \begin{cases} \omega, & \text{如果} \langle n \rangle x \in u \text{ 对所有 } x \in v \text{ 和 } n > 0, \\ \min\{n : \langle n \rangle! x \in u \ \& \ x \in v\}, & \text{否则}。 \end{cases}$$

根据如下关于超滤子和分次模态运算的事实，该定义是可靠的。

事实 3.1 对任何分次模态代数 $\mathfrak{A}$ 和 $u \in \mathrm{Uf}(\mathfrak{A})$，如下成立：

(1) 如果 $\langle n \rangle! x \in u$，那么 n 是唯一的。

(2) 对 $\mathfrak{A}$ 中所有 x，要么 $\forall n > 0 \langle n \rangle x \in u$，要么 $\exists n \in \omega \langle n \rangle! x \in u$。

(3) 如果 $x \leqslant y$ 且 $\langle n \rangle! y \in u$，那么存在唯一 $m \leqslant n$ 使得 $\langle m \rangle! x \in u$。

重复此前类似的论证可得以下两条引理。

引理 3.5 对 $\mathrm{Uf}(\mathfrak{A})$ 中两两不同的超滤子 $u_1, \cdots, u_m (m > 1)$，存在 $x_1, \cdots, x_m$ 使得 $x_i \in u_i$ 并且 $x_i \cdot x_j = 0$ 对所有 $1 \leqslant i \neq j \leqslant m$。

引理 3.6 令 $\mathfrak{A} = (A, +, -, 0, \{\langle n \rangle : n > 0\})$ 是分次模态代数。假设 $x_1, \cdots, x_m \in A(m > 1)$，$x_i \cdot x_j = 0$ 并且 $\langle n_i \rangle! x_i \in u$ 对所有 $1 \leqslant i \neq j \leqslant m$。令 $y = \sum\{x_i : 1 \leqslant i \leqslant m\}$，并且 $n = \sum\{n_i : 1 \leqslant i \leqslant m\}$。那么 $\langle n \rangle! y \in u$。

推论 3.5 令 $\mathfrak{A} = (A, +, -, 0, \{\langle n \rangle : n > 0\})$ 是分次模态代数。对 $\mathrm{Uf}(\mathfrak{A})$ 中超滤子 u 和两两不同的超滤子 $v_1, \cdots, v_m (k > 1)$，令 $\sigma(u)(v_i) = n_i < \omega$ 和 $x \in v_i$ 对 $1 \leqslant i \leqslant k$。令 $n = \sum\{n_i : 1 \leqslant i \leqslant m\}$。那么 $\langle n \rangle x \in u$。

证明 令 $y_i \in v_i$ 并且 $\langle n_i \rangle! y_i \in u$ 对 $1 \leqslant i \leqslant m$。因为 $v_1, \cdots, v_m$ 是两两不同的超滤子，可以找到 $x_1, \cdots, x_m \in A$ 使得 $x_i \cdot x_j = 0$ 对 $1 \leqslant i \neq j \leqslant m$。定义 $z_i = x_i \cdot y_i \cdot x(1 \leqslant i \leqslant m)$。那么 $z_i \cdot z_j = 0$ 并且 $z_i \in v_i$ 对 $1 \leqslant i \neq j \leqslant m$。容易验证 $\langle n_i \rangle! z_i \in u$ 对 $1 \leqslant i \leqslant m$。令 $z = \sum\{z_i : 1 \leqslant i \leqslant m\}$。因此 $\langle n \rangle! z \in u$。令 $y = \sum\{x_i + y_i : 1 \leqslant i \leqslant m\}$。那么 $z = x \cdot y$。由 $\langle n \rangle z \in u$ 和 $z \leqslant x$ 可得，$\langle n \rangle x \in u$。∎

命题 3.22 对每个分次模态代数 $\mathfrak{A} = (A, +, -, 0, \{\langle n \rangle : n > 0\})$，它的超滤余代数 $\mathfrak{A}_+ = (\mathrm{Uf}(\mathfrak{A}), \sigma)$ 和 $n > 0$，如下成立：

(1) $\sigma(u)(v) \geqslant n$ 当且仅当 $\forall x \in v \langle n \rangle x \in u$。

(2) 如果 $\langle n \rangle x \in u$，那么存在 $v \in \mathrm{Uf}(A)$ 使得 $x \in v$ 并且 $\sigma(u)(v) \geqslant n$。

证明 类似于引理 3.4、定理 3.1 和命题 3.17 的证明。∎

容易验证 Ω 余代数 $\mathbb{S}$ 的分次超滤扩张 $\mathbb{S}^{\mathrm{ue}}$ 同构于 $\mathbb{S}$ 的全复代数的超滤余代数。

事实 3.2 $\mathbb{S}^{\mathrm{ue}} \cong (\mathbb{S}^+)_+$。

现在证明如下关于余代数分次模态逻辑的 Jónsson-Tarski 表示定理，即每个分次模态代数可以表示为一个集合代数。作为这个定理的推论，可以获得弱完全性定理。第 4 章讨论公理系统和完全性时，再回到这个问题。

定理 3.2 令 $\mathfrak{A} = (A, +, -, 0, \{\langle n \rangle : n > 0\})$ 是分次模态代数。定义函数 $r : A \to \wp(\mathrm{Uf}(\mathfrak{A}))$ 如下：$r : x \mapsto \{u \in \mathrm{Uf}(\mathfrak{A}) : x \in u\}$。那么 r 是从 $\mathfrak{A}$ 到 $(\mathfrak{A}_+)^+$ 的嵌入。

证明 只需证 $r(\langle n \rangle x) = \langle n \rangle r(x)$ 对每个 $n > 0$。对 $u \in r(\langle n \rangle x)$，有 $\langle n \rangle x \in u$。因此存在 $v \in \mathrm{Uf}(\mathfrak{A})$ 使得 $x \in v$ 并且 $\sigma(u)(v) \geqslant n$。因此 $v \in r(x)$ 并且 $\sigma(u)(r(x)) \geqslant n$。因此 $u \in \langle n \rangle r(x)$。反之，假设 $u \in \langle n \rangle r(x)$，即 $\sigma(u)(r(x)) \geqslant n$。要证明 $\langle n \rangle x \in u$。假设 $\sigma(u)(v) < n$ 对所有 $v \in r(x)$。令 $v_1, \cdots, v_k \in r(x)$ 使 $\sigma(u)(\{v_1, \cdots, v_k\}) \geqslant n$。那么 $x \in v_i$ 对 $1 \leqslant i \leqslant k$。由推论 3.5 得 $\langle n \rangle x \in u$。∎

3.3 分次模态代数与余代数之间的对偶

本节目标是利用分次模态代数和 Ω 余代数之间的对偶证明余代数分次模态逻辑的 Goldblatt-Thomason 定理。首先我们给出一些基本结果。

命题 3.23 令 $\{\mathbb{S}_i = (S_i, \sigma_i) : i \in I\}$ 是 Ω 余代数族。那么 $(\bigsqcup_{i \in I} \mathbb{S}_i)^+ \cong \prod_{i \in I}(\mathbb{S}^+)$，即余代数求和的对偶同构于对偶的乘积。

证明 定义函数 $\eta : \wp(\biguplus_{i \in I} S_i) \to \prod_{i \in I} \wp(S_i)$ 如下：$\eta(X)(i) = X \cap S_i$。显然 $\eta(X)(i) \subseteq S_i$ 并且 η 是双射。∎

定义 3.19 令 $\mathfrak{A}$ 和 $\mathfrak{A}'$ 是分次模态代数。一个函数 $\eta : A \to A'$ 称为从 $\mathfrak{A}$ 到 $\mathfrak{A}'$ 的**代数同态**，如果 η 保持布尔运算并且 $\eta(\langle n \rangle x) = \langle n \rangle(\eta(x))$ 对所有 $n > 0$。

假设 $\rho : S \to S'$ 是函数。那么定义函数 $\rho^+ : \wp(S') \to \wp(S)$ 如下：

$$\rho^+(X') = \{s \in S : \rho(s) \in X'\}.$$

假设 $\eta : A \to A'$ 是函数。定义函数 $\eta_+ : \mathrm{Uf}(A') \to \wp(A)$ 如下：

$$\eta_+(u') = \{a \in A : \eta(a) \in u'\}.$$

新的映射 ρ^+ 和 η_+ 分别称为 ρ 和 η 的**对偶映射**。下面证明一条说明从 Ω 同态到代数同态的相互联系的引理。

引理 3.7 令 $\mathbb{S} = (S, \sigma)$ 和 $\mathbb{S}' = (S', \sigma')$ 是 Ω 余代数，$\rho : S \to S'$ 是映射。如果 ρ 是 Ω 同态，那么 ρ^+ 是代数同态。如果 ρ 是单射(满射)，那么 ρ^+ 是满射(单射)。

证明 假设 ρ 是 Ω 同态。易证 ρ^+ 保持布尔运算。比如对补运算，$x \in \rho^+(-X')$ 当且仅当 $\rho(x) \in -X'$ 当且仅当 $\rho(x) \notin X'$ 当且仅当 $x \notin \rho^+(X')$。下面只需证明 ρ^+ 保持所有模态运算。如下论证：

$$x \in \langle n \rangle(\rho^+(X')) \Rightarrow \sigma(x)(\rho^+(X')) \geqslant n$$
$$\Rightarrow \exists Z \in \wp^+(S)(\sigma(x)(Z) \geqslant n \ \& \ \rho[Z] \subseteq X')$$
$$\Rightarrow \sigma'(\rho(x))(\rho[Z]) \geqslant n \ \& \ \rho[Z] \subseteq X' (\text{前进条件})$$
$$\Rightarrow \rho(x) \in \langle n \rangle \rho[Z] \ \& \ \rho[Z] \subseteq X'$$

$$\Rightarrow \rho(x) \in \langle n \rangle X'$$
$$\Rightarrow x \in \rho^+(\langle n \rangle X'),$$

$$x \in \rho^+(\langle n \rangle X') \Rightarrow \rho(x) \in \langle n \rangle X'$$
$$\Rightarrow \sigma'(\rho(x))(X') \geqslant n$$
$$\Rightarrow \exists Z \in \wp^+(S)(\sigma(x)(Z) \geqslant n \,\&\, \rho[Z] \subseteq X') \text{(后退条件)}$$
$$\Rightarrow \sigma(x)(Z) \geqslant n \,\&\, Z \subseteq \rho^+(X')$$
$$\Rightarrow \sigma(x)(\rho^+(X')) \geqslant n$$
$$\Rightarrow x \in \langle n \rangle(\rho^+(X'))。$$

设 ρ 是单射。令 $X \subseteq S$。那么 $\rho[X] = \{\rho(x) \in S' : x \in X\}$。容易验证 $\rho^+(\rho[X]) = X$。反之设 ρ 是满射。令 $X' \neq Y' \subseteq S'$。不失一般性，设 $x' \in X' \setminus Y'$。存在 $x \in S$ 使得 $\rho(x) = x'$。所以 $x \in \rho^+(X')$ 但 $x \notin \rho^+(Y')$，即 $\rho^+(X') \neq \rho^+(Y')$。∎

引理 3.8 令 $\mathfrak{A}$ 和 $\mathfrak{A}'$ 是分次模态代数，$\eta : A \to A'$ 是映射。如果 η 是代数同态，那么 $\eta_+ : \mathfrak{A}'_+ \to \mathfrak{A}_+$ 是 Ω 同态。此外，假设 η 保持所有布尔运算，如果 η 是满射(单射)，那么 η_+ 是单射(满射)。

证明 （1）假设 η 是代数同态。对所有 $n > 0$ 都有 $\langle n \rangle(\eta(a)) = \eta(\langle n \rangle a)$ 对 $a \in A$。那么 $\eta_+ : \mathrm{Uf}(A') \to \wp(A)$ 将超滤子 u' 映射到超滤子 $\eta_+(u') = \{a \in A : \eta(a) \in u'\}$。只要证前进和后退条件。设 $\sigma'(u')(X') \geqslant n$ 对 $X' = \{v'_1, \cdots, v'_m\} \in \wp^+(\mathrm{Uf}(\mathfrak{A}'))$。令 $\sigma'(u')(v'_i) = n_i$ 且 $s = \sum\{n_i : 1 \leqslant i \leqslant m\} \geqslant n$。只证 $\sigma(\eta_+(u'))(\eta_+(v'_i)) \geqslant n_i$。由命题 3.22(1)，设 $x \in \eta_+(v'_i)$，则 $\eta(x) \in v'_i$。因此 $\langle n_i \rangle \eta(x) \in u'$，$\eta(\langle n_i \rangle x) \in u'$。所以 $\langle n_i \rangle x \in \eta_+(u')$。反之假设 $\sigma(\eta_+(u'))(X) \geqslant n$ 并且 $X = \{v_1, \cdots, v_m\} \in \wp^+(\mathrm{Uf}(\mathfrak{A}))$。对每个 $v_i \in X$，令 $\sigma(\eta_+(u'))(v_i) = n_i$。考虑集合 $D = \{\eta(x): x \in v_i\} \cup \{-y : [n_i] - y \in u'\}$。只要证 D 有有限交性质。把 D 扩张为超滤子 v'_i，容易验证 $\sigma'(u')(v'_i) \geqslant n_i$ 且 $\eta_+(v'_i) = v_i$。令 $z = \eta(x_1) \cdot \cdots \cdot \eta(x_k) \cdot (-y_1 \cdot \cdots \cdot -y_h)$ 是有限交。令 $x = x_1 \cdot \cdots \cdot x_k$ 并且 $y = -y_1 \cdot \cdots \cdot -y_h$。那么 $z = \eta(x) \cdot y$ 且 $x \in v_i$。由假设得 $\langle n_i \rangle x \in \eta_+(u')$。因此 $\eta(\langle n_i \rangle x) \in u'$。那么 $\langle n_i \rangle \eta(x) \in u'$。由命题 3.22(2)，存在 v'_i 使 $\sigma'(u')(v'_i) \geqslant n_i$ 且 $\eta(x) \in v'_i$。只要验证 $y_l \notin v'_i (1 \leqslant l \leqslant h)$。若不然，则 $\langle n_i \rangle y_l \in u'$，矛盾。

（2）假设 η 是单射。令 $u \in \mathrm{Uf}(\mathfrak{A})$。定义 $D' = \{x' : \exists x \in u(\eta(x) \leqslant x')\}$，则 $\eta[u] \subseteq D'$。容易验证 D' 有有限交性质。把 D' 扩张为超滤子 u'，容易验证 $\eta_+(u') = u$。与引理 3.7 类似可证，如果 η 是满射，则 η_+ 是单射。∎

定理 3.3 假设 $\mathbb{S}$ 和 $\mathbb{S}'$ 是 Ω 余代数，$\mathfrak{A}$ 和 $\mathfrak{A}'$ 是分次模态代数。

（1）如果 $\mathbb{S}$ 嵌入 $\mathbb{S}'$，那么 $(\mathbb{S}')^+$ 是 $\mathbb{S}^+$ 的代数同态象。

（2）如果 $\mathbb{S}'$ 是 $\mathbb{S}$ 的 Ω 同态象，那么 $(\mathbb{S}')^+$ 嵌入 $\mathbb{S}^+$。

(3) 如果 $\mathfrak{A}$ 嵌入 $\mathfrak{A}'$，那么 $\mathfrak{A}_+$ 是 $\mathfrak{A}'_+$ 的 Ω 同态象。

(4) 如果 $\mathfrak{A}'$ 是 $\mathfrak{A}$ 的代数同态象，那么 $\mathfrak{A}'_+$ 嵌入 $\mathfrak{A}_+$。

证明　根据引理 3.7 和引理 3.8。■

定理 3.4　令 K 是对 Ω 超滤扩张封闭的余代数类。那么 K 是 GML 可定义的当且仅当 K 对求和、生成子余代数和 Ω 同态象封闭，而 K 的补类也对 Ω 超滤扩张封闭。

证明　从左至右的方向已在 3.1 节证明。对另一方向，只需证 Th(K) 定义 K。如果 $\mathbb{S} \in$ K，则 $\mathbb{S} \models$ Th(K)。假设 $\mathbb{S} \models$ Th(K)。那么 $\mathbb{S}^+$ 使 CmK 的等式理论有效。因此根据 Birkhoff 定理，$\mathbb{S}^+ \in$ **HSP**(CmK)。那么存在 K 中 Ω 余代数族 $\{\mathbb{T}_i : i \in I\}$ 以及分次模态代数 $\mathfrak{A}$ 和 $\mathfrak{B}$ 使得：

(1) $\mathfrak{B} \cong \prod_{i \in I} \mathbb{T}_i^+$。

(2) $\mathfrak{A}$ 是 $\mathfrak{B}$ 的子代数。

(3) $\mathbb{S}^+$ 是 $\mathfrak{A}$ 的代数同态象。

由命题 3.23，$\mathfrak{B} \cong (\coprod_{i \in I} \mathbb{T}_i)^+$，所以 $\mathfrak{B} \cong \mathbb{T}^+$，其中 $\mathbb{T} = \uplus_{i \in I} \mathbb{T}_i \in$ K。由定理 3.3，

(4) $(\mathbb{S}^+)_+$ 是 $\mathfrak{A}_+$ 的生成子余代数。

(5) $\mathfrak{A}_+$ 是 $(\mathbb{T}^+)_+$ 的 Ω 同态象。

因为 $(\mathbb{T}^+)_+ \cong \mathbb{T}^{ue}$ 并且 K 对 Ω 超滤扩张封闭，所以 $(\mathbb{T}^+)_+ \in$ K，因此 $(\mathbb{S}^+)_+ \in$ K。那么 $\mathbb{S}^{ue} \in$ K。所以，$\mathbb{S} \in$ K，因为 K 的补类对 Ω 超滤扩张封闭。■

这条 Goldblatt-Thomason 定理类似于基本模态逻辑的框架类可定义性定理。但是要注意，我们的假设是余代数类 K 对 Ω 超滤扩张封闭，而不是一阶可定义或者对超积封闭等。另一点是上面这条定理是新结果，它不是库兹和诺斯基(Kurz and Rosický, 2007)所证明的余代数模态逻辑的一般性 Goldblatt-Thomason 定理的推论。原因是该一般性定理限于保持有限性的函子 **T**，即如果集合 S 有限，则 **T**S 有限。但是对分次模态逻辑定义的函子 Ω 不保持有限性。

3.4　有限余代数和余代数模型的可定义性

我们继续探讨余代数分次模态逻辑中的可定义性问题。本节首先证明相对于有限传递余代数类的可定义性定理，即满足如下条件的有限余代数：

(传递性)$\forall xyz(\sigma(x)(y) > 0 \ \& \ \sigma(y)(z) > 0 \to \sigma(x)(z) > 0)$。

然后把这个结果推广到所有有限余代数。最后证明余代数模型类的可定义性定理。在有限传递余代数中，对求和、生成子余代数和 Ω 同态象三种运算封闭可以用于刻画有限传递余代数类在 GML 中相对于有限传递余代数类的可定义性。证明使用适合 GML 的 Jankov-Fine 公式，即通过分次 Jankov-Fine 公式在传递框架上的可满足性刻画某个生成子余代数到给定有限传递余代数的 Ω 同态的存在性。

定义 3.20　令$\mathbb{S} = (S, \sigma)$是带根状态 $w = w_0$ 的有限传递余代数。列举状态集为 $S = \{w_0, \cdots, w_n\}$。对每个状态 $w_i \in S$，令 p_i 是相应的命题字母。对每个非空有限子集 $X \subseteq S$，定义 $p_X := \bigvee\{p_i : w_i \in X\}$。令 $\square^+\phi := \phi \wedge \square\phi$。对任何自然数 $k > 0$，定义$\mathbb{S}$的 k 次 Jankov-Fine 公式 $\phi^\omega_{\mathbb{S},w}$ 为如下公式的合取：

(1) p_0。

(2) $\square(p_0 \vee \cdots \vee p_n)$。

(3) $\bigwedge\{\square^+(p_i \to \neg p_j) : i \neq j \leqslant n\}$。

(4) $\bigwedge\{\square^+(p_i \to \Diamond_k p_X) : \sigma(w_i)(X) \geqslant k\}$。

(5) $\bigwedge\{\square^+(p_i \to \neg\Diamond_k p_X) : \sigma(w_i)(X) < k\}$。

定义$\mathbb{S}$的分次 Jankov-Fine "公式" 为 $\phi^\omega_{\mathbb{S},w} = \{\phi^\omega_{\mathbb{S},w} : k > 0\}$。

对任何有限传递余代数$\mathbb{S}$，分次 Jankov-Fine 公式 $\phi^\omega_{\mathbb{S},w}$ 实际上是一个 GML 公式集。在子句(4)中，如果把 ω 指派给$\mathbb{S}$中两个状态，该子句是无限合取。在证明可定义性定理的关键引理之前，引入另一个概念：Ω_n 同态(对每个自然数 $n > 0$).

定义 3.21　给定两个 Ω 余代数$\mathbb{S} = (S, \sigma)$和$\mathbb{T} = (T, \rho)$，对每个自然数 $n > 0$，一个函数 $\eta : S \to T$ 称为从$\mathbb{S}$到$\mathbb{T}$的 $\boldsymbol{\Omega_n}$ **同态**，如果对所有 $m \leqslant n$ 如下条件成立：

$$\forall x \in S \, \forall y \in T \, (\Omega\eta(\sigma(x))(y) \geqslant m \Leftrightarrow \rho(\eta(x))(y) \geqslant m).$$

函数 η 称为从Ω模型 $\mathcal{M} = (\mathbb{S}, V)$到 $\mathcal{M}' = (\mathbb{T}, V')$ 的 $\boldsymbol{\Omega_n}$ **同态**，如果 η 是从$\mathbb{S}$到$\mathbb{T}$的 Ω_n 同态使得 $x \in V(p)$ 当且仅当 $\eta(x) \in V'(p)$ 对所有 $x \in S$。

容易验证 η 是 Ω_n 同态当且仅当它满足 m 前进和 m 后退条件对所有 $m \leqslant n$，即如下命题成立。

命题 3.24　令$\mathbb{S} = (S, \sigma)$和$\mathbb{T} = (T, \rho)$是 Ω 余代数。对每个自然数 $n > 0$，函数 η 是从$\mathbb{S}$到$\mathbb{T}$的 Ω_n 同态当且仅当如下条件成立：

(1) 对所有 $x \in S$ 和 $X \in \wp^+(S)$，如果 $\sigma(x)(X) \geqslant m$，那么 $\rho(\eta(x))(\eta[X]) \geqslant m$。

(2) 对所有 $x \in S$ 和 $Y \in \wp^+(T)$，如果 $\rho(\eta(x))(Y) \geqslant m$，那么存在 $X \in \wp^+(S)$ 使得 $\sigma(x)(X) \geqslant m$ 并且$\eta[X] \subseteq Y$。

此外，该命题添加原子条件则对Ω模型也成立。

证明　类似于命题 3.3 的证明。∎

从 Ω_n 同态的定义还可以得到如下事实。

事实 3.3　一个函数 $\eta : S \to T$ 是从$\mathbb{S}$到$\mathbb{T}$的 Ω 同态当且仅当 η 是 Ω_n 同态对每个自然数 $n > 0$。

还能得到如下等级至多为 n 的分次模态公式在 Ω_n 同态下的不变性结果。

命题 3.25　令 η 是从Ω模型 $\mathcal{M} = (\mathbb{S}, V)$到 $\mathcal{M}' = (\mathbb{S}', V')$ 的 Ω_n 同态。那么对每个使得 $\mathrm{gd}(\phi) \geqslant n$ 的公式 ϕ 和 $\mathcal{M}$ 中的状态 x，如下成立：

(1) $\mathcal{M}, x \vDash \phi$ 当且仅当 $\mathcal{M}', \eta(x) \vDash \phi$。

(2) 如果 $\mathbb{S}, x \vDash \phi$，那么 $\mathbb{S}', \eta(x) \vDash \phi$。

(3) 如果 η 是满射，那么 $\mathcal{M} \vDash \phi$ 当且仅当 $\mathcal{M}' \vDash \phi$。

(4) 如果 η 是满射，那么 $\mathbb{S} \vDash \phi$ 蕴涵 $\mathbb{S}' \vDash \phi$。

证明 对使得 $\mathrm{gd}(\phi) \geqslant n$ 的公式 ϕ 归纳证明 (1)。∎

推论 3.6 对每个自然数 $n > 0$，每个可被等级至多为 n 的分次模态公式集定义的余代数类对 Ω_n 同态象封闭。

下面证明相对于有限传递余代数类的 Goldblatt-Thomason 定理。首先证明如下关键引理。

引理 3.9 令 $\mathbb{S} = (S, \sigma)$ 是带树根 $w = w_0$ 的有限传递余代数，$S = \{w_0, \cdots, w_n\}$，并且 $\phi_{\mathbb{S},w}^k$ 是它的分次 k 次 Jankov-Fine 公式。那么对每个传递的余代数 $\mathbb{T} = (T, \rho)$，存在赋值 V' 和状态 $a \in T$ 使得 $\mathbb{T}, V', a \vDash \phi_{\mathbb{S},w}^\omega$ 当且仅当存在 $\mathbb{T}$ 从 a 生成的子余代数 $\mathbb{T}_a$ 到 $\mathbb{S}$ 的满 Ω_k 同态 η 使得 $\eta(a) = w$。

证明 从左到右方向如下论证。假设 η 是从 $\mathbb{T}_a$ 到 $\mathbb{S}$ 的满 Ω_k 同态。定义 $\mathbb{S}$ 中的赋值 V 使得 $V(p_i) = \{w_i\}$。那么定义 $\mathbb{T}_a$ 中的赋值 V' 使得

$$x \in V'(p_i) \text{ 当且仅当 } \eta(x) \in V(p_i)。$$

因此 η 是从 Ω 模型 $(\mathbb{T}_a, V')$ 到 $(\mathbb{S}, V)$ 的满同态。根据不变性结果和 $\mathbb{S}, V, w \vDash \phi_{\mathbb{S},w}^\omega$ 可得，$\mathbb{T}_a, V', a \vDash \phi_{\mathbb{S},w}^\omega$。

反之设 $\mathbb{T}_a, V', a \vDash \phi_{\mathbb{S},w}^k$，$\mathbb{T}_a$ 的承载集是 T_a。定义函数 $\eta: T_a \to S$ 如下：

$$\eta(x) = w_i \text{ 当且仅当 } \mathbb{T}_a, V', x \vDash p_i \text{ 对所有 } x \in T_a。$$

现在验证 η 是满函数。对于 η 是函数，只要看到 x 只能满足唯一的命题字母 p_i。满射条件如下证明。对任何 $w_i \in S$，如果 $i = 0$，那么 $\eta(a) = w_0$，因为 p_0 在 a 上是真的。假设 $i \neq 0$。根据传递性可得，$\sigma(w)(w_i) > 0$。因此 $a \vDash \Diamond p_i$，即存在状态 $y \in T_a$ 使 $\rho(a)(y) > 0$ 且 $y \vDash p_i$。因此 $\eta(y) = w_i$。

现在只要证 η 是 Ω_k 同态。令 $m \leqslant k$。假设 $\rho(x) = w_i$ 并且 $\rho(x)(X) \geqslant m$，但是 $\sigma(w_i)(\eta[X]) < m$。那么根据 $x \vDash p_i$ 可得，$x \vDash \neg \Diamond_m p_{\eta[X]}$。因为 $\rho(x)(X) \geqslant m$，所以存在 $y \in X$ 使 $y \vDash \neg p_{\eta[X]}$。因此 $y \nvDash p_i$ 对所有 $w_i \in X$。因此 $\eta(y) \notin \eta[X]$，矛盾。反之，假设 $\sigma(w_i)(A) \geqslant m$ 并且 $\eta(x) = w_i$。令 $X = \eta^{-1}[A]$。只要证 $\rho(x)(X) \geqslant m$。由 $\sigma(w_i)(A) \geqslant m$ 和 $\eta(x) = w_i$ 可得，$x \vDash \Diamond_m p_A$。因此存在 $Y \in \wp^+(T_a)$ 使 $\rho(x)(Y) \geqslant m$ 并且 $Y \vDash p_A$。所以 $\eta(Y) \subseteq A$。那么 $Y \subseteq X$，所以 $\rho(x)(X) \geqslant m$。∎

定理 3.5 一个有限传递余代数类 K 相对于有限传递余代数类是分次模态可定义的当且仅当 K 对求和、生成子余代数和所有 Ω_k 同态象 $(k \in \omega)$ 封闭。

证明 从左至右是显然的。反之假设 K 满足所要求的封闭条件。我们证 $\mathrm{Th}(\mathsf{K})$

定义 K。显然，K 中所有余代数使 Th(K) 有效。假设 $\mathbb{S} \vDash$ Th(K)。由于每个余代数 $\mathbb{S} = (S, \sigma)$ 都是它的所有点生成子余代数的和的 Ω 同态象，因此是该求和的 Ω_k 同态象 $(k \in \omega)$，因此假定 $\mathbb{S}$ 是从根状态 w 生成的余代数。考虑分次 Jankov-Fine 公式 $\phi_{\mathbb{S},w}^{\omega}$。因为它在 $\mathbb{S}$ 中根状态 w 上可满足，所以 $\sim\phi_{\mathbb{S},w}^{\omega} \nsubseteq$ Th(K)，那么存在 $\mathbb{T} \in$ K 使得 $\mathbb{T} \nvDash \sim\phi_{\mathbb{S},w}^{\omega}$，即存在 $\mathbb{T}$ 中赋值 V 和状态 a 使得 $\mathbb{T}, V, a \vDash \phi_{\mathbb{S},w}^{\omega}$ 对某个 $k \in \omega$。那么 $\mathbb{S}$ 是 $\mathbb{T}$ 的某个生成子余代数 $\mathbb{T}_a$ 的 Ω_k 同态象。这样 $\mathbb{T}_a \in$ K，因为 $\mathbb{T} \in$ K 并且 K 对生成子余代数封闭　所以 $\mathbb{S} \in$ K，因为 K 对 Ω_k 同态象封闭。∎

现在把以上结果推广至有限余代数类。技巧是使用 n 度重叠必然算子，它可以看成这样的自动机，即扫描从根状态至多向前走 n 步可及的状态的信息。

下面我们引入**局部 Ω^n 同态**的概念。对任何余代数 $\mathbb{S} = (S, \sigma)$，递归定义关系 $R_\sigma^n \subseteq S \times S$ 如下：

$$R_\sigma^1 \, xy := \sigma(x)(y) > 0,$$
$$R_\sigma^{n+1} \, xy := \exists z \in S(R_\sigma^n \, xz \,\&\, \sigma(z)(y) > 0)。$$

给定 $x \in S$ 和 $A \subseteq S$，使用记号 $R_\sigma^n \, xA$ 表示 $R_\sigma^n \, xy$ 对所有 $y \in A$。回顾这样一个概念，称一个余代数 $\mathbb{S} = (S, \sigma)$ 是**有根的**，如果存在状态 $x \in S$ 使得对所有 $y \in S \setminus \{x\}$，$R_\sigma^n xy$ 对某个自然数 $n > 0$(状态 x 称为 $\mathbb{S}$ 的**根状态**)。写 $\mathbb{S}_x$ 表示带根状态 x 的余代数。

状态 $y \in S$ 的**高度**(记为 height(y))也是归纳定义。高度为 0 的状态只有根状态，高度为 $n+1$ 的状态时这样一些状态 $z \in S$，使得 z 还没有被指定高度，并且存在高度为 n 的状态 $y \in S$ 使得 $\sigma(y)(z) > 0$。令 $\mathbb{S}{\upharpoonright}n$ 表示 $\mathbb{S}$ 限制到高度至多为 n 的状态的子余代数。

定义 3.22　从余代数 $\mathbb{S}$ 到 $\mathbb{T}$ 的一个函数 $\eta : S \to T$ 称为**局部 Ω^n 同态**，如果如下条件成立：

如果 $\eta(a) = b$，那么对于 $\mathbb{S}$ 从 a 和 $\mathbb{T}$ 从 b 分别生成的子余代数 $\mathbb{S}'$ 和 $\mathbb{T}'$，η 限制到 $\mathbb{S}'{\upharpoonright}n$ 是从 $\mathbb{S}'{\upharpoonright}n$ 到 $\mathbb{T}'{\upharpoonright}n$ 的 Ω 同态。

称 η 为从 $\mathbb{S}$ 到 $\mathbb{T}$ 的**局部 Ω 同态**，如果对所有自然数 $n > 0$，η 是局部 Ω^n 同态。如果 η 是满射局部 Ω^n 同态，那么称 $\mathbb{T}$ 是 $\mathbb{S}$ 的**局部 Ω^n 同态象**(记为 $\eta : \mathbb{S} \twoheadrightarrow_l^n \mathbb{T}$)。如果 η 是满射的局部 Ω 同态，则称 $\mathbb{T}$ 是 $\mathbb{S}$ 的**局部 Ω 同态象**(记为 $\eta : \mathbb{S} \twoheadrightarrow_l \mathbb{T}$)。这些概念容易对模型来定义。

局部 Ω^n 同态这个概念描述了结构中状态的深度，因此描述了分次模态公式的模态度。这个概念与按照等级区分的 Ω_n 同态对应。还可以得到如下命题。

命题 3.26　令 η 是从 Ω 模型 $\mathcal{M} = (S, \sigma, V)$ 到 $\mathcal{M}' = (S', \sigma', V')$ 的局部 Ω^n 同态。对每个分次模态公式 ϕ 使得 md(ϕ) $\leqslant n$ 和 $\mathcal{M}$ 中的状态 x，$\mathcal{M}, x \vDash \phi$ 当且

仅当 $\mathcal{M}', \eta(x) \vDash \phi$。

证明 对 n 归纳证明。对 $n = 0$ 的情况，这是显然的。对于归纳步骤，只需证 $\phi := \Diamond_k \psi$ 的情况，其中 $\mathrm{md}(\psi) = n$。只证一个方向。假设 $\mathcal{M}, x \vDash \Diamond_k \psi$。令 $\mathcal{N}$ 是 $\mathcal{M}$ 从 x 生成的 Ω 子模型，$\mathcal{N}'$ 是 $\mathcal{M}'$ 从 $\eta(x)$ 生成的 Ω 子模型。那么 $\mathcal{N}, x \vDash \Diamond_k \psi$。因此存在 $\mathcal{N}$ 的有限状态子集 X 使得 $\sigma(x)(X) \geqslant k$，$\sigma(x)(y) > 0$ 并且 $\mathcal{N}, y \vDash \psi$ 对所有 $y \in X$。根据归纳假设得 $\mathcal{N}', \eta(y) \vDash \psi$。取子模型 $\mathcal{N}{\upharpoonright}n{+}1$ 和 $\mathcal{N}'{\upharpoonright}n{+}1$。使用局部条件可得，$\sigma'(\eta(a))(\eta[X]) \geqslant k$。所以，$\mathcal{N}', \eta(x) \vDash \Diamond_k \psi$，因此 $\mathcal{M}', \eta(x) \vDash \Diamond_k \psi$。∎

推论 3.7 如下成立：

(1) 对所有 GML 公式 ϕ 使 $\mathrm{md}(\phi) \leqslant n$，若 $\eta : \mathbb{S} \twoheadrightarrow_l^n \mathbb{T}$ 且 $\mathbb{S} \vDash \phi$，则 $\mathbb{T} \vDash \phi$。

(2) 对所有 GML 公式 ϕ，若 $\mathbb{S} \twoheadrightarrow_l \mathbb{T}$ 且 $\mathbb{S} \vDash \phi$，则 $\mathbb{T} \vDash \phi$。

证明 第(1)项从命题 3.26 得出，第(2)项从(1)得出。∎

满射的局部 Ω 同态保持所有 GML 公式的有效性，这个事实对于有限余代数的可定义性来说是关键的。下面我们在没有传递性的条件下定义局部分次 Jankov-Fine 如下。令 $\square^{m+}\phi := \phi \wedge \square^m \phi$。

定义 3.23 给定带根状态 $w = w_0$ 的有限余代数 $\mathbb{S} = (S, \sigma)$，其中 $S = \{w_0, \cdots, w_n\}$。令 $m, k > 0$。定义 $\mathbb{S}$ 的 **m 局部 k 次 Jankov-Fine 公式** $\phi_{\mathbb{S},w}^{m,k}$ 为如下形式公式的合取：

(1) p_0。

(2) $\square(p_0 \vee \cdots \vee p_n)$。

(3) $\bigwedge \{\square^{m+}(p_i \to \neg p_j) : i \neq j \leqslant n\}$。

(4) $\bigwedge \{\square^{m+}(p_i \to \Diamond_k p_X) : \sigma(w_i)(X) \geqslant n \,\&\, n \leqslant k\}$。

(5) $\bigwedge \{\square^{m+}(p_i \to \neg \Diamond_k p_X) : \sigma(w_i)(X) < n \,\&\, n \leqslant k\}$。

定义 $\mathbb{S}$ 的局部分次 Jankov-Fine "公式" 为 $\phi_{\mathbb{S},w}^{\omega,\omega} = \{\phi_{\mathbb{S},w}^{m,k} : m, k > 0\}$。

利用类似于引理 3.6 的证明，也可以得到如下引理。

引理 3.10 令 $\mathbb{S} = (S, \sigma)$ 是带根有限余代数。对任何余代数 $\mathbb{T}$，公式 $\phi_{\mathbb{S},w}^{m,k}$ 在 $\mathbb{T}$ 中可满足当且仅当 $\mathbb{T}$ 中存在状态 a 使 $\mathbb{S}$ 是 $\mathbb{T}$ 从 a 生成的子余代数 $\mathbb{T}_a$ 的局部 Ω_k^m 同态象。

定理 3.6 一个有限余代数的类 $\mathbf{K}$ 可被某个 GML 公式集定义当且仅当 $\mathbf{K}$ 对求和、生成子余代数和局部 Ω_k^m 同态象封闭(对所有 $m, k > 0$)。

证明 令 $\mathrm{Th}(\mathbf{K})$ 是 $\mathbf{K}$ 的 GML 理论。只要证 $\mathrm{Th}(\mathbf{K})$ 定义 $\mathbf{K}$。设 $\mathbb{S} \vDash \mathrm{Th}(\mathbf{K})$。只要证 $\mathbb{S}$ 的每个生成子余代数属于 $\mathbf{K}$，因为 $\mathbb{S}$ 是它所有点生成子余代数之和的局部 Ω_k^m 同态象。不失一般性，设 $\mathbb{S}$ 由状态 w 生成。公式 $\phi_{\mathbb{S},w}^{n,k}$ 在 $\mathbb{S}$ 中可满足，其中 n 为 $\mathbb{S}$ 中状态的最大高度，则 $\mathbf{K} \nvDash \neg \phi_{\mathbb{S},w}^{n,k}$。因此有余代数 $\mathbb{T} \in \mathbf{K}$ 使 $\phi_{\mathbb{S},w}^{n,k}$ 在 $\mathbb{T}$ 中可满足。由引理 3.10，$\mathbb{S}$ 是 $\mathbf{K}$ 中某个点生成子余代数的局部 Ω_k^m 同态象。所以 $\mathbb{S} \in \mathbf{K}$。∎

到目前为止，已经证明了两条关于有限余代数的可定义性定理。它们都是把范本特姆(van Benthem, 1989)关于基本模态逻辑的结果推广到 GML 而得到的。然而，我们还有如下没有解决的问题。

问题 3.1 对分次模态语言进行扩张，在这些扩张语言中，怎样的模态可定义性能够使用对 Ω 同态象封闭这个单独的封闭条件来刻画？

下面进入本节第二部分，即证明 Ω 模型类的可定义性定理。我们的结果类似于第 2 章给出的关系模型类在 GML 中的可定义性定理。称一个 Ω 模型类 K 具有 Hennessy-Milner 性质，如果对 K 中任何两个模型 $\mathcal{M} = (S, \sigma, V)$ 和 $\mathcal{M}' = (S', \sigma', V')$ 以及状态 $x \in S$ 和 $y \in S'$，$\mathrm{Th}(\mathcal{M}, x) = \mathrm{Th}(\mathcal{M}', y)$ 蕴涵 $\mathcal{M}, x \underline{\leftrightarrow}_\Omega \mathcal{M}', y$。给定 Ω 模型 $\mathcal{M} = (S, \sigma, V)$ 和 GML 公式集 Γ，定义 $[\![\Gamma]\!]_{\mathcal{M}} := \bigcap\{[\![\phi]\!]_{\mathcal{M}} : \phi \in \Gamma\}$，即使 Γ 中所有公式都真的状态的集合。模型 $\mathcal{M}$ 称为 **Ω 饱和的**，如果对每个 GML 公式集 Γ 和 Ω 模型 $\mathcal{M} = (S, \sigma, V)$，对每个状态 $x \in S$ 和自然数 $k > 0$，如下成立：

如果 $\sigma(x)([\![\Delta]\!]_{\mathcal{M}}) \geqslant k$ 对每个有限子集 $\Delta \subseteq \Gamma$，那么 $\sigma(x)([\![\Gamma]\!]_{\mathcal{M}}) \geqslant k$。

现在证明如下类似于命题 2.14 的结果。

命题 3.27 所有 Ω 饱和的 Ω 模型组成的类具有 Hennessy-Milner 性质。

证明 令 $\mathcal{M} = (S, \sigma, V)$ 和 $\mathcal{M}' = (S', \sigma', V')$ 是 Ω 饱和的 Ω 模型，Γ 是任意 GML 公式集，$x \in S$ 并且 $y \in S'$。假设 $\mathrm{Th}(\mathcal{M}, x) = \mathrm{Th}(\mathcal{M}', y)$。证明如下定义的非空二元关系 $Z \subseteq \wp^+(S) \times \wp^+(S')$：

$$XZY \text{ 当且仅当 } X \widehat{\equiv}_g Y$$

是 Ω 互模拟。只证前进条件。假设 $\{u\}Z\{v\}$，$\sigma(u)(X) \geqslant n$ 并且 $\forall z \in X(\sigma(u)(z) > 0)$，其中 $X = \{z_1, \cdots, z_m\}$。如下定义 X 上的关系 R：

$$zRz' \text{ 当且仅当 } \mathrm{Th}(\mathcal{M}, z) = \mathrm{Th}(\mathcal{M}', z')。$$

那么 R 是等价关系。令 $X_1, \cdots, X_h$ 是 R 关系下的等价类。定义 $n_i = \sum\{\sigma(u)(z) : z \in X_i\}$ 对 $1 \leqslant i \leqslant h$。因此 $s = \sum\{n_i : 1 \leqslant i \leqslant h\} \geqslant n$。令 $\Gamma_i = \mathrm{Th}(\mathcal{M}, z)$ 对某个 $z \in X_i$。对每个有限子集 $\Delta \subseteq \Gamma_i$，有 $\mathcal{M}, u \models \Diamond_{n_i} \bigwedge \Delta$。所以 $\mathcal{M}', v \models \Diamond_{n_i} \bigwedge \Delta$，即 $\sigma'(v)([\![\Delta]\!]_{\mathcal{M}'}) \geqslant n_i$。根据 Ω 饱和，$\sigma'(v)([\![\Gamma_i]\!]_{\mathcal{M}'}) \geqslant n_i$。所以存在有限子集 $Y_i \subseteq [\![\Gamma_i]\!]_{\mathcal{M}'}$ 使得 $\sigma'(v)(Y_i) \geqslant n_i$。注意 $Y_i \cap Y_j = \varnothing$，因为 $[\![\Gamma_i]\!]_{\mathcal{M}'} \cap [\![\Gamma_j]\!]_{\mathcal{M}'} = \varnothing$ 对 $1 \leqslant i \neq j \leqslant h$。令 $Y = \bigcup\{Y_i : 1 \leqslant i \leqslant h\}$。因此，$\sigma'(v)(Y) \geqslant n$ 并且 XZY。∎

命题 3.28 所有 Ω 超滤扩张都是 Ω 饱和的。因此所有 Ω 超滤扩张组成的类具有 Hennessy-Milner 性质。

证明 类似于定理 2.6 的证明。∎

命题 3.29 令 $\mathcal{M} = (S, \sigma, V)$ 和 $\mathcal{M}' = (S', \sigma', V')$ 是 Ω 饱和模型，则 $\mathrm{Th}(\mathcal{M}, x) = \mathrm{Th}(\mathcal{M}', y)$ 当且仅当 $\mathcal{M}^{\mathrm{ue}}, u_x \underline{\leftrightarrow}_\Omega \mathcal{M}'^{\mathrm{ue}}, u_y$，其中 u_x 和 u_y 是 x 和 y 生成主滤子。

证明　由分次超滤扩张的基本定理，$\mathrm{Th}(\mathcal{M}, x) = \mathrm{Th}(\mathcal{M}', y)$当且仅当$\mathrm{Th}(\mathcal{M}^{\mathrm{ue}}, u_x) = \mathrm{Th}(\mathcal{M}'^{\mathrm{ue}}, u_y)$。由命题 3.28，$\mathrm{Th}(\mathcal{M}^{\mathrm{ue}}, u_x) = \mathrm{Th}(\mathcal{M}'^{\mathrm{ue}}, u_y)$当且仅当$\mathcal{M}^{\mathrm{ue}}$, u_x $\underleftrightarrow{}_\Omega$ $\mathcal{M}'^{\mathrm{ue}}$, u_y。那么$\mathrm{Th}(\mathcal{M}, x) = \mathrm{Th}(\mathcal{M}', y)$当且仅当$\mathcal{M}^{\mathrm{ue}}$, u_x $\underleftrightarrow{}_\Omega$ $\mathcal{M}'^{\mathrm{ue}}$, u_y。∎

引理 3.11　如下命题成立：

(1) $\mathcal{M}$的每个点生成 Ω 子模型是$\mathcal{M}$的满 Ω 互模拟象。

(2) 每个 Ω 模型是它所有点生成 Ω 子模型之和的满 Ω 互模拟象。

(3) 对任何 GML 可定义的 Ω 模型类 K，$\mathcal{M} \in$ K 当且仅当$\mathcal{M}$的每个点生成 Ω 子模型属于 K。

证明　前两项显然。第(3)项根据 K 对求和和满 Ω 互模拟象封闭。∎

定理 3.7　一个 Ω 模型类 K 是 GML 可定义的当且仅当 K 对求和、满 Ω 互模拟象和 Ω 超滤扩张封闭，并且 K 的补类对 Ω 超滤扩张封闭。

证明　从左至右方向已经得证。对另一方向，假设 K 满足右边的封闭条件。只需证 $\mathrm{Th}(\mathrm{K})$定义 K。显然$\mathcal{M} \vDash \mathrm{Th}(\mathrm{K})$对所有 Ω 模型$\mathcal{M} = (S, \sigma, V)$属于 K。反之，假设$\mathcal{M} \vDash \mathrm{Th}(\mathrm{K})$。根据引理 3.11 和命题 3.29，不失一般性，假设$\mathcal{M}$是从 x 生成的，并且它是 Ω 饱和的。令 $\Gamma = \mathrm{Th}(\mathcal{M}, x)$。

断言　Γ 在某个 Ω 饱和的 Ω 模型中可满足。

证明　每个公式 $\phi \in \Gamma$ 在 K 中某个 Ω 模型$\mathcal{N}_\phi$中可满足。定义求和模型$\mathcal{N} = \amalg\{\mathcal{N}_\phi : \phi \in \Gamma\} = (S', \sigma', V')$，则$\mathcal{N} \in$ K。只要 Γ 在$\mathcal{N}^{\mathrm{ue}}$中可满足。集合 $D = \{[\![\phi]\!]_{\mathcal{N}} : \phi \in \Gamma\}$具有有限交性质，则把 D 扩张为超滤子 u，因此$\mathcal{N}^{\mathrm{ue}}$, $u \vDash \Gamma$。证毕。

所以 $\mathrm{Th}(\mathcal{M}, x) = \mathrm{Th}(\mathcal{N}^{\mathrm{ue}}, u)$。由 Ω 饱和得，$Z : \mathcal{N}^{\mathrm{ue}}$, u $\underleftrightarrow{}_\Omega$ $\mathcal{M}$, x对命题 3.27 中定义的分次模态等价关系 Z。只需证 Z 是满 Ω 互模拟关系。由于$\mathcal{M}$从 x 生成，对高度归纳证明 Z 是满射。设所有高度为 n 的状态 y 有Ω互模拟状态 u 使$\{y\}Z\{u\}$。令 $\mathrm{height}(y') = n + 1$，则 $\sigma(y)(y') \geqslant k > 0$。容易证明存在状态 u'使$\sigma^{\mathrm{ue}}(u)(u') \geqslant k$且$\{y'\}Z\{u\}$。所以$\mathcal{M} \in$ K。∎

3.5　GML的泛余代数

本节探索 GML 的泛余代数语义。我们定义合适的描述泛余代数的概念，并且证明一些对偶结果。

定义 3.24　一个**泛 Ω 余代数**是一个有序组$\mathbb{C} = (S, \sigma, A)$，其中$\mathbb{S} = (S, \sigma)$是 Ω 余代数并且 $A \subseteq \wp(S)$满足以下封闭条件：

(1) 如果 $X \in A$，那么$-X \in A$。

(2) 如果 $X, Y \in A$，那么$X \cap Y \in A$。

(3) 如果 $X \in A$，那么$\langle n \rangle X \in A$对所有 $0 < n < \omega$。

一个**泛 Ω 模型**是一个有序对$\mathbb{M} = (\mathbb{C}, V)$，其中$\mathbb{C}$是泛余代数并且 $V : \Phi \to \wp(S)$ 是一个赋值使得 $V(p) \in A$ 对每个命题字母 p。语义概念真和有效，如通常定义。使用记号$\mathbb{C} \vDash \phi$ 表示 ϕ 在泛余代数 $\mathbb{C}$ 中**有效**。

我们给出一个例子。给定 Ω 模型$\mathcal{M} = (S, \sigma, V)$，定义 $A_{\mathcal{M}} = \{[\![\phi]\!]_{\mathcal{M}} : \phi$ 是 GML 公式$\}$。容易验证$\mathbb{C}_{\mathcal{M}} = (S, \sigma, A_{\mathcal{M}})$是一个泛余代数。

由 Ω 模型的定义，每个 GML 公式的真集属于增加的子集族。因此，把该子集族作为域，补充布尔运算和模态运算，则可得一个代数。以形式的方式说，给定泛余代数$\mathbb{C} = (S, \sigma, A)$，它的对偶代数定义为$\mathbb{C}^* = (A, \cup, -, \varnothing, \{\langle n \rangle : n > 0\})$。容易验证如下命题成立。

命题 3.30 任何泛余代数 $\mathbb{C}$ 的对偶代数 $\mathbb{C}^*$ 是分次模态代数。

证明 容易验证$\mathbb{C}^*$满足分次模态代数的公理。∎

我们已表明如何定义泛余代数的对偶代数。反之，从任何给定的分次模态代数，可构造泛超滤代数。给定任何分次模态代数从 $\mathfrak{A} = (A, +, -, 0, \{\langle n \rangle : n > 0\})$，定义 $\mathfrak{A}$ 的对偶余代数为一个**泛超滤余代数** $\mathfrak{A}_* = (Uf(\mathfrak{A}), \sigma^{ue}, A_*)$使得 $Uf(\mathfrak{A})$ 是 $\mathfrak{A}$ 中所有超滤子的集合，并且 σ^{ue} 如下定义：

$$\sigma^{ue}(u)(v) = \begin{cases} \omega, & \text{如果} \forall x \in v \forall n > 0(\langle n \rangle x \in u), \\ \min\{n : \langle n \rangle! x \in u \ \& \ x \in v\}, & \text{否则。} \end{cases}$$

并且 $A_* = \{\rho(x) : x \in A\}$，其中 $\rho(x) = \{u \in Uf(\mathfrak{A}) : x \in u\}$。

下面探索泛余代数的一些性质。

定义 3.25 给定泛余代数 $\mathbb{C} = (S, \sigma, A)$，那么

(1) $\mathbb{C}$称为**可分辨的**，如果对 S 中所有状态 x 和 y，都有 $x = y$ 当且仅当$\forall X \in A(x \in X \leftrightarrow y \in X)$。

(2) $\mathbb{C}$称为**紧密的**，如果对 S 中所有状态 x 和 y，

$$\sigma(x)(y) = \begin{cases} \omega, & \text{如果} \forall X \in A(y \in X \to \forall n > 0(x \in \langle n \rangle X)), \\ \min\{n : x \in \langle n \rangle! X \ \& \ X \in A \ \& \ y \in X\}, & \text{否则。} \end{cases}$$

(3) $\mathbb{C}$称为**细密的**，如果$\mathbb{C}$是可分辨的和紧密的

(4) $\mathbb{C}$称为**紧致的**，如果 $\bigcap B \neq \varnothing$ 对每个具有有限交性质的子集 $B \subseteq A$。

(5) $\mathbb{C}$称为**离散的**，如果$\{x\} \in A$ 对所有 $x \in S$。

(6) $\mathbb{C}$称为**描述的**，如果$\mathbb{C} \cong (\mathbb{C}^*)_*$。

注意紧密性的定义是可靠的。假设存在 $X \in A$ 使得 $y \in X$，$n > 0$ 并且 $x \notin \langle n \rangle X$。那么存在极小自然数 $m \leqslant n$ 使得 $x \notin \langle m \rangle X$。显然 $m > 0$。所以 $x \in \langle m-1 \rangle! X$。

下面证明一些关于如上性质的刻画结果。我们从一些基本概念开始。在一个格中，一个滤子 ∇ 称为**素滤子**，如果

(1) ∇ 是真滤子，

(2) 对该格中所有元素 x 和 y，有 $x + y \in \nabla$ 蕴涵 $x \in \nabla$ 或 $y \in \nabla$。

这里 $x + y$ 是 x 和 y 在该格中的并。如下事实对布尔代数十分重要。

事实 3.4 任何布尔代数中的滤子是素滤子当且仅当它是超滤子。

给定任何泛余代数 $\mathbb{C} = (S, \sigma, A)$ 和 $x \in S$，定义 $A(x) = \{X \in A : x \in X\}$，即 A 由 x 生成的子空间。那么有如下事实。

事实 3.5 对任何泛余代数 $\mathbb{C} = (S, \sigma, A)$ 和 $x \in S$，$A(x)$ 是 $\mathbb{C}^*$ 中素滤子。因此，$A(x)$ 是 $\mathbb{C}^*$ 中超滤子。

证明 显然 $A(x)$ 是真滤子。假设 $X \cup Y \in A(x)$。那么 $x \in X \cup Y$，所以 $x \in X$ 或者 $x \in Y$。因此，$X \in A(x)$ 或者 $Y \in A(x)$。∎

我们证明如下关于可分辨性质的刻画结果。

命题 3.31 一个泛余代数 $\mathbb{C} = (S, \sigma, A)$ 可分辨当且仅当 $\bigcap A(x) = \{x\}$ 对所有 $x \in S$。

证明 设 $\bigcap A(x) = \{x\}$ 对所有 $x \in S$，但 $x \neq y$。那么 $\bigcap A(x) \neq \bigcap A(y)$。因此，存在 $X \in A$ 使得 $x \in X$ 并且 $y \notin X$。反之，假设 $\mathbb{C}$ 是可分辨泛余代数。如果 $X \in A(x)$，那么 $x \in X$。因此 $x \in \bigcap A(x)$。反之设 $y \in \bigcap A(x)$ 但 $y \neq x$。由可分辨性，存在 $X \in A$ 使得 $x \in X$ 但 $y \notin X$。因此 $X \in A(x)$，所以 $y \in X$，矛盾。∎

推论 3.8 对任何有限可分辨泛余代数 $\mathbb{C} = (S, \sigma, A)$，$A = \wp(S)$。

下面考虑细密性质。我们证明，从任何泛余代数可以构造一个细密的商泛余代数。给定泛余代数 $\mathbb{C} = (S, \sigma, A)$，如下定义 S 上的二元关系 $\sim$：

$$x \sim y \text{ 当且仅当} \forall X \in A(x \in X \leftrightarrow y \in X)。$$

显然 $\sim$ 是等价关系。令 $[x] = \{y \in S : x \sim y\}$ 并且 $X/\!\!\sim \, = \{[x] : x \in X\}$ 对任何 $x \in S$ 和 $X \subseteq S$。令 $A/\!\!\sim \, = \{X/\!\!\sim \, : X \in A\}$。

现在定义 $\mathbb{C}$ 在二元关系 $\sim$ 下的**商泛余代数**为 $\mathbb{C}/\!\!\sim \, = (S/\!\!\sim, \sigma/\!\!\sim, A/\!\!\sim)$，其中 $S/\!\!\sim \, = \{[x] : x \in X\}$，并且 $\sigma/\!\!\sim$ 如下定义：

$$\sigma/\!\!\sim([x])([y]) = \begin{cases} \omega, & \text{如果} \forall X \in A(y \in X \rightarrow \forall n > 0(x \in \langle n \rangle X)), \\ \min\{n : x \in \langle n \rangle ! X \ \& \ X \in A \ \& \ y \in X\}, & \text{否则}。 \end{cases}$$

显然，该定义是可靠的。下面证明关于细密性质的刻画命题。

命题 3.32 每个商泛余代数 $\mathbb{C}/\!\!\sim$ 是细密的，并且 $\mathbb{C}^* \cong (\mathbb{C}/\!\!\sim)^*$。

证明 令 $\mathbb{C} = (S, \sigma, A)$。首先证明 $x \in X$ 当且仅当 $[x] \in X/\!\!\sim$ 对所有 $x \in S$ 和

$X \in A$。如果 $x \in X$，那么 $[x] \in X/\sim$。反之设 $[x] \in X/\sim$。那么存在 $y \in X$ 使得 $x \sim y$。根据 $\sim$ 的定义可得，$x \in X$。现在证明自然映射 $r: x \mapsto X/\sim$ 是从 A 到 $A/\sim$ 的同构映射。只要证明 r 保持布尔运算和模态运算。

(1) $(-X)/\sim = -(X/\sim)$。如下论证：$[x] \in (-X)/\sim$ 当且仅当 $\exists y(y \in -X \& x \sim y)$ 当且仅当 $x \in -X$ 当且仅当 $[x] \notin X/\sim$。

(2) $(X \cap Y)/\sim = X/\sim \cap Y/\sim$。如下论证：$[x] \in (X \cap Y)/\sim$ 当且仅当 $\exists z(z \in X \cap Y \& x \sim z)$ 当且仅当 $\exists z \in X.x \sim z \& \exists z \in Y。x \sim z$ 当且仅当 $[x] \in X/\sim \& [x] \in Y/\sim$ 当且仅当 $[x] \in X/\sim \cap Y/\sim$。

(3) $(\langle n \rangle X)/\sim = \langle n \rangle(X/\sim)$。如下论证：首先设 $[x] \in (\langle n \rangle X)/\sim$。存在 $z \in \langle n \rangle X$ 使 $x \sim z$。因此 $x \in \langle n \rangle X$，即 $\sigma(x)(X) \geq n$。假设 $\sigma/\sim([x])(X/\sim) = k < n$。不妨设 $X = \{y_0, \cdots, y_{m-1}\}$ 且 $\sigma/\sim([x])([y_i]) = n_i > 0$ 对 $i < m$。那么 $\sum_{i < m} n_i = k < n$。注意 $\sigma(x)(y) = 0$，如果 $\sigma/\sim([x])([y]) = 0$。由 $\sigma/\sim([x])([y_i]) = n_i$，令 $\sigma(x)(Y_i) = n_i$ 对 $Y_i \in A(i < m)$。那么 $\sigma(x)(\bigcup_{i<m} Y_i) \leq \sum_{i<m} n_i = k < n$。由 $X \subseteq \bigcup_{i<m} Y_i$ 和 $\sigma(x)(X) \geq n$ 得，$\sigma(x)(\bigcup_{i<m} Y_i) \geq n$，矛盾。反之，假设 $[x] \in \langle n \rangle(X/\sim)$。那么 $\sigma/\sim([x])(X/\sim) \geq n$。若存在 $[y] \in X/\sim$ 使 $\sigma/\sim([x])([y]) = \omega$，由 $y \in X$ 可得 $\sigma(x)(X) \geq n$。现在设 $\sigma/\sim([x])([y]) < \omega$ 对所有 $[y] \in X/\sim$。列举所有 $[y_i] \in X/\sim$ 使得 $0 < \sigma/\sim([x])([y_i]) = n_i < \omega$ 对 $i < m$。令 $Y = \{y_0, \cdots, y_{m-1}\}$。对 $t \in X \setminus Y$，$\sigma/\sim([x])([t]) = 0$，所以 $\sigma(x)(t) = 0$。因此 $\sigma(x)(Y) = \sigma(x)(X)$。只要证明 $\sigma(x)(Y) \geq n$。由 $\sigma/\sim([x])([y_i]) = n_i$，令 $Y_i \in A$ 使 $y_i \in Y_i$ 并且 $\sigma(x)(Y_i) = n_i$ 对 $i < m$。因为 $[y_i] \neq [y_j]$ 对 $i \neq j < m$，所以存在 $Z_i, Z_j \in A$ 使得 $y_i \in Z_i \setminus Z_j$ 并且 $y_j \in Z_j \setminus Z_i$。令 $Z = \bigcup_{i<m} Z_i$。那么 $X \cap Z \cap Y = Y$。因此 $X \cap Z \subseteq Y$。因此 $Q_i = X \cap Z_i \cap Y_i \subseteq Y$。根据 $Q_i \in A$ 和 $y_i \in Q_i$ 可得，$\sigma(x)(Q_i) \geq n_i$。现在 $Q_i = \{y_i\}$，因为 $y_j \notin Z_i$ 且 $y_j \neq y_i$。所以 $\sigma(x)(y_i) \geq n_i$。所以 $\sigma(x)(X) = \sigma(x)(Y) \geq \sum_{i<m} n_i \geq n$，矛盾。易证 $\mathbb{C}/\sim$ 是可分辨的。假设 $[x] \neq [y]$。那么并非 $x \sim y$，因此存在 $X \in A$ 使得 $x \in X$ 并且 $y \notin X$。这样 $[x] \in X/\sim$ 并且 $[y] \notin X/\sim$。最后，根据这样一个事实容易验证 $\mathbb{C}/\sim$ 是紧密的，即 $y \in X$ 并且细密映射 r 是同构。∎

命题 3.33 一个泛余代数 $\mathbb{C}$ 紧致当且仅当 $\mathbb{C}^*$ 中每个素滤子是 $A(x)$ 对某个 $x \in S$。

证明 假设 ∇ 是 $\mathbb{C}^*$ 中素滤子。根据紧致性可得，$\bigcap \nabla \neq \emptyset$。选择 $x \in \bigcap \nabla$，可证 $\nabla = A(x)$。假设 $X \in \nabla$。那么 $x \in X$ 并且 $X \in A$。因此 $X \in A(x)$。反之，假设 $X \notin \nabla$。因此我们有 $-X \in \nabla$。这样，$x \notin X$，即 $X \notin A(x)$。反之令 $B \subseteq A$ 并且 B 有有限交性质。将 B 扩张为超滤子 ∇，它是素滤子。因此 $\bigcap B \neq \emptyset$。∎

下面给出关于描述性的刻画结果，即被可分辨性质、紧密性和紧致性刻画。

命题 3.34 一个泛余代数是描述的当且仅当它是可分辨、紧密和紧致的。

证明 令 $\mathbb{C} = (S, \sigma, A)$。假设 $\mathbb{C}$ 是描述的，即令 $r: \mathbb{C} \cong (\mathbb{C}^*)_*$ 是同构映射。要

证明 $(\mathbb{C}^*)_*$ 是紧密的、分辨的和紧致的。对可分辨性，设 $u_1 \neq u_2 \in \mathrm{Uf}(\mathbb{C}^*)$。那么存在 $X \in u_1 \setminus u_2$。因此 $u_1 \in \rho(X) \in A_*$ 且 $u_2 \notin \rho(X)$。对紧密性，只要证如下两个事实。

事实 3.6　$\forall X \in v \forall n > 0(\langle n \rangle X \in u)$ 当且仅当 $\forall \rho(X) \in A_*(v \in \rho(X) \rightarrow \forall n > 0(u \in \langle n \rangle \rho(X)))$。

该事实根据如下断言来证明。

断言　$\langle n \rangle \rho(X) = \rho(\langle n \rangle X)$。

证明　假设 $u \in \langle n \rangle \rho(X)$。那么 $\sigma^{\mathrm{ue}}(u)(\rho(X)) \geq n$。因此存在 $v_i \in \rho(X)$ 使得 $\sum_{i < m} \sigma^{\mathrm{ue}}(u)(v_i) \geq n$，其中 $i < m$ 对某个自然数 $m > 0$。因此 $X \in v_i\,(i < m)$。所以 $\langle n \rangle X \in u$，即 $u \in \rho(\langle n \rangle X)$。反之假设 $u \in \rho(\langle n \rangle X)$。那么 $\langle n \rangle X \in u$。因此存在 v 使得 $X \in v$ 并且 $\sigma^{\mathrm{ue}}(u)(v) \geq n$。所以 $u \in \langle n \rangle \rho(X)$。证毕。

对于事实 3.6，假设 $\forall X \in v \forall n > 0(\langle n \rangle X \in u)$ 并且 $v \in \rho(X)$。那么 $X \in v$。对所有 $n > 0$，都有 $\langle n \rangle X \in u$。这样 $u \in \rho(\langle n \rangle X)$。根据断言可得，$u \in \langle n \rangle \rho(X)$。反之假设 $\forall \rho(X) \in A_*(v \in \rho(X) \rightarrow \forall n > 0(u \in \langle n \rangle \rho(X)))$ 并且 $X \in v$。那么 $v \in \rho(X)$。因此 $u \in \langle n \rangle \rho(X)$。根据断言可得 $u \in \rho(\langle n \rangle X)$。所以，$\langle n \rangle X \in u$。

事实 3.7　$\langle n \rangle ! X \in u\ \&\ X \in v$ 当且仅当 $u \in \langle n \rangle ! \rho(X)\ \&\ v \in \rho(X)$。

证明　假设 $\langle n \rangle ! X \in u$ 并且 $X \in v$。根据 $X \in v$ 得，$v \in \rho(X)$。再根据 $\langle n \rangle ! X \in u$ 得，$\langle n \rangle X \in u$ 并且 $\langle n{+}1 \rangle X \notin u$。这样，$u \in \rho(\langle n \rangle X)$ 并且 $u \notin \rho(\langle n{+}1 \rangle X)$。根据断言得，$u \in \langle n \rangle \rho(X)$ 并且 $u \notin \langle n{+}1 \rangle \rho(X)$。因此，$u \in \langle n \rangle ! \rho(X)$。证毕。

这样，如果 $(\forall \rho(X) \in A^*)(v \in \rho(X) \rightarrow \forall n > 0(u \in \langle n \rangle \rho(X)))$，那么 $\forall X \in v \forall n > 0(\langle n \rangle X \in u)$ 并且 $\sigma^{\mathrm{ue}}(u)(v) = \omega$。假设存在 $\rho(X) \in A^*$ 使得 $v \in \rho(X)$ 并且存在 $n > 0$ 使得 $u \notin \langle n \rangle \rho(X)$。因此 $\langle n \rangle X \notin u$，所以 $\sigma^{\mathrm{ue}}(u)(v) = \min\{n : \langle n \rangle ! X \in u\ \&\ X \in v\} = k < \omega$。这样，$\min\{n : u \in \langle n \rangle ! \rho(X)\ \&\ v \in \rho(X)\ \&\ \rho(X) \in A^*\} = k$。

下面证明紧致性。只要证 $((\mathbb{C}^*)_*)^*$ 中每个素滤子是 $A_*(u)$ 对某个 $u \in \mathrm{Uf}(\mathbb{C}^*)$。令 ∇ 是素滤子。注意 $\rho : \mathbb{C}^* \rightarrow ((\mathbb{C}^*)_*)^*$ 是同构映射。因此存在素滤子 $\nabla' = \{X \in A : \rho(X) \in \nabla\}$ 使得 $A_*(\nabla') = \nabla$。

反之设 $\mathbb{C}$ 是可分辨的、紧密的和紧致的。只要证 $\mathbb{C} \cong (\mathbb{C}^*)_*$。定义映射 $r : S \rightarrow \mathrm{Uf}(\mathbb{C}^*)$ 为：$r(x) = A(x)$，因为 $A(x)$ 是超滤子。那么 $\mathrm{Uf}(\mathbb{C}^*) = \{A(x) : x \in S\}$。这样 r 是单射，因为 $\mathbb{C}$ 可分辨。由紧密性得，$\sigma(x)(y) = \sigma^{\mathrm{ue}}(A(x))(A(y))$。只要证 $X \in A$ 当且仅当 $r(X) \in A_* = \{\rho(X) : X \in A\}$ 且 $\rho(X) = \{A(x) : x \in X\}$。如果 $X \in A$，那么 $r(X) = \{A(x) : x \in X\} = \rho(X) \in A_*$。如果 $r(X) \in A_*$，那么 $r(X) = \{A(y) : y \in Y\} = r(Y)$ 对某个 $Y \in A$ 使 $X = Y$，因为 r 是同构映射。∎

本节最后一部分探讨泛余代数上的一些运算以及一些保持结果。

定义 3.26　任给泛余代数 $\mathbb{C} = (S, \sigma, A)$ 和 $\mathbb{C}' = (S', \sigma', A')$，称一个函数 $\eta : S \rightarrow S'$ 是从 $\mathbb{C}$ 到 $\mathbb{C}'$ 的**同态**，如果 η 是从 (S, σ) 到 (S', σ') 的 Ω 同态使得 $\eta^{-1}[X'] \in A$ 对

所有 $X' \in A'$。$\mathbb{C}'$ 称为 $\mathbb{C}$ 的**同态象**(记为 $\mathbb{C} \to \mathbb{C}'$)，如果存在从 $\mathbb{C}$ 到 $\mathbb{C}'$ 的满射同态。称一个同态 η 是**嵌入**，如果 η 是单射并且 $\forall X \in A \exists X' \in A'(\eta[X] = \eta[S] \cap X')$。用记号 $\mathbb{C} \rightarrowtail \mathbb{C}'$ 表示 $\mathbb{C}$ 嵌入到 $\mathbb{C}'$。一个泛余代数族 $\{\mathbb{C}_i = (\mathbb{S}_i, A_i) \mid i \in I\}$ 的**求和**定义为 $\coprod_{i \in I} \mathbb{C}_i = (\coprod_{i \in I} \mathbb{S}_i, A)$，其中 $A = \{X \subseteq \bigcup_{i \in I} S_i \mid X \cap S_i \in A_i$ 对所有 $i \in I\}$。

根据通常论证，易得如下保持结果。

命题 3.35 如下命题成立：

(1) 对泛余代数族 $\{\mathbb{C}_i \mid i \in I\}$，$\mathrm{Th}(\mathbb{C}_i) \subseteq \mathrm{Th}(\coprod_{i \in I} \mathbb{C}_i)$ 对所有 $i \in I$。

(2) 如果 $\mathbb{C} \rightarrowtail \mathbb{C}'$，那么 $\mathrm{Th}(\mathbb{C}') \subseteq \mathrm{Th}(\mathbb{C})$。

(3) 如果 $\mathbb{C} \to \mathbb{C}'$，那么 $\mathrm{Th}(\mathbb{C}) \subseteq \mathrm{Th}(\mathbb{C}')$。

此外，还可以得到如下泛余代数和对偶代数之间的语义对应结果。

定理 3.8 令 $\mathbb{C}$ 是泛余代数并且 $\mathfrak{A}$ 是分次模态代数。对 GML 所有公式 ϕ，

(1) $\mathbb{C} \vDash \phi$ 当且仅当 $\mathbb{C}^* \vDash \phi \approx \top$。

(2) $\mathfrak{A} \vDash \phi$ 当且仅当 $\mathfrak{A}_* \vDash \phi$。

(3) 如果 $\mathbb{C}$ 是描述的，那么 $\mathbb{C} \vDash \phi$ 当且仅当 $(\mathbb{C}^*)_* \vDash \phi$。

证明 第(3)项显然成立。前两项根据类似于命题 3.21 的证明易得。∎

定义 3.27 给定从泛余代数 $\mathbb{C} = (S, \sigma, A)$ 到 $\mathbb{C}' = (S', \sigma', A')$ 的同态 η，定义它的对偶映射 $\eta^* : A' \to A$ 为 $\eta^*(X') = \eta^{-1}[X']$。令 $\mathfrak{A} = (A, +, -, 0, \{\langle n \rangle : n > 0\})$ 和 $\mathfrak{A}' = (A', +', -', 0', \{\langle n \rangle' : n > 0\})$ 是分次模态代数，$\eta : A \to A'$ 是映射。定义对偶映射 $\eta_* : \mathrm{Uf}(\mathfrak{A}') \to \wp(A)$ 为 $\eta_*(u') = \eta^{-1}[u']$。

我们还可以得到如下类似于 3.3 节的对偶结果。

命题 3.36 令 $\mathbb{C}$ 和 $\mathbb{C}'$ 是泛余代数，η 是从 $\mathbb{C}$ 到 $\mathbb{C}'$ 的映射。那么

(1) 如果 η 是同态，那么 $\eta^* : \mathbb{C}'^* \to \mathbb{C}^*$ 是代数同态。

(2) 如果 $\eta : \mathbb{C} \rightarrowtail \mathbb{C}'$，那么 $\eta^* : \mathbb{C}'^* \to \mathbb{C}^*$。

(3) 如果 $\eta : \mathbb{C} \to \mathbb{C}'$，那么 $\eta^* : \mathbb{C}'^* \rightarrowtail \mathbb{C}^*$。

证明 类似于引理 3.8、引理 3.9 和定理 3.4 的证明。∎

反之，从分次模态代数到泛超滤余代数，也有如下对偶结果。

命题 3.37 令 $\mathfrak{A}$ 和 $\mathfrak{A}'$ 是分次模态代数，η 是从 $\mathfrak{A}$ 到 $\mathfrak{A}'$ 的映射。那么

(1) 如果 η 是代数同态，那么 $\eta_* : \mathfrak{A}'_* \to \mathfrak{A}_*$ 是 Ω 同态。

(2) 如果 $\eta : \mathfrak{A} \rightarrowtail \mathfrak{A}'$，那么 $\eta_* : \mathfrak{A}'_* \to \mathfrak{A}_*$。

(3) 如果 $\eta : \mathfrak{A} \to \mathfrak{A}'$，那么 $\eta_* : \mathfrak{A}'_* \rightarrowtail \mathfrak{A}_*$。

证明 类似于引理 3.8、引理 3.9 和定理 3.4 的证明。∎

对描述泛余代数，我们有如下更强的对偶结果。

命题 3.38 令 $\mathfrak{A}$ 和 $\mathfrak{A}'$ 是分次模态代数，$\mathbb{C}$ 和 $\mathbb{C}'$ 是描述泛余代数。那么

(1) $\mathbb{C} \rightarrowtail \mathbb{C}'$当且仅当$\mathbb{C}'^* \twoheadrightarrow \mathbb{C}^*$。

(2) $\mathbb{C} \twoheadrightarrow \mathbb{C}'$当且仅当$\mathbb{C}'^* \rightarrowtail \mathbb{C}^*$。

(3) $\mathfrak{A} \rightarrowtail \mathfrak{A}'$当且仅当$\mathfrak{A}'_* \twoheadrightarrow \mathfrak{A}_*$。

(4) $\mathfrak{A} \twoheadrightarrow \mathfrak{A}'$当且仅当$\mathfrak{A}'_* \rightarrowtail \mathfrak{A}_*$。

证明　展开这些概念的定义。注意，根据描述性的定义，$\mathbb{C} \cong (\mathbb{C}^*)_*$。∎

　　描述泛余代数是重要的。第 4 章证明这个概念与典范性概念重合时，再回到这个概念。第 5 章证明 GML 的萨奎斯特完全性定理时也涉及这个概念。此外，关于对偶和复代数类的更多问题，参见戈德布拉特的论文(Goldblatt, 1989)。

第 4 章　公理系统和完全性

本章研究一些正规分次模态逻辑及其完全性。首先在 4.1 节引入正规分次模态逻辑的一些基本概念。然后在 4.2 节构造正规分次模态逻辑的典范余代数模型。4.3 节证明一些有趣的逻辑的完全性。4.4 节证明代数完全性，并且表明代数完全性与典范性的关系。最后 4.5 节研究正规分次模态逻辑的格，证明正规分次模态逻辑的嵌入定理。

4.1　分次正规模态逻辑

第 3 章已经探讨了分次模态语言的余代数语义。对任何余代数类 K，公式集 $\mathrm{Log}(K) = \{\phi : K \vDash \phi\}$ 称为 K 的逻辑。因此，所有余代数组成的类的逻辑就是极小的正规分次模态逻辑。探索公理系统和完全性之前，首先回顾余代数语义。给定 Ω 模型 $\mathcal{M} = (S, \sigma, V)$ 和 $x \in S$，分次模态词的语义解释如下：

$$\mathcal{M}, x \vDash \Diamond_n \phi \text{当且仅当} x \in \langle n \rangle [\![\phi]\!]_{\mathcal{M}} \text{当且仅当} \sigma(x)([\![\phi]\!]_{\mathcal{M}}) \geqslant n.$$

这等价于 $\mathcal{M}, x \vDash \Diamond_n \phi$ 当且仅当 $\exists A \in \wp^+(S)(\sigma(x)(X) \geqslant n \ \& \ \mathcal{M}, A \vDash \phi)$，其中 $\wp^+(S) = \{A : \varnothing \neq A \subseteq S \ \& \ A \text{ 是有限的}\}$，并且 $\mathcal{M}, A \vDash \phi$ 表示 $A \subseteq [\![\phi]\!]_{\mathcal{M}}$。由此，可以在非空有限子集上定义公式的真这个概念。

定义 4.1　给定任何 Ω 模型 $\mathcal{M} = (S, \sigma, V)$ 和 $B \in \wp^+(S)$，递归定义公式 ϕ 在 B 上真(记为 $\mathcal{M}, B \Vdash \phi$)如下：

(1) $\mathcal{M}, B \Vdash p$ 当且仅当 $X \subseteq V(p)$。

(2) $\mathcal{M}, B \Vdash \neg\phi$ 当且仅当 $\mathcal{M}, C \nVdash \phi$ 对所有 $C \in \wp^+(B)$。

(3) $\mathcal{M}, B \Vdash \phi \wedge \psi$ 当且仅当 $\mathcal{M}, B \Vdash \phi$ 并且 $\mathcal{M}, B \Vdash \psi$。

(4) $\mathcal{M}, B \Vdash \Diamond_n \phi$ 当且仅当存在 $C \in \wp^+(S)$ 使得 $\sigma(B)(C) \geqslant n$ 并且 $\mathcal{M}, C \Vdash \phi$。

展开其他联结词和分次模态词的定义可得如下语义子句：

(5) $\mathcal{M}, B \Vdash \phi \vee \psi$ 当且仅当对所有 $C \in \wp^+(B)$，存在 $C_1 \in \wp^+(C)$ 使得 $\mathcal{M}, C_1 \Vdash \phi$，或者存在 $C_1 \in \wp^+(C)$ 使得 $\mathcal{M}, C_2 \Vdash \psi$。

(6) $\mathcal{M}, B \Vdash \phi \rightarrow \psi$ 当且仅当对所有 $C \in \wp^+(B)$，如果 $\mathcal{M}, C \Vdash \phi$ 那么存在 $D \in \wp^+(C)$ 使得 $\mathcal{M}, D \Vdash \psi$。

(7) $\mathcal{M}, B \vDash \Box_n \phi$ 当且仅当对所有 $C \in \wp^+(B)$ 和 $D \in \wp^+(S)$，如果 $\sigma(C)(D) \geqslant n$，那么存在 $E \in \wp^+(D)$ 使得 $\mathcal{M}, E \Vdash \phi$。

如下命题说明基于集合的语义是自然的和有意义的，它不过是原来基于状态的语义的一个等价变种。

命题 4.1　$\mathcal{M}, B \Vdash \phi$ 当且仅当 $\forall b \in B(\mathcal{M}, b \vDash \phi)$。

证明　对 ϕ 归纳证明。只证模态情况 $\phi := \Diamond_n \psi$。假设 $\mathcal{M}, B \Vdash \Diamond_n \psi$。那么存在 $C \in \wp^+(S)$ 使得 $\sigma(B)(C) \geqslant n$ 并且 $\mathcal{M}, C \Vdash \psi$。因此对所有 $b \in B$，都有 $\sigma(b)(C) \geqslant n$ 并且 $\mathcal{M}, C \Vdash \psi$。因此，$\mathcal{M}, b \vDash \Diamond_n \psi$。反之假设 $\forall b \in B(\mathcal{M}, b \vDash \Diamond_n \psi)$。令 $B = \{b_0, \cdots, b_{m-1}\}$。那么对每个 $b_i (i < m)$，都有 C_i 使得 $\mathcal{M}, C_i \vDash \psi$ 并且 $\sigma(b_i)(C_i) \geqslant n$。令 $C = \bigcup_{i < m} C_i$。那么 $\mathcal{M}, C \vDash \psi$ 并且 $\sigma(B)(C) \geqslant n$。因此 $\mathcal{M}, B \Vdash \Diamond_n \psi$。∎

推论 4.1　对任何 Ω 模型 $\mathcal{M}$、余代数 $\mathbb{S}$ 和 GML 公式 ϕ，

(1) $\mathcal{M} \Vdash \phi$ 当且仅当 $\mathcal{M} \vDash \phi$。

(2) $\mathbb{S}, B \Vdash \phi$ 当且仅当 $\forall b \in B(\mathbb{S}, b \vDash \phi)$。

(3) $\mathbb{S} \Vdash \phi$ 当且仅当 $\mathbb{S} \vDash \phi$。

集合语义在探讨 GML 公式的余代数对应条件时非常有用，因此讨论余代数对应理论时使用弱二阶语言为对应语言。下面引入正规分次模态逻辑的概念。

定义 4.2　一个**正规分次模态逻辑** Λ 是一个 GML 公式集使得 Λ 包括所有命题重言式的全部个例，以及对所有 $m, n > 0$，

(公理 1) $\Diamond_{n+1} p \to \Diamond_n p$。

(公理 2) $\Box(p \to q) \land \Diamond_n p \to \Diamond_n q$。

(公理 3) $\neg \Diamond(p \land q) \land \Diamond!_m p \land \Diamond!_n q \to \Diamond!_{m+n}(p \lor q)$。

并且 Λ 对如下推理规则封闭：

MP：从 ϕ 和 $\phi \to \psi$ 推出 ψ。

Gen：从 ϕ 推出 $\Box \phi$。

US：从 ϕ 推出 ϕ 的任何统一代入。

极小的正规分次模态逻辑 K_g 是所有正规分次模态逻辑的交集。

说明 4.1　极小正规分次模态逻辑 K_g 与法托·罗西–巴尔纳巴和德卡罗的论文 (Farrorosi-Barnaba and de Caro, 1985) 给出的关系语义学下极小正规分次模态逻辑相同。但正如我们在 4.2 节和 4.3 节表明，在余代数语义下，正规分次模态逻辑有漂亮的完全性结果。

一个正规分次模态逻辑 Λ_1 称为 Λ_2 的**子逻辑**(或者 Λ_2 称为的 Λ_1 的**扩张**)，如果 $\Lambda_1 \subseteq \Lambda_2$。一个正规分次模态逻辑 Λ 的所有子逻辑的类记为 $SL(\Lambda)$。一个正规分次模态逻辑 Λ 的所有正规扩张组成的格记为 $\text{NExt}(\Lambda)$。下面给出一些关于所有正规分次模态逻辑的结论。

命题 4.2 对任何正规分次模态逻辑 Λ，算子 $\Box_n$ 和 $\Diamond_n$ 是单调的，因此是古典的。

证明 假设 $\phi \to \psi \in \Lambda$。根据公理 2 可得，$\Diamond_n\phi \to \Diamond_n\psi \in \Lambda$。同样易证 $\Box_n\phi \to \Box_n\psi \in \Lambda$。因此从 $\phi \leftrightarrow \psi$ 推出 $\Diamond_n\phi \leftrightarrow \Diamond_n\psi$ 以及 $\Box_n\phi \leftrightarrow \Box_n\psi$。■

说明 4.2 算子 $\Diamond_n$ 对析取不是分配的，而且算子 $\Box_n$ 对合取也不是分配的。但是如下模式是有效的：

(1) $\Diamond_n\phi \vee \Diamond_n\psi \to \Diamond_n(\phi \vee \psi)$。

(2) $\Box_n(\phi \wedge \psi) \to \Box_n\phi \wedge \Box_n\psi$。

这两个模式的逆模式都不是有效的。此外，对 $n > 1$，算子 $\Box_n$ 对蕴涵的分配也不成立，即 $\Box_n(\phi \to \psi) \to (\Box_n\phi \to \Box_n\psi)$ 不是有效的。然而，算子 $\Diamond_n$ 和 $\Box_n$ 都是正规的，因为 $\Diamond_n\bot \leftrightarrow \bot \in \Lambda$ 并且 $\Box_n\top \leftrightarrow \top \in \Lambda$。

在基本模态逻辑中，极小正规模态逻辑 K 使用公理 $\Box(p \to q) \to (\Box p \to \Box q)$ 来公理化。可以证明 K 的所有定理属于 K_g。

命题 4.3 极小正规模态逻辑 K 的所有定理是 K_g 的定理。

证明 只需证 $\Box(p \to q) \to (\Box p \to \Box q) \in K_g$。如下是它在 K_g 中的证明：

[1] $\Box(\neg q \to \neg p) \to (\Diamond\neg q \to \Diamond\neg p)$　　　　　公理 2

[2] $(\Diamond\neg q \to \Diamond\neg p) \to (\Box p \to \Box q)$　　　　　反置

[3] $(p \to q) \to (\neg q \to \neg p)$　　　　　重言式

[4] $\Box(p \to q) \to \Box(\neg q \to \neg p)$　　　　　$\Box$的单调性：[3]

[5] $\Box(p \to q) \to (\Box p \to \Box q)$　　　　　命题逻辑 PL：[4], [1], [2]

因此 K 的所有定理都是 K_g 的定理。■

说明 4.3 在斐尼的论文（Fine, 1972a）中给出了如下公式作为 K_g 的公理：

(1) $\Box(p \to q) \wedge \Diamond_n p \to \Diamond_n q$。

(2) $\Box(p \to q) \to (\Box p \to \Box q)$。

(3) $\Diamond_n p \to \Diamond_m p$ 对 $m < n$。

(4) $\Diamond_n p \leftrightarrow \bigvee_{0 \leq i \leq n}\Diamond_i(p \wedge q) \wedge \Diamond_{n-i}(p \wedge \neg q)$。

显然，在这个公理系统中，$\Box(p \to q) \wedge \Diamond_n p \to \Diamond_n q$ 不是独立的。最后一条公理直接拼写出 $\Diamond_n$ 的关系语义。斐尼证明这个公理系统相对于全体框架类是完全的。它等价于法托·罗西–巴尔纳巴和德卡罗给出的极小正规分次模态逻辑。

分次模态逻辑本质上是关于自然数的模态逻辑。这样，下面我们看一些关于自然数之间的自然序的规律。一条简单的规律如下。

命题 4.4 如果 $0 < m \leq n$，那么对任何 GML 公式 ϕ 和正规分次模态逻辑 Λ，都有 $\Diamond_n\phi \to \Diamond_m\phi \in \Lambda$ 并且 $\Box_m\phi \to \Box_n\phi \in \Lambda$。

证明 容易验证 $\Diamond_n\phi \to \Diamond_m\phi \in K_g$ 并且 $\Box_m\phi \to \Box_n\phi \in K_g$。■

最后，还给出一些关于正规分次模态逻辑的句法概念和语义概念。任给 GML 公式集 $\Sigma \cup \{\phi\}$，在分次正规模态逻辑 Λ 中，公式 ϕ 称为从 Σ **可推导的**(记为 $\Sigma \vdash_\Lambda \phi$)，如果 ϕ 是公理，或者存在非空有限子集 $\{\psi_1, \cdots, \psi_n\} \subseteq \Sigma$ 使得 $\psi_1 \wedge \cdots \wedge \psi_n \to \phi \in \Lambda$。公式 ϕ 称为 Σ 的**推论**(记为 $\Sigma \vDash_\Lambda \phi$)，如果 ϕ 在 Σ 的每个 Ω 点模型中式真的。这个推论概念是局部语义推论，它与全局语义推论的概念相对照，参见白磊本等的著作(Blackburn et al., 2001)。一个正规分次模态逻辑 Λ 相对于余代数类 **K** 是**可靠的**，如果 $\Lambda \subseteq \mathsf{Log(K)}$。反之，$\Lambda$ 相对于 **K** 是**完全的**，如果 $\mathsf{Log(K)} \subseteq \Lambda$。称 Λ 相对于 **K** 是**强完全的**，如果对每个 GML 公式集 $\Sigma \cup \{\phi\}$ 都有 $\Sigma \vDash_\Lambda \phi$ 蕴涵 $\Sigma \vdash_\Lambda \phi$。如下关于完全性的命题显然成立。

命题 4.5 一个正规分次模态逻辑 Λ 是(强)完全的当且仅当每个 Λ 一致的公式(公式集)是可满足的。

4.2 典范余代数模型

假定读者熟悉极大一致公式集(maximal consistent set，MCS)的性质以及基本模态逻辑的典范模型(Blackburn, et al., 2001)。现在定义任何正规分次模态逻辑的典范 Ω 模型。

定义 4.3 任何正规分次模态逻辑 Λ 的典范 Ω 模型 $\mathcal{M}^\Lambda = (S^\Lambda, \sigma^\Lambda, V^\Lambda)$ 定义如下：

(1) $S^\Lambda = \{u : u$ 是 $\Lambda\text{-MCS}\}$。

(2) 对所有 $\Lambda\text{-MCS}$ u 和 v，定义

$$\sigma^\Lambda(u)(v) = \begin{cases} \omega, & \forall \phi \in v \forall n > 0 (\Diamond_n \phi \in u), \\ \min\{n : \Diamond!_n \phi \in u \,\&\, \phi \in v\}, & \text{否则}。 \end{cases}$$

(3) $V^\Lambda(p) = \{u \in S^\Lambda : p \in u\}$，对所有命题字母 p。

注意，σ^Λ 定义的可靠性由如下引理看是显然的。

引理 4.1 令 u 是 $\Lambda\text{-MCS}$。对任何 GML 公式 ϕ，如下成立：

(1) 如果 $\Diamond!_n \phi \in u$，那么 n 是唯一的。

(2) 要么 $\forall n > 0 (\Diamond_n \phi \in u)$，要么 $\exists n \in \omega (\Diamond!_n \phi \in u)$。

(3) 如果 $\phi \to \psi \in \Lambda$ 且 $\Diamond!_n \psi \in u$，那么存在唯一 $m \leqslant n$ 使得 $\Diamond!_m \phi \in u$。

证明 参见德卡罗的论文(de Caro, 1988)。∎

下面证明真之引理。我们将利用如下两条引理，证明参见德卡罗的论文。

引理 4.2 对不同的 $\Lambda\text{-MCS}$ $u_1, \cdots, u_n (n > 1)$，存在公式 $\phi_1, \cdots, \phi_n$ 使得 $\phi_i \in u_i$ 并且 $\phi_i \wedge \phi_j \leftrightarrow \bot \in \Lambda$ 对 $1 \leqslant i \neq j \leqslant n$。

引理 4.3 令 $\phi_1, \cdots, \phi_m(m > 1)$ 是 GML 公式，u 是 Λ-MCS。假设 $\phi_i \wedge \phi_j \leftrightarrow \bot \in \Lambda$ 并且 $\Diamond!_{n_i}\phi \in u$ 对 $1 \leqslant i \neq j \leqslant m$。令 $k = n_1 + \cdots + n_m$ 并且 $\phi = \bigvee_{1 \leqslant i \leqslant m}\phi_i$。那么 $\Diamond!_k\phi \in u$。

如下引理在证明真之引理时起关键作用。

引理 4.4 令 u 和 v 是 Λ-MCS。对任何自然数 $k > 0$，都有 $\sigma^\Lambda(u)(v) \geqslant k$ 当且仅当 $\Diamond_k\phi \in u$ 对所有 $\phi \in v$。

证明 假设 $\sigma^\Lambda(u)(v) \geqslant k$ 但 $\Diamond_k\phi \notin u$ 对某个 $\phi \in v$。令 $n = \min\{m : \Diamond_m\phi \notin u\} \leqslant k$。那么 $\Diamond!_{n-1}\phi \in u$ 并且 $\phi \in v$。因此 $\sigma^\Lambda(u)(v) \leqslant n-1 < k$，矛盾。反之，假设 $\Diamond_k\varphi \in u$ 对所有 $\phi \in v$，但是 $\sigma^\Lambda(u)(v) = n < k$。那么存在 $\phi \in v$ 使得 $\Diamond!_n\phi \in u$。因此 $\Diamond_{n+1}\phi \notin u$。由 $n < k$ 得，$n + 1 \leqslant k$。因此 $\Diamond_k\varphi \notin u$，矛盾。∎

如下存在引理可以用类似基本模态逻辑中存在引理的证明方式加以证明，因为 K 的定理都是 K_g 的定理。

引理 4.5 令 u 和 v 是 Λ-MCS。若 $\Diamond\phi \in u$，则存在 v 使 $\sigma^\Lambda(u)(v) > 0$ 且 $\phi \in v$。

引理 4.6 令 Λ 是正规分次模态逻辑，$\mathcal{M}^\Lambda = (S, \sigma, V)$ 是它的典范 Ω 模型。对所有 Λ-MCS u 和 GML 公式 ϕ，$\mathcal{M}^\Lambda, u \vDash \phi$ 当且仅当 $\phi \in u$。

证明 对 ϕ 归纳证明。只证明模态情况 $\phi := \Diamond_n\psi$。

(1) 假设 $\mathcal{M}^\Lambda, u \vDash \Diamond_n\psi$。那么存在 $X \in \wp^+(S)$ 使得 $\sigma(u)(X) \geqslant n$ 并且 $\mathcal{M}^\Lambda, X \vDash \psi$。不失一般性，令 $X = \{v_0, \cdots, v_{m-1}\}$ 满足条件 $\forall v \in X(\sigma(u)(v) > 0)$。

情况 1 $\exists v \in X(\sigma(u)(v) \geqslant n)$。由 $\mathcal{M}^\Lambda, v \vDash \psi$ 和归纳假设得，$\phi \in v$。根据引理 4.4 可得，$\Diamond_n\psi \in u$。

情况 2 $\forall v \in X(0 < \sigma(u)(v) < n)$。令 $\sigma(u)(v_i) = n_i < n$ 对 $i < m$，并且 $k = n_1 + \cdots + n_m \geqslant n$。那么存在公式 $\xi_i \in v_i$ 使 $\Diamond!_{n_i}\xi_i \in u$ 对 $i < m$。因为 $v_0, \cdots, v_{m-1}$ 不同，所以存在公式 $\zeta_i \in v_i$ 使 $\zeta_i \wedge \zeta_j \leftrightarrow \bot \in \Lambda$ 对 $i \neq j < m$。令 $\theta_i = \xi_i \wedge \zeta_i \wedge \psi$ 对 $i < m$，并且 $\theta = \vee_{i < m}\theta_i$。那么 $\theta_i \in v_i(i < m)$ 并且 $\theta_i \wedge \theta_j \leftrightarrow \bot \in \Lambda$。

断言 $\Diamond!_{n_i}\theta_i \in u$ 对 $i < m$。

证明 假设 $\Diamond!_{n_i}\theta_i \notin u$。那么令 r 是使 $\Diamond_r\theta_i \notin u$ 的最小自然数。那么 $\Diamond!_{r-1}\theta_i \in u$。但是 $r - 1 < n_i$ 并且 $\sigma(u)(v_i) = n_i$，矛盾。假设 $\Diamond_{n_i+1}\theta_i \in u$。那么根据 $\theta_i \rightarrow \xi_i \in \Lambda$ 可得，$\Diamond_{n_i+1}\xi_i \in u$，但 $\Diamond!_{n_i}\xi_i \in u$，矛盾。证毕。

最后，我们有 $\Diamond!_k\theta \in u$。那么 $\Diamond_n\theta \in u$。根据 $\theta \rightarrow \psi \in \Lambda$ 可得，$\Diamond_n\psi \in u$。

(2) 假设 $\Diamond_n\psi \in u$。根据 $\Diamond_n\psi \rightarrow \Diamond\psi \in \Lambda$ 可得，$\Diamond\psi \in u$。根据存在引理，存在 v 使得 $\sigma^\Lambda(u)(v) > 0$ 并且 $\psi \in v$。如果存在无限多个这样的 MCS v，那么显然 $\mathcal{M}^\Lambda, u \vDash \Diamond_n\psi$。假设只存在有限多个 $v_0, \cdots, v_{m-1}$ 使 $0 < \sigma^\Lambda(u)(v_i) = n_i < n$ 并且 $\psi \in v_i$ 对 $i < m$。令 $\xi_i \in v_i$ 使得 $\Diamond!_{n_i}\xi_i \in u$，$\zeta_i \in v_i$ 使得 $\zeta_i \wedge \zeta_j \leftrightarrow \bot \in \Lambda$ 对 $i \neq j < m$。令 $k = n_0 + \cdots + n_{m-1}$。只要证 $k \geqslant n$。

情况 1 $m > 1$。如(1)中定义 θ，可得 $\Diamond!_k\theta \in u$。定义 $\theta' = \neg\bigvee_{i < m}(\xi_i \wedge \zeta_i)$。那么 $\theta \wedge \theta' \leftrightarrow \bot \in \Lambda$ 并且 $\psi \leftrightarrow \theta \vee (\theta' \wedge \psi) \in \Lambda$，因为 $\theta \leftrightarrow \psi \wedge \neg\theta' \in \Lambda$。

断言 $\Diamond(\theta' \wedge \psi) \notin u$。

证明 若不然，$\Diamond(\theta' \wedge \psi) \in u$。那么存在 w 使得 $\sigma^\Lambda(u)(w) > 0$ 并且 $\theta' \wedge \psi \in w$。因为 $\psi \in w$，所以 w 必然是某个 v_j。因此 $\theta' \in v_j$。但 $\xi_j \wedge \zeta_j \in v_j$，矛盾。

因此 $\Diamond!_0(\theta' \wedge \psi) \in u$。由引理 4.3 得，$\Diamond!_k(\theta \vee (\theta' \wedge \psi)) \in u$。因此，$\Diamond!_k\psi \in u$。只要证 $k \geq n$。假设 $k < n$。那么 $k+1 \leq n$。由 $\Diamond_{k+1}\psi \notin u$ 得，$\Diamond_n\psi \notin u$，矛盾。

情况 2 $m = 1$。那么只考虑 v_0。我们有 $\xi_0 \in v_0$ 并且 $\Diamond!_{n_0}\xi_0 \in u$。那么 $\xi_0 \wedge \psi \in v_0$。根据(1)可得，$\Diamond!_{n_0}(\xi_0 \wedge \psi) \in u$。令 $\theta'' = \neg\xi_0$。那么 $(\xi_0 \wedge \psi) \wedge (\theta'' \wedge \psi) \leftrightarrow \bot \in \Lambda$ 并且 $\psi \leftrightarrow (\xi_0 \wedge \psi) \vee (\theta'' \wedge \psi) \in \Lambda$。还容易验证 $\Diamond(\theta'' \wedge \psi) \notin u$。因此，$\Diamond!_{n_0}\psi \in u$。容易验证 $n_0 \geq n$。∎

真之引理的一个直接推论是如下定理。

定理 4.1 极小分次正规模态逻辑 K_g 相对于全体余代数的类是强完全的。

现在我们给出更多的真之引理的推论。

引理 4.7 令 u 是 Λ-MCS。如果 $\Diamond_n\phi \in u$，那么存在 $X \in \wp^+(S^\Lambda)$ 使得 $\phi \in \bigcap X$ 并且 $\sigma^\Lambda(u)(X) \geq n$。

证明 假设 $\Diamond_n\phi \in u$。那么 $\mathcal{M}^\Lambda, u \vDash \Diamond_n\phi$。存在 $X \in \wp^+(S^\Lambda)$ 使得 $\sigma^\Lambda(u)(X) \geq n$ 并且 $\mathcal{M}^\Lambda, X \vDash \phi$，即 $\phi \in \bigcap X$。∎

推论 4.2 令 u 是 Λ-MCS 并且 $X \in \wp^+(S^\Lambda)$。那么对所有 $n > 0$，$\sigma^\Lambda(u)(X) \geq n$ 当且仅当 $\Diamond_n\phi \in u$ 对所有 $\phi \in \bigcap X$。

证明 假设 $\sigma^\Lambda(u)(X) \geq n$。那么对所有 $\phi \in \bigcap X$，都有 $\mathcal{M}^\Lambda, X \vDash \phi$。因此 $\mathcal{M}^\Lambda, u \vDash \Diamond_n\phi$，即 $\Diamond_n\phi \in u$。反之假设 $\Diamond_r\phi \in u$ 对所有 $\phi \in \bigcap X$，但 $\sigma^\Lambda(u)(X) = k < n$。取任何公式 $\phi \in \bigcap X$。那么 $\mathcal{M}^\Lambda, u \vDash \Diamond!_k\phi$，因此 $\Diamond!_k\phi \in u$。这样 $\Diamond_{k+1}\phi \notin u$。根据 $k+1 \leq n$ 可得，$\Diamond_n\phi \notin u$，矛盾。∎

回顾基于集合的语义定义，可得如下推论。

推论 4.3 令 Λ 是正规分次模态逻辑并且 $X, Y \in \wp^+(S^\Lambda)$。

(1) $\mathcal{M}^\Lambda, X \Vdash \phi$ 当且仅当 $\phi \in \bigcap X$。

(2) $\sigma^\Lambda(X)(Y) \geq n$ 当且仅当 $\Diamond_n\phi \in \bigcap X$ 对所有 $\phi \in \bigcap Y$。

证明 对(1)，回顾 $\mathcal{M}^\Lambda, X \Vdash \phi$ 当且仅当 $\mathcal{M}^\Lambda, u \vDash \phi$ 对所有 $u \in X$。那么我们有 $\mathcal{M}^\Lambda, X \Vdash \phi$ 当且仅当 $\phi \in u$ 对所有 $u \in X$ 当且仅当 $\phi \in \bigcap X$。

对(2)，假设 $\sigma^\Lambda(X)(Y) \geq n$。那么对任何 $\phi \in \bigcap Y$ 和 $u \in X$，都有 $\sigma^\Lambda(u)(Y) \geq n$，因此 $\Diamond_n\phi \in u$。所以 $\Diamond_n\phi \in \bigcap X$。反之假设 $\Diamond_n\phi \in \bigcap X$ 对所有 $\phi \in \bigcap Y$。对任何 $u \in X$ 和 $\phi \in \bigcap Y$，都有 $\Diamond_n\phi \in u$。那么 $\sigma^\Lambda(u)(Y) \geq n$ 对所有 $u \in X$。∎

给定正规分次模态逻辑 Λ，Λ-MCS u 和 $X \in \wp^+(S^\Lambda)$，对所有 GML 公式 ϕ 和

ψ，如下成立：

(1) $\neg\phi \in u$ 当且仅当 $\phi \notin u$。

(2) $\phi \wedge \psi \in u$ 当且仅当 $\phi \in u$ 并且 $\psi \in u$。

(3) $\phi \vee \psi \in u$ 当且仅当 $\phi \in u$ 或者 $\psi \in u$。

(4) $\phi \rightarrow \psi \in u$ 当且仅当 $\phi \notin u$ 或者 $\psi \in u$。

(5) $\neg\phi \in \bigcap X$ 当且仅当 $\forall Y \in \wp^{+}(X)(\phi \notin \bigcap Y)$ 当且仅当 $\forall u \in X(\phi \notin u)$。

(6) $\phi \wedge \psi \in \bigcap X$ 当且仅当 $\phi \in \bigcap X \,\&\, \psi \in \bigcap X$。

(7) $\phi \vee \psi \in \bigcap X$ 当且仅当 $\forall Y \in \wp^{+}(X)[\exists Z_1 \in \wp^{+}(Y)(\phi \in \bigcap Z_1) \vee \exists Z_1 \in \wp^{+}(Y)(\psi \in \bigcap Z_1)]$。

(8) $\phi \rightarrow \psi \in \bigcap X$ 当且仅当 $\forall Y \in \wp^{+}(X)[\phi \in \bigcap Y \Rightarrow \exists Z \in \wp^{+}(Y)(\phi \in \bigcap Z)]$。

(9) $\sigma^{A}(X)(Y) \geq n$ 蕴涵 $\forall\phi[\square_n\phi \in \bigcap X \Rightarrow \exists Z \in \wp^{+}(Y)(\phi \in \bigcap Z)]$。

(10) $\sigma^{A}(X)(Y) \geq n$ 当且仅当 $\forall\phi[\exists u \in X(\square_n\phi \in u) \Rightarrow \exists v \in Y(\phi \in v)]$ 当且仅当 $\forall\phi[\exists Z_1 \in \wp^{+}(X)(\square_n\phi \in \bigcap Z_1) \Rightarrow \exists Z_2 \in \wp^{+}(Y)(\phi \in \bigcap Z_2)]$。

4.3　一些完全的逻辑

(1) $K_g \oplus \Diamond\Diamond_k p \rightarrow \Diamond_k p$。这个逻辑是德卡罗(de Caro, 1988)给出的，该逻辑相对于传递框架类是完全的。在余代数语义下，我们首先给出该公式的余代数对应条件。我们使用大写拉丁字母表示非空有限子集的变元，小写拉丁字母表示状态(个体)变元。那么如下命题成立。

命题 4.6　对任何余代数 $\mathbb{S}$，$\mathbb{S} \vDash \Diamond\Diamond_k p \rightarrow \Diamond_k p$ 当且仅当 $\mathbb{S} \vDash \forall xyZ(\sigma(x)(y) > 0 \,\&\, \sigma(y)(Z) \geq k \rightarrow \sigma(x)(Z) \geq k)$。

证明　假设 $\mathbb{S} \vDash \Diamond\Diamond_k p \rightarrow \Diamond_k p$，$\sigma(x)(y) > 0$ 并且 $\sigma(y)(Z) \geq k$。定义 $\mathbb{S}$ 中的赋值 V 使 $V(p) = Z$。那么 $\mathbb{S}, x \vDash \Diamond\Diamond_k p$，所以 $\mathbb{S}, V, x \vDash \Diamond_k p$。因此存在 Z' 使得 $\sigma(x)(Z') \geq k$ 并且 $\mathbb{S}, V, Z' \vDash p$。这样，$Z' \subseteq Z$。根据 $\sigma(x)(Z') \geq k$ 和 $Z' \subseteq Z$ 可得，$\sigma(x)(Z) \geq k$。反之假设 $\mathbb{S} \vDash \forall xyZ(\sigma(x)(y) > 0 \,\&\, \sigma(y)(Z) \geq k \rightarrow \sigma(x)(Z) \geq k)$。令 V 是 $\mathbb{S}$ 中任何赋值使得 $\mathbb{S}, V, x \vDash \Diamond\Diamond_k p$。那么存在 y 和 Z 使得 $\sigma(x)(y) > 0$，$\sigma(y)(Z) \geq k$ 并且 $\mathbb{S}, V, Z \vDash p$。根据假设可得，$\sigma(x)(Z) \geq k$。因此 $\mathbb{S}, x \vDash \Diamond_k p$。∎

定理 4.2　逻辑 $K_g \oplus \Diamond\Diamond_k p \rightarrow \Diamond_k p$ 相对于满足条件 $\forall xyZ(\sigma(x)(y) > 0 \,\&\, \sigma(y)(Z) \geq k \rightarrow \sigma(x)(Z) \geq k)$ 的余代数类是强完全的。

证明　只要证明该逻辑的典范模型 $\mathcal{M} = (S, \sigma, V)$ 满足所要求的条件。假设 $\sigma(x)(y) > 0$ 并且 $\sigma(y)(Z) \geq k$。只要证 $\sigma(x)(Z) \geq k$。假设 $\phi \in \bigcap Z$。那么 $\Diamond_k\phi \in y$，所以 $\Diamond\Diamond_k\phi \in x$。因此 $\Diamond_k\phi \in x$。∎

(2) $K_g \oplus \Diamond_m\Diamond_n p \rightarrow \Diamond_k p$。这个逻辑比(1)中的逻辑更一般。这个特征公式

$\Diamond_m \Diamond_n p \to \Diamond_k p$ 表达了在非空有限子集上的某种传递性，如图 4.1 所示。

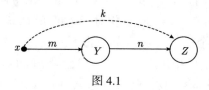

图 4.1

首先验证该公式在余代数上的对应条件。

命题 4.7　对任何余代数 $\mathbb{S}$，$\mathbb{S} \vDash \Diamond_m \Diamond_n p \to \Diamond_k p$ 当且仅当 $\mathbb{S} \vDash \forall x Y Z(\sigma(x)(Y) \geqslant m$ & $\sigma(Y)(Z) \geqslant n \to \sigma(x)(Z) \geqslant k)$。

证明　假设 $\mathbb{S} \vDash \Diamond_m \Diamond_n p \to \Diamond_k p$，$\sigma(x)(Y) \geqslant m$ 并且 $\sigma(Y)(Z) \geqslant n$。定义 $\mathbb{S}$ 中的赋值 V 使 $V(p) = Z$。那么 $\mathbb{S}, x \vDash \Diamond_m \Diamond_n p$，则 $\mathbb{S}, V, x \vDash \Diamond_k p$。因此存在 Z' 使 $\sigma(x)(Z') \geqslant k$ 且 $\mathbb{S}, V, Z' \vDash p$。显然 $Z' \subseteq Z$。由 $\sigma(x)(Z') \geqslant k$ 和 $Z' \subseteq Z$ 得，$\sigma(x)(Z) \geqslant k$。反之设 $\mathbb{S} \vDash \forall xyZ(\sigma(x)(Y) \geqslant m$ & $\sigma(Y)(Z) \geqslant n \to \sigma(x)(Z) \geqslant k)$。令 V 是 $\mathbb{S}$ 中任何赋值且 x 是 $\mathbb{S}$ 中任何状态使 $\mathbb{S}, V, x \vDash \Diamond_m \Diamond_n p$。那么存在 Y 和 Z 使 $\sigma(x)(Y) \geqslant m$，$\sigma(Y)(Z) \geqslant n$ 并且 $\mathbb{S}, V, Z \vDash p$。由假设得 $\sigma(x)(Z) \geqslant k$。因此 $\mathbb{S}, x \vDash \Diamond_k p$。∎

定理 4.3　逻辑 $K_g \oplus \Diamond_m \Diamond_n p \to \Diamond_k p$ 相对于满足条件 $\forall xyZ(\sigma(x)(Y) \geqslant m$ & $\sigma(Y)(Z) \geqslant n \to \sigma(x)(Z) \geqslant k)$ 的余代数类是强完全的.

证明　对该逻辑典范模型 $\mathcal{M} = (S, \sigma, V)$，设 $\sigma(x)(Y) \geqslant m$ 且 $\sigma(Y)(Z) \geqslant n$。只要证 $\sigma(x)(Z) \geqslant k$。设 $\phi \in \bigcap Z$，则 $\Diamond_n \phi \in \bigcap Y$ 且 $\Diamond_m \Diamond_n \phi \in x$。所以 $\Diamond_k \phi \in x$。∎

(3) $K_g \oplus \Diamond_k p \to \Box \Diamond_k p$。这个逻辑也是德卡罗(de Caro, 1988)给出的。在余代数语义下，它表达了某种欧几里得性质，如图 4.2 所示。

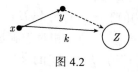

图 4.2

首先证明如下对应结果。

命题 4.8　对任何余代数 $\mathbb{S}$，$\mathbb{S} \vDash \Diamond_k p \to \Box \Diamond_k p$ 当且仅当 $\mathbb{S} \vDash \forall x Y Z(\sigma(x)(y) > 0$ & $\sigma(x)(Z) \geqslant k \to \sigma(y)(Z) \geqslant k)$。

证明　假设 $\mathbb{S} \vDash \Diamond_k p \to \Box \Diamond_k p$，$\sigma(x)(y) \geqslant m$ 并且 $\sigma(x)(Z) \geqslant n$。定义 $\mathbb{S}$ 中的赋值 V 使 $V(p) = Z$。那么 $\mathbb{S}, x \vDash \Diamond_k p$，所以 $\mathbb{S}, V, x \vDash \Box \Diamond_k p$。因此 $\mathbb{S}, V, y \vDash \Diamond_k p$。所以，存在 Z' 使 $\sigma(y)(Z') \geqslant k$ 且 $\mathbb{S}, Z' \vDash p$。因此 $Z' \subseteq Z$。由 $\sigma(y)(Z') \geqslant k$ 和 $Z' \subseteq Z$ 得，$\sigma(y)(Z) \geqslant k$。反之，假设 $\mathbb{S} \vDash \forall x Y Z(\sigma(x)(y) > 0$ & $\sigma(x)(Z) \geqslant k \to \sigma(y)(Z)$

$\geq k)$。假设 V 是 $\mathbb{S}$ 中任何赋值使 $\mathbb{S}, V, x \vDash \Diamond_k p$ 且 $\sigma(x)(y) > 0$。那么存在 Z 使 $\sigma(x)(Z) \geq k$ 且 $\mathbb{S}, V, Z \vDash p$。由假设得 $\sigma(y)(Z) \geq k$。因此，$\mathbb{S}, y \vDash \Diamond_k p$。■

定理 4.4　逻辑 $K_g \oplus \Diamond_k p \to \Box \Diamond_k p$ 相对于满足条件 $\forall xyZ(\sigma(x)(y) > 0 \ \& \ \sigma(x)(Z) \geq k \to \sigma(y)(Z) \geq k)$ 的余代数类是强完全的。

证明　对该逻辑典范模型 $\mathcal{M} = (S, \sigma, V)$，设 $\sigma(x)(y) > 0$ 且 $\sigma(x)(Z) \geq k$。只要证 $\sigma(y)(Z) \geq k$。设 $\phi \in \cap Z$，则 $\Diamond_k \phi \in x$，所以 $\Box \Diamond_k \phi \in x$。所以 $\Diamond_k \phi \in y$。■

(4) $K_g \oplus \Diamond_m p \to \Box_n \Diamond_k p$。这个逻辑是 $K_g \oplus \Diamond_m p \to \Box_n \Diamond_k p$ 的推广。在余代数语义下，它表达了某种欧几里得形式，如图 4.3 所示。

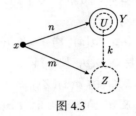

图 4.3

命题 4.9　对任何余代数 $\mathbb{S}$，$\mathbb{S} \vDash \Diamond_m p \to \Box_n \Diamond_k p$ 当且仅当 $\mathbb{S} \vDash \forall xYZ(\sigma(x)(Z) \geq m \ \& \ \sigma(x)(Y) \geq n \to \exists U \in \wp^+(Y)(\sigma(U)(Z) \geq k))$。

证明　设 $\mathbb{S} \vDash \Diamond_m p \to \Box_n \Diamond_k p$，$\sigma(x)(Z) \geq m$ 并且 $\sigma(x)(Y) \geq n$。定义 $\mathbb{S}$ 中的赋值 V 使 $V(p) = Z$。那么 $\mathbb{S}, x \vDash \Diamond_k p$，所以 $\mathbb{S}, V, x \vDash \Box_n \Diamond_k p$。因此存在 $U \in \wp^+(Y)$ 使 $\mathbb{S}, U \vDash \Diamond_k p$。因此对 U 中每个状态 s，存在 Z' 使 $\sigma(y)(Z') \geq k$ 且 $\mathbb{S}, Z' \vDash p$。因此 $Z' \subseteq Z$。由 $\sigma(s)(Z') \geq k$ 和 $Z' \subseteq Z$ 得，$\sigma(s)(Z) \geq k$。所以 $\sigma(U)(Z) \geq k$。反之设 $\mathbb{S} \vDash \forall xYZ(\sigma(x)(Z) \geq m \ \& \ \sigma(x)(Y) \geq n \to \exists U \in \wp^+(Y)(\sigma(U)(Z) \geq k))$。设 V 是 $\mathbb{S}$ 中任何赋值使 $\mathbb{S}, V, x \vDash \Diamond_m p$ 且 $\sigma(x)(Y) \geq n$。那么存在 Z 使 $\sigma(x)(Z) \geq m$ 且 $\mathbb{S}, V, Z \vDash p$。由假设得 $\sigma(U)(Y) \geq k$ 对某个 $U \in \wp^+(Y)$。所以 $\mathbb{S}, U \vDash \Diamond_k p$。■

定理 4.5　逻辑 $K_g \oplus \Diamond_m p \to \Box_n \Diamond_k p$ 相对于满足条件 $\forall xYZ(\sigma(x)(Z) \geq m \ \& \ \sigma(x)(Y) \geq n \to \exists U \in \wp^+(Y)(\sigma(U)(Z) \geq k))$ 的余代数类是强完全的。

证明　只要证该逻辑典范模型 $\mathcal{M} = (S, \sigma, V)$ 满足所要求条件。设 $\sigma(x)(Z) \geq m$ 并且 $\sigma(x)(Y) \geq n$。要证 $\exists U \in \wp^+(Y)(\sigma(U)(Z) \geq k)$。为得出矛盾，设 $\forall U \in \wp^+(Y)(\sigma(U)(Z) < k)$。令 $Y = \{u_0, \cdots, u_h\}$。对每个 $u_i \in Y$，$\sigma(u_i)(Z) < k$。因此有 $\phi_i \in \cap Z$ 使 $\Diamond_k \phi_i \notin u_i$。令 $\psi = \bigwedge_i \phi_i \in \cap Z$。那么 $\Diamond_m \psi \in x$，$\Box_n \Diamond_k \psi \in x$。所以存在 $U' \in \wp^+(Y)$ 使 $\Diamond_k \psi \in \cap U'$。由定理 $\Diamond_k \psi \to \Diamond_k \phi_i$ 得 $\Diamond_k \phi_i \in U'$，矛盾。■

(5) $K_g \oplus p \to \Diamond_k p$。这个逻辑是 $K_g \oplus p \to \Diamond p$ 的推广。在余代数语义下，公式 $p \to \Diamond_k p$ 表达了某种自返性。下面证明对应结果。

命题 4.10　对任何余代数 $\mathbb{S}$，$\mathbb{S} \vDash p \to \Diamond_k p$ 当且仅当 $\mathbb{S} \vDash \forall x(\sigma(x)(x) \geq k)$。

证明 假设$\mathbb{S} \vDash p \to \Diamond_k p$。定义$\mathbb{S}$中的赋值 V 使得 $V(p) = \{x\}$。那么$\mathbb{S}, V, x \vDash p$，所以$\mathbb{S}, V, x \vDash \Diamond_k p$。因此存在 Y 使得$\mathbb{S}, V, Y \vDash p$并且 $\sigma(x)(Y) \geqslant k$。所以 $Y = \{x\}$，由此可得 $\sigma(x)(x) \geqslant k$。反之假设$\mathbb{S} \vDash \forall x(\sigma(x)(x) \geqslant k)$。令 V 是$\mathbb{S}$中任何赋值使得$\mathbb{S}, V, x \vDash p$。那么$\mathbb{S}, V, x \vDash \Diamond_k p$。∎

定理 4.6 逻辑 $K_g \oplus p \to \Diamond_k p$ 相对于满足条件$\forall x(\sigma(x)(x) \geqslant k)$的余代数类强完全。

证明 只要证明该逻辑的典范模型$\mathcal{M} = (S, \sigma, V)$满足所要求的条件。给定任何 MCS x，假设 $\phi \in x$。那么 $\Diamond_k \phi \in x$。所以 $\sigma(x)(x) \geqslant k$。∎

(6) $K_g \oplus p \to \Box\Diamond p$。该逻辑是由公式 $p \to \Box\Diamond p$ 生成的，塞拉托(Cerrato, 1990)证明在关系语义下它的典范模型不存在。然而，在余代数语义下，这个问题不存在。我们首先给出公式 $p \to \Box\Diamond p$ 的余代数对应条件。

命题 4.11 对任何余代数$\mathbb{S}$，$\mathbb{S} \vDash p \to \Box\Diamond p$ 当且仅当$\mathbb{S} \vDash \forall x Y(\sigma(x)(Y) > 0 \to \exists Z \in \wp^+(Y)(\sigma(Z)(x) > 0))$，它等价于条件$\forall xy(\sigma(x)(y) > 0 \to \sigma(y)(x) > 0)$。

证明 假设$\mathbb{S} \vDash p \to \Box\Diamond p$并且 $\sigma(x)(y) > 0$。定义$\mathbb{S}$中的赋值 V 使得 $V(p) = \{x\}$。那么$\mathbb{S}, V, x \vDash p$，因此$\mathbb{S}, V, x \vDash \Box\Diamond p$。这样$\mathbb{S}, V, y \vDash \Diamond p$。容易验证$\sigma(y)(x) > 0$。反之假设$\mathbb{S} \vDash \forall xy(\sigma(x)(y) > 0 \to \sigma(y)(x) > 0)$。令 V 是$\mathbb{S}$中任何赋值使得$\mathbb{S}, V, x \vDash p$。令 $\sigma(x)(y) > 0$。那么 $\sigma(y)(x) > 0$，因此$\mathbb{S}, V, y \vDash \Diamond p$。∎

定理 4.7 逻辑 $K_g \oplus p \to \Box\Diamond p$ 相对于满足条件$\forall xy(\sigma(x)(y) > 0 \to \sigma(y)(x) > 0)$的余代数类是强完全的。

证明 对该逻辑的典范模型$\mathcal{M} = (S, \sigma, V)$，设 $\sigma(x)(y) > 0$。只要证 $\sigma(y)(x) > 0$。令 $\phi \in x$。那么$\Box\Diamond \phi \in x$。根据 $\sigma(x)(y) > 0$ 可得，$\Diamond\phi \in y$。∎

(7) $K_g \oplus p \to \Box\Diamond_k p$。这个逻辑是 $K_g \oplus p \to \Box\Diamond p$ 的推广。首先验证特征公式 $p \to \Box\Diamond_k p$ 的余代数对应条件。

命题 4.12 对任何余代数$\mathbb{S}$，$\mathbb{S} \vDash p \to \Box\Diamond_k p$ 当且仅当$\mathbb{S} \vDash \forall x Y(\sigma(x)(Y) > 0 \to \exists Z \in \wp^+(Y)(\sigma(Z)(x) \geqslant k))$，它等价于$\forall xy(\sigma(x)(y) > 0 \to \sigma(y)(x) \geqslant k)$。

证明 假设$\mathbb{S} \vDash p \to \Box\Diamond_k p$并且 $\sigma(x)(y) > 0$。定义$\mathbb{S}$中的赋值 V 使得 $V(p) = \{x\}$。那么$\mathbb{S}, V, x \vDash p$，因此$\mathbb{S}, V, x \vDash \Box\Diamond_k p$。这样，$\mathbb{S}, V, y \vDash \Diamond_k p$。容易验证 $\sigma(y)(x) \geqslant k$。反之假设$\mathbb{S} \vDash \forall xy(\sigma(x)(y) > 0 \to \sigma(y)(x) \geqslant k)$。令 V 是$\mathbb{S}$中的任何赋值使得$\mathbb{S}, V, x \vDash p$。令 $\sigma(x)(y) > 0$。那么 $\sigma(y)(x) \geqslant k$，所以$\mathbb{S}, V, y \vDash \Diamond_k p$。∎

定理 4.8 逻辑 $K_g \oplus p \to \Box\Diamond_k p$ 相对于满足条件$\forall xy(\sigma(x)(y) > 0 \to \sigma(y)(x) \geqslant k)$的余代数类是强完全的。

证明 只要证该逻辑典范模型$\mathcal{M} = (S, \sigma, V)$满足所要求的条件。设 $\sigma(x)(y) > 0$。只要证 $\sigma(y)(x) > 0$。令 $\phi \in x$。那么$\Box\Diamond_k \phi \in x$。由 $\sigma(x)(y) > 0$，$\Diamond_k \phi \in y$。∎

(8) $K_g \oplus p \to \Box_m\Diamond_n p$。这个逻辑是 $K_g \oplus p \to \Box\Diamond_k p$ 的推广。首先验证公式 p

→ $\Box_m\Diamond_n p$ 的余代数对应条件。

命题 4.13 对任何余代数$\mathbb{S}$，$\mathbb{S} \vDash p \to \Box_m\Diamond_n p$ 当且仅当$\mathbb{S} \vDash \forall xY(\sigma(x)(Y) \geq m \to \exists Z \in \wp^+(Y)(\sigma(Z)(x) \geq n))$。

证明 假设$\mathbb{S} \vDash p \to \Box_m\Diamond_n p$并且$\sigma(x)(Y) \geq m$。定义$\mathbb{S}$中的赋值$V$使得$V(p) = \{x\}$。那么$\mathbb{S}, V, x \vDash p$，所以$\mathbb{S}, V, x \vDash \Box_m\Diamond_n p$。因此存在$Z \in \wp^+(Y)$使得$\mathbb{S}, V, Z \vDash \Diamond_n p$。显然$\sigma(Z)(x) \geq n$。反之假设$\mathbb{S} \vDash \forall xY(\sigma(x)(Y) \geq m \to \exists Z \in \wp^+(Y)(\sigma(Z)(x) \geq n))$。令$V$是$\mathbb{S}$中的赋值使得$\mathbb{S}, V, x \vDash p$。令$\sigma(x)(Y) \geq m$。那么令$Z \in \wp^+(Y)$并且$\sigma(Z)(x) \geq n$。因此，$\mathbb{S}, V, Z \vDash \Diamond_n p$。所以$\mathbb{S}, V, x \vDash \Box_m\Diamond_n p$。∎

定理 4.9 逻辑$K_g \oplus p \to \Box_m\Diamond_n p$相对于满足条件$\forall xY(\sigma(x)(Y) \geq m \to \exists Z \in \wp^+(Y)(\sigma(Z)(x) \geq n))$的余代数类是强完全的。

证明 只要证该逻辑的典范模型$\mathcal{M} = (S, \sigma, V)$满足所要求的条件。假设$\sigma(x)(Y) \geq m$。只要证$\exists Z \in \wp^+(Y)(\sigma(Z)(x) \geq n)$。为得出矛盾，假设$\forall Z \in \wp^+(Y)(\sigma(Z)(x) < n)$。令$Y = \{u_0, \cdots, u_h\}$。对每个$u_i \in Y$，都有$\sigma(u_i)(Z) < n$。因此存在$\phi_i \in x$使得$\Diamond_n\phi_i \notin u_i$。令$\psi = \wedge_i\phi_i \in x$。因此$\Box_m\Diamond_n\psi \in x$。所以存在$U' \in \wp^+(Y)$使得$\Diamond_n\psi \in \bigcap U'$。根据定理$\Diamond_n\psi \to \Diamond_n\phi_i$可得，$\Diamond_n\phi_i \in U'$，矛盾。∎

(9) $K_g \oplus \Box_k(p \to \Diamond_k q) \vee \Box_k(q \to \Diamond_k p)$。如果$k=1$，该公式等值于$\Box(p \to \Diamond q) \vee \Box(q \to \Diamond p)$。此外，$K_g \oplus \Box_k(p \to \Diamond_k q) \vee \Box_k(q \to \Diamond_k p) = K_g \oplus \Box(\Box p \to q) \vee \Box(\Box q \to p)$。公式$\Box_k(p \to \Diamond_k q) \vee \Box_k(q \to \Diamond_k p)$表达某种连通性。称余代数$\mathbb{S} = (S, \sigma)$是**强$k$连通的**，如果$\forall xYZ(\sigma(x)(Y) \geq k \wedge \sigma(x)(Z) \geq k \to \exists Y' \in \wp^+(Y)(\sigma(Y')(Z) \geq k) \vee \exists Z' \in \wp^+(Z)(\sigma(Z')(Y) \geq k))$。现在验证余代数对应条件。

命题 4.14 对任何余代数$\mathbb{S}$，$\mathbb{S} \vDash \Box_k(p \to \Diamond_k q) \vee \Box_k(q \to \Diamond_k p)$当且仅当$\mathbb{S}$是强$k$连通的。

证明 假设$\mathbb{S} \vDash \Box_k(p \to \Diamond_k q) \vee \Box_k(q \to \Diamond_k p)$，$\sigma(x)(Y) \geq k$并且$\sigma(x)(Z) \geq k$。定义赋值$V$使得$V(p) = Y$并且$V(q) = Z$。那么有两种情况。

情况 1 $\mathbb{S}, V, x \vDash \Box_k(p \to \Diamond_k q)$。那么存在$U_1 \subseteq Y$使得$\mathbb{S}, V, U_1 \vDash p \to \Diamond_k q$。因此$\mathbb{S}, V, U_1 \vDash \Diamond_k q$。存在子集$Z' \subseteq Z$使得$\sigma(U_1)(Z') \geq k$。因此$\sigma(U_1)(Z) \geq k$。

情况 2 $\mathbb{S}, V, x \vDash \Box_k(q \to \Diamond_k p)$。那么存在$U_2 \subseteq Z$使$\mathbb{S}, V, U_2 \vDash q \to \Diamond_k p$。因此$\mathbb{S}, V, U_1 \vDash \Diamond_k p$。存在子集$Y' \subseteq Y$使得$\sigma(U_2)(Y') \geq k$。因此$\sigma(U_1)(Y) \geq k$。

反之假设$\mathbb{S}$是强k连通的。令V是$\mathbb{S}$中的任何赋值，假设$\mathbb{S}, V, x \vDash \Diamond_k(p \wedge \Box_k\neg q) \wedge \Diamond_k(q \wedge \Box_k\neg p)$。那么存在$Y$和$Z$使得$\sigma(x)(Y) \geq k$，$\sigma(x)(Z) \geq k$，$\mathbb{S}, V, Y \vDash p \wedge \Box_k\neg q$并且$\mathbb{S}, V, Z \vDash q \wedge \Box_k\neg p$。由假设可得，$Y' \subseteq Y$使得$\sigma(Y')(Z) \geq k$，或者$Z' \subseteq Z$使得$\sigma(Z')(Y) \geq k$。不失一般性，假设前一种情况成立。那么存在子集$U \subseteq Z$使得$\mathbb{S}, V, U \vDash \neg q$，这是不可能的。∎

定理 4.10 逻辑$K_g \oplus \Box_k(p \to \Diamond_k q) \vee \Box_k(q \to \Diamond_k p)$相对满足强$k$连通性的余

代数类是强完全的。

证明 只要证该逻辑典范模型 $\mathcal{M} = (S, \sigma, V)$ 满足所要求条件。设 $\sigma(x)(Y) \geqslant k$ 并且 $\sigma(x)(Z) \geqslant k$。假设 $\forall Y' \in \wp^+(Y)(\sigma(Y')(Z) < k)$ 并且 $\forall Z' \in \wp^+(Z)(\sigma(Z')(Y) < k)$。对任何 $u \in Y$，令 $\phi_u \in \bigcap Z$ 使得 $\Diamond_k \phi_u \notin u$。令 $\psi_1 = \bigwedge_{u \in Y} \phi_u \in \bigcap Z$。同样可得另一公式 $\psi_2 = \bigwedge_{v \in Z} \phi_v \in \bigcap Y$。下面证 $\square_k(\psi_1 \to \Diamond_k \psi_2) \notin x$ 并且 $\square_k(\psi_2 \to \Diamond_k \psi_1) \notin x$，由此得出矛盾。假设 $\square_k(\psi_2 \to \Diamond_k \psi_1) \in x$，则存在 $Y' \subseteq Y$ 使得 $Y' \vDash \psi_2 \to \Diamond_k \psi_1$。因此 $\Diamond_k \psi_1 \in \bigcap Y'$，但是 $\Diamond_k \phi_u \in u$ 对所有 $u \in Y'$，矛盾。∎

然而，可以找到表达如下 **k 连通性**的公式：

$$\forall x Y Z(\sigma(x)(Y) \geqslant k \wedge \sigma(x)(Z) \geqslant k \to \exists Y' \in \wp^+(Y)(\sigma(Y')(Z) \geqslant k)$$
$$\vee \exists Z' \in \wp^+(Z)(\sigma(Z')(Y) \geqslant k) \vee \sigma(x)(Y \cap Z) \geqslant k).$$

所需要的公式就是

$$(k.3)\, \Diamond_k p \wedge \Diamond_k q \to \Diamond_k(p \wedge q) \vee \Diamond_k(p \wedge \Diamond_k q) \vee \Diamond_k(\Diamond_k p \wedge q).$$

令 $k = 1$，该公式等值于 $\Diamond p \wedge \Diamond q \to \Diamond(p \wedge q) \vee \Diamond(p \wedge \Diamond q) \vee \Diamond(\Diamond p \wedge q)$。

命题 4.15 对任何余代数 $\mathbb{S}$，$\mathbb{S} \vDash k.3$ 当且仅当 $\mathbb{S}$ 没有向右的 k 分支。

证明 假设 $\mathbb{S} \vDash k.3$ 并且 $\sigma(x)(Y) \geqslant k \wedge \sigma(x)(Z) \geqslant k$。定义赋值 V 使得 $V(p) = Y$ 并且 $V(q) = Z$。那么 $\mathbb{S}, V, x \vDash \Diamond_k p \wedge \Diamond_k q$。因此 $\mathbb{S}, V, x \vDash \Diamond_k(p \wedge q) \vee \Diamond_k(p \wedge \Diamond_k q) \vee \Diamond_k(\Diamond_k p \wedge q)$。有三种情况。

情况 1 $\mathbb{S}, V, x \vDash \Diamond_k(p \wedge q)$。存在 U 使得 $\sigma(x)(U) \geqslant k$ 并且 $\mathbb{S}, V, U \vDash p \wedge q$。因此 $U \subseteq Y \cap Z$。因此 $\sigma(x)(Y \cap Z) \geqslant k$。

情况 2 $\mathbb{S}, V, x \vDash \Diamond_k(p \wedge \Diamond_k q)$。存在 U 使 $\sigma(x)(U) \geqslant k$ 并且 $\mathbb{S}, V, U \vDash p \wedge \Diamond_k q$。因此 $U \subseteq Y$，存在 U' 使 $\mathbb{S}, V, U' \vDash q$ 并且 $\sigma(U)(U') \geqslant k$。因此 $\sigma(U)(Z) \geqslant k$。

情况 3 $\mathbb{S}, V, x \vDash \Diamond_k(\Diamond_k p \wedge q)$。存在 U 使 $\sigma(x)(U) \geqslant k$ 并且 $\mathbb{S}, V, U \vDash \Diamond_k p \wedge q$。因此 $U \subseteq Z$，存在 U' 使 $\mathbb{S}, V, U' \vDash p$ 并且 $\sigma(U)(U') \geqslant k$。因此 $\sigma(U)(Y) \geqslant k$。

反之假设 $\mathbb{S} \vDash \forall x Y Z(\sigma(x)(Y) \geqslant k \wedge \sigma(x)(Z) \geqslant k \to \exists Y' \in \wp^+(Y)(\sigma(Y')(Z) \geqslant k) \vee \exists Z' \in \wp^+(Z)(\sigma(Z')(Y) \geqslant k) \vee \sigma(x)(Y \cap Z) \geqslant k)$。令 V 是 $\mathbb{S}$ 中的任何赋值使得 $\mathbb{S}, V, x \vDash \Diamond_k p \wedge \Diamond_k q$。令 $\sigma(x)(Y) \geqslant k$ 并且 $\sigma(x)(Z) \geqslant k$ 使得 $\mathbb{S}, V, Y \vDash p$ 并且 $\mathbb{S}, V, Z \vDash q$。容易验证 $\mathbb{S}, V, x \vDash \Diamond_k(p \wedge q) \vee \Diamond_k(p \wedge \Diamond_k q) \vee \Diamond_k(\Diamond_k p \wedge q)$。∎

(10) $K_g L(k) = K_g \oplus \square_k(\square_k p \to p) \to \square_k p$。该逻辑是 $K_g L = K_g \oplus \square(\square p \to p) \to \square p$ 的扩张，$K_g L$ 是由 Löb 公理 $\square(\square p \to p) \to \square p$ 生成的。参见布勒斯(Boolos, 1993)关于基本模态逻辑 KL 的讨论。公式 $\square_k(\square_k p \to p) \to \square_k p$ 是有趣的，因为它表达了非空有限子集上的某种传递性和逆良基性质。我们要证明这个逻辑不是强完全的。首先注意，公式 $\square_k p \to \square_k \square_k p$ 表达某种传递性，它是 $K_g L(k)$ 的定理。

命题 4.16 $\square_k p \to \square_k \square_k p \in K_g L(k)$。

证明 我们有如下证明：

[1] $p \rightarrow (\Box_k(p \wedge \Box_k p) \rightarrow (p \wedge \Box_k p))$ 重言式

[2] $\Box_k p \rightarrow \Box_k(\Box_k(p \wedge \Box_k p) \rightarrow (p \wedge \Box_k p))$ $\Box_k$的单调性

[3] $\Box_k p \rightarrow \Box_k(p \wedge \Box_k p)$ [2], L(k)

[4] $\Box_k p \rightarrow \Box_k \Box_k p$ [3], $\Box_k(p \wedge \Box_k p) \rightarrow \Box_k p \wedge \Box_k \Box_k p$

回顾公式$\Box_k p \rightarrow \Box_k \Box_k p$ 等值于$\Diamond_k \Diamond_k p \rightarrow \Diamond_k p$，其对应的余代数条件为

$$(k\text{传递性})\forall xYZ(\sigma(x)(Y) \geqslant k \,\&\, \sigma(Y)(Z) \geqslant k \rightarrow \sigma(x)(Z) \geqslant k).$$

这个条件等值于如下弱二阶条件：

$$\forall XYZ(\sigma(X)(Y) \geqslant n \,\&\, \sigma(Y)(Z) \geqslant n \rightarrow \exists U \in \wp^+(Z)\sigma(X)(U) \geqslant n).$$

容易证明，$L(k)$等值于$\Diamond_k \neg p \rightarrow \Diamond_k(\Box_k p \wedge \neg p)$。命题 4.16 证明，$K_g L(k) = K_g \oplus \Diamond_k \Diamond_k p \rightarrow \Diamond_k p \oplus L(k)$。因此 $K_g L(k)$ 的每个余代数都满足 k 传递性。

现在我们证明两条关于逆良基性质的引理。给定任何余代数$\mathbb{S} = (S, \sigma)$和 $X \in \wp^+(S)$，对 $k > 0$，$\wp^+(S)$中的一个序列 $X = X_0, X_1, X_2, \cdots$ 称为 **k 链**，如果$\sigma(X_i)(X_{i+1}) \geqslant k$对所有 $i \geqslant 0$。

引理 4.8 对任何余代数$\mathbb{S} = (S, \sigma)$，如果$\mathbb{S} \vDash L(k)$，那么不存在从任何非空有限子集出发的无限长 k 链。

证明 假设$\mathbb{S}$中存在无限长 k 链 $X = X_0, X_1, X_2, \cdots$。定义$\mathbb{S}$中的赋值 V 使得 $V(p) = \wp^+(\mathbb{S}) \setminus \{Y \in \wp^+(\mathbb{S}) : 存在从 Y 出发的无限长 k 链\}$。考虑等值公式 $\Diamond_k \neg p \rightarrow \Diamond_k(\Box_k p \wedge \neg p)$。因此$\mathbb{S}, V, X_0 \vDash \Diamond_k \neg p$ 但是$\mathbb{S}, V, X_0 \nvDash \Diamond_k(\Box_k p \wedge \neg p)$(图 4.4)。∎

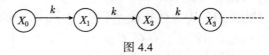

图 4.4

引理 4.9 对任何余代数$\mathbb{S} = (S, \sigma)$，如果$\mathbb{S}$是 k 传递的并且$\mathbb{S}$中不存在无限长 k 链，那么$\mathbb{S} \vDash L(k)$。

证明 假设$\mathbb{S} = (S, \sigma)$是 k 传递的并且$\mathbb{S}$中不存在无限长 k 链。令 V 是$\mathbb{S}$中任何赋值并且 $X \in \wp^+(S)$。假设 $X \Vdash \Box_k(\Box_k p \rightarrow p)$但 $X \nVdash \Box_k p$。那么存在 $X_0 \in \wp^+(X)$ 使得 $X_0 \Vdash \Diamond_k \neg p$。因此存在 Y_1 使得$\sigma(X_0)(Y_1) \geqslant k$并且 $Y_1 \Vdash \neg p$。根据 $X_0 \Vdash \Box_k(\Box_k p \rightarrow p)$和$\sigma(X_0)(Y_1) \geqslant k$可得，存在 $X_1 \in \wp^+(Y_1)$使得 $X_1 \Vdash \Box_k p \rightarrow p$。根据 $X_1 \Vdash \neg p$可得，$X_1 \Vdash \Diamond_k \neg p$。根据 k 传递性和重复论证，可以获得$\mathbb{S}$中无限长 k 链。∎

定理 4.11 逻辑 $K_g L(k)$ 不是强完全的。

证明 考虑集合 $\Gamma = \{\Diamond_k q_1\} \cup \{\Box_k(q_i \rightarrow \Diamond_k q_{i+1}) : i > 0\}$。我们证明 Γ 是 $K_g L(k)$ 一致的，但整个集合不能在任何 $K_g L(k)$ 余代数中可满足。

考虑 Γ 的任何有限子集 Γ'，令 $\Gamma' \subseteq \{\Diamond_k q_1\} \cup \{\Box_k(q_i \to \Diamond_k q_{i+1}): 0 < i < n\}$ 对某个自然数 n。要证明 Γ' 是 $K_g L(k)$一致的。令 $\wedge \Gamma'$ 是 Γ' 中所有公式的合取。考虑如下定义的余代数 $\mathbb{S} = (S, \sigma)$：

(1) $S = \bigcup \{X_i = \{i\} : i \leqslant n\}$。

(2) $\sigma(X_i)(X_j) \geqslant k$ 对 $i < j \leqslant n$，其他指派自然数 0。

显然这个余代数是 $K_g L(k)$ 的余代数(图 4.5)。

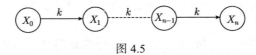

图 4.5

定义赋值 V 使得 $V(q_i) = X_i$。容易验证$\mathbb{S}, V, X_0 \Vdash \wedge \Gamma'$。

下面验证不存在余代数类刻画 $K_g L(k)$。若不然，则 Γ 在 $K_g L(k)$ 的某个余代数类中可满足，这是不可能的，因为这样便存在无限长 k 链。∎

下面考虑 Löb 公式的另一个变种。证明另一条传递性公理 $\Diamond\Diamond_k p \to \Diamond p$ 是该逻辑的定理，它等值于 $\Box p \to \Box\Box_k p$。根据类似论证可以验证如下事实。

事实 4.1 对任何余代数$\mathbb{S} = (S, \sigma)$，$\mathbb{S} \vDash \Diamond\Diamond_k p \to \Diamond p$ 当且仅当$\mathbb{S} \vDash \forall xyZ(\sigma(x)(y) > 0 \ \& \ \sigma(y)(Z) \geqslant k \to \sigma(x)(Z) > 0)$。

显然 $\Diamond_k \Diamond_k p \to \Diamond p$ 是逻辑 $K_g \oplus \Diamond\Diamond_k p \to \Diamond_k p$ 的定理。考虑如下 Löb 公式变形：

$$L_k^* = \Box(\Box_k p \to p) \to \Box p。$$

那么考虑逻辑 $K_g L_k^*$。如下事实可以类似于命题 4.16 来证明。

事实 4.2 $\Box p \to \Box\Box_k p \in K_g L_k^*$

在引理 4.8 中我们使用了 k 链的概念。现在定义另一个变种：**带证据 k 链**。给定余代数$\mathbb{S} = (S, \sigma)$和 $x, y \in S$，$\wp^+(S)$中的一个序列 $x, y, X_0, X_1, X_2, \cdots$ 称为从 **x 出发的带证据 k 链**，如果 $\sigma(x)(y) > 0$，$\sigma(y)(X_0) > 0$，并且对每个 $i \geqslant 0$ 存在 $x_i \in X_i$ 使得 $\sigma(x_i)(X_{i+1}) \geqslant k$。显然每个 k 链都是带证据 k 链。下面证明类似于引理 4.8 和引理 4.9 的结果。

引理 4.10 对公式 $\Diamond\Diamond_k p \to \Diamond p$ 的每个余代数$\mathbb{S} = (S, \sigma)$，$\mathbb{S} \vDash L_k^*$当且仅当$\mathbb{S}$不含有无限长带证据 k 链。

证明 假设$\mathbb{S} \nvDash L_k^*$。存在基于$\mathbb{S}$的Ω模型$\mathcal{M}$和状态 $x \in S$ 使得$\mathcal{M}, x \vDash \Box(\Box_k p \to p) \wedge \Diamond \neg p$。那么存在 y 使 $\sigma(x)(y) > 0$ 且$\mathcal{M}, y \vDash \neg p$。由$\mathcal{M}, x \vDash \Box(\Box_k p \to p)$得，$\mathcal{M}, y \vDash \Diamond_k \neg p$。因此存在 $X_0 \in \wp^+(S)$ 使 $\sigma(y)(X_0) \geqslant k$ 且$\mathcal{M}, X_0 \vDash \neg p$。由$\mathbb{S} \vDash \Diamond\Diamond_k p \to \Diamond p$ 得，$x_0 \in X_0$，$\sigma(x)(x_0) > 0$ 并且$\mathcal{M}, x_0 \vDash \neg p$。因此$\mathcal{M}, x_0 \vDash \Diamond_k \neg p$。重复论证可得无限长带证据 k 链。反之假设$\mathbb{S}$中存在无限长带证据 k 链 $x, y, X_0, X_1, X_2, \cdots$。定义$\mathbb{S}$中赋值 V 使 $V(p) = S \setminus \{x \in S : $ 存在从 x 出发的无限长带证据 k

链}。考虑公式 $\Diamond\neg p \rightarrow \Diamond(\Box_k p \wedge \neg p)$。那么 $x \vDash \Diamond\neg p$ 但 $x \nvDash \Diamond(\Box_k p \wedge \neg p)$。■

命题 4.17 逻辑 $K_g L_k^*$ 不是强完全的。

证明 使用带证据 k 链，类似于定理 4.11 的证明。■

还有许多正规分次模态逻辑需要探索。但是我们现在停下来，在第 6 章探讨有限模型性时回到这个问题。

4.4 代数完全性与典范性

本节研究正规分次模态逻辑的代数完全性和典范性。首先引入分次模态代数类的概念。令 $\mathbb{V}$ 是分次模态代数类   对任何 GML 公式集 Σ，定义 $\Sigma^\approx = \{\phi \approx \top : \phi \in \Sigma\}$，即从 Σ 诱导的**等式类**，并且 $\mathbb{V}_\Sigma = \{\mathfrak{A} : \mathfrak{A} \vDash \Sigma^\approx\}$，即使 $\Sigma^\approx$ 中所有等式有效的分次模态代数类。

定义 4.4 定义分次模态公式代数为 $\mathfrak{From} = (\text{Form}, +, -, \bot, \{\langle n \rangle : n > 0\})$，其中 Form 是全体 GML 公式的集合，并且①$\phi + \psi = \phi \vee \psi$；②$-\phi = \neg\phi$；③$\langle n \rangle \phi = \Diamond_n \phi$。

令 Λ 是正规分次模态逻辑。定义 Form 上的二元关系 $\equiv_\Lambda$ 如下：$\phi \equiv_\Lambda \psi$ 当且仅当 $\phi \leftrightarrow \psi \in \Lambda$。那么

命题 4.18 Form 上的二元关系 $\equiv_\Lambda$ 是同余关系。

证明 显然 $\equiv_\Lambda$ 是等价关系。容易验证如下关于 $\equiv_\Lambda$ 的性质：

(1) 如果 $\phi_1 \equiv_\Lambda \psi_1$ 并且 $\phi_2 \equiv_\Lambda \psi_2$，那么 $\phi_1 \vee \phi_2 \equiv_\Lambda \psi_1 \vee \psi_2$。

(2) 如果 $\phi \equiv_\Lambda \psi$，那么 $\neg\phi \equiv_\Lambda \neg\psi$。

(3) 如果 $\phi \equiv_\Lambda \psi$，那么 $\Diamond_n \phi \equiv_\Lambda \Diamond_n \psi$。■

由于关系 $\equiv_\Lambda$ 是同余关系，令 $[\phi]$ 是 $\phi \in \text{Form}$ 的等价类。定义正规分次模态逻辑 Λ 相对于 $\equiv_\Lambda$ 的**商代数**(Lindenbaum-Tarski 代数)为 $\mathcal{L}_\Lambda = (\text{Form}/\equiv_\Lambda, +, -, \{\langle n \rangle : n > 0\})$，其中

(1) $\text{Form}/\equiv_\Lambda := \{[\phi] : \phi \in \text{Form}\}$。

(2) $[\phi] + [\psi] := [\phi \vee \psi]$。

(3) $-[\phi] := [\neg\phi]$。

(4) $\langle n \rangle [\phi] := [\Diamond_n \phi]$。

容易验证，$\mathcal{L}_\Lambda$ 的对偶余代数同构于 Λ 的典范余代数。

命题 4.19 令 $\mathbb{S}^\Lambda$ 是正规分次模态逻辑 Λ 的典范余代数。那么 $\mathbb{S}^\Lambda \cong (\mathcal{L}_\Lambda)_+$。

证明 从 $\Lambda\text{-MCS}$ 到 $(\mathcal{L}_\Lambda)_+$ 的映射 $\eta : u \mapsto \{[\phi] : \phi \in u\}$ 是同构映射。■

定理 4.12 令 Λ 是正规分次模态逻辑。那么 $\phi \in \Lambda$ 当且仅当 $\mathcal{L}_\Lambda \vDash \phi \approx \top$。

证明 假设 $\phi \notin \Lambda$。定义指派 $\iota(p) = [p]$。容易对 ψ 归纳证明，在该赋值下 ψ

的值是 $[\psi]$。由假设得 $[\psi] \neq [\top]$。反之设 $\phi \in \Lambda$。令 θ 是任何指派。对每个命题字母 p，从 $\theta(p)$ 取代表元 $\rho(p)$，所以 $[\rho(p)] = \theta(p)$。令 $\rho(\psi)$ 是使用 $\rho(p)$ 统一代入 $p \in \mathrm{var}(\psi)$ 得到的。在赋值下 θ，任何公式 ψ 的值恰好是 $[\rho(\psi)]$。由假设得 $\rho(\psi) \equiv_\Lambda \top$，因此 $[\rho(\phi)] = [\top]$，即 ϕ 在 θ 下的值是 $[\top]$。∎

推论 4.4　令 Λ 是由 Σ 生成的正规分次模态逻辑。那么对任何 GML 公式 ϕ，$\phi \in \Lambda$ 当且仅当 $\mathbb{V}_\Sigma \vDash \phi \approx \top$。

由此可知，所有正规分次模态逻辑是代数完全的，即相对于它所定义的分次模态代数类是完全的。下面我们证明另一个结果，即正规分次模态逻辑相对于泛余代数类的完全性。给定 Ω 模型 $\mathcal{M} = (S, \sigma, V)$，回顾从 $\mathcal{M}$ 诱导的泛余代数为 $\mathbb{C}_\mathcal{M} = (S, \sigma, A_\mathcal{M})$，其中 $A_\mathcal{M} = \{[\![\phi]\!]_\mathcal{M} : \phi \in \mathrm{Form}\}$。对典范 Ω 模型 $\mathcal{M}^\Lambda = (S^\Lambda, \sigma^\Lambda, V^\Lambda)$，令 $\mathbb{C}^\Lambda$ 是由它诱导的泛余代数。

定理 4.13　对任何正规分次模态逻辑 Λ，都有 $\mathcal{L}_\Lambda \cong \mathbb{C}^{\Lambda*}$。

证明　映射 $\eta : [\phi] \mapsto [\![\phi]\!]_{\mathcal{M}^\Lambda}$ 是从 $\mathcal{L}_\Lambda$ 到 $\mathbb{C}^{\Lambda*}$ 的同构映射。只要证明 η 保持 $\mathcal{L}_\Lambda$ 中的运算。对于模态情况易证 $\eta(\langle n\rangle[\phi]) = \eta([\diamondsuit_n\phi]) = [\![\diamondsuit_n\phi]\!]_{\mathcal{M}^\Lambda} = \langle n\rangle[\![\phi]\!]_{\mathcal{M}^\Lambda}$。∎

推论 4.5　对任何一致的正规分次模态逻辑 Λ，$\Lambda = \mathsf{Log}(\mathbb{C}^\Lambda)$。

最后考虑典范性和描述泛余代数。

定义 4.5　一个 GML 公式 ϕ 称为**典范的**，如果对每个正规分次模态逻辑 Λ，$\phi \in \Lambda$ 蕴涵 ϕ 在 Λ 的典范余代数中有效。Λ 称为**典范的**，如果它的典范余代数使每个 Λ 定理有效。

定义 4.6　对泛余代数类 K，一个 GML 公式 ϕ 称为 **K 持久的**，如果对 K 中任何泛余代数 $\mathbb{C} = (\mathbb{S}, A)$，$\mathbb{C} \vDash \phi$ 蕴涵 $\mathbb{S} \vDash \phi$。相对于描述泛余代数类的持久性概念称为 **d 持久性**。

定理 4.14　一个 GML 公式 ϕ 是典范的当且仅当 ϕ 是 d 持久的。

证明　假设 ϕ 是典范的，$\mathbb{C} = (\mathbb{S}, A)$ 是描述泛余代数使得 $\mathbb{C} \vDash \phi$。那么 $\mathbb{C}^* \vDash \phi$。因为 ϕ 是典范的，那么 $(\mathbb{C}^*)_* \vDash \phi$。所以 $(\mathbb{C}^*)_*$ 是满余代数，根据描述性，它同构于其底部余代数 $\mathbb{S}$。因此 $\mathbb{S} \vDash \phi$。反之，容易验证任何含 ϕ 的正规分次模态逻辑的典范余代数的对偶代数是描述的。∎

这个结果非常有用，它允许我们把代数论证应用于证明与典范性相关的问题。我们在第 5 章讨论余代数对应理论时回到这个结果。

4.5　GML的嵌入定理

本节研究正规分次模态逻辑的格。现在给出正规分次模态逻辑的嵌入定理。麦金森(Makinson, 1971)证明，在基本模态逻辑中，每个一致的正规模态逻辑要么

是 $K \oplus \Box p$ 的子逻辑，要么是 $K \oplus p \leftrightarrow \Box p$ 的子逻辑。我们把这个结果推广到分次模态逻辑。首先引入一些正规模态逻辑并证明其完全性。

命题 4.20 令 Λ 是正规分次模态逻辑。要么 $\Diamond_n \top \in \Lambda$ 对所有 $n > 0$，要么存在 $n > 0$ 使得 $\Diamond_n \top \notin \Lambda$ 并且 $\Diamond_m \top \in \Lambda$ 对所有 $m < n$。

证明 如果存在 $n > 0$ 使得 $\Diamond_n \top \notin \Lambda$，那么 $n > 0$。令 n 是满足该性质的极小自然数。那么对所有 $m < n$ 都有 $\Diamond_m \top \in \Lambda$。∎

命题 4.21 逻辑 $K_g D^\omega = K_g \oplus \{\Diamond_n \top : n > 0\}$ 相对于满足条件 $\forall x \forall n \exists Y(\sigma(x)(Y) \geq n)$ 的余代数类是强完全的。

证明 令 $\mathbb{S} = (S, \sigma)$ 是 $K_g D^\omega$ 的典范余代数。假设存在 $x \in S$ 和 $n \in \omega$ 使 $\forall Y(\sigma(x)(Y) < n)$。根据 $\Diamond_n \top \in x$ 可得，存在 $Y \in \wp^+(S)$ 使 $\sigma(x)(Y) \geq n$，矛盾。∎

现在考虑两个逻辑：$\mathrm{Ver}(n) = K_g \oplus \Box_n \bot$ 和 $\mathrm{Triv}(n) = K_g \oplus p \leftrightarrow \Diamond_n p$ 对某个固定的自然数 $n > 0$。选择这两个逻辑作为在由等级至少为 n 的公式生成的逻辑中最大逻辑。

命题 4.22 公式 $\Box_n \bot$ 对应于弱二阶条件 $\forall XY(\sigma(X)(Y) < n)$，它等值于 $\forall x Y(\sigma(x)(Y) < n)$，并且蕴涵条件 $\forall xy(\sigma(x)(y) < n)$。

证明 如通常论证。∎

命题 4.23 公式 $p \leftrightarrow \Diamond_n p$ 对应于弱二阶条件 $\forall X \exists Y \in \wp^+(X)(\sigma(Y)(X) \geq n)$，它等值于 $\forall x(\sigma(x)(x) \geq n) \wedge \forall XY(\sigma(X)(Y) \geq n \to \exists Z \in \wp^+(X)(Z = Y))$，它蕴涵 $\forall xy(\sigma(x)(y) \geq n \to x = y)$。

证明 如通常论证。∎

命题 4.24 逻辑 $\mathrm{Ver}(n)$ 相对于满足 $\forall x Y(\sigma(x)(Y) < n)$ 的余代数类是强完全的。

证明 令 $\mathbb{S} = (S, \sigma)$ 是 $\mathrm{Ver}(n)$ 的典范余代数。假设 $\sigma(x)(Y) \geq n$ 对某个 $x \in S$ 和 $Y \in \wp^+(S)$。那么由 $\Box_n \bot \in x$ 得，存在 $Y' \in \wp^+(Y)$ 使得 $\bot \in \bigcap Y'$，矛盾。∎

命题 4.25 逻辑 $\mathrm{Triv}(n)$ 相对于满足条件 $\forall x(\sigma(x)(x) \geq n) \wedge \forall XY(\sigma(X)(Y) \geq n \to \exists Z \in \wp^+(X)(Z = Y))$ 的余代数类是强完全的。

证明 令 $\mathbb{S} = (S, \sigma)$ 是 $\mathrm{Triv}(n)$ 的典范余代数。由公理可得定理 $p \to \Diamond_n p$，所以 $\mathbb{S}$ 满足 $\forall x(\sigma(x)(x) \geq n)$。设 $\sigma(X)(Y) \geq n$ 但 $Z \neq Y$ 对所有 $Z \in \wp^+(Y)$。因此存在 $u \in X \setminus Y$。令 $Y = \{u_0, \cdots, u_{m-1}\}$。存在公式 $\phi_i \in u_i \setminus u$ 对 $i < m$。因此 $\bigvee_{i<m} \phi_i \in \bigcap Y$。那么 $\Diamond_n \bigvee_{i<m} \phi_i \in u$。由定理 $\Diamond_n p \to p$ 得 $\bigvee_{i<m} \phi_i \in u$，矛盾。∎

这里引入一些有用的记号。令 $\mathbb{S} = (S, \sigma)$ 是余代数。那么

(1) $\mathbb{S}$ 称为 **n 自返的**，如果 $\sigma(x)(x) \geq n$ 对所有 $x \in S$。

(2) $\mathbb{S}$ 称为 **ω 自返的**，如果 $\sigma(x)(x) = \omega$ 对所有 $x \in S$。

(3) $\mathbb{S}$ 称为 **n 禁自返的**，如果 $\sigma(x)(x) < n$ 对所有 $x \in S$。

也称 1 禁自返的状态为 **死点**。使用记号 $\boxed{\circ < n}$ 表示只含单个 n 禁自返的余代

数，使用记号 $\boxed{\circ \geqslant n}$ 表示只含单个 n 自返状态的余代数，使用记号 $\boxed{\circ\,\omega}$ 表示只含单个 ω 自返状态的余代数。

定义 4.7　给定余代数 $\mathbb{S}=(S,\sigma)$，$X\in\wp^+(S)$ 和 $n>0$，定义 $\mathbb{S}$ 由 X n 生成的**子余代数** $\mathbb{S}_n=(S_n,\sigma_n)$ 为满足如下两个条件的最小余代数：

(1) $X\subseteq S_n$ 并且 $\sigma_n=\sigma{\restriction}S_n$。

(2) 如果 $x\in S_n$ 并且 $\sigma(x)(Y)\geqslant n$ 对 $Y\in\wp^+(S)$，那么 $Y\subseteq S_n$。

显然可以定义 n 生成的 Ω 子模型的概念。

定义 4.8　令 $\mathbb{S}=(S,\sigma)$ 和 $\mathbb{S}'=(S',\sigma')$ 是余代数并且 $n>0$。一个从 $\mathbb{S}$ 到 $\mathbb{S}'$ 的 $\Omega_{\geqslant n}$ 归约是一个满射 $\eta:S\to S'$ 使得

(1) $\forall x\in S\ \forall X\in\wp^+(S)(\sigma(x)(X)\geqslant n\Rightarrow\sigma'(\eta(x))(\eta[X])\geqslant n)$。

(2) $\forall Y\in\wp^+(S')\ (\sigma'(\eta(x))(Y)\geqslant n\Rightarrow\exists X\in\wp^+(S)(\sigma(x)(X)\geqslant n\ \&\ \eta[X]\subseteq Y))$。

容易定义 Ω 模型上的 $\Omega_{\geqslant n}$ 归约。

命题 4.26　假设 $\mathcal{M}_n=(S_n,\sigma_n,V_n)$ 是 $\mathcal{M}=(S,\sigma,V)$ 从 $x\in S$ 生成的 Ω 子模型。那么对任何等级 $\geqslant n$ 的公式 ϕ，如下成立：

(1) $\mathcal{M},x\vDash\phi$ 当且仅当 $\mathcal{M}_n,x\vDash\phi$。

(2) $\mathcal{M}\vDash\phi$ 蕴涵 $\mathcal{M}_n\vDash\phi$。

(3) $\mathbb{S}_n,x\vDash\phi$ 当且仅当 $\mathbb{S},x\vDash\phi$。

(4) $\mathbb{S}\vDash\phi$ 蕴涵 $\mathbb{S}_n\vDash\phi$。

证明　只对 ϕ 归纳证明 (1)。原子情况和布尔情况显然。对模态情况 $\phi:=\Diamond_m\psi$，其中 $m\geqslant n$，设 $\mathcal{M},x\vDash\Diamond_m\psi$。因此存在 X 使 $\sigma(x)(X)\geqslant m\geqslant n$ 且 $\mathcal{M},X\vDash\psi$。由 $X\subseteq S_n$ 和归纳假设得，$\mathcal{M}_n,X\vDash\psi$。所以 $\mathcal{M}_n,x\vDash\Diamond_m\psi$。另一方向易证。■

命题 4.27　假设 η 是从 Ω 模型 $\mathcal{M}=(S,\sigma,V)$ 到 $\mathcal{M}'=(S',\sigma',V')$ 的 $\Omega_{\geqslant n}$ 归约。那么对每个状态 $x\in S$ 和等级 $\geqslant n$ 的公式 ϕ，如下成立：

(1) $\mathcal{M},x\vDash\phi$ 当且仅当 $\mathcal{M}',\eta(x)\vDash\phi$。

(2) $\mathcal{M}\vDash\phi$ 当且仅当 $\mathcal{M}'\vDash\phi$。

(3) $\mathbb{S}_n,x\vDash\phi$ 蕴涵 $\mathbb{S}',\eta(x)\vDash\phi$。

(4) $\mathbb{S}\vDash\phi$ 蕴涵 $\mathbb{S}'\vDash\phi$。

证明　第 (1) 对 ϕ 归纳证明，其他项容易得出。■

对任意固定的自然数 n，所有等级至少为 n 的 GML 公式在 n 生成和 $\Omega_{\geqslant n}$ 归约这两种运算下保持。这些运算可以用来证明如下完全性结果。

命题 4.28　如下成立：

(1) $\mathrm{Ver}(n)=K_g\oplus\Box_n\bot\subseteq\mathrm{Log}(\boxed{\circ<n})$。

(2) $\mathrm{Coalg}(\mathrm{Ver}(n))$ 对 n 生成子余代数封闭。

(3) 每个由等级至少为 n 的公式生成的正规分次模态逻辑的余代数类对 n 生

成子余代数封闭。

证明　第(1)、(2)项易证。由命题 4.26 和命题 4.27 得出(3)，其他项。■

命题 4.29　如下成立：

(1) $\mathrm{Triv}(n) = K_g \oplus p \leftrightarrow \Diamond_n p \subseteq \mathrm{Log}(\boxed{\circ \geqslant n})$。

(2) $\mathsf{Coalg}(\mathrm{Triv}(n))$ 对 $\Omega_{\geqslant n}$ 归约封闭。

(3) 每个由等级至少为 n 的公式生成的正规分次模态逻辑的余代数类对 $\Omega_{\geqslant n}$ 归约封闭。

证明　第(1)、(2)项易证。由命题 4.26 和命题 4.27 得出(3)。■

但是还有如下没有解决的问题。

问题 4.1　逻辑 $\mathrm{Ver}(n)$ 和 $\mathrm{Triv}(n)$ 是否分别相对于 $\boxed{\circ < n}$ 和 $\boxed{\circ \geqslant n}$ 是完全的？

考虑两个特殊的逻辑：$\mathrm{Ver}(1)$ 和 $\mathrm{Triv}(1)$。使用这两个逻辑可以证明第一条嵌入定理。在表述并证明该定理前，先证明如下引理。

引理 4.11　假设一个正规分次模态逻辑 Λ 被余代数类 K 刻画。那么对任何正规分次模态逻辑 Λ'，如果 $\mathsf{K} \vDash \Lambda'$，那么 $\Lambda' \subseteq \Lambda$。

证明　假设 $\Lambda = \mathsf{Log}(\mathsf{K})$ 并且 $\mathsf{K} \vDash \Lambda'$。那么 $\Lambda' \subseteq \mathsf{Log}(\mathsf{K})$。■

命题 4.30　$\mathrm{Ver}(1) = K_g \oplus \Box\bot = \mathsf{Log}(\bullet)$ 并且 $\mathrm{Triv}(1) = K_g \oplus p \leftrightarrow \Diamond p = \mathsf{Log}(\circ)$，其中 $\bullet$ 是单死点余代数并且 $\circ$ 是单自返点的余代数使得 $\sigma(\circ)(\circ) = 1$。

证明　可靠性已证明。对于 $\mathrm{Ver}(1)$ 的完全性，令 Σ 是任意 $\mathrm{Ver}(1)$ 一致的公式集，将其扩张为 $\mathrm{Ver}(1)$-MCS u。取 $\mathrm{Ver}(1)$ 的典范 Ω 模型 $\mathcal{M}$ 从 u 生成的 Ω 子模型 $\mathcal{M}_u$。那么 $\mathcal{M}_u$ 只含有唯一的状态 u，因为 $\Box\bot \in u$。所以 $\mathcal{M}_u$ 的底部余代数同构于 $\bullet$。对于 $\mathrm{Triv}(1)$ 的完全性，令 Γ 是任意 $\mathrm{Triv}(1)$ 一致的公式集。将其扩张为极大一致集 v。令 $\mathcal{N}_v$ 是 $\mathrm{Triv}(1)$ 的典范模型 $\mathcal{N}$ 从 v 生成的子模型。取 $\mathcal{N}_v$ 从 v 树展开的模型 $\mathrm{unr}\mathcal{N}_v[v]$。那么 $\mathrm{unr}\mathcal{N}_v[v]$ 是禁自返、禁传递的树结构，它可以归约到 $\circ$。■

令 $\mathcal{M} = (S, \sigma, V)$ 是 Ω 模型并且 $X \subseteq S$。称 X 在 $\mathcal{M}$ 中**可定义**，如果存在公式 ϕ_X 使得 $X = \{x \in S: \mathcal{M}, x \vDash \phi_X\}$。任何 Ω 模型 $\mathcal{M}' = (S, \sigma, V')$ 称为 $\mathcal{M}$ 的**变种**。模型 $\mathcal{M}$ 的一个变种 $\mathcal{M}'$ 称为在 $\mathcal{M}$ 中**可定义的**，如果对每个命题字母 p 都有 $V'(p)$ 在 $\mathcal{M}$ 中可定义。如果变种 $\mathcal{M}'$ 在 $\mathcal{M}$ 中可定义，则称 $\mathcal{M}'$ 为 $\mathcal{M}$ 的**可定义变种**。

引理 4.12　令 $\mathcal{M} = (\mathbb{S}, V)$ 是 Ω 模型并且 $\mathcal{M}' = (\mathbb{S}, V')$ 是 $\mathcal{M}$ 的可定义变种。对任何公式 ϕ，令 ϕ' 是依次使用 $\phi_{V'(p)}$ 替换 ϕ 中命题字母 p 得到的公式，其中 $\phi_{V'(p)}$ 在 $\mathcal{M}$ 中定义 $V'(p)$。那么对每个 GML 公式 ϕ 和正规分次模态逻辑 Λ，都有

(1) $\mathcal{M}, w \vDash \phi'$ 当且仅当 $\mathcal{M}', w \vDash \phi$。

(2) 如果 ϕ 的每个代入个例在 $\mathcal{M}$ 中全局真，那么 ϕ 的每个代入个例也在 $\mathcal{M}'$ 中全局真。

(3) 如果 $\mathcal{M} \vDash \Lambda$，那么 $\mathcal{M}' \vDash \Lambda$。

证明 与白磊本等著作(Blackburn et al., 2001)中引理 3.25 的证明类似。■

一个 Ω 模型 $\mathcal{M}$ 称为**可区分模型**，如果 $\mathcal{M}$ 中状态之间的分次模态等价关系是恒等关系，即 $\mathcal{M}$ 中任何两个不同的状态都能被一个 GML 公式区分。

引理 4.13 令 $\mathcal{M} = (\mathbb{S}, V)$ 是有限可区分模型。那么

(1) 对 $\mathcal{M}$ 中每个状态 x，恰有一个 GML 公式 ϕ_x 使得 $\mathcal{M}, x \vDash \phi_x$。

(2) $\mathcal{M}$ 可以定义 $\mathbb{S}$ 的任何子集。因此 $\mathcal{M}$ 能定义它的所有变种。

(3) 对任何正规分次模态逻辑 Λ，如果 $\mathcal{M} \vDash \Lambda$，那么 $\mathbb{S} \vDash \Lambda$。

证明 与白磊本等著作(Blackburn, et al., 2001)中引理 3.27 的证明类似。■

下面证明第一条嵌入定理。

定理 4.15 每个一致的正规分次模态逻辑 Λ，要么是 Ver(1) 的子逻辑，要么是 Triv(1) 的子逻辑。

证明 令 Λ 是一致的正规分次模态逻辑。第一个有用的事实是，要么 $\Box\bot$ 是 Λ 一致的，要么 $\Diamond\top \in \Lambda$。令 $\mathcal{M}$ 是 Λ 的典范 Ω 模型。假设 $\Box\bot$ 是 Λ 一致的。那么存在 Λ-MCS u 使得 $\Box\bot \in u$。令 $\mathcal{M}_u$ 是 $\mathcal{M}$ 从 u 生成的子模型。那么 u 是死点，并且 u 是 $\mathcal{M}_u$ 的唯一状态。因此，$\mathcal{M}_u \vDash \Lambda$。根据引理 4.13，$\bullet \vDash \Lambda$。

假设 $\Diamond\top \in \Lambda$。考虑集合 $\Gamma = \{\phi \leftrightarrow \Box\phi : \phi$ 是 GML 公式$\}$。显然 Triv(1) $= K_g \oplus p \leftrightarrow \Box p$。现在证明 Γ 是 Λ 一致的。定义代入 $(.)^{\#} : p \mapsto \top$。对 ϕ 归纳容易证明，$\phi^{\#} \leftrightarrow \Box\phi^{\#} \in \Lambda$。因此，如果 Γ 不是 Λ 一致的，那么存在 Γ 中有限多个公式的合取 δ 使得 $\delta \to \bot \in \Lambda$。那么 $\delta^{\#} \to \bot \in \Lambda$。因此 $\bot \in \Lambda$，矛盾。因此可以将 Γ 扩张为 Λ-MCS u。现在只需证 u 是自返的并且没有真后继状态。注意 $\Box\phi \to \phi$ 是 Γ 的推论，由此可得 u 是自返的。假设 v 是 u 的后继状态。对任何 $\phi \in v$，都有 $\Diamond\phi \in u$，因此 $\phi \in u$。反之，如果 $\phi \in u$，那么 $\Box\phi \in u$，因此 $\phi \in v$。所以 $u = v$。■

现在证明另一条嵌入定理。我们知道，每个正规分次模态逻辑 Λ，要么对所有 $n > 0$ 都有 $\Diamond_n\top \in \Lambda$，要么存在 $n > 0$ 使得 $\Diamond_n\top \notin \Lambda$ 并且 $\Diamond_m\top \in \Lambda$ 对所有 $m < n$。因此考虑如下两个逻辑。

命题 4.31 逻辑 Ver(ω) $= K_g \oplus \{\Box_n\bot : n > 0\} = K_g \oplus \Box\bot$ 相对于满足条件 $\forall xy(\sigma(x)(y) = 0)$ 的余代数类是强完全的。

证明 每个 MCS 含有定理 $\Box\bot$，因此它是死点。■

命题 4.32 逻辑 Triv(ω) $= K_g \oplus \{p \leftrightarrow \Diamond_n p : n > 0\} = \mathsf{Log}(\boxed{\circ\ \omega})$。

证明 令 $\mathcal{M} = (S, \sigma, V)$ 是 Triv(ω) 的典范 Ω 模型，集合 $\Gamma = \{\phi \leftrightarrow \Diamond_n\phi : \phi$ 是 GML 公式并且 $n > 0\}$ 是一个定理集，因此可以扩张为一个 Triv(ω)-MCS u。容易验证 $\sigma(u)(u) = \omega$。只要证 u 没有真后继状态。令 $\sigma(u)(v) > 0$ 但 $u \neq v$。那么存在一个公式 $\phi \in u \setminus v$。这样 $\neg\phi \in v$，所以 $\Diamond_n\neg\phi \in u$，因此 $\neg\phi \in u$，矛盾。■

现在证明第二条嵌入定理。

定理 4.16 每个一致的正规分次模态逻辑 Λ，要么是 $\mathrm{Triv}(\omega)$ 的子逻辑，要么是 $\mathrm{Ver}(1) = \mathrm{Ver}(\omega)$ 的子逻辑。

证明 如果 Λ 含 $\Diamond_n\top$ 对所有 $n > 0$，那么 Λ 的典范余代数可归约为 $\boxed{\circ\ \omega}$，因此 $\boxed{\circ\ \omega} \models \Lambda$。这样 Λ 是 $\mathrm{Triv}(\omega)$ 的子逻辑。否则，存在自然数 $n > 0$ 使得 $\Diamond_n\top \notin \Lambda$。那么 Λ 是 $\mathrm{Ver}(\omega)$ 的子逻辑。∎

由此可得如下关于全体正规分次模态逻辑的格 $\mathrm{NExt}(K_g)$ 的推论。

推论 4.6 $\mathrm{NExt}(K_g) = \mathrm{SL}(\mathrm{Ver}(1)) \cup \mathrm{SL}(\mathrm{Triv}(1)) = \mathrm{SL}(\mathrm{Ver}(\omega)) \cup \mathrm{SL}(\mathrm{Triv}(\omega))$。

这仅仅是关于正规分次模态格 $\mathrm{NExt}(K_g)$ 的粗糙分类，我们把对该模态逻辑格的细致分类作为没有解决的开放问题。第 6 章研究有限模型性质时我们再回到正规分次模态逻辑的格。

第 5 章 余代数对应理论

本章探索余代数分次模态逻辑的对应理论。在斯哥若德和帕丁森的论文 (Schrödes and Pattinson, 2010)中提出了余代数逻辑的一般性的一阶对应理论，并且证明了 van Benthem-Rosen 刻画定理。然而，本章将给出余代数分次模态逻辑的一种弱二阶对应理论。选择弱二阶逻辑作为谈论余代数性质的经典逻辑，其原因是相当直接的：分次模态算子的余代数语义利用了对非空有限子集的量化。5.1 节讨论余代数和Ω模型的经典逻辑语言，定义从 GML 到这些语言的翻译。5.2 节证明每个无变元公式和统一公式在弱二阶语言中有余代数对应条件。5.3 节探索余代数分次模态逻辑的萨奎斯特对应定理。5.4 节给出一些非萨奎斯特分次模态公式。5.5 节证明萨奎斯特完全性定理。

5.1 弱二阶逻辑与翻译

回顾分次模态算子的余代数解释。给定Ω模型$\mathcal{M} = (S, \sigma, V)$和$x \in S$，一个公式$\Diamond_n\phi$在$\mathcal{M}$中状态$x$上是真的当且仅当存在一个非空有限子集$X \subseteq S$使得$\sigma(x)(X) \geqslant n$并且$\phi$在$X$中每个状态上都是真的。因此，为了谈论余代数的性质，要使用非空有限子集上的量化，进而需要弱二阶语言。

定义 5.1 余代数上的对应语言是弱二阶语言 WSO，它含有如下初始符号：

(1) 非空有限集合变元的集合$\mathcal{V}$：$X_0, X_1, X_2, \cdots$。

(2) 二元关系符号：$\subseteq, R_i(i \leqslant \omega)$。

(3) 逻辑符号：$\neg, \vee, \exists$。

用 X, Y, Z 等作为集合变元的元变元。全体 WSO 公式的集合由如下规则给出：

$$\alpha := X \subseteq Y \mid R_i XY \mid \neg\alpha \mid \alpha \vee \beta \mid \exists X\alpha。$$

其他布尔联结词$\wedge$、$\rightarrow$和$\leftrightarrow$如通常定义。定义$\forall X\alpha := \neg\exists X\neg\alpha$ 和 $X = Y := X \subseteq Y \wedge Y \subseteq X$。

所有 WSO 公式可以在余代数中加以解释，因此可以表达余代数的性质。

定义 5.2 给定余代数$\mathbb{S} = (S, \sigma)$，对变元的一个**指派**是一个函数$\theta: \mathcal{V} \to \wp^+(S)$使得每个变元$X \in \mathcal{V}$被指定一个非空有限子集$\theta(X)$。给定$B \in \wp^+(S)$，定义新的

指派 $\theta[X \mapsto B]$ 如下:

$$\theta[X \mapsto B](Y) = \begin{cases} B, & Y = X, \\ \theta(Y), & \text{否则}. \end{cases}$$

递归定义一个公式 α 在余代数 $\mathbb{S}$ 中在指派 θ 下**真**(记为 $\mathbb{S}, \theta \vDash \alpha$)如下:

(1) $\mathbb{S}, \theta \vDash X \subseteq Y$ 当且仅当 $\theta(X) \subseteq \theta(Y)$。

(2) $\mathbb{S}, \theta \vDash R_i XY$ 当且仅当 $\sigma(\theta(X))(\theta(Y)) \geqslant i$。

(3) $\mathbb{S}, \theta \vDash \neg\alpha$ 当且仅当 $\mathbb{S}, \theta \nvDash \alpha$。

(4) $\mathbb{S}, \theta \vDash \alpha \vee \beta$ 当且仅当 $\mathbb{S}, \theta \vDash \alpha$ 或 $\mathbb{S}, \theta \vDash \beta$。

(5) $\mathbb{S}, \theta \vDash \exists X\alpha$ 当且仅当存在 $B \in \wp^+(S)$ 使得 $\mathbb{S}, \theta[X \mapsto B] \vDash \alpha$。

有效性的概念如通常定义。

定义 5.3 余代数模型上的对应语言 WSO(Φ)是把对应于命题字母 $p \in \Phi$ 的一元谓词 P 增加到 WSO 而得到的。增加新的原子公式 $P(X)$。给定 Ω 模型 $\mathcal{M} = (S, \sigma, V)$,每个一元谓词 P 解释为 $P^{\mathcal{M}} = V(p)$,其中 P 对应于 p。因此 $P(X)$ 在模型 $\mathcal{M}$ 中在指派 θ 下是真的当且仅当 $\theta(X) \subseteq P^{\mathcal{M}}$。

回顾已定义的两种余代数语义:基于集合的和基于状态的语义。二者之间的联系如下:给定 Ω 模型 $\mathcal{M} = (S, \sigma, V)$ 和 GML 公式 ϕ,$\mathcal{M}, B \Vdash \phi$ 当且仅当 $\mathcal{M}, b \vDash \phi$ 对所有 $b \in B$。因此也可以增加个体变元以及一阶量词。

定义 5.4 定义**两种类弱二阶语言** WSO^2 为 WSO 增加如下符号得到的:

(1) 个体变元集 $\mathcal{IV}$:$v_0, v_1, v_2, \cdots$(x, y, z 等作为元变元)。

(2) 属于关系符号:$\in$。

使用记号 $\text{WSO}^2(\Phi)$ 表示从 WSO^2 增加对应于命题字母的一元谓词而得到的语言。全体 WSO^2 公式是由如下规则给出的:

$$\alpha := x \in X \mid P(X) \mid R_i xY \mid \neg\alpha \mid \alpha \vee \beta \mid \exists X\alpha \mid \exists x\alpha.$$

给定 Ω 模型 $\mathcal{M} = (S, \sigma, V)$,一元谓词 P 解释为 $P^{\mathcal{M}} = V(p)$。现在有两种指派:

(1) 个体变元的指派:$\iota : \mathcal{IV} \to S$。

(2) 集合变元的指派:$\theta : \mathcal{V} \to \wp^+(S)$。

解释 $\text{WSO}^2(\Phi)$ 原子公式如下:

(1) $\mathcal{M}, \iota, \theta \vDash x \in X$ 当且仅当 $\iota(x) \in \theta(X)$。

(2) $\mathcal{M}, \iota, \theta \vDash Px$ 当且仅当 $\iota(x) \in P^{\mathcal{M}}$。

(3) $\mathcal{M}, \iota, \theta \vDash R_i xY$ 当且仅当 $\sigma(\iota(x))(\theta(X)) \geqslant i$。

其他形式的公式如通常解释。

显然在语言 $\text{WSO}^2(\Phi)$ 中可以定义如下公式:

(1) $X \subseteq Y := \forall x(x \in X \to x \in Y)$。

(2) $R_i XY := \forall x(x \in X \to R_i xY)$。

(3) $P(X) := \forall x(x \in X \to Px)$。

容易验证分次模态语言和若二阶语言的语义中存在某种单调性。

命题 5.1　令 $\mathcal{M} = (S, \sigma, V)$ 是 Ω 模型，$B, C \in \wp^+(S)$ 并且 ϕ 是 GML 公式。如果 $C \subseteq B$ 并且 $\mathcal{M}, B \Vdash \phi$，那么 $\mathcal{M}, C \Vdash \phi$。

证明　根据 $\mathcal{M}, B \Vdash \phi$ 当且仅当 $\mathcal{M}, b \Vdash \phi$ 对所有 $b \in B$。∎

下面这个命题是在 WSO 中与 GML 的集合语义下单调性对应的命题。

命题 5.2　令 $\alpha(Y)$ 是公式并且在 α 中 X 对 Y 自由。对每个余代数 $\mathbb{S} = (S, \sigma)$，都有 $\mathbb{S} \vDash \forall X \forall Y \subseteq X \alpha(Y)$ 当且仅当 $\mathbb{S} \vDash \forall X \alpha(X/Y)$，其中 $\alpha(X/Y)$ 是用 X 统一替换 $\alpha(Y)$ 中 Y 的自由出现而得到的公式。

证明　假设 $\mathbb{S} \vDash \forall X \forall Y \subseteq X \alpha(Y)$。对任何 $B \in \wp^+(S)$，$\mathbb{S} \vDash \alpha(Y)[B]$。因此 $\mathbb{S} \vDash \forall X \alpha(X/Y)$。反之假设 $\mathbb{S} \nvDash \forall X \forall Y \subseteq X \alpha(Y)$。那么存在 $B \in \wp^+(S)$ 和 $C \subseteq B$ 使得 $\mathbb{S} \nvDash \alpha(Y)[C]$。因此 $\mathbb{S} \nvDash \forall X \alpha(X/Y)$。∎

下面给出两个在余代数上 GML 公式与 WSO 公式对应的例子。(局部)对应的概念如同基本模态逻辑中的定义。

例 5.1　公式 $p \to \Diamond_n p$ 对应于 WSO 句子 $\forall X \exists Y \subseteq X R_n YX$，即对每个余代数 $\mathbb{S} = (S, \sigma)$，都有 $\mathbb{S} \Vdash p \to \Diamond_n p$ 当且仅当 $\mathbb{S} \Vdash \forall X \exists Y \subseteq X R_n YX$。

证明　假设 $\mathbb{S} \vDash p \to \Diamond_n p$。任给 $X \in \wp^+(S)$，定义 $\mathbb{S}$ 中的赋值 V 使得 $V(p) = X$。那么 $\mathbb{S}, V, X \Vdash p$。因此 $\mathbb{S}, V, Y \Vdash \Diamond_n p$ 对某个 $Y \in \wp^+(X)$。因此，存在 $Z \in \wp^+(Y)$ 使得 $\sigma(Y)(Z) \geqslant n$ 并且 $\mathbb{S}, V, Z \Vdash p$。那么 $Z \subseteq X$，所以 $\sigma(Y)(X) \geqslant n$。反之，假设 $\mathbb{S} \Vdash \forall X \exists Y \subseteq X R_n YX$。对任何赋值和 $X \in \wp^+(S)$，假设 $X \Vdash p$。根据假设，存在 $Y \subseteq X$ 使得 $\sigma(Y)(X) \geqslant n$。因此 $Y \Vdash \Diamond_n p$。

公式 $\forall X \exists Y \subseteq X R_n YX$ 表达了某种自返性。如果 $n = 1$，那么它等值于一阶公式 $\forall x Rxx$，它对应于基本模态公式 $p \to \Diamond p$。回顾 2.5 节，公式 $p \to \Diamond_n p (n > 1)$ 没有框架。然而，它有满足某种自返性的余代数。要点是我们可以把任意自然数或 ω 指派给余代数中同一个状态的有序对。

例 5.2　公式 $\Diamond_m \Diamond_n p \to \Diamond_k p$ 对应于 WSO 句子 $\forall XYZ(R_m XY \wedge R_n YX \to (\exists X' \subseteq X)R_k X'Z)$。

证明　令 $\mathbb{S} = (S, \sigma)$ 是任何余代数。假设 $\mathbb{S} \vDash \Diamond_m \Diamond_n p \to \Diamond_k p$，$R_m XY$ 并且 $R_n YZ$。定义 $\mathbb{S}$ 中的赋值 V 使得 $V(p) = Z$。那么 $\mathbb{S}, V, X \Vdash \Diamond_m \Diamond_n p$。因此 $\mathbb{S}, V, Y \Vdash \Diamond_k p$ 对某个 $Y \in \wp^+(X)$。因此，存在 Z 使得 $\sigma(Y)(Z') \geqslant k$ 并且 $\mathbb{S}, V, Z' \Vdash p$。那么 $Z' \subseteq Z$，所以 $\sigma(Y)(Z) \geqslant k$。反之假设 $\mathbb{S} \Vdash \forall XYZ(R_m XY \wedge R_n YX \to \exists X' \subseteq X R_k X'Z)$。对任何赋值和 $X \in \wp^+(S)$，假设 $X \Vdash \Diamond_m \Diamond_n p$。那么存在 Y 和 Z 使 $\sigma(X)(Y) \geqslant m$，

$\sigma(Y)(Z) \geqslant n$ 并且 $Z \Vdash p$。由假设，存在 $X' \subseteq X$ 使 $\sigma(X')(Z) \geqslant n$。因此 $X' \Vdash \Diamond_k p$。

公式 $\forall XYZ(R_m XY \wedge R_n YX \to \exists X' \subseteq X R_k X' Z)$ 表达了某种传递性。如果 $m = n = k = 1$，那么它等值于一阶公式 $\forall xyz(Rxy \wedge Ryz \to Rxz)$，它对应于基本模态公式 $\Diamond\Diamond p \to \Diamond p$。

现在开始研究余代数萨奎斯特对应定理。这条定理的基本意义如下：存在一种算法，自动计算每个特定形式的模态公式的对应条件。对基本模态逻辑，范本特姆–萨奎斯特算法用于计算给定的萨奎斯特公式的一阶对应条件(Blackburn et al., 2001；Sahlqvist, 1975)。这个算法是从给定公式的二阶翻译开始，使用极小谓词消去二阶量词。对分次模态逻辑，也从公式的翻译开始。首先定义两种类型的翻译，分别对应于基于状态的语义和基于集合的语义。

定义 5.5 (型 I 翻译) 递归定义翻译 $\mathrm{Tr} : \mathrm{GML} \times \mathcal{IV} \to \mathrm{WSO}^2(\Phi)$ 如下：

$$\mathrm{Tr}(p, x) = Px,$$
$$\mathrm{Tr}(\bot, x) = \bot,$$
$$\mathrm{Tr}(\neg\phi, x) = \neg\mathrm{Tr}(\phi, x),$$
$$\mathrm{Tr}(\phi \wedge \psi, x) = \mathrm{Tr}(\phi, x) \wedge \mathrm{Tr}(\psi, x),$$
$$\mathrm{Tr}(\Diamond_n\phi, x) = \exists X(R_n xX \wedge (\forall y \in Y)\mathrm{Tr}(\phi, y)),$$

其中 p 是对应于 P 的命题字母，最后一个子句中的变元 X 和 y 是新变元。容易计算下面的子句：

$$\mathrm{Tr}(\Box_n\phi, x) = \forall X(R_n xX \to (\exists y \in Y)\mathrm{Tr}(\phi, y))。$$

其他形式公式的翻译如通常定义。

定义 5.6 (型 II-翻译) 递归定义翻译 $\mathrm{Tr}^+ : \mathrm{GML} \times \mathcal{V} \to \mathrm{WSO}^2(\Phi)$ 如下：

$$\mathrm{Tr}^+(p, X) = P(X),$$
$$\mathrm{Tr}^+(\bot, X) = \bot,$$
$$\mathrm{Tr}^+(\neg\phi, X) = (\forall Y \subseteq X)\neg\mathrm{Tr}^+(\phi, X),$$
$$\mathrm{Tr}^+(\phi \wedge \psi, X) = \mathrm{Tr}^+(\phi, x) \wedge \mathrm{Tr}^+(\psi, X),$$
$$\mathrm{Tr}^+(\Diamond_n\phi, X) = \exists Y(R_n XY \wedge \mathrm{Tr}^+(\phi, Y)),$$

其中 p 是对应于 P 的命题字母，并且最后一个子句中的变元 Y 是新变元。容易计算如下子句：

$$\mathrm{Tr}^+(\phi \vee \psi, X) = \forall Y \subseteq X((\exists Z_1 \subseteq Y)\mathrm{Tr}^+(\phi, Z_1) \vee (\exists Z_2 \subseteq Y)\mathrm{Tr}^+(\psi, Z_2))。$$
$$\mathrm{Tr}^+(\phi \to \psi, X) = \forall Y \subseteq X(\mathrm{Tr}^+(\phi, Y) \to (\exists Z \subseteq Y)\mathrm{Tr}^+(\psi, Z)),$$
$$\mathrm{Tr}^+(\Box_n\phi, X) = \forall Y \subseteq X\forall Z(R_n YZ \to (\exists Z' \subseteq Z)\mathrm{Tr}^+(\phi, Z'))。$$

对 WSO(Φ)和 WSO^2(Φ)，如果允许一元谓词作为变元，引入二阶量词，就可以把分次模态公式翻译到二阶语言。

给定 GML 公式 $\phi(p_1, \cdots, p_n)$，对应于两种类型的翻译，存在两种二阶翻译：

(1) ST$^{\rm I}$(ϕ, x) = $\forall P_1 \cdots \forall P_n$Tr($\phi$, x)。

(2) ST$^{\rm II}$(ϕ, X) = $\forall P_1 \cdots \forall P_nTr^+$($\phi$, X)。

对这两种类型的翻译，可以得到如下两个关于语义对应的命题。

命题 5.3　令 $\mathcal{M} = (S, \sigma, V)$ 是 Ω 模型，其中 $\mathbb{S} = (S, \sigma)$ 是余代数，$a \in S$ 并且 $\phi(p_1, \cdots, p_n)$ 是 GML 公式。那么如下成立：

(1) $\mathcal{M}, a \vDash \phi$ 当且仅当 $\mathcal{M} \vDash$ Tr(ϕ, x)[a]。

(2) $\mathcal{M} \vDash \phi$ 当且仅当 $\mathcal{M} \vDash \forall x$Tr($\phi$, x)。

(3) $\mathbb{S}, a \vDash \phi$ 当且仅当 $\mathbb{S} \vDash$ ST$^{\rm I}$(ϕ, x)[a]。

(4) $\mathbb{S} \vDash \phi$ 当且仅当 $\mathbb{S} \vDash \forall xST^{\rm I}$($\phi$, x)。

证明　第(1)项对 ϕ 归纳证明，其他项容易得出。∎

命题 5.4　令 $\mathcal{M} = (S, \sigma, V)$ 是 Ω 模型，其中 $\mathbb{S} = (S, \sigma)$ 是余代数，$B \in \wp^+(S)$ 并且 $\phi(p_1, \cdots, p_n)$ 是 GML 公式。如下成立：

(1) $\mathcal{M}, B \Vdash \phi$ 当且仅当 $\mathcal{M} \vDash$ Tr$^+$(ϕ, X)[B]。

(2) $\mathcal{M} \Vdash \phi$ 当且仅当 $\mathcal{M} \vDash \forall XTr^+$($\phi$, X)。

(3) $\mathbb{S}, B \Vdash \phi$ 当且仅当 $\mathbb{S} \vDash$ ST$^{\rm II}$(ϕ, X)[B]。

(4) $\mathbb{S} \Vdash \phi$ 当且仅当 $\mathbb{S} \vDash \forall XST^{\rm II}$($\phi$, X)。

证明　第(1)项对 ϕ 归纳证明，其他项容易得出。∎

如下事实揭示了两种类型翻译之间的联系。

命题 5.5　对任何 Ω 模型 $\mathcal{M} = (S, \sigma, V)$ 和 GML 公式 ϕ，我们有

$$\mathcal{M} \vDash \text{Tr}(\phi, x)[a] \text{当且仅当} \mathcal{M} \vDash \text{Tr}^+(\phi, X)[\{a\}]。$$

此外，公式 Tr$^+$(ϕ, X)逻辑等值于$(\forall x \in X)$Tr(ϕ, x)。

上面的命题提供了萨奎斯特对应定理的基础，5.2 节使用基于集合的翻译。

5.2　无变元公式与统一公式

本节考察两种相对简单的情况，即分次无变元公式和统一公式。一个 GML 公式 ϕ **局部对应**于带一个自由变元 X 的 WSO(Φ)公式 $\alpha(X)$，如果对所有余代数 $\mathbb{S} = (S, \sigma)$ 和 $B \in \wp^+(S)$，$\mathbb{S}, B \Vdash \phi$ 当且仅当 $\mathbb{S} \vDash \alpha(X)[B]$。称 ϕ **对应**于 WSO 句子 α，如果对每个余代数 $\mathbb{S}$，$\mathbb{S} \Vdash \phi$ 当且仅当 $\mathbb{S} \vDash \alpha$。显然，如果 ϕ 局部对应于 $\alpha(X)$，那么它对应于$\forall X\alpha(X)$。

我们从无变元公式开始，即没有命题字母出现的 GML 公式。容易验证每个无变元 GML 公式有局部的 WSO 对应公式。

定理 5.1 每个无变元 GML 公式局部对应于一个自动可计算的 WSO 公式。

证明 假设 ϕ 是无变元 GML 公式。计算它的二阶翻译 $\mathrm{ST}^{\mathrm{II}}(\phi, X)$，就得到局部对应的弱二阶公式，因为 ϕ 不出现命题字母。∎

下面给出两个无变元 GML 公式的例子。

例 5.3 (1)公式 $\square_n \bot$ 对应于 $\forall XZ \neg R_n XZ$。计算

$$\mathrm{ST}^{\mathrm{II}}(\square_n \bot, X) = \forall Y \subseteq X \forall Z (R_n YZ \rightarrow (\exists Z' \subseteq Z)\bot)$$

等值于 $\forall Y \subseteq X \forall Z \neg R_n YZ$。因此 $\square_n \bot$ 对应于 $\forall X \forall Y \subseteq X \forall Z \neg R_n YZ$，它等价于 $\forall XZ \neg R_n XZ$。如果 $n = 1$，句子 $\forall XZ \neg R_1 XZ$ 等值于 $\forall xz \neg Rxz$，它是基本模态公式 $\square \bot$ 的一阶对应句子。

(2) 公式 $\lozenge_n \top$ 对应于 $\forall X \exists Y R_n XY$。计算它的二阶翻译：

$$\mathrm{ST}^{\mathrm{II}}(\lozenge_n \top, X) = \exists Y (R_n XY \wedge \top)$$

等值于 $\exists Y R_n XY$。如果 $n = 1$，对应句子 $\forall X \exists Y R_1 XY$ 等值于一阶句子 $\forall x \exists y Rxy$，它是基本模态公式 $\lozenge \top$ 的一阶对应句子。

现在考虑统一 GML 公式。回顾第 2 章定义的正公式、负公式和统一公式。这里引入 GML 公式中命题字母之正出现或负出现的与代数语义对应的结果。

称公式 ϕ **状态上单调于** p(记为 $\phi \uparrow p$)，如果对所有 Ω 模型 $\mathcal{M} = (S, \sigma, V)$ 和 $\mathcal{M}' = (S', \sigma', V')$ 使得 $V(p) \subseteq V'(p)$ 并且 $V(q) = V'(q)$ 对所有 $q \neq p$，对每个状态 $a \in S$，$\mathcal{M}, a \models \phi$ 蕴涵 $\mathcal{M}', a \models \phi$。称 ϕ **状态下单调于** p(记为 $\phi \downarrow p$)，如果对所有 Ω 模型 $\mathcal{M} = (S, \sigma, V)$ 和 $\mathcal{M}' = (S', \sigma', V')$ 使得 $V'(p) \subseteq V(p)$ 和 $V(q) = V'(q)$ 对所有 $q \neq p$，对每个状态 $a \in S$，$\mathcal{M}, a \models \phi$ 蕴涵 $\mathcal{M}', a \models \phi$。

称公式 ϕ **集合上单调于** p(记为 $\phi \uparrow^+ p$)，如果对所有 $\Omega \mathcal{M} = (S, \sigma, V)$ 和 $\mathcal{M}' = (S', \sigma', V')$ 使得 $V(p) \subseteq V'(p)$ 并且 $V(q) = V'(q)$ 对所有 $q \neq p$，对每个 $B \in \wp^+(S)$，$\mathcal{M}, B \Vdash \phi$ 蕴涵 $\mathcal{M}', B \Vdash \phi$。称 ϕ **集合下单调于** p(记为 $\phi \downarrow_+ p$)，如果对所有 Ω 模型 $\mathcal{M} = (S, \sigma, V)$ 和 $\mathcal{M}' = (S', \sigma', V')$ 使得 $V'(p) \subseteq V(p)$ 并且 $V(q) = V'(q)$ 对所有 $q \neq p$，对每个 $B \in \wp^+(S)$，$\mathcal{M}, B \Vdash \phi$ 蕴涵 $\mathcal{M}', B \Vdash \phi$。

命题 5.6 对每个 GML 公式 ϕ 和命题字母 p，如下成立：

(1) 如果 $\phi \uparrow p$，那么 $\phi \uparrow^+ p$。

(2) 如果 $\phi \downarrow p$，那么 $\phi \downarrow_+ p$。

证明 只证(1)。假设 $\phi \uparrow p$。令 $\mathcal{M} = (S, \sigma, V)$ 和 $\mathcal{M}' = (S', \sigma', V')$ 是 Ω 模型使得 $V(p) \subseteq V'(p)$ 并且 $V(q) = V'(q)$ 对所有 $q \neq p$。假设 $\mathcal{M}, B \Vdash \phi$。那么 $\mathcal{M}, b \models \phi$ 对所有 $b \in B$。由 $\phi \uparrow p$ 可得，$\mathcal{M}', b \models \phi$ 对所有 $b \in B$，即 $\mathcal{M}', B \Vdash \phi$。∎

如下命题揭示了命题字母的正出现(负出现)和单调性之间的联系。

命题 5.7 对每个 GML 公式 ϕ 和命题字母 p,如下成立:

(1) 如果 ϕ 对 p 是正的,那么 $\phi \uparrow p$,并且因此 $\phi \uparrow^+ p$。

(2) 如果 ϕ 对 p 是负的,那么 $\phi \smile p$,并且因此 $\phi \downarrow_+ p$。

证明 对 ϕ 归纳证明。∎

现在证明如下关于计算统一公式的弱二阶对应句子的定理。

定理 5.2 每个统一 GML 公式 ϕ 局部对应于从 ϕ 自动可计算的 WSO 公式。

证明 首先计算 ϕ 的二阶翻译 $(\dagger) \forall P_1 \cdots \forall P_n \mathrm{Tr}^+(\phi, X)$。对 $(\dagger)$ 中每个一元谓词 P,定义如下新谓词 $\pi(P)$:

$$\pi(P) = \begin{cases} \lambda U.U \neq U, & \phi \text{ 对 } p \text{ 是正的,} \\ \lambda U.U = U, & \text{否则。} \end{cases}$$

使用新谓词 $\pi(P)$ 消去 $(\dagger)$ 的二阶量词可得

$$(\dagger\dagger)[\pi(P_1)/P_1, \cdots, \pi(P_n)/P_n]\mathrm{Tr}^+(\phi, X)。$$

它是 WSO 公式。只要证 $(\dagger)$ 逻辑等值于 $(\dagger\dagger)$。只对 ϕ 是正公式的情况证明它。显然 $(\dagger)$ 蕴涵 $(\dagger\dagger)$。对另一方向,设 $\mathbb{S} \vDash (\dagger\dagger)[B]$。对任何 Ω 模型 $\mathcal{M} = (\mathbb{S}, V)$,只要证 $\mathcal{M} \vDash \mathrm{Tr}^+(\phi, X)[B]$,其中 $P_i^{\mathcal{M}} = V(p_i)$ 对 $1 \leqslant i \leqslant n$。定义模型 $\mathcal{M}' = (\mathbb{S}, V')$ 使 $V'(p_i) = \varnothing$。那么 $\mathcal{M}', B \vDash \mathrm{Tr}^+(\phi, X)$。由上单调性得,$\mathcal{M} \vDash \mathrm{Tr}^+(\phi, X)[B]$。∎

例 5.4 公式 $\Diamond_m \Box_n p$ 对应于 $\forall X \exists Y(R_m XY \wedge \forall Z \subseteq Y \forall Z' \neg R_n ZZ')$。首先计算分次模态公式的二阶翻译为公式

$$\forall P \exists Y(R_m XY \wedge \forall Z \subseteq Y \forall Z'(R_n ZZ' \rightarrow (\exists Z'' \subseteq Z')P(Z'')))。$$

使用谓词 $\pi(P) = \lambda U.U \neq U$ 消去二阶全称量词可得

$$\exists Y(R_m XY \wedge \forall Z \subseteq Y \forall Z'(R_n ZZ' \rightarrow (\exists Z'' \subseteq Z')Z'' \neq Z''))。$$

它等值于公式 $\exists Y(R_m XY \wedge \forall Z \subseteq Y \forall Z' \neg R_n ZZ')$。如果 $m = n = 1$,那么句子 $\forall X \exists Y(R_m XY \wedge \forall Z \subseteq Y \forall Z' \neg R_n ZZ')$ 等值于一阶句子 $\forall x \exists y(R_m xy \wedge \forall z \neg Ryz)$。∎

5.3 分次萨奎斯特对应定理

本节研究萨奎斯特公式并且证明余代数正规模态逻辑的对应定理。首先定义叠置必然原子和简单萨奎斯特蕴涵式。

定义 5.7 一个**叠置必然原子**是形如 $\Box_\varepsilon p$ 的公式,其中 $\Box_\varepsilon = \Box_{n_1} \cdots \Box_{n_m}$ $(m > 0)$ 是有限多个分次模态词串。对空序列 ε,定义 $\Box_\varepsilon p := p$。

令 X 是任何集合变元。定义量词串 $Q_{i=1}^3(X, X_1^i, \cdots, X_m^i)$ 如下：

$$\forall Y_1^1 \subseteq X \forall Y_1^2 \exists Y_1^3 \subseteq Y_1^2 \cdots \forall Y_{m-1}^1 \subseteq Y_{m-2}^3 \forall Y_{m-1}^2 \exists Y_{m-1}^3 \subseteq Y_{m-1}^2 \forall Y_m^1 \subseteq Y_{m-1}^3 \forall Y_m^2 。$$

定义对应于模态词串 $\Box_\varepsilon$ 的关系为 $R_\varepsilon X_1^1 X_m^2 := R_{n_1} X_1^1 X_1^2 \wedge \cdots \wedge R_{n_m} X_m^1 X_m^2$。

根据分次必然算子的集合语义可得如下事实。

事实 5.1 给定 Ω 模型 $\mathcal{M} = (S, \sigma, V)$，$B \in \wp^+(S)$ 和 $\Box_\varepsilon = \Box_{n_1} \cdots \Box_{n_m}$，$\mathcal{M}, B \Vdash \Box_\varepsilon p$ 当且仅当 $Q_{i=1}^3(B, C_1^i, \cdots, C_m^i) (R_\varepsilon^\mathcal{M} C_1^1 C_m^2 \Rightarrow (\exists C_m^3 \subseteq C_m^2) \mathcal{M}, C_m^3 \Vdash p)$。

容易验证，如果 $n_i = n_j = 1$ 对 $1 \leqslant i \neq j \leqslant m$，那么 $\mathcal{M}, \{a\} \Vdash \Box^m p$ 当且仅当 $\forall b (R^m ab \Rightarrow \mathcal{M}, \{b\} \Vdash p)$。在这种情况下，便得到基本模态逻辑中相应的叠置必然原子。

如下命题是关于对应公式之间的布尔运算和模态运算，通常论证即得。

命题 5.8 令 ϕ 和 ψ 是 GML 公式，α 和 β 是 WSO 公式。那么

(1) 如果 ϕ(局部)对应 α 并且 ψ 局部对应 β，那么公式 $\phi \wedge \psi$(局部)对应 $\alpha \wedge \beta$。

(2) 如果 ϕ 局部对应 $\alpha(X)$，那么对任何非空串 $\Box_\varepsilon = \Box_{n_1} \cdots \Box_{n_m}$，$\Box_\varepsilon \phi$ 局部对应于 $Q_{i=1}^3(X, X_1^i, \cdots, X_m^i) (R_\varepsilon X_1^1 X_m^2 \to \exists X_m^3 \subseteq X_m^2 \alpha(X_m^3 / X))$。

(3) 如果 ϕ 局部对应 $\alpha(X)$，对应 $\beta(X)$ 并且 $var(\phi) \cap var(\psi) = \varnothing$，那么公式 $\phi \vee \psi$ 局部对应 $\forall Y \subseteq X((\exists Z_1 \subseteq Y) \alpha(Z_1 / X) \vee (\exists Z_2 \subseteq Y) \beta(Z_2 / X))$。

根据这个命题，可以把具有局部对应公式的 GML 公式，自由使用合取和分次必然算子、只在没有共同命题字母的公式之间使用析取，从而得到新的具有局部对应公式的 GML 公式。使用记号 $\phi \veebar \psi$ 表示这样的特殊析取。

定义 5.8 一个 GML 公式 $\phi \to \psi$ 称为**简单萨奎斯特蕴涵式**，如果 ψ 是正公式并且 ϕ 是由如下归纳规则形成的：

$$\phi ::= \top \mid \bot \mid p \mid \phi_1 \wedge \phi_2 \mid \Diamond_n \phi,$$

其中 p 是命题字母并且 $n > 0$。

几个简单萨奎斯特蕴涵式的例子如下：$p \to \Diamond_n p$，$\Diamond\Diamond p \to \Diamond p$ 和 $p \wedge \Diamond_n p \to \Diamond_m \Diamond_n p$ 等。现在可以证明如下定理。

定理 5.3 每个简单萨奎斯特蕴涵式有自动可计算的 WSO 对应公式。

证明 令 $\phi \to \psi$ 是简单萨奎斯特蕴涵式。假设 $var(\psi) \subseteq var(\phi)$(因为否则 $var(\psi) \setminus var(\phi)$ 中的变元都是正出现，因此所涉及的全称量词通过 $\lambda U. U \neq U$ 消去)。把后件的翻译 $\exists Z \subseteq Y Tr^+(\psi, Z)$ 写作 **POS** 便得到

$$\forall P_1 \cdots \forall P_n \forall Y \subseteq X(Tr^+(\psi, Y) \to \textbf{POS})。$$

然后使用如下等值式提出前件中的存在量词：

$$\exists X\alpha(X) \wedge \beta \leftrightarrow \exists X(\alpha(X) \wedge \beta); (\exists X\alpha(X) \rightarrow \beta) \leftrightarrow \forall X(\alpha(X) \rightarrow \beta),$$

其中 X 在 β 中不自由。最后可得

$$\forall P_1 \cdots \forall P_n \forall Y \subseteq X \forall Y_1 \cdots \forall Y_m (\mathsf{REL} \wedge \mathsf{AT} \rightarrow \mathsf{POS}), \tag{†}$$

其中 REL 是前件中分次可能算子对应的关系表达式的合取，AT 是前件中命题字母翻译的合取。对(†)中出现的每个一元谓词 P_i，令 $P_i(Y_i^1), \cdots, P_i(Y_i^k)$ 是(†)中 P_i 的所有出现。对每个 P_i，定义支持(†)前件的极小谓词 $\pi(P_i)$ 如下：

$$\pi(P_i) = \lambda U.(U = Y_i^1 \vee \cdots \vee U = Y_i^k)。$$

使用新谓词消去(†)中二阶全称量词得到

$$[\pi(P_1)/P_1 \cdots \pi(P_n)/P_n] \forall Y \subseteq X \forall Y_1 \cdots \forall Y_m (\mathsf{REL} \wedge \mathsf{AT} \rightarrow \mathsf{POS})。$$

显然 $[\pi(P_1)/P_1 \cdots \pi(P_n)/P_n]\mathsf{AT}$ 总是真的。所以可得

$$[\pi(P_1)/P_1 \cdots \pi(P_n)/P_n] \forall Y \subseteq X \forall Y_1 \cdots \forall Y_m (\mathsf{REL} \rightarrow \mathsf{POS}) \tag{††}$$

只要证(††)蕴涵(†)。给定任何 Ω 模型 $\mathcal{M} = (S, \sigma, V)$，$B, C_1, \cdots, C_m \in \wp^+(S)$ 和 $C \subseteq B$，假设 $\mathcal{M} \vDash [\pi(P_1)/P_1 \cdots \pi(P_n)/P_n](\mathsf{REL} \rightarrow \mathsf{POS})[C, C_1, \cdots, C_m]$ 并且 $\mathcal{M} \vDash \mathsf{REL} \wedge \mathsf{AT}[C, C_1, \cdots, C_m]$。根据 AT 的真可得，$\mathcal{M} \vDash \forall U(\pi(P_i)(U) \rightarrow P_i(U))[C, C_1, \cdots, C_m]$。根据 POS 的上单调性和假设可得，$\mathcal{M} \vDash \mathsf{POS}[C, C_1, \cdots, C_m]$。∎

例 5.5 考虑简单萨奎斯特蕴涵式 $p \rightarrow \diamondsuit_n p$。根据定理 5.3 中给出的算法，计算它的局部 WSO 公式。这个公式的二阶翻译 $\mathrm{Tr}^+(p \rightarrow \diamondsuit_n p, X)$ 如下：

$$\forall P \forall Y \subseteq X(P(Y) \rightarrow \exists Z \subseteq Y \exists Z'(R_n ZZ' \wedge P(Z)))。$$

使用谓词 $\lambda U.U = Y$ 消去二阶全称量词可得

$$\forall Y \subseteq X(Y = Y \rightarrow \exists Z \subseteq Y \exists Z'(R_n ZZ' \wedge Z' = Y))。$$

它等值于 $\forall Y \subseteq X \exists Z \subseteq Y R_n ZY$。因此公式 $p \rightarrow \diamondsuit_n p$ 对应于 $\forall X \forall Y \subseteq X \exists Z \subseteq Y R_n ZY$，它等值于 $\forall X \exists Z \subseteq X R_n ZX$。对 $n = 1$，公式 $\forall X \exists Z \subseteq X R_1 ZX$ 等值于 $\forall x Rxx$，它是基本模态公式 $p \rightarrow \diamondsuit p$ 的一阶对应句子。

例 5.6 考虑简单萨奎斯特蕴涵式 $\diamondsuit_m \diamondsuit_n p \rightarrow \diamondsuit_k p$。计算它的局部 WSO 对应公式如下。这个公式的二阶翻译 $\mathrm{Tr}^+(\diamondsuit_m \diamondsuit_n p \rightarrow \diamondsuit_k p, X)$ 如下：

$$\forall P \forall Y \subseteq X(\exists Y_1 \exists Y_2(R_m YY_1 \wedge R_n Y_1 Y_2 \wedge P(Y_2)) \rightarrow \exists Z \subseteq Y \exists Z_1(R_k ZZ_1 \wedge P(Z_1)))。$$

提出前件中的存在量词可得

$$\forall P \forall Y \subseteq X \forall Y_1 \forall Y_2(R_m YY_1 \wedge R_n Y_1 Y_2 \wedge P(Y_2) \rightarrow \exists Z \subseteq Y \exists Z_1(R_k ZZ_1 \wedge P(Z_1)))。$$

使用谓词 $\lambda U.U = Y_2$ 消去二阶全称量词可得

$\forall Y \subseteq X \forall Y_1 \forall Y_2 (R_m Y Y_1 \wedge R_n Y_1 Y_2 \wedge Y_2 = Y_2 \rightarrow \exists Z \subseteq Y \exists Z_1 (R_k Z Z_1 \wedge Z_1 = Y_2))$。
它等值于 $\forall Y \subseteq X \forall Y_1 \forall Y_2 (R_m Y Y_1 \wedge R_n Y_1 Y_2 \rightarrow \exists Z \subseteq Y R_k Z Y_2)$。因此公式 $\diamondsuit_m \diamondsuit_n p \rightarrow \diamondsuit_k p$ 对应于 $\forall X \forall Y \subseteq X \forall Y_1 \forall Y_2 (R_m Y Y_1 \wedge R_n Y_1 Y_2 \rightarrow \exists Z \subseteq Y R_k Z Y_2)$，它等值于 $\forall X Y_1 Y_2 (R_m X Y_1 \wedge R_n Y_1 Y_2 \rightarrow \exists Z \subseteq X R_k Z Y_2)$。对于 $m = n = k = 1$，公式 $\forall X Y_1 Y_2 (R_m X Y_1 \wedge R_n Y_1 Y_2 \rightarrow \exists Z \subseteq X R_k Z Y_2)$ 等值于 $\forall xyz(Rxy \wedge Ryz \rightarrow Rxz)$，它是基本模态公式 $\diamondsuit \diamondsuit p \rightarrow \diamondsuit p$ 的一阶对应句子。

在简单萨奎斯特蕴涵式的前件中，还可以引入叠置必然原子和否定公式，然后定义分次模态萨奎斯特公式。

定义 5.9 一个萨奎斯特蕴涵式是一个 GML 公式 $\phi \rightarrow \psi$，其中 ψ 是正公式并且 ϕ 是使用如下规则得到的：

$$\phi ::= \top \mid \bot \mid \mathbf{BA} \mid \mathbf{NEG} \mid \phi_1 \wedge \phi_2 \mid \phi_1 \vee \phi_2 \mid \diamondsuit_n \phi,$$

其中 **BA** 是叠置必然原子，**NEG** 是否定公式并且 $n > 0$。

注意命题字母 p 可以看作 $\square_\varepsilon p$ 对空序列 ε。下面我们研究叠置必然原子。令 $\square_\varepsilon = \square_{n_1} \cdots \square_{n_m}$ $(m > 0)$。我们得到如下翻译：

$$\mathrm{Tr}^+(\square_\varepsilon p, X) = Q_{i=1}^3 (X, X_1^i, \cdots, X_m^i)(R_\varepsilon X_1^1 X_m^2 \rightarrow \exists X_m^3 \subseteq X_m^2 P(X_m^3))。$$

它等值于 $Q_{i=1}^3 (X, X_1^i, \cdots, X_m^i) \exists X_m^3 \subseteq X_m^2 (R_\varepsilon X_1^1 X_m^2 \rightarrow P(X_m^3))$。若使用 $\lambda U.R_\varepsilon X_1^1 U$ 代替谓词 P，就得到重言式，因为 $R_\varepsilon X_1^1 X_m^2$ 的最后一个合取项 $R_{n_m} X_m^1 X_m^2$ 蕴涵 $\exists X_m^3 \subseteq X_m^2 P(X_m^3)$。

定理 5.4 每个萨奎斯特蕴涵式局部对应于一个自动可计算的 WSO 公式。

证明 令 $\phi \rightarrow \psi$ 是萨奎斯特蕴涵式。与定理 5.3 的证明相同，假设 $\mathrm{var}(\psi) \subseteq \mathrm{var}(\phi)$。首先将前件中的否定公式使用析取置于后件变成正公式，并且计算二阶翻译为：$\forall P_1 \cdots \forall P_n \forall Y \subseteq X(\mathrm{Tr}^+(\phi, Y) \rightarrow \mathbf{POS})$。提出存在量词得到

$$\forall P_1 \cdots \forall P_n \forall Y \subseteq X \forall Y_1 \cdots \forall Y_m (\mathbf{REL} \wedge \mathbf{BA} \rightarrow \mathbf{POS}),$$

其中 **REL** 是对应于前件中分次可能算子的关系表达式的合取，**BA** 是叠置必然原子的翻译的合取，即

$$\rho(\varepsilon, Z) = Q_{i=1}^3 (Z, Z_1^i, \cdots, Z_m^i) \exists Z_m^3 \subseteq Z_m^2 (R_\varepsilon Z_1^1 Z_m^2 \rightarrow P(Z_m^3))。$$

提出量词 $Q_{i=1}^3 (Z, Z_1^i, \cdots, Z_m^i)$。令 P 是 $\rho(\varepsilon_1, Z_1)$, $\cdots$, $\rho(\varepsilon_k, Z_k)$ 中出现的一元谓词。定义新谓词 $\pi(P) = \bigvee_{1 \leq i \leq k} \lambda U.R_{\varepsilon_i} Z_1^1 U$。那么 $\pi(P_1), \cdots, \pi(P_n)$ 是支持前件的极小谓词。剩下的证明同定理 5.3。∎

例 5.7 我们计算萨奎斯特蕴涵式 $\square_n p \rightarrow p$ 的局部对应 WSO 公式。这个公式的二阶翻译如下：

$$\forall P \, \forall Y \subseteq X(\forall Z \subseteq Y \, \forall Z_1 \exists Z_2 \subseteq Z_1(R_n ZZ_1 \to P(Z_2)) \to P(Y))。$$

定义 $\pi(P) = \lambda U.R_n ZU$。使用该谓词消去二阶全称量词得到

$$\forall Y \subseteq X(\forall Z \subseteq Y \, \forall Z_1 \exists Z_2 \subseteq Z_1(R_n ZZ_1 \to R_n ZZ_2) \to R_n YY),$$

其中 $\exists Z_2 \subseteq Z_1(R_n ZZ_1 \to R_n ZZ_2)$ 等值于 $\top$，因此整个公式等值于 $\forall Y \subseteq X R_n YY$。 因此，公式 $\Box_n p \to p$ 对应于 $\forall X \forall Y \subseteq X R_n YY$，它等值于 $\forall X R_n XX$。回顾 GML-公式 $\Box_n p \to p$ 等值于 $p \to \Diamond_n p$，它对应于 $\forall X \exists Y \subseteq X R_n YX$。注意公式 $\forall X R_n XX$ 等值于 $\forall X \exists Y \subseteq X R_n YX$。

例 5.8　考虑公式 $\Box_m \Box_n p \to \Box_k p$。它的二阶翻译如下：

$$\forall P \forall X_1^1 \subseteq X(\forall X_1^2 \exists X_1^3 \subseteq X_1^2 \forall X_2^1 \subseteq X_1^3 \forall X_2^2 \exists X_2^3 \subseteq X_2^2$$
$$(R_m X_1^1 X_1^2 \wedge R_n X_2^1 X_2^2 \to P(X_2^3)) \to \forall Y \subseteq X \forall Z(R_k YZ \to (\exists S \subseteq Z)P(S)))。$$

提出量词 $Q_{i=1}^3(X, X_1^i, \cdots, X_m^i)$ 可得

$$\forall P \forall X_1^1 \subseteq X \exists X_1^2 \forall X_1^3 \subseteq X_1^2 \exists X_2^1 \subseteq X_1^3 \exists X_2^2(\exists X_2^3 \subseteq X_2^2$$
$$(R_m X_1^1 X_1^2 \wedge R_n X_2^1 X_2^2 \to P(X_2^3)) \to \forall Y \subseteq X \forall Z(R_k YZ \to (\exists S \subseteq Z)P(S)))。$$

使用谓词 $\pi(P) = \lambda U.(R_m X_1^1 X_1^2 \wedge R_n X_1^2 U)$ 消去二阶全称量词可得

$$\forall X_1^1 \subseteq X \exists X_1^2 \forall X_1^3 \subseteq X_1^2 \exists X_2^1 \subseteq X_1^3 \exists X_2^2(\exists X_2^3 \subseteq X_2^2(R_m X_1^1 X_1^2 \wedge R_n X_2^1 X_2^2$$
$$\to R_m X_1^1 X_1^2 \wedge R_n X_2^1 X_2^2) \to \forall Y \subseteq X \forall Z(R_k YZ \to (\exists S \subseteq Z)R_m X_1^1 X_1^2 \wedge R_n X_2^1 S))。$$

它等值于

$$\forall X_1^1 \subseteq X \exists X_1^2 \forall X_1^3 \subseteq X_1^2 \exists X_2^1 \subseteq X_1^3 \exists X_2^2 \forall Y \subseteq X \forall Z(R_k YZ$$
$$\to (\exists S \subseteq Z)(R_m X_1^1 X_1^2 \wedge R_n X_2^1 S))。$$

这个公式表达某种非空有限子集上的稠密性。

例 5.9　最后一个例子是分次 Geach 公式 $\Diamond_m \Box_n p \to \Box_n \Diamond_m p$。计算它的二阶翻译并且提出可能算子从而得到

$$\forall P \, \forall Y \subseteq X \, \forall Z \, [\underbrace{R_m YZ}_{\text{REL}} \wedge \underbrace{\forall Z_1 \subseteq Z \, \forall Z_2(R_n Z_1 Z_2 \to (\exists Z_3 \subseteq Z_2)P(Z_2))}_{\text{BA}} \to$$
$$\underbrace{\forall S_1 \subseteq Y \, \forall S_2(R_n S_1 S_2 \to (\exists S_3 \subseteq S_2)(\exists S_4(R_m S_3 S_4 \wedge P(S_4))))}_{\text{POS}}。$$

提出 BA 的量词 $\forall Z_1 \subseteq Z \, \forall Z_2$ 得到

$$\forall P \, \forall Y \subseteq X \, \forall Z \, \exists Z_1 \subseteq Z \, \exists Z_2[R_m YZ \wedge \exists Z_3 \subseteq Z_2(R_n Z_1 Z_2 \to P(Z_2)) \to$$

$$\forall S_1 \subseteq Y \forall S_2 (R_n S_1 S_2 \rightarrow \exists S_3 \subseteq S_2 \exists S_4 (R_m S_3 S_4 \wedge P(S_4)))].$$

消去二阶全称量词可得

$$\forall Y \subseteq X \forall Z \exists Z_1 \subseteq Z \exists Z_2 [R_m YZ \rightarrow \forall S_1 \subseteq Y \forall S_2 (R_n S_1 S_2 \rightarrow$$
$$\exists S_3 \subseteq S_2 \exists S_4 (R_m S_3 S_4 \wedge R_n Z_1 S_4))].$$

它等值于

$$\forall Y \subseteq X \forall Z \exists Z_1 \subseteq Z \exists Z_2 \forall S_1 \subseteq Y \forall S_2 (R_m YZ \wedge R_n S_1 S_2 \rightarrow$$
$$\exists S_3 \subseteq S_2 \exists S_4 (R_m S_3 S_4 \wedge R_n Z_1 S_4))).$$

如果 $m = n = 1$，则 Geach 公式 $\Diamond \Box p \rightarrow \Box \Diamond p$ 对应于一阶句子 $\forall xyz (Rxy \wedge Rxz \rightarrow \exists u (Ryu \wedge Rzu))$。

定义 5.10　一个萨奎斯特 **GML 公式**是从萨奎斯特蕴涵式使用 $\wedge$、$\Box_n (n > 0)$ 和特殊析取 $\veebar$ 构造起来的。

定理 5.5　每个萨奎斯特 GML 公式局部对应于一个自动可计算的 WSO 公式。

证明　根据命题 5.8 和定理 5.4。∎

这条定理建立了 GML 公式和 WSO 公式在余代数语义下的对应结果，这是在模态逻辑和高阶逻辑之间的对应结果。

5.4　非分次萨奎斯特公式

本节研究一些不等值于任何分次萨奎斯特公式的 GML 公式。首先我们可以把一些分次萨奎斯特公式转化为基本模态萨奎斯特公式。

定义 5.11　给定任何 GML 公式 ϕ，递归定义 $\phi^{\#}$ 如下：

$$p^{\#} = p,$$
$$\bot^{\#} = \bot,$$
$$(\phi \rightarrow \psi)^{\#} = \phi^{\#} \rightarrow \psi^{\#},$$
$$(\Diamond_n \phi)^{\#} = \Diamond \phi^{\#},$$
$$(\Box_n \phi)^{\#} = \Box \phi^{\#}.$$

命题 5.9　对任何萨奎斯特 GML 公式 ϕ，公式 $\phi^{\#}$ 是基本模态萨奎斯特公式。

证明　根据萨奎斯特公式的定义(参见附录 B)。∎

如下是非分次萨奎斯特公式的例子。

例 5.10　GML 公式 $\Box_m (\Box_n p \rightarrow p) \rightarrow \Box_k p$ 不是分次萨奎斯特公式。原因是 Löb 公理 $\Box(\Box p \rightarrow p) \rightarrow \Box p$ 不是基本模态萨奎斯特公式，因为它违反一阶逻辑的紧致性定理，因而没有一阶对应句子。还有公式 $L(n) = \Box_n (\Box_n p \rightarrow p) \rightarrow \Box_n p$ 对任何

固定的自然数 $n > 0$，它对应于 n-传递性和逆 n 良基性质。

问题 5.1　我们知道 Löb 公理在有限框架上有一阶对应句子(van Benthem, 1985；Doets, 1987)。那么公式 $L(n)$ 在有限结构上如何呢？

问题 5.2　更一般的问题是，公式 $L(n)$ 是否有 WSO 对应句子。注意 WSO 不具有紧致性(Monk, 1976, 第 30 章)。因此我们需要 WSO 新的性质来证明或反驳公式 $L(n)$ 的 WSO 可定义性。

例 5.11　GML 公式 $\square_m \lozenge_n p \rightarrow \lozenge_n \square_m p$ 不是分次萨奎斯特公式，因为 Mckinsey 公理 $\square\lozenge p \rightarrow \lozenge\square p$ 不是基本模态萨奎斯特公式，它没有一阶对应句子(Goldblatt, 1975；van Benthem, 1975)。根据范本特姆的证明，公式 $\square\lozenge p \rightarrow \lozenge\square p$ 违反一阶逻辑向下的 Löwenheim-Skolem 定理。现在，考虑 GML 公式 $\square\lozenge_k p \rightarrow \lozenge_k\square p(k > 0)$。我们证明它不具有对应的 WSO 句子，因为它违反 WSO 向下的 Löwenheim-Skolem 定理(Monk, 1976, 定理 30.3)。

定理 5.6(Tarski)　令 $\mathfrak{B}$ 是 WSO 结构，κ 是基数使得|WSO|$\leqslant\kappa$，并且 $C\subseteq B$ 使得$|C|\leqslant\kappa$。那么存在 $\mathfrak{B}$ 的子结构 $\mathfrak{A}$ 使得 $C\subseteq A$ 并且$|A|=\kappa$，$\mathfrak{A}\models\alpha$ 当且仅当 $\mathfrak{B}\models\alpha$ 对每个 WSO 句子 α。

现在证明公式 $\square\lozenge_k p \rightarrow \lozenge_k\square p$ 没有对应的 WSO 句子。定义余代数$\mathbb{S} = (S, \sigma)$ 如下：①$S = \{w\} \cup \{v_n, v_{n,i} \mid n\in\omega \,\&\, i\in\{0,1\}\} \cup \{z_f \mid f: \omega\rightarrow\{0,1\}\}$；②$\sigma(w)(v_n) = \sigma(v_n)(v_{n,i}) = \sigma(w)(z_f) = \sigma(v_{n,i})(v_{n,i}) = k$，其他有序对指派数 0。如图 5.1 所示。

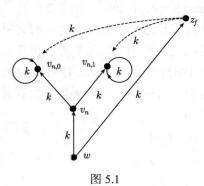

图 5.1

断言 1　$\mathbb{S}\models\square\lozenge_k p \rightarrow \lozenge_k\square p$。

证明　对$\mathbb{S}$中任何赋值，我们验证$\square\lozenge_k p \rightarrow \lozenge_k\square p$ 在上图中每个状态上都是真的。

(1) 假设 $v_n\models\square\lozenge_k p$。那么 $v_{n,0}\models\lozenge_k p$ 并且 $v_{n,1}\models\lozenge_k p$。因此 $v_{n,i}\models p$，所以 $v_{n,i}\models\square p$。因而 $v_n\models\lozenge_k\square p$。

(2) 假设 $v_{n,i}\models\square\lozenge_k p$。容易验证 $v_{n,i}\models p$，因此 $v_{n,i}\models\square p$。所以 $v_{n,i}\models\lozenge_k\square p$。

(3) 假设 $z_f \vDash \Box\Diamond_k p$。那么 $v_{n,f(n)} \vDash \Diamond_k p$，所以 $v_{n,f(n)} \vDash p$。因而 $v_{n,f(n)} \vDash \Box p$，所以 $z_f \vDash \Diamond_k \Box p$。

(4) 假设 $w \vDash \Box\Diamond_k p$。那么 $v_n \vDash \Diamond_k p$。令 $v_{n,i} \vDash p$。选择函数 $f: \omega \to \{0,1\}$ 使得 $f(n) = i$。那么 $z_f \vDash \Box p$，所以 $w \vDash \Diamond_k\Box p$。证毕。

断言 2 公式 $\Box\Diamond_k p \to \Diamond_k\Box p$ 没有对应的 WSO 句子。

证明 由 WSO 向下 Löwenheim-Skolem 定理，有 $\mathbb{S}$ 的可数子余代数 $\mathbb{S}' = (S', \sigma')$ 使 S 含有 w 和每个 $v_{n,i}$。因为 S' 可数，所以存在函数 $f: \omega \to \{0,1\}$ 使 $z_f \in S \setminus S'$。只要证公式 $\Box\Diamond_k p \to \Diamond_k\Box p$ 在 $\mathbb{S}'$ 中不是有效的。定义 $\mathbb{S}'$ 中赋值 V' 使得 $V'(p) = \{v_{n,f(n)} \mid n \in \omega\}$，其中 f 是函数使得 $z_f \notin S'$。现在证明 $w \vDash \Box\Diamond_k p$ 但 $w \nvDash \Diamond_k\Box p$。

(1) $w \nvDash \Diamond_k\Box p$。易证 $v_n \nvDash \Box p$。考虑函数 $g: \omega \to \{0,1\}$ 使 $z_g \in S'$。那么 $g \neq f$，所以 $g(n) \neq f(n)$ 对某个 $n \in \omega$。这样 $v_{n,g(n)} \nvDash p$，所以 $z_g \nvDash \Box p$。因此 $w \nvDash \Diamond_k\Box p$。

(2) $w \vDash \Box\Diamond_k p$。容易验证 $v_n \vDash \Diamond_k p$。取任何 $z_g \in S'$。定义 $\{z_h \mid h: \omega \to \{0,1\}\}$ 上的二元关系 C 为：$z_h C z_k$ 当且仅当 $h(n) = 1 - k(n)$ 对所有 $n \in \omega$。这个关系是 WSO 可定义的，它也是一阶可定义的(van Benthem, 1975)。这样，如果 $z_g C z_f$，那么 $z_f \in S'$，因为 $\mathbb{S}$ 和 $\mathbb{S}'$ 不能区分任何 WSO 句子。但是并非 $z_g C z_f$。这样，存在 $n \in \omega$ 使得 $g(n) = f(n)$。那么 $z_g \vDash \Diamond_k p$，所以 $w \vDash \Box\Diamond_k p$。∎

例 5.12 公式 $(\Box_m\Diamond_n p \to \Diamond_n\Box_m p) \wedge (\Diamond_j\Diamond_k p \to \Diamond_r p)$ 不是分次萨奎斯特公式，因为基本模态公式 $(\Box\Diamond p \to \Diamond\Box p) \wedge (\Diamond\Diamond p \to \Diamond p)$ 没有一阶对应句子，因此不是基本模态萨奎斯特公式(Blackburn et al., 2001, 例子 3.57)。

可以使用不同的方式探索模态对应理论。比如研究模态语言和经典逻辑语言相对于特定框架类的对应问题，比如有限框架类、传递框架类或可数框架类等。在范本特姆(van Benthem, 1985)和窦茨(Doets, 1987)给出如下命题。

命题 5.10 如下基本模态公式在有限框架类上没有对应的一阶句子：

(1) $\Box(p \to \Box p) \to (\Diamond p \to \Box p)$。

(2) $\Box(p \vee \Box p) \to \Diamond(p \wedge \Box p)$。

(3) $\Box(p \vee q) \to \Diamond(\Box p \vee q)$。

(4) $\Diamond(\Box p \vee \Box\neg p)$。

(5) $\Box(\Box p \vee p) \to \Diamond(\Diamond p \vee p)$。

窦茨(Doets, 1987)还证明基本模态公式 $\Diamond\Box(p \vee q) \to \Diamond(\Box p \vee \Box q)$ 在可数框架类上对应于一阶句子 $\forall xy(Rxy \to \exists z(Rxz \wedge \forall u(Rzu \to Ryu) \wedge \forall uv(Rzu \wedge Rzv \to u = v)))$。这些结果是有趣的。对于 GML，我们留有如下开放问题。

问题 5.3 如果限于特殊余代数类，那么在 GML 中可定义的余代数类在 WSO 中的可定义性如何呢？

问题 5.4(Doets, 1987) 使得如下条件成立的最小基数 κ 是多少？即基数至

多为 κ 的框架类上一阶可定义性蕴涵全体框架类上一阶可定义性。这个问题也可以对余代数类上的 WSO 可定义性提出。

5.5　萨奎斯特完全性定理

本节证明 GML 的萨奎斯特完全性定理，这个证明与白磊本等的著作 (Blackburn et al., 2001) 中定理 5.91 的证明类似。我们要证明的定理如下。

定理 5.7　每个分次模态萨奎斯特公式对于它的对应 WSO 句子是典范的。因此每个由分次模态萨奎斯特公式集 Σ 生成的正规分次模态逻辑 $K_g \oplus \Sigma$ 相对于 Σ 中模态公式对应的弱二阶句子所定义的余代数类是强完全的。

该定理的证明利用典范性和描述持久性之间等价，因此只要证下面的定理。

定理 5.8　每个分次模态萨奎斯特公式是 d 持久的.

证明　只要证明每个分次萨奎斯特蕴涵式 $\xi = \phi \to \psi$ 是 d 持久的。令 $\mathbb{C} = (\mathbb{S}, A)$ 是描述泛余代数使得 $\mathbb{C} \vDash \xi$。要证明 $\mathbb{S} \vDash \xi$。如定理 5.4，只需要证明

$$(\dagger)\ \mathbb{S} \vDash \forall P_1 \cdots P_n \forall X \forall X_1 \cdots X_m (\mathsf{REL} \wedge \mathsf{BA} \to \mathsf{POS})。$$

显然 $(\dagger)$ 等价于如下命题：

对 S 中每个非空有限子集序列 $\overline{B}$ 和赋值 V, $\mathbb{S}, V, \overline{B} \vDash \mathsf{REL} \wedge \mathsf{BA} \to \mathsf{POS}$。

现在固定非空有限子集序列 $\overline{B}$，定义赋值 V^* 使得 $V^*(p) = \bigcup \{ R_\varepsilon[B_i] \mid \forall Y (R_\varepsilon X_i Y \to P(Y))\}$ 出现在 BA 中}。那么 $V^*(p)$ 是极小赋值 U 使得 $\mathbb{S}, U, \overline{B} \vDash \mathsf{BA}$，并且可以证明如下等价：

$\mathbb{S}, V^*, \overline{B} \vDash \mathsf{REL} \wedge \mathsf{BA} \to \mathsf{POS}$ 当且仅当 $\mathbb{S}, V, \overline{B} \vDash \mathsf{REL} \wedge \mathsf{BA} \to \mathsf{POS}$。

对每个赋值 V。现在只要证 $\mathbb{S}, V^*, \overline{B} \vDash \mathsf{REL} \wedge \mathsf{BA} \to \mathsf{POS}$。

对赋值 U 和 V，我们写 $U \unrhd V$，如果 V 是 U 的可认扩张，即对每个命题字母 p, $V(p) \in A$。一个子集 $C \subseteq S$ 称为封闭的，如果它是(可能无限的)可认集合的交集。称一个赋值 V 是封闭的，如果每个 $V(p)$ 都是封闭的。那么一个赋值 U 是封闭的当且仅当 $U = \bigcap \{V: U \unrhd V\}$。现在只要证明 V^* 是封闭的，并且如果 U 是封闭的并且 ψ 是正公式，那么 $U(\psi) = \bigcap \{V(\psi) : U \unrhd V\}$。假设已经证明这一点。设 $\mathbb{S}, V^*, \overline{B} \vDash \mathsf{REL} \wedge \mathsf{BA}$。令 V 是可认赋值使得 $V^* \unrhd V$。这样 $\mathbb{S}, V, \overline{B} \vDash \mathsf{REL} \wedge \mathsf{BA}$。根据假设可得，$\mathbb{S}, V, \overline{B} \vDash \mathsf{POS}$。因此 $B \subseteq V(\psi)$。所以 $B \subseteq \bigcap \{V^*(\psi) : V(\psi)\}$。这样 $B \subseteq V^*(\psi)$，因而 $\mathbb{S}, V^*, \overline{B} \vDash \mathsf{POS}$。现在只要证明 V^* 是封闭的，并且如果 U 封闭且 ψ 是正公式，那么 $U(\psi) = \bigcap \{V(\psi) : U \unrhd V\}$。我们对 ψ 归纳证明。

(1) 对原子情况 $\psi = p$，我们有 $U(p) = \bigcap \{V(p) : U \unrhd V\}$。

(2) 对情况 $\psi = \psi_1 \wedge \psi_2$，我们有 $U(\psi) = U(\psi_1) \cap U(\psi_2) = \bigcap\{V(\psi_1) : U \trianglerighteq V\}$ $\cap \bigcap\{V(\psi_2) : U \trianglerighteq V\} = \bigcap\{V(\psi_1) \cap V(\psi_2) : U \trianglerighteq V\} = \bigcap\{V(\psi_1 \wedge \psi_2) : U \trianglerighteq V\}$。

(3) 对情况 $\psi = \psi_1 \vee \psi_2$，容易验证 $U(\psi) \subseteq \bigcap\{V(\psi) : U \trianglerighteq V\}$。因此 $U(\psi) = U(\psi_1) \cup U(\psi_2) = \bigcap\{V(\psi_1) : U \trianglerighteq V\} \cup \bigcap\{V(\psi_2) : U \trianglerighteq V\} \subseteq \bigcap\{V(\psi_1) \cup V(\psi_2) : U \trianglerighteq V\} = \bigcap\{V(\psi) : U \trianglerighteq V\}$。反之，假设 $u \notin U(\psi)$。那么 $u \notin U(\psi_1)$ 并且 $u \notin U(\psi_2)$。根据归纳假设，存在 V_1 和 V_2 使得 $U \trianglerighteq V_i$ 并且 $u \notin V_i(\psi_i)$ 对 $i \in \{1, 2\}$。令 $V_3(p) = V_1(p) \cap V_2(p)$ 对每个命题字母 p。所以 $u \notin V_3(\psi_1)$ 并且 $u \notin V_3(\psi_2)$。因此 $u \notin V_3(\psi_1 \vee \psi_2) = V_3(\psi_1 \vee \psi_2)$。但是 $U \trianglerighteq V_3$ 蕴涵 $u \notin \bigcap\{V(\psi) : U \trianglerighteq V\}$。

(4) 对情况 $\psi = \Box_n \psi'$，容易验证 $U(\psi) = [n](U(\psi')) = [n](\bigcap\{V(\psi') : U \trianglerighteq V\}) \subseteq \bigcap\{[n]V(\psi') : U \trianglerighteq V\} = \bigcap\{V(\psi) : U \trianglerighteq V\}$。对另一方向，假设 $u \in \bigcap\{[n]V(\psi') : U \trianglerighteq V\}$ 但 $u \notin [n](\bigcap\{V(\psi') : U \trianglerighteq V\})$。那么 $\sigma(u)(-\bigcap\{V(\psi') : U \trianglerighteq V\}) \geq n$。那么存在 $D = \{v_0, \cdots, v_{m-1}\} \subseteq -\bigcap\{V(\psi') : U \trianglerighteq V\}$ 且 $\sigma(u)(D) \geq n$。因此存在 $V_0(\psi'), \cdots, V_{m-1}(\psi')$ 使得 $v_i \notin V_i(\psi')$。那么 $v_i \notin \bigcap_{i < m} V_i(\psi')$ 但 $u \in \bigcap_{i < m} V_i(\psi')$。

(5) 对情况 $\psi = \Diamond_n \psi'$，我们有 $U(\psi) = \langle n \rangle U(\psi') = \langle n \rangle \bigcap\{V(\psi') : U \trianglerighteq V\} \subseteq \bigcap\{\langle n \rangle V(\psi') : U \trianglerighteq V\} = \bigcap\{V(\Diamond_n \psi') : U \trianglerighteq V\}$。对另一方向，假设 $u \in \bigcap\{V(\Diamond_n \psi') : U \trianglerighteq V\}$。对 U 的每个可认扩张 V，存在 D 使 $\sigma(u)(D) \geq n$ 并且 $D \subseteq V(\psi')$。只要证 $\sigma(u)(\bigcap\{V(\psi') : U \trianglerighteq V\}) \geq n$。令 $R_n[u] = \{D : \sigma(u)(D) \geq n\}$。只要证

$$R_n[u] \cap \wp(\bigcap\{V(\psi') : U \trianglerighteq V\}) = R_n[u] \cap \bigcap\{\wp(V(\psi')) : U \trianglerighteq V\} \neq \varnothing.$$

易证集合 $\{R_n[u]\} \cup \{\wp(V(\psi')) : U \trianglerighteq V\}$ 有有限交性质。取有限子集 $Q = \{R_n[u], \wp(V_1(\psi')), \cdots, \wp(V_m(\psi'))\}$。令 V_0 是赋值使 $V_0(p) = V_1(p) \cap \cdots \cap V_m(p)$。那么 $U \trianglerighteq V_0$。由假设可得，存在 D 使 $\sigma(u)(D) \geq n$ 且 $D \subseteq V_0(\psi')$。因为 ψ 是正公式，那么 $V_0(\psi') \subseteq V_i(p)$ 对 $1 \leq i \leq m$。那么 $D \subseteq R_n[u] \cap \wp(V_1(\psi')) \cap \cdots \cap \wp(V_m(\psi'))$。因此 Q 具有有限交性质。使用这样一条由紧致性得到的性质，即对描述泛余代数，具有有限交性质的封闭集合族具有有限交性质，由 $R_n[u]$ 封闭得，$R_n[u] \cap \wp(\bigcap\{V(\psi') : U \trianglerighteq V\}) = R_n[u] \cap \bigcap\{\wp(V(\psi')) : U \trianglerighteq V\} \neq \varnothing$。∎

第 6 章 有限模型性质

本章继续研究余代数分次模态逻辑的完全性理论。我们探讨正规分次模态逻辑的有限模型性质。一个正规分次模态逻辑 Λ 具有**有限模型性质**(finite model property, FMP)，如果 Λ 被一个由有限 Ω 模型组成的类刻画。同样，称 Λ 具有**有限余代数性质**(finite coalgebra property, FCP)，如果 Λ 被一个由有限余代数组成的类刻画，即

> (FCP) 对所有 $\phi \notin \Lambda$，存在有限余代数 $\mathbb{S} \vDash \Lambda$ 使得 $\mathbb{S} \nvDash \phi$。

然而可以证明，对任何正规分次模态逻辑来说，FCP 等价于 FMP。因此，要证明一个正规分次模态逻辑 Λ 有有限模型性质，只要证明每个 Λ 一致的公式在 Λ 的某个有限余代数中可满足。本章纲要如下： 6.1 节使用过滤方法研究有限模型性质。6.2 节推广斐尼(Fine, 1985)研究的子框架公式, 在正规分次模态格 $\mathrm{NExt}(K_{g}A^{2})$ 中研究子余代数逻辑。6.3 节把扎哈利亚谢夫(Zakharyaschev, 1992)研究的 $K4$ 的典范公式推广到分次模态逻辑。注意这里 $K4$ 的典范公式是对子框架公式的推广。最后 6.4 节研究正规分次模态格 $\mathrm{NExt}(K_{g}\mathrm{Alt}_{n})$。

6.1 过 滤 模 型

首先定义 Ω 模型通过子公式封闭的公式集过滤得到的模型。这种构造用于证明一些正规分次模态逻辑的有限模型性质。首先定义子公式封闭集。

定义 6.1 一个 GML 公式集 Σ 称为**子公式封闭集**，如果如下条件成立：

(1) 如果 $\neg\phi \in \Sigma$，那么 $\phi \in \Sigma$。

(2) 如果 $\phi \vee \psi \in \Sigma$，那么 $\phi \in \Sigma$ 并且 $\psi \in \Sigma$。

(3) 对每个 $n > 0$，如果 $\Diamond_{n}\phi \in \Sigma$，那么 $\phi \in \Sigma$。

令 Σ 是子公式封闭集，$\mathcal{M} = (S, \sigma, V)$ 是 Ω 模型。定义 S 上的二元关系 $\sim_{\Sigma}$ 如下： $x \sim_{\Sigma} y$ 当且仅当 $\forall \phi \in \Sigma(\mathcal{M}, x \vDash \phi \Leftrightarrow \mathcal{M}, y \vDash \phi)$。注意 $\sim_{\Sigma}$ 是等价关系。令 $[x]_{\Sigma}$ (或记为 $[x]$，如果不产生混淆)是 x 的等价类。令 $S_{\Sigma} = \{[x]_{\Sigma} : x \in S\}$。映射 $\eta : x \mapsto [x]_{\Sigma}$ 称为**自然映射**。对 $B \in \wp^{+}(S)$，令 $[B]_{\Sigma} = \{[b]_{\Sigma} : b \in B\}$。对任何 B 和

$B' \in \wp^{+}(S)$，写 $B \sim_{\Sigma} B'$，如果 $\forall b \in B \exists b' \in B'(b \sim_{\Sigma} b')$ 且 $\forall b' \in B' \exists b \in B(b \sim_{\Sigma} b')$。

定义 6.2 定义 Ω 模型 $\mathcal{M} = (S, \sigma, V)$ 由子公式封闭集 Σ 过滤得到的模型为 $\mathcal{M}^{f}_{\Sigma} = (S^{f}, \sigma^{f}, V^{f})$，其中：对所有 $x \in S$，$X \in \wp^{+}(S)$ 和 $n > 0$，

(1) $S^{f} = S_{\Sigma}$。

(2) 如果 $\sigma(x)(X) \geqslant n$，那么 $\sigma^{f}([x])([X]) \geqslant n$。

(3) 如果 $\sigma^{f}([x])([X]) \geqslant n$，那么 $\forall \Diamond_{n} \phi \in \Sigma(\mathcal{M}, X \vDash \phi \Rightarrow \mathcal{M}, x \vDash \Diamond_{n} \phi)$。

(4) $V^{f}(p) = \{[x] : x \in V(p)\}$ 对每个命题字母 p。

例 6.1 令 $\mathcal{M} = (S, \sigma, V)$ 是 Ω 模型使得 $S = \{x, y, z\}$，$\sigma(x)(y) = \sigma(y)(z) = 2$ 并且 $\sigma(u)(v) = 0$ 对所有其他有序对 (u, v)，令 $V(p) = \varnothing$ 对每个命题字母 p。令 $\Sigma = \{\Diamond_{4}\top, \Diamond_{2}\top, \top\}$。容易验证 $y \sim_{\Sigma} z$。定义赋值 $V^{f}(p) = \varnothing$ 对每个命题字母 p。那么 $\mathcal{M}^{f}_{\Sigma}$ 是 $\mathcal{M}$ 通过 Σ 的过滤模型。如图 6.1 所示。

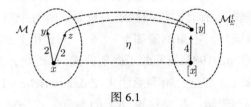

图 6.1

容易验证 x 和 $[x]$、y 和 $[y]$、z 和 $[y]$ 满足 Σ 中相同的公式。

命题 6.1 令 Σ 是子公式封闭集，$\mathcal{M}^{f}_{\Sigma} = (S_{\Sigma}, \sigma^{f}, V^{f})$ 是 $\mathcal{M} = (S, \sigma, V)$ 通过 Σ 过滤得到的模型。那么 $|S_{\Sigma}| \leqslant 2^{|\Sigma|}$。

证明 定义函数 $g : S_{\Sigma} \to \wp(\Sigma)$ 为：$g([x]) = \{\phi \in \Sigma : \mathcal{M}, x \vDash \phi\}$。容易验证函数 g 是单射。∎

定理 6.1 令 $\mathcal{M}^{f}_{\Sigma} = (S_{\Sigma}, \sigma^{f}, V^{f})$ 是 $\mathcal{M} = (S, \sigma, V)$ 通过子公式封闭集 Σ 过滤得到的模型。对每个 $x \in S$ 和 $\phi \in \Sigma$，$\mathcal{M}, x \vDash \phi$ 当且仅当 $\mathcal{M}^{f}_{\Sigma}, [x] \vDash \phi$。

证明 对 $\phi \in \Sigma$ 归纳证明。只证 $\phi := \Diamond_{n}\psi$ 的情况。设 $\mathcal{M}, x \vDash \Diamond_{n}\psi$。那么存在 $B \in \wp^{+}(S)$ 使 $\sigma(x)(B) \geqslant n$ 且 $\mathcal{M}, B \vDash \psi$。由归纳假设得，$\mathcal{M}^{f}_{\Sigma}, [B] \vDash \psi$。由过滤定义可得，$\sigma^{f}([x])([B]) \geqslant n$。所以 $\mathcal{M}^{f}_{\Sigma}, [x] \vDash \Diamond_{n}\psi$。反之假设 $\mathcal{M}^{f}_{\Sigma}, [x] \vDash \Diamond_{n}\psi$，则存在 $[B]$ 使 $\sigma^{f}([x])([B]) \geqslant n$ 并且 $\mathcal{M}^{f}_{\Sigma}, [B] \vDash \psi$。由归纳假设得，$\mathcal{M}, [B] \vDash \psi$。再由过滤定义，$\mathcal{M}, x \vDash \Diamond_{n}\psi$。∎

从过滤定义可以看出，σ^{f} 的定义是弹性的。我们可以区分小过滤和大过滤。

首先令 σ^s 和 σ^l 分别是满足如下条件的转换映射：

(1) $\sigma^s([x])([X]) \geqslant n$ 当且仅当 $(\exists x' \sim_{\Sigma} x)(\exists X' \sim_{\Sigma} X)\sigma(x')(X') \geqslant n$。

(2) $\sigma^l([x])([X]) \geqslant n$ 当且仅当 $(\forall \Diamond_n \phi \in \Sigma)(\mathcal{M}, X \vDash \phi \Rightarrow \mathcal{M}, x \vDash \Diamond_n \phi)$。

称 $\mathcal{M}^s{}_{\Sigma} = (S_{\Sigma}, \sigma^s, V^s)$ 是一个**小过滤模型**，$\mathcal{M}^l{}_{\Sigma} = (S_{\Sigma}, \sigma^l, V^l)$ 是一个**大过滤模型**，其中 $V^s(p) = V^l(p) = \{[x] : x \in V(p)\}$ 对每个命题字母 p。如下命题说明了小过滤和大过滤的意义。

命题 6.2 对任何过滤模型 $\mathcal{M}^f{}_{\Sigma} = (S_{\Sigma}, \sigma^f, V^f)$，$x \in S$，$X \in \wp^+(S)$ 和 $n > 0$，

(1) 如果 $\sigma^s([x])([X]) \geqslant n$，那么 $\sigma^f([x])([X]) \geqslant n$。

(2) 如果 $\sigma^f([x])([X]) \geqslant n$，那么 $\sigma^l([x])([X]) \geqslant n$。

证明 展开 σ^s 和 σ^l 满足的条件。∎

另一点值得注意，过滤模型可能失去原来模型的性质，考虑 k 传递性，即

$$\forall xYZ(\sigma(x)(Y) \geqslant k \,\&\, \sigma(Y)(Z) \geqslant k \Rightarrow \sigma(x)(Z) \geqslant k),$$

该性质余代数对应于 $\Diamond\Diamond_k p \rightarrow \Diamond_k p$。下面表明存在保持 k 传递性的过滤模型。

命题 6.3 令 $\mathcal{M}^t{}_{\Sigma} = (S_{\Sigma}, \sigma^t, V^t)$ 是模型使得 $V^t(p) = \{[x] : x \in V(p)\}$ 对每个命题字母 p，并且对所有 $x \in S$，$X \in \wp^+(S)$ 和 $n > 0$，

$$\sigma^t([x])([X]) \geqslant n \text{ 当且仅当 } \forall \Diamond_n \phi \in \Sigma(\mathcal{M}, X \vDash \phi \lor \Diamond_n \phi \Rightarrow \mathcal{M}, x \vDash \Diamond_n \phi).$$

那么 $\mathcal{M}^t{}_{\Sigma}$ 是 $\mathcal{M}$ 通过 Σ 过滤得到的模型。此外，对任何固定的自然数 $k > 0$，如果 $\mathcal{M}$ 是 k 传递的，那么 $\mathcal{M}^t{}_{\Sigma}$ 是 k 传递的。

证明 只需证 σ^t 满足过滤的定义条件。假设 $\sigma(x)(X) \geqslant n$ 且 $\mathcal{M}, X \vDash \phi \lor \Diamond_n \phi$。如果 $\mathcal{M}, X \vDash \phi$，那么 $\mathcal{M}, X \vDash \Diamond_n \phi$。因此 $\sigma^t([x])([X]) \geqslant n$。设 $\sigma^t([x])([X]) \geqslant n$ 且 $\mathcal{M}, X \vDash \phi$。这样 $\mathcal{M}, X \vDash \phi \lor \Diamond_n \phi$，则 $\mathcal{M}, x \vDash \Diamond_n \phi$。设 $\mathcal{M}$ 是 k 传递的。假设 $\sigma^t([x])([Y]) \geqslant k$，$\sigma^t([Y])([Z]) \geqslant k$ 且 $\mathcal{M}, Z \vDash \phi \lor \Diamond_n \phi$。由 $\sigma^t([Y])([Z]) \geqslant k$ 和 $\mathcal{M}, Z \vDash \phi \lor \Diamond_n \phi$ 得，$\mathcal{M}, Y \vDash \Diamond_n \phi$。由 $\sigma^t([x])([Y]) \geqslant k$ 得，$\mathcal{M}, x \vDash \Diamond_n \phi$。∎

给定 Ω 模型 $\mathcal{M} = (S, \sigma, V)$ 和子公式封闭集 Σ，如果 Σ 是有限的，那么任何过滤模型 $\mathcal{M}^f = (S_{\Sigma}, \sigma^f, V^f)$ 是有限的，并且上界是 $2^{|\Sigma|}$。然而，即使 Σ 是无限的，那么 $\mathcal{M}^f$ 也有可能是有限的。称 Σ 在 $\mathcal{M}$ 中具有**有限基础**，如果存在有限子公式封闭集 Γ 使得 $\forall \phi \in \Sigma \exists \psi \in \Gamma(\mathcal{M} \vDash \phi \leftrightarrow \psi)$。那么如下命题成立。

命题 6.4 假设 $\mathcal{M}^f = (S_{\Sigma}, \sigma^f, V^f)$ 是 $\mathcal{M}$ 通过 Σ 过滤得到的模型，Σ 在 $\mathcal{M}$ 中以 Γ 为有限基础。那么 $|S_{\Sigma}| \leqslant 2^{|\Gamma|}$。因此如果 $\mathcal{M} \nvDash \phi$ 对某个 $\phi \in \Sigma$，那么 $\mathcal{M}^f \nvDash \phi$。

证明 根据有限基础的定义，存在从 S_Σ 到 $\wp(\Gamma)$ 的单射。∎

这个命题说明，在有有限基础的公式集中，任何可反驳的公式都在某个有限模型中可反驳。从定理 6.1 也可以得出如下结论，即每个可满足的公式在某个有限模型中可满足。这条性质称为分次模态语言的有限模型性质。然而，我们要证明一些正规分次模态逻辑的有限模型性质。过滤是研究该问题的工具之一。

称一个正规分次模态逻辑 Λ **允许过滤**，如果对每个公式 $\phi \notin \Lambda$ 都存在某个模型 $\mathcal{M}$ 通过具有有限基础的公式集 Σ 过滤得到的模型 $\mathcal{M}^f = (S_\Sigma, \sigma^f, V^f)$ 使得 $\mathcal{M} \nvDash \phi$ 并且底部余代数 $\mathbb{S}^f = (S_\Sigma, \sigma^f)$ 使 Λ 有效。一个逻辑允许过滤，要求每个非定理在某个有限模型中可反驳，使得该有限模型的底部余代数是该逻辑的余代数。我们有如下有用的事实。

事实 6.1 如果一个正规分次模态逻辑 Λ 允许过滤，那么 Λ 具有有限模型性质。

使用这个事实和定理 6.1，可以直接得到如下定理。

定理 6.2 极小正规分次模态逻辑 K_g 具有有限模型性质。

证明 令 ϕ 是 K_g 一致的，$\mathrm{Sub}(\phi)$ 是 ϕ 的子公式集。令 $\mathcal{M}^f$ 是 K_g 的典范 Ω 模型 $\mathcal{M}$ 通过 $\mathrm{Sub}(\phi)$ 的过滤得到的模型。显然 ϕ 在 $\mathcal{M}$ 中可满足，因此由定理 6.1 可得，ϕ 在 $\mathcal{M}^f$ 中可满足。此外，$\mathcal{M}^f$ 的底部余代数是 K_g 的余代数。∎

为证明一个正规分次模态逻辑 Λ 的有限模型性质，通常使用 Λ 的典范 Ω 模型及其过滤。我们有如下关于典范 Ω 模型的过滤模型的性质。

命题 6.5 任给正规分次模态逻辑 Λ，令 $\mathcal{M}^\Lambda = (S^\Lambda, \sigma^\Lambda, V^\Lambda)$ 是它的典范 Ω 模型。令 $\mathcal{M}^f_\Sigma = (S_\Sigma, \sigma^f, V^f)$ 是通过 Σ 过滤的模型使 $\mathcal{M}^f_\Sigma \vDash \Lambda$。那么 $\mathcal{M}^f_\Sigma$ 是小过滤模型。

证明 设 $\sigma^f([x])([X]) \geqslant n$。要证存在 x' 和 X' 使得 $x \sim_\Sigma x'$，$X \sim_\Sigma X'$ 且 $\sigma^\Lambda(x')(X') \geqslant n$。不失一般性，假设 $X = \{x_0, \cdots, x_{m-1}\}$。令 $\Gamma_i = \{\phi : \mathcal{M}^f_\Sigma, [x_i] \vDash \phi\}$ 对所有 $i < m$，并且 $\Gamma = \{\phi : \mathcal{M}^f_\Sigma, [x] \vDash \phi\}$。因为 $\mathcal{M}^f_\Sigma \vDash \Lambda$，所以 Γ 和 Γ_i 是 Λ-MCS。令 $X' = \{\Gamma_i : i < m\}$ 和 $x' = \Gamma$。容易验证，在 $\mathcal{M}^\Lambda$ 中，$x \sim_\Sigma x'$ 并且 $X \sim_\Sigma X'$。现在证明 $\sigma^\Lambda(x')(X') \geqslant n$。任给 $\phi \in \bigcap X'$，则 $\mathcal{M}^f_\Sigma, [X] \vDash \phi$。由 $\sigma^f([x])([X]) \geqslant n$ 可得，$\mathcal{M}^f_\Sigma, [x] \vDash \Diamond_n \phi$。那么 $\Diamond_n \phi \in \Gamma = x'$，所以 $\sigma^\Lambda(x')(X') \geqslant n$。∎

最后关于有限模型性质的说明是如下定理，即 FCP 等价于 FMP。

定理 6.3 一个正规分次模态逻辑 Λ 具有有限余代数性质当且仅当对每个 $\phi \notin \Lambda$，存在有限模型 $\mathcal{M} \vDash \Lambda$ 使得 $\mathcal{M} \nvDash \phi$。

证明 由定理 6.1，类似白磊本等的著作(Blackburn et al., 2001)中定理 3.23 的证明。有限可区分模型中逻辑定理全局真蕴涵在底部余代数上有效。∎

下面继续使用过滤方法证明一些正规分次模态逻辑的有限模型性质。

定理 6.4　对任何无变元分次模态公式 ϕ，逻辑 $K_g \oplus \phi$ 具有有限模型性质。

证明　假设 $\psi \notin K_g \oplus \phi$。令 $\mathcal{M}^f$ 是 $K_g \oplus \phi$ 的典范 Ω 模型 $\mathcal{M}$ 通过公式集 $\mathrm{Sub}(\phi)$ $\cup\ \mathrm{Sub}(\psi)$ 过滤的模型。那么 $\mathcal{M}^f \nvDash \psi$，因为 $\mathcal{M} \nvDash \psi$。由 $\mathcal{M} \vDash \phi$ 可得，$\mathcal{M}^f \vDash \phi$。∎

下一条定理要使用关于余代数之间保序映射的事实。给定两个余代数 $\mathbb{S} = (S,\ \sigma)$ 和 $\mathbb{S}' = (S',\ \sigma')$，一个函数 $\eta : S \to S'$ 称为**保序的**，如果以下条件成立：

$$\forall x \in S\ \forall X \in \wp^+(S)\ \forall n > 0\ (\sigma(x)(X) \geqslant n \Rightarrow \sigma'(\eta(x))(\eta[X]) \geqslant n).$$

我们有如下事实。

事实 6.2　余代数之间的每个保序函数保持所有正 WSO 公式。

证明　对正 WSO 公式归纳证明。形如 $X \subseteq Y$ 和 $R_n XY$ 的原子公式在保序函数下保持。其他情况显然。∎

显然，过滤构造中的自然映射是保序映射。因此有如下定理。

定理 6.5　每个能被正 WSO 公式可定义的余代数类刻画的正规分次模态逻辑都具有有限模型性质。

证明　假设 $\Lambda = K_g \oplus \Gamma$ 对 GML 公式集 Γ 使得 Γ 被正 WSO 公式集 Δ 定义。对任何 $\phi \notin \Lambda$，令 $\mathcal{M}^f$ 是 Λ 的典范 Ω 模型 $\mathcal{M}^\Lambda$ 的过滤。那么 $\mathcal{M}^\Lambda \nvDash \phi$，因而 $\mathcal{M}^f \nvDash \phi$。注意 $\mathcal{M}^f$ 的底部余代数 $\mathbb{S}^f$ 满足 Δ，因为自然映射保持所有正 WSO 公式。因此，$\mathbb{S}^f \vDash \Lambda$。所以 Λ 有有限模型性质。∎

推论 6.1　对任何非空自然数集 I，逻辑 $K_g \oplus \{\Diamond_n \top : n \in I\}$ 和 $K_g \oplus \{p \to \Diamond_n p : n \in I\}$ 都有有限模型性质。

回顾保持 k 传递性的过滤 σ^t。如下定理成立。

定理 6.6　对任何非空自然数集合 I，逻辑 $K_g \oplus \{\Diamond\Diamond_k p \to \Diamond_k p : k \in I\}$ 具有有限模型性质。

证明　该逻辑的典范 Ω 模型的过滤 σ^t 保持 k 传递性，所以对每个 $k \in I$。该过滤模型的底部余代数是 k 传递的。∎

把上面的结果结合起来可得如下推论。

推论 6.2　对任何非空自然数集合 I，逻辑 $K_g \oplus \{\Diamond_n \top : n \in I\} \oplus \{\Diamond\Diamond_k p \to \Diamond_k p : k \in I\}$ 具有有限模型性质。

现在考虑两个与对称性有关的逻辑

$$K_g \oplus p \to \Box\Diamond_k p \ \text{和}\ K_g \oplus p \to \Box_m \Diamond_n p。$$

回顾对称性公式 $p \to \Box\Diamond_k p$，它对应于

$$(k \text{对称性})\forall xy(\sigma(x)(y) > 0 \Rightarrow \sigma(y)(x) \geqslant k),$$

而公式 $p \to \Box_m \Diamond_n p$ 对应于

$$((m, n)\text{对称性})\forall x Y(\sigma(x)(Y) \geq m \Rightarrow (\exists z \in Y)\sigma(z)(x) \geq n)。$$

那么有如下命题和定理。

命题 6.6　每个小过滤保持 k 对称性和 (m, n) 对称性对任何自然数 $m, n, k > 0$。

证明　令 $\mathcal{M}^s_\Sigma = (S_\Sigma, \sigma^s, V^s)$ 是 $\mathcal{M}$ 由 Σ 得到的小过滤模型。对 k 对称性，令 $\mathcal{M} = (S, \sigma, V)$ 是 k 对称的。假设 $\sigma^s([x])([y]) > 0$。那么存在 $x' \sim x$ 和 $y' \sim y$ 使 $\sigma(x)(y) > 0$。因此 $\sigma(y)(x) \geq k$，所以 $\sigma^s([y])([x]) \geq k$。对 (m, n) 对称性，设 $\mathcal{M}$ 是 (m, n) 对称的，$\sigma^s([x])([Y]) \geq m$，则存在 $x' \sim x$ 和 $Y' \sim Y$ 使 $\sigma(x')(Y') \geq m$。因此存在 $z \in Y'$ 使 $\sigma(z)(x') \geq n$。所以 $\sigma^s([z])([x']) \geq n$，即 $\sigma^s([z])([x]) \geq n$。∎

定理 6.7　对任何非空自然数集合 I 和 J，逻辑 $K_g \oplus \{p \to \Box\Diamond_k p : k \in I\}$ 和 $K_g \oplus \{p \to \Box_m \Diamond_n p : m, n \in J\}$ 都有有限模型性质。

证明　类似于命题 6.6 的证明。∎

下一个逻辑是 $K_g An.3 = K_g \oplus \Diamond\Diamond p \to \Diamond p \oplus \Box_n(p \to \Diamond_n q) \vee \Box_n(q \to \Diamond_n p)$。回顾公式 $n.3$ 对应于强 n 连通性，即

$$\forall x Y Z(\sigma(x)(Y) \geq n \wedge \sigma(x)(Z) \geq n$$
$$\Rightarrow (\exists Y' \in \wp^+(Y)\sigma(Y')(Z) \geq n) \vee (\exists Z' \in \wp^+(Z)\sigma(Z')(Y) \geq n))。$$

不难验证，逻辑 $K_g An.3$ 相对于满足强 n 连通的有根余代数类是强完全的。

定理 6.8　逻辑 $K_g An.3$ 有有限模型性质。

证明　令 $\mathcal{M} = (S, \sigma, V)$ 是 $K_g An.3$ 的典范 Ω 模型。那么 $\mathcal{M}$ 是有根的、传递的和强 n 连通的。令 $\mathcal{M}^f_\Sigma = (S^f, \sigma^f, V^f)$ 是 $\mathcal{M}$ 通过 Σ 过滤的模型，则 $\mathcal{M}^f_\Sigma$ 是小过滤模型。令 $(\mathcal{M}^f_\Sigma)^*$ 是 $\mathcal{M}^f_\Sigma$ 的传递闭包。只要证 $(\mathcal{M}^f_\Sigma)^*$ 满足强 n 连通性。设 $\sigma^f([x])([Y]) \geq n$ 且 $\sigma^f([x])([Z]) \geq n$。存在 $x' \sim x$、$y' \sim y$、$x'' \sim x$ 和 $Z' \sim Z$ 使 $\sigma(x')(Y') \geq n$ 且 $\sigma(x'')(Z') \geq n$。因为 $\mathcal{M}$ 有根，所以存在 $y \in Y'$ 和 $z \in Z'$ 使 $\sigma(y)(Z') \geq n$ 且 $\sigma(z)(Y') \geq n$。所以 $\sigma^f([y])([Z']) \geq n$ 且 $\sigma^f([z])([Y']) \geq n$。∎

现在使用大过滤模型证明与非空有限子集上欧性性质相关的逻辑的有限模型性质。回顾大过滤模型所要满足的条件，即对所有 $n > 0$，

$$\sigma^l([x])([Y]) \geq n \text{ 当且仅当 } \forall \Diamond_n \phi \in \Sigma(\mathcal{M}, Y \vDash \phi \Rightarrow \mathcal{M}, x \vDash \Diamond_n \phi)。$$

这等价于

$$\sigma^l([x])([Y]) \geq n \text{ 当且仅当 } \forall \Box_n \phi \in \Sigma(\mathcal{M}, x \vDash \Box_n \phi \Rightarrow \exists Y' \in \wp^+(Y)(\mathcal{M}, Y' \vDash \phi))。$$

现在证明如下有限模型性质的结果。

定理 6.9 逻辑 $K_g \oplus \Diamond_n p \to \Box \Diamond_n p$ 具有有限模型性质。

证明 该逻辑相对于满足 n 欧性的余代数类是强完全的，该性质即 $\forall xyZ(\sigma(x)(y) > 0 \wedge \sigma(x)(Z) \geqslant n \Rightarrow \sigma(y)(Z) \geqslant n)$。设 $\mathcal{M} = (S, \sigma, V)$ 是 n 欧性 Ω 模型且 $\mathcal{M} \nvDash \phi$。定义 $\Sigma = \mathrm{Sub}(\phi) \cup \{\Box \Diamond_n \psi : \Diamond_n \psi \in \mathrm{Sub}(\phi)\}$。令 $\mathcal{M}^{\mathrm{f}} = (S^{\mathrm{f}}, \sigma^{\mathrm{f}}, V^{\mathrm{f}})$ 是 $\mathcal{M}$ 通过 Σ 的大过滤模型。只要证 $\mathcal{M}^{\mathrm{f}}$ 是 n 欧性的。假设 $\sigma^{\mathrm{f}}([x])([y]) > 0$ 并且 $\sigma^{\mathrm{f}}([x])([Z]) \geqslant n$。为证明 $\sigma^{\mathrm{f}}([y])([Z]) \geqslant n$，假设 $\mathcal{M}, Z \vDash \Diamond_n \psi$ 对任何 $\Diamond_n \psi \in \Sigma$。那么 $\mathcal{M}^{\mathrm{f}}, [x] \vDash \Diamond_n \psi$，所以 $\mathcal{M}, x \vDash \Diamond_n \psi$。因为 $\mathcal{M}$ 是 n 欧性的，$\mathcal{M}, x \vDash \Box \Diamond_n \psi$。根据 $\sigma^{\mathrm{f}}([x])([y]) > 0$ 可得，$\mathcal{M}, y \vDash \Diamond_n \psi$。所以 $\sigma^{\mathrm{f}}([y])([Z]) \geqslant n$。∎

定理 6.10 逻辑 $K_g \oplus \Diamond_n p \to \Box_m \Diamond_n p$ 具有有限模型性质。

证明 类似于定理 6.9 的证明。∎

上述关于有限模型性质的结果，乃是把过滤方法应用于证明有限模型性质。然而，还可以证明更一般的有限模型性的结果。6.2 节我们探讨这个问题。

6.2 NExt($K_g 4^2$) 中子余代数逻辑

我们把斐尼(Fine, 1985)的子框架逻辑推广到分次模态逻辑。回顾对有限传递余代数定义的分次 Jankov-Fine 公式，它用于刻画满射同态(归约)。本节定义子余代数公式，可用来刻画部分的满射同态(子归约)。主要定理是，在正规分次模态格 NExt($K_g 4^2$) 中每个子余代数逻辑具有有限模型性质。我们从一些基本概念开始。这里使用的逻辑 $K_g 4^2$ 定义为

$$K_g 4^2 = K_g \oplus \{\Diamond\Diamond_k p \to \Diamond_k p : k > 0\} \oplus \{\Diamond_k\Diamond p \to \Diamond_j p : j \geqslant k > 0\}.$$

这两种公理分别对应于两种传递性。

命题 6.7 对任何固定的自然数 $k, j > 0$，

(1) $\Diamond\Diamond_k p \to \Diamond_k p$ 对应于 $\forall XYZ(RXY \wedge R_k YZ \to R_k XZ)$。

(2) $\Diamond_k\Diamond p \to \Diamond_j p$ 对应于 $\forall XYZ(R_k XY \wedge RYZ \to R_j XZ)$。

证明 使用通常的论证。∎

因此，对任何余代数 $\mathbb{S} = (S, \sigma)$，我们有

(1) $\mathbb{S} \vDash \Diamond\Diamond_k p \to \Diamond_k p$ 当且仅当 $\mathbb{S} \vDash \forall xYZ(\sigma(x)(Y) > 0 \wedge \sigma(Y)(Z) \geqslant k \to \sigma(x)(Z) \geqslant k)$。

(2) $\mathbb{S} \vDash \Diamond_k\Diamond p \to \Diamond_j p$ 当且仅当 $\mathbb{S} \vDash \forall xYZ(\sigma(x)(Y) \geqslant k \wedge \sigma(Y)(Z) > 0 \to \sigma(x)(Z) \geqslant j)$。

进一步来看，命题 6.7 中两个对应句子逻辑上都蕴涵 WSO 句子 $\forall XYZ(R_k XY \wedge R_k YZ \to R_k XZ)$，它等值于 $\forall xYZ(R_k xY \wedge R_k YZ \to R_k xZ)$。这个句子对应于

公式 $\lozenge_k\lozenge_k p \rightarrow \lozenge_k p$。另外，从句法方面看，我们有如下命题成立。

命题 6.8 对任何固定的自然数 $k > 0$，公式 $\lozenge_k\lozenge_k p \rightarrow \lozenge_k p$ 是逻辑 $K_g \oplus \lozenge\lozenge_k p \rightarrow \lozenge_k p$ 和 $K_g \oplus \lozenge_k\lozenge p \rightarrow \lozenge_j p (j \geqslant k)$ 的定理。

证明 使用 K_g 定理 $\lozenge_k p \rightarrow \lozenge p$ 和 $\lozenge_k$ 的单调性。∎

本节假设所有余代数满足条件 $\forall xYZ(\sigma(x)(Y) > 0 \wedge \sigma(Y)(Z) \geqslant k \rightarrow \sigma(x)(Z) \geqslant k)$ 和 $\forall xYZ(\sigma(x)(Y) \geqslant k \wedge \sigma(Y)(Z) > 0 \rightarrow \sigma(x)(Z) \geqslant j)$ 对所有 $j \geqslant k > 0$。称这两条性质为 Tran^2，也用这个记号表示满足这两条性质的所有余代数组成的余代数类。首先回顾 Ω 同态的概念，一个函数 $\eta: S \rightarrow S'$ 称为从 Ω 模型 $\mathcal{M} = (S, \sigma, V)$ 到 $\mathcal{M}' = (S', \sigma', V')$ 的 Ω 同态，如果如下条件成立：对每个自然数 $n > 0$，

(1) 对任何 $x \in S$，x 和 $\eta(x)$ 满足相同的命题字母。

(2) $\forall x \in S \, \forall X \in \wp^+(S)(\sigma(x)(X) \geqslant n \Rightarrow \sigma'(\eta(x))(\eta[X]) \geqslant n)$。

(3) $\forall x \in S \, \forall Y \in \wp^+(S')(\sigma'(\eta(x))(Y) \geqslant n \Rightarrow \exists X \in \wp^+(S)(\sigma(x)(X) \geqslant n \& \eta[X] \subseteq Y))$。

函数 η 称为**归约**，如果它是满射 Ω 同态(记为 $\eta: \mathcal{M} \twoheadrightarrow_\Omega \mathcal{M}'$)。如果 η 是归约，那么后退条件(3)可以使用如下条件代替：

$$\forall x \in S \, \forall Y \in \wp^+(S')(\sigma'(\eta(x))(Y) \geqslant n \Rightarrow \exists X \in \wp^+(S)(\sigma(x)(X) \geqslant n \& \eta[X] = Y)).$$

去掉原子条件则对余代数定义归约。函数 η 称为从 $\mathcal{M}$ 到 $\mathcal{M}'$ 的**子归约**，如果它是部分归约，即从 $\mathcal{M}$ 的某个子模型到 $\mathcal{M}'$ 的归约。如下是子归约的形式定义。

定义 6.3 一个余代数 $\mathbb{S} = (S, \sigma)$ **可子归约**为 $\mathbb{S}' = (S', \sigma')$，如果存在非空子集 $X \subseteq S$ 和满射 $\eta: X \rightarrow S'$ 使 η 是从子余代数 $\mathbb{S}{\upharpoonright}_X$ 到 $\mathbb{S}'$ 的同态，即 $\sigma' \circ \eta = \Omega\eta \circ \sigma{\upharpoonright}_X$。

引入如下对斐尼的论文(Fine, 1985)中所给出的概念的推广。给定余代数 $\mathbb{S} = (S, \sigma)$，$X, Y \in \wp^+(S)$ 和 $n > 0$，定义

(1) $R_n XY$，如果 $\sigma(X)(Y) \geqslant n$。

(2) $\vec{R}_n XY$，如果 $\sigma(X)(Y) \geqslant n$ 并且 $\sigma(Y)(X) < n$。

(3) $R_n^= XY$，如果 $\sigma(X)(Y) \geqslant n$ 或者 $X = Y$。

(4) $\overleftrightarrow{R}_n XY$，如果 $\sigma(X)(Y) \geqslant n$ 并且 $\sigma(Y)(X) \geqslant n$。

对 $n = 1$ 的情况，我们删除下标 1。

引理 6.1 设 η 是从 $\mathbb{S} = (S, \sigma)$ 到 $\mathbb{S}' = (S', \sigma')$ 的归约。对所有 $X \in \wp^+(S)$ 和 $Y' \in \wp^+(S')$，如果 $\vec{R}_n' \eta[X] Y'$，那么存在 $Y \in \wp^+(S)$ 使得 $\vec{R}_n XY$ 并且 $\eta[X] = Y$。

证明 假设 $\vec{R}_n' \eta[X] Y'$。那么 $R_n' \eta[X] Y'$，即对每个 $x \in X$，$\sigma'(\eta(x))(Y') \geqslant n$。由后退条件，存在 $Y_x \in \wp^+(S)$ 使得 $\sigma(x)(Y_x) \geqslant n$ 且 $\eta[Y_x] = Y'$。令 $Y = \bigcup_{x \in X} Y_x$。那么 $\sigma(X)(Y) \geqslant n$ 并且 $\eta[Y_x] = Y'$。只要证并非 $R_n YX$。若不然，则 $\sigma(Y)(X) \geqslant n$。由前进条件可得，$\sigma'(\eta[Y])(\eta[X]) \geqslant n$。那么 $\sigma'(Y')(\eta[X]) \geqslant n$，矛盾。∎

给定余代数 $\mathbb{S} = (S, \sigma)$，定义**深度函数** $d : S \to \mathrm{Ord} \cup \{\infty\}$（从 S 到序数类并上"最大序数" ∞ 的函数）如下：

$$d(x) = \begin{cases} \infty, & \text{如果 } S \text{ 中存在 } y_1, y_2, \cdots \text{ 使得 } x\,\overrightarrow{R}\,y_1\,\overrightarrow{R}\,y_2\cdots, \\ \sup\{d(y) + 1 : x\,\overrightarrow{R}\,y\}, & \text{否则}。 \end{cases}$$

如下引理的证明类似于斐尼(Fine, 1985)的证明。

引理 6.2 假设 $\eta : \mathbb{S} \twoheadrightarrow_{\Omega} \mathbb{S}'$。那么 $d(x) \geqslant d(\eta(x))$ 对每个状态 $x \in S$。

一个归约 $\eta : \mathbb{S} \twoheadrightarrow_{\Omega} \mathbb{S}'$ 称为**深度可区分的**，如果 $\overrightarrow{R}_n XY$ 蕴涵 $\eta[X] \neq \eta[Y]$。那么我们有如下定理。

定理 6.11 假设 $\eta : \mathbb{S} \twoheadrightarrow_{\Omega} \mathbb{S}'$ 是深度可区分的。如下成立：

(1) $\overrightarrow{R}_n XY$ 蕴涵 $\overrightarrow{R}_n' \eta[X]\eta[Y]$。

(2) $d(x) = d(\eta(x))$ 对每个状态 $x \in S$。

证明 第(2)项的证明如斐尼的论文(Fine, 1985)。对于(1)，假设 $\overrightarrow{R}_n XY$。由 $R_n XY$ 得，$R_n' \eta[X]\eta[Y]$。为得出矛盾，假设 $R_n' \eta[Y]\eta[X]$。由引理 6.1 得，存在 $Z \in \wp^+(S)$ 使得 $\overrightarrow{R}_n Z$ 并且 $\eta[Z] = \eta[X]$。由 $R_n XY$、$R_n YZ$ 和 Tran^2 得，$R_n XZ$。只要证并非 $R_n ZX$。然后根据深度可分性质可得 $\eta[Z] \neq \eta[X]$，矛盾。现在假设 $R_n ZX$。根据 $R_n XY$ 和 Tran^2 可得，$R_n ZY$，矛盾。∎

说明 6.1 上述概念和结果是对斐尼提出的相应概念和结果的推广。除了深度可区分性这个概念，其他概念都是定义在非空有限子集上的。特别地，余代数中状态的深度与指派给状态的大于 1 的自然数无关。

定义 6.4 给定余代数 $\mathbb{S} = (S, \sigma)$ 和非空子集 $X, Y \subseteq S$，X 称为 Y 的**覆盖元**，如果对每个 $y \in Y$ 都存在状态 $z \in X \cap Y$ 使得 $yR^=z$。

覆盖元的概念是很重要的，因为覆盖元中的状态可以用外面的状态代替。此外，这里我们运用性质 Tran^2。如下命题中还要使用两种类型的传递性。

命题 6.9 令 $\mathbb{S} = (S, \sigma)$ 是余代数，X, Y 是 S 的非空子集。假设 X 是 Y 的覆盖元。对所有 $n > 0$，$y \in Y$ 和 $Z \in \wp^+(Y)$，如果 $\sigma(y)(Z) \geqslant n$，那么存在 $Z' \in \wp^+(X \cap Y)$ 使得 $\sigma(y)(Z') \geqslant n$(图 6.2)。

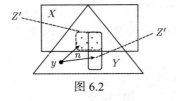

图 6.2

证明 假设 $\sigma(y)(Z) \geqslant n$。考虑 $X \cap Z$。存在两种情况：① 设 $X \cap Z = \varnothing$。

对每个 $z \in Z$, 存在 $x_z \in X \cap Y$ 使得 Rzx_z。选择 $Z' = \{x_z \in X \cap Y : z \in Z\}$。由 Tran^2 得, $\sigma(y)(Z') \geqslant n$。② 再设 $X \cap Z \neq \varnothing$。如果 $Z \subseteq X \cap Y$, 则结论成立。假设 $Z_1 = Z \setminus X$ 并且 $Z_2 = Z \setminus Z_1$。那么 $\sigma(y)(Z_1) + \sigma(y)(Z_2) \geqslant n$。定义 $U_1 = \{u \in Z_1 : (\exists x \in Z_2)\ Rux\}$。令 $X_1 = \{x \in Z_2 : (\exists u \in U_1)\ Rux\}$。定义 $U_2 = Z_1 \setminus U_1$ 和 $X_2 = \{x \in (X \cap Y) \setminus Z_2 : (\exists u \in U_2)\ Rux\}$。由 Tran^2 得, $\sigma(y)(X_1) \geqslant \sigma(y)(U_1) + \sigma(y)(X_1)$ 且 $\sigma(y)(X_1) \geqslant \sigma(y)(U_2)$。所以, $\sigma(y)(X_1 \cup X_2) \geqslant n$。∎

引理 6.3 假设 $\eta : \mathbb{S} \twoheadrightarrow_\Omega \mathbb{S}'$。令 $X \subseteq S$ 是每个 $\eta^{-1}(x')$ 的覆盖元对 $x' \in S'$。那么 $\eta{\upharpoonright}_X : \mathbb{S}{\upharpoonright}_X \twoheadrightarrow_\Omega \mathbb{S}'$。

证明 逐个验证归约条件。对于满射条件, 令 $x' \in S'$ 并且 $y \in \eta^{-1}(x')$。那么存在 $x \in X \cap \eta^{-1}(x')$ 使得 $yR^=x$。这样 $\eta{\upharpoonright}_X(x) = x'$。因而 $\eta{\upharpoonright}_X$ 是满射。对于前进条件, 假设 $\sigma{\upharpoonright}_X(x)(Y) \geqslant n$ 对 $x \in X$ 和 $Y \in \wp^+(X)$。那么 $\sigma(x)(Y) \geqslant n$, 因而 $\sigma'(\eta(x))(\eta[Y]) \geqslant n$。所以, $\sigma'(\eta{\upharpoonright}_X(x))(\eta{\upharpoonright}_X[Y]) \geqslant n$。对于后退条件, 假设 $\sigma'(\eta{\upharpoonright}_X(x))(Y') \geqslant n$ 对 $x \in X$ 和 $Y' \in \wp^+(S')$。那么 $\sigma'(\eta(x))(Y') \geqslant n$。存在 $Y \in \wp^+(S)$ 使得 $\sigma(x)(Y) \geqslant n$ 且 $\eta[Y] = Y'$。因此存在 $Z \subseteq X \cap \eta^{-1}(x')$ 使 $YR_n^= Z$。由 Tran^2 得, $xR_n^= Z$。∎

给定余代数 $\mathbb{S} = (S, \sigma)$ 和非空子集 $X \subseteq S$, 一个状态 x 称为 X 中**极大元**, 如果 $x \in X$ 并且不存在 $y \in X$ 使得 $x \overrightarrow{R} y$。直接可得如下命题。

命题 6.10 令 $\eta : \mathbb{S} \twoheadrightarrow_\Omega \mathbb{S}'$。令 $X = \{x \in S : x$ 是 $\eta^{-1}(x')$ 中极大元对某个 $x' \in S'\}$。那么 X 是每个 $\eta^{-1}(x')$ 的覆盖元对 $x' \in S'$。因此 $\eta{\upharpoonright}_X : \mathbb{S}{\upharpoonright}_X \twoheadrightarrow_\Omega \mathbb{S}'$。

证明 根据引理 6.3 可得。∎

引理 6.4 假设 η 是从 $\mathbb{S} = (S, \sigma)$ 到有限余代数 $\mathbb{S}' = (S', \sigma')$ 的归约。那么存在可数子集 $X \subseteq S$ 使得 $\eta{\upharpoonright}_X : \mathbb{S}{\upharpoonright}_X \twoheadrightarrow_\Omega \mathbb{S}'$。

证明 该引理的证明修改斐尼(Fine, 1985)的证明。对 $k \in \omega$ 归纳定义子集链 $X_0 \subseteq X_1 \subseteq X_2 \subseteq \cdots$ 如下。

(1) 选择 X_0 如下。令 $y_0, \cdots, y_n$ 属于 S' 使得 S' 是由 $\{y_0, \cdots, y_n\}$ 生成的。那么从 $\eta^{-1}(y_0), \cdots, \eta^{-1}(y_n)$ 分别选择 $z_0, \cdots, z_n$。令 $X_0 = \{z_0, \cdots, z_n\}$。

(2) 假设已经选择 X_k。对任何 $a \in X_k$ 和 $B \in \wp^+(S')$ 使得 $\sigma'(\eta(a))(B) \geqslant n$, 选择 $Z_{aB} \in \wp^+(S)$ 使得 $\eta[Z_{aB}] = B$ 并且 $\sigma(a)(Z_{aB}) \geqslant n$。令 $X_{k+1} = X_k \cup \{Z_{aB} : a \in X_k\ \&\ B \in \wp^+(S')\ \&\ \sigma'(\eta(a))(B) \geqslant n$ 对某个 $n > 0\}$。

令 $X = \bigcup_{k \in \omega} X_k$。容易验证 X 是可数的, 因为 X_i 是有限的。根据构造可得, $\eta{\upharpoonright}_X : \mathbb{S}{\upharpoonright}_X \twoheadrightarrow_\Omega \mathbb{S}'$。∎

定义 6.5 给定 Ω 模型 $\mathcal{M} = (S, \sigma, V)$, 一个二元关系 $\approx\ \subseteq S \times S$ 称为 $\mathcal{M}$ 上的**同余关系**, 如果 $\approx$ 是等价关系, 并且对所有 $(a, b) \in \approx$, $A \in \wp^+(S)$ 和 $n > 0$ 都有

(1) a 和 b 满足相同的命题字母。

(2) 如果 $\sigma(a)(A) \geqslant n$，那么存在 $B \in \wp^+(S)$ 使得 $\sigma(a)(A) \geqslant n$ 并且 $A \approx B$，其中 $A \approx B$ 定义为：$\forall a \in A \exists b \in B (\imath \approx b)$ 并且 $\forall b \in B \exists a \in A (a \approx b)$。令 $[a]_\approx$ 是 a 的等价类。令 $[A]_\approx = \{[a]_\approx : a \in A\}$。定义**商模型** $\mathcal{M}/\approx = (S/\approx, \sigma/\approx, V/\approx)$ 如下：

(1) $S/\approx = \{[a]_\approx : a \in S\}$。

(2) $\forall n > 0 (\sigma/\approx([a]_\approx)([A]_\approx) \geqslant n \leftrightarrow \exists A' \in \wp^+(S) (A \approx A' \& \sigma(a)(A') \geqslant n))$。

(3) $V/\approx(p) = \{[a]_\approx : a \in V(p)\}$。

现在可以证明如下关于同余关系的定理。

定理 6.12　令 $\approx$ 是 Ω 模型 $\mathcal{M} = (S, \sigma, V)$ 上的同余关系。那么自然映射 $\eta: a \mapsto [a]_\approx$ 是从 $\mathcal{M}$ 到 $\mathcal{M}/\approx$ 的归约。

证明　只需验证归约条件。原子条件显然。对于前进条件，如果 $\sigma(a)(A) \geqslant n$，那么 $\sigma/\approx([a]_\approx)([A]_\approx) \geqslant n$。反之，如果 $\sigma/\approx([a]_\approx)([A]_\approx) \geqslant n$，那么存在 $A' \in \wp^+(S)$ 使得 $A \approx A'$ 并且 $\sigma(a)(A') \geqslant n$。■

引理 6.5　给定 Ω 模型 $\mathcal{M} = (S, \sigma, V)$，$x$ 和 $y \in S$，如果 $x \vec{R} y$ 并且 x 和 y 满足相同的命题字母，那么 $\mathcal{M}, x \vDash \phi$ 当且仅当 $\mathcal{M}, y \vDash \phi$ 对每个 GML 公式 ϕ。

证明　假设 $x \vec{R} y$ 并且 x 和 y 满足相同的命题字母。定义二元关系 $\approx = Id_S \cup \{(x, y), (y, x)\}$。那么 $\approx$ 是同余关系。原子条件是显然的。假设 $\sigma(x)(A) \geqslant n$。根据 yRx 可得，$\sigma(y)(x) > 0$。那么 $\sigma(y)(A) \geqslant n$。■

回顾可区分模型的概念。一个 Ω 模型 $\mathcal{M} = (S, \sigma, V)$ 称为**可区分的**，如果对任何 $x \neq y \in S$，存在 GML 公式 ϕ 使得 $\mathcal{M}, x \vDash \phi$ 但 $\mathcal{M}, y \nvDash \phi$。

推论 6.3　每个有限 Ω 模型可归约为某个可区分模型。

证明　令 $\mathcal{M} = (S, \sigma, V)$ 是有限模型，并且 $\equiv$ 是 S 上的分次模态等价关系。下面证明 $\equiv$ 是同余关系。假设 $x \equiv y$ 并且 $\sigma(x)(A) \geqslant n$。因为 $\mathcal{M}$ 是有限的，令 $\sigma{\uparrow}(y) = \{y_1, \cdots, y_k\}$ 使得 $\sigma(y)(y_i) > 0$ 对 $1 \leqslant i \leqslant k$。如果 $\sigma{\uparrow}(y) = \varnothing$，那么 $y \vDash \square\bot$。所以 $x \vDash \square\bot$，矛盾。因而 $\sigma{\uparrow}(y) \neq \varnothing$。令 $\sigma(y)(y_i) = m_i$ 对 $1 \leqslant i \leqslant k$。假设对每个 $B \in \wp^+(\sigma{\uparrow}(y))$，$\sigma(y)(B) < n$ 或者并非 $A \overset{\cong}{=}_g B$。令 $B = \sigma{\uparrow}(y)$。如果 $\sigma(y)(B) < n$，那么 $y \nvDash \lozenge_n\top$ 但是 $x \vDash \lozenge_n\top$，矛盾。假设并非 $A \overset{\cong}{=}_g B$。不失一般性，可以假设存在 $a \in A$ 使得 $a \not\equiv y_i$ 对所有 $y_i \in B$。那么存在 ϕ_i 使得 $a \vDash \phi_i$ 但 $y_i \nvDash \phi_i$ 对 $1 \leqslant i \leqslant k$。令 $\phi = \bigwedge_{1 \leqslant i \leqslant k} \phi_i$。那么 $x \vDash \lozenge\phi$ 但 $y \nvDash \lozenge\phi$，矛盾。■

我们已经定义本节所要使用的基本概念。现在定义子余代数公式和逻辑。

定义 6.6　令 $\mathbb{S} = (S, \sigma)$ 是有限 Tran^2 余代数，$S = \{w_0, \cdots, w_{n-1}\}$。对每个状态 w_i，令 p_i 是相应命题字母。对每个 $X \in \wp^+(S)$，定义 $p_X := \bigvee_{w_i \in X} p_i$。令 $\square^+\psi := \psi \wedge \square\psi$。对固定自然数 $k > 0$，定义**子余代数 k 次公式** $\phi_{\mathbb{S}}^k$ 为所有如下形式公式的合取：

(1) p_0。

(2) $\bigwedge\{\square^+(p_i \to \neg p_j): i \neq j < n\}$。

(3) $\bigwedge\{\square^+(p_i \to \Diamond_k p_X): \sigma(w_i)(X) \geqslant k\}$。

(4) $\bigwedge\{\square^+(p_i \to \neg\Diamond_k p_X): \sigma(w_i)(X) < k\}$。

令 $\phi_{\mathbb{S}}^{\omega} = \{\phi_{\mathbb{S}}^k : k > 0\}$。那么字面上称 $\phi_{\mathbb{S}}^{\omega}$ 为余代数 $\mathbb{S}$ 的(伪) **"子余代数公式"**。定义 $\sim\phi_{\mathbb{S}}^{\omega} = \{\neg\phi_{\mathbb{S}}^k : k > 0\}$，并字面上称之为 $\phi_{\mathbb{S}}^{\omega}$ 的 "否定"。

定义 6.7 令 Σ 是否定子余代数公式集(即 $\sim\phi_{\mathbb{S}}^{\omega}$ 的集合族的并集)。逻辑 $K_g A^2 \Sigma$ 称为**子余代数逻辑**。给定有限 Tran^2 的余代数集合 $\mathcal{C}$，可得子余代数逻辑令 $K_g A^2_{\mathcal{C}} = K_g A^2 \oplus \{\sim\phi_{\mathbb{S}}^{\omega} : \mathbb{S} \in \mathcal{C}\}$。

例 6.2 (1) 逻辑 $K_g A^2 T^{\omega} = K_g A^2 \oplus \{p \to \Diamond_k p : k > 0\}$ 是子余代数逻辑。令 $\mathbb{S} = (S, \sigma)$ 是余代数，其中 $S = \{\bullet\}$ 并且 $\sigma(\bullet)(\bullet) = 0$。显然 $\mathbb{S}$ 属于 Tran^2。对每个 $k > 0$，计算 $\phi_{\mathbb{S}}^k = p \wedge \square^+(p \to \neg\Diamond_k p)$ 且 $\neg\phi_{\mathbb{S}}^k = p \to (p \wedge \Diamond_k p) \vee \Diamond(p \wedge \Diamond_k p)$。

断言 $K_g A^2 T^{\omega} = K_g A^2 \oplus \sim\phi_{\mathbb{S}}^{\omega}$

证明 只要证 $K_g A^2 \oplus p \to \Diamond_k p = K_g A^2 \oplus \neg\phi_{\mathbb{S}}^k$ 对每个 $k > 0$。固定自然数 $k > 0$。从左至右易证。对另一方向，如下是在逻辑 $K_g A^2 \oplus \neg\phi_{\mathbb{S}}^k$ 中对 $p \to \Diamond_k p$ 的证明：

[1] $p \wedge \Diamond_k p \to \Diamond_k p$ 重言式

[2] $\Diamond(p \wedge \Diamond_k p) \to \Diamond\Diamond_k p$ $\Diamond$ 的单调性

[3] $\Diamond\Diamond_k p \to \Diamond_k p$ $K_g A^2$ 的公理

[4] $\Diamond(p \wedge \Diamond_k p) \to \Diamond_k p$ PL: [2], [3]

[5] $(p \wedge \Diamond_k p) \vee \Diamond(p \wedge \Diamond_k p) \to \Diamond_k p$ PL: [1], [4]

[6] $p \to (p \wedge \Diamond_k p) \vee \Diamond(p \wedge \Diamond_k p)$ 公理 $\neg\phi_{\mathbb{S}}^k$

[7] $p \to \Diamond_k p$ PL: [5], [6]

(2) 逻辑 $K_g A^2 L^* = K_g A^2 \oplus \{\square(\square_k p \to p) \to \square p : k > 0\}$ 是子余代数逻辑。令 $\mathbb{S} = (S, \sigma)$ 是余代数，其中 $S = \{\circ\}$ 并且 $\sigma(\circ)(\circ) = \omega$。显然 $\mathbb{S}$ 是 Tran^2 余代数。对每个 $k > 0$，计算 $\phi_{\mathbb{S}}^k = p \wedge \square^+(p \to \Diamond_k p)$ 并且 $\neg\phi_{\mathbb{S}}^k = \square^+(p \to \Diamond_k p) \to \neg p$。

断言 $K_g A^2 L^* = K_g A^2 \oplus \sim\phi_{\mathbb{S}}^{\omega}$

证明 只要证 $K_g A^2 \oplus \square(\square_k p \to p) \to \square p = K_g A^2 \oplus \neg\phi_{\mathbb{S}}^k$ 对每个 $k > 0$。固定自然数 $k > 0$。证明两个方向的包含。如下是在 $K_g A^2 \oplus L_k^*$ 中对 $\neg\phi_{\mathbb{S}}^k$ 的证明。

[1] $\square(\square_k p \to p) \to \square p$ 公理 L_k^*

[2] $\square p \to \square_k p$ K_g 定理

[3] $\square(\square_k p \to p) \to \square_k p$ PL: [1], [2]

[4] $\square(\square_k p \to p) \wedge (\square_k p \to p) \to p$ PL: [3]

[5] $\square^+(p \to \Diamond_k p) \to \neg p$ PL: [4]

如下是在 $K_g A^2 \oplus \neg \phi_{\mathbb{S}}^k$ 中对 L_k^* 的证明。

[1] $\Box^+(p \to \Diamond_k p) \to \neg p$ ＿＿＿＿＿＿＿＿＿＿＿＿＿＿＿＿ 公理 $\neg \phi_{\mathbb{S}}^k$

[2] $\Box^+(\Box_k p \to p) \to p$ ＿＿＿＿＿＿＿＿＿＿＿＿＿＿＿＿＿ PL: [1]

[3] $\Box(\Box_k p \to p) \wedge \Box\Box(\Box_k p \to p) \to \Box p$ ＿＿＿ 必然算子分配：[1]

[4] $\Box(\Box_k p \to p) \to \Box\Box(\Box_k p \to p)$ ＿＿＿＿＿＿＿＿ $K_g A^2$ 定理

[5] $\Box(\Box_k p \to p) \to \Box p$ ＿＿＿＿＿＿＿＿＿＿＿＿＿＿＿ PL: [3], [4]

下面的定理表明使用子余代数公式可以来描述子归约。

定理 6.13　令 $\mathbb{S} = (S, \sigma)$ 是有限 Tran^2 余代数。对任何 Tran^2 余代数 $\mathbb{T} = (T, \rho)$，子余代数公式 $\phi_{\mathbb{S}}^{\omega}$ 在 $\mathbb{T}$ 中可满足当且仅当 $\mathbb{T}$ 可子归约到 $\mathbb{S}$。

证明　假设 $\mathbb{T}$ 可子归约到 $\mathbb{S}$。令 $S = \{w_0, \cdots, w_{n-1}\}$，$\mathbb{T}' = (T', \rho')$ 是 $\mathbb{T}$ 的子余代数使得 $\eta: \mathbb{T}' \to_\Omega \mathbb{S}$。定义 $\mathbb{T}$ 中赋值 V 使得对每个 $a \in T$，$a \in V(p_i)$ 当且仅当 $\eta(a) = w_i$。对每个 $A \in \wp^+(T)$ 和 $X \in \wp^+(S)$，$A \subseteq V(p_X)$ 当且仅当 $\eta[A] \subseteq X$。这蕴涵对所有 $b \in T \setminus T'$ 和 p_i 都有 $b \notin V(p_i)$。根据满射，选择 $a_0 \in T$ 使得 $\eta(a_0) = w_0$。我们证明 $\mathbb{T}, V, a_0 \vDash \phi_{\mathbb{S}}^{\omega}$，即 $a_0 \vDash \phi_{\mathbb{S}}^k$ 对每个 $k > 0$。

(1) 显然 $a_0 \vDash p_0$，因为 $\eta(a_0) = w_0$。

(2) 显然 $a_0 \vDash \Box^+(p_i \to \neg p_j)$ 对 $i \neq j < n$，因为 $a \vDash p_i \wedge p_j$ 蕴涵 $\eta(a) = w_i = w_j$，即 $i = j$。

(3) 假设 $\sigma(w_i)(X) \geqslant k$ 且 $a \vDash p_i$。那么 $\eta(a) = w_i$。由归约，存在 $A \in \wp^+(T')$ 使得 $\rho'(a)(A) \geqslant k$ 且 $\eta[A] = X$。因此 $A \subseteq V(p_X)$，所以 $a \vDash \Diamond_k p_X$。

(4) 假设 $\sigma(w_i)(X) < k$ 且 $a \vDash p_i$。为得出矛盾，假设 $a \vDash \Diamond_k p_X$。那么存在 $B \in \wp^+(T)$ 使得 $\rho(a)(B) \geqslant k$ 并且 $B \subseteq V(p_X)$。因此 $B \in \wp^+(T')$，所以 $\sigma(\eta(a))(\eta[B]) \geqslant k$。所以 $\sigma(w_i)(X) \geqslant k$，矛盾。

反之，假设 $\phi_{\mathbb{S}}^{\omega}$ 在 $\mathbb{T}$ 中可满足，那么存在 $\mathbb{T}$ 中赋值 V 和 $a \in T$ 使得 $\mathbb{T}, V, a \vDash \phi_{\mathbb{S}}^{\omega}$。令 $T_0 = \{b \in T : aR^= b\}$，即从 a 生成的状态集。选择子集 $T' \subseteq T_0$ 如下：

$$b \in T' \text{ 当且仅当 } b \in T_0 \text{ 并且 } \mathbb{T}, V, a \vDash p_i \text{ 对某个 } w_i \in S。$$

对每个 $B \in \wp^+(T_0)$，$B \subseteq T'$ 当且仅当 $\mathbb{T}, V, a \vDash p_X$ 对某个 $X \in \wp^+(S)$。显然 $T' \neq \varnothing$，因为 $a \in T'$。令 $\mathbb{T}' = (T', \rho')$ 是 $\mathbb{T}$ 的子余代数。定义 $\eta: T' \to S$ 如下：

$$\eta(b) = w_i \text{ 当且仅当 } \mathbb{T}, V, b \vDash p_i。$$

对每个 $B \in \wp^+(T')$，$\eta[B] \subseteq X$ 当且仅当 $\mathbb{T}, V, B \vDash p_X$。现在证明 η 是从余代数 $\mathbb{T}'$ 到 $\mathbb{S}$ 的归约。

(1) 容易验证 η 是函数。对任何 $w_i \in S$，我们证明 w_i 有原象。如果 $i = 0$，那么 $\eta(a) = w_0$。假设 $\sigma(w_0)(w_i) > 0$。那么 $a \vDash \Diamond p_i$。因此存在 $b \in T$ 使得 $b \vDash p_i$ 并

且 $\rho(a)(b) > 0$。所以 $b \in T'$ 并且 $\eta(b) = w_i$。

(2) 假设 $\rho'(b)(B) \geqslant k$ 但是 $\sigma(\eta(b))(\eta[B]) < k$。令 $\eta(b) = w_i$ 并且 $\eta[B] = X$。那么 $\sigma(w_i)(X) < k$，因而 $b \vDash \neg \Diamond_k p_X$。因此存在 $c \in B$ 使得 $c \nvDash p_X$。因此 $\eta(c) \notin X$，矛盾。

(3) 假设 $\sigma(\eta(b))(X) \geqslant k$ 并且 $\eta(b) = w_i$。那么 $b \vDash \Diamond_k p_X$。因而存在 $B \in \wp^+(T)$ 使得 $B \vDash p_X$。这样 $\eta[B] \subseteq X$。显然 $B \in \wp^+(T')$。∎

下一步是证明子余代数逻辑的有限模型性质。该证明是修改斐尼(Fine, 1985)对子框架逻辑的有限模型性质的证明。我们从一些关于典范模型的概念开始。下面定义弱归约典范模型的概念，说明从典范模型排除状态的方法。

引理 6.6 给定 Ω 模型 $\mathcal{M} = (S, \sigma, V)$ 和公式 $\phi(p_1, \cdots, p_n)$，令 $\phi' = \phi(\psi_1/p_1, \cdots, \psi_n/p_n)$ 是用 ψ_i 替换 p_i 得到的公式。令 $\mathcal{M}' = (S, \sigma, V')$ 是 Ω 模型使得 V' 满足如下条件：对任何 $x \in S$，$x \in V'(p_i)$ 当且仅当 $\mathcal{M}, x \vDash \psi_i$ 对 $1 \leqslant i \leqslant n$。那么 $\mathcal{M}, x \vDash \phi'$ 当且仅当 $\mathcal{M}', x \vDash \phi$。

证明 对 ϕ 归纳证明。∎

在分次模态语言中，我们固定了可数命题字母集 Φ。如果限制到 Φ 的某个有限子集 Φ'，就得到弱分次模态语言。这样便有弱典范 Ω 模型和弱逻辑的概念。给定正规分次模态逻辑 Λ 和有限子集 $\Phi' \subseteq \Phi$，逻辑 $\Lambda' = \{\phi \in \Lambda : \mathrm{var}(\phi) \subseteq \Phi'\}$ 称为 (由 Φ' 从 Λ 生成的)**弱逻辑**。$\mathcal{M}^{\Lambda'}$ 是限制到弱语言的弱典范 Ω 模型。

命题 6.11 令 Λ' 是由 Φ' 从 Λ 生成的弱逻辑。那么 $\mathcal{M}^{\Lambda'} \vDash \Lambda$。

证明 对任何 $\phi \in \Lambda$，使用 $\bot$ 替换每个 $p \in \mathrm{var}(\phi) \setminus \Phi'$，得到定理 $\phi' \in \Lambda'$。对 $\mathcal{M}^{\Lambda'}$ 中任何 u，根据引理 6.6 可得 $\mathcal{M}^{\Lambda'}, u \vDash \phi$。∎

现在考虑 Fine 构造中关于从典范模型排除状态的方法。给定 Ω 模型 $\mathcal{M} = (S, \sigma, V)$，$x \in S$ 称为**可排除的**，如果

$$\forall \phi (\mathcal{M}, x \vDash \phi \rightarrow \exists y \in S (x \overrightarrow{R} y \,\&\, \mathcal{M}, y \vDash \phi)).$$

直觉上，一个状态 x 可排除，意思是公式的可满足性不会因为从模型排除 x 而改变。一个模型称为**归约模型**，如果它不含有可排除的状态。

引理 6.7 给定任何逻辑 $\Lambda \in \mathrm{NExt}(K_\Delta A^2)$，令 $\mathcal{M}^\Lambda = (W^\Lambda, \sigma^\Lambda, V^\Lambda)$ 是 Λ 的典范 Ω 模型，$w \in W^\Lambda$ 是可排除的并且 $\phi \in w$。那么存在 v 使得 $\sigma^\Lambda(w)(v) > 0$，$\phi \in v$ 并且 v 是不可排除的。

证明 为得出矛盾，假设 $\forall v \in W^\Lambda (\sigma^\Lambda(w)(v) > 0 \,\&\, \phi \in v \rightarrow v$ 可排除)。考虑集合 $X = \{v \in \mathcal{M}^\Lambda : \sigma^\Lambda(w)(v) > 0 \,\&\, \phi \in v\}$。

断言 1 X 不含有极大元(因为极大元是不可排除的)。

断言 2 X 含有极大 σ^Λ 链(即状态集 U 使 $\forall x, y \in U (\sigma(x)(y) > 0 \lor \sigma(y)(x) >$

0))。

证明　令 $\mathcal{D} = \{A \subseteq X : A$ 是 σ^Λ 链$\}$。对 $\mathcal{D}$ 中任何链族 $\{A_i : i \in I\}$，即链集使得 $A_i \subseteq A_j$ 或 $A_j \subseteq A_i$ 对每个 $i, j \in I$，并集 $\bigcup_{i \in I} A_i$ 是 $\{A_i : i \in I\}$ 的上界。根据 Zorn 引理，$\mathcal{D}$ 有极大的 σ^Λ 链。证毕。

断言 3　集合 $\Gamma = \{\psi : \exists u \in U \, \forall v \in U(\sigma(u)(v) > 0 \rightarrow \psi \in v)$ 是 Λ 一致的。

证明　若不然，则有 $\psi_1, \cdots, \psi_n$ 和 $u_1, \cdots, u_n \in U$ 使 $\neg \bigwedge_{1 \leqslant i \leqslant n} \psi_i \in \Lambda$ 且 $\forall v \in U(\sigma(u_i)(v) > 0 \rightarrow \psi_i \in u_i)$ 对 $1 \leqslant i \leqslant n$。令 u_i 是 $u_1, \cdots, u_n$ 中最大状态。由断言 1 和 2，u_i 不是 U 中极大元。则存在 $u \in U$ 使 $u_i \vec{R} u$。所以 $\bigwedge_{1 \leqslant i \leqslant n} \psi_i \in u$，矛盾。证毕。

由断言 3，存在 v 使 $\Gamma \subseteq v$。由 $\forall v \in U(\sigma(w)(v) > 0 \rightarrow \phi \in v)$ 得 $\phi \in v$。易证 $v \in X$ 且 $\forall u \in U(\sigma^\Lambda(u)(v) > 0)$。设 $\Box \psi \in u$。由 $\forall v \in U(\sigma(u)(v) > 0 \rightarrow \psi \in v)$，$\psi \in \Gamma \subseteq v$。所以 v 是 U 中极大元，因此是 X 中极大元，与断言 1 矛盾。∎

引理 6.8　令 $\mathcal{N}^\Lambda = (S, \sigma, V)$ 是弱归约典范模型并且 $w \in S$。那么存在公式 $\xi \in w$ 使得 $\forall v \in S(\sigma(w)(v) > 0 \land w \neq v \rightarrow \xi \notin v)$。

证明　根据 $w \in S$，w 不是可排除的。因此存在公式 $\phi \in w$ 使得 $\forall v(w \vec{R} v \rightarrow \phi \notin v)$。因为 $\mathcal{N}^\Lambda$ 是弱模型，集合 $X = \{v : w \vec{R} v \ \& \ w \neq v\}$ 是有限的。令 $X = \{v_1, \cdots, v_n\}$。对所有 $1 \leqslant i \leqslant n$，存在 $\psi_i \in w \setminus v_i$。令 $\xi = \phi \land \bigwedge_{1 \leqslant i \leqslant n} \psi_i$。那么 $\xi \in w$，但是 $\sigma(w)(v_i) > 0 \land w \neq v_i \rightarrow \xi \notin v_i$。∎

对 Ω 模型 $\mathcal{M} = (S, \sigma, V)$ 和公式 ϕ，一个状态 $x \in S$ 称为 $\mathcal{M}$ 中 ϕ **极大的**，如果 $\forall v(w \vec{R} v \rightarrow w \vDash \phi \ \& \ v \nvDash \phi)$。因此，如果一个状态 x 是不可排除的，那么存在公式 ϕ 使得 x 是 ϕ 极大的。

引理 6.9　令 $\mathcal{M}^\Lambda$ 是 Λ 的典范 Ω 模型，w 是 $\mathcal{M}^\Lambda$ 的状态。假设 $\phi \in w$ 并且 w 不是 ϕ 极大的。那么存在 v 使得 $\sigma(w)(v) > 0$ 并且 v 是 ϕ 极大的。

证明　类似于引理 6.8 的证明。∎

给定余代数 $\mathbb{S} = (S, \sigma)$，称一个子集 $X \subseteq S$ 在 $\mathbb{S}$ 中有**极大覆盖元**，如果 X 中极大元的集合是 X 的覆盖元。称一个 Ω 模型 $\mathcal{M} = (S, \sigma, V)$ 具有**极大覆盖元性质**，如果 S 在 $\mathcal{M}$ 中每个可定义子集都有极大覆盖元。根据引理 6.9，显然典范模型 $\mathcal{M}^\Lambda$ 有极大覆盖元性质。

引理 6.10　令 Λ 是 Λ' 的弱逻辑并且 $\sim \phi_\mathbb{S}^\omega \subseteq \Lambda'$ 对某个有限 Tran^2 余代数 $\mathbb{S} = (S, \sigma)$。那么弱典范余代数 $\mathbb{T}^\Lambda = (T^\Lambda, \rho^\Lambda)$ 不可子归约到 $\mathbb{S}$。

证明　设 $\mathbb{T} = (T, \rho)$ 是 $\mathbb{T}^\Lambda$ 的子余代数使 $\eta : \mathbb{T} \rightarrow_\Omega \mathbb{S}$。令 $S = \{w_0, \cdots, w_{n-1}\}$。只要证 $\phi_\mathbb{S}^\omega$ 的某个代入个例是 Λ 一致的。(注意 $\phi_\mathbb{S}^\omega$ 的替换个例是替换该集合中所有公式得到的公式集)。固定 $k > 0$，考虑 $\phi_\mathbb{S}^\omega$。对任何 $x, y \in T^\Lambda$ 和 $A \in \wp^+(T^\Lambda)$ 可得：

(1) $\alpha_{xy} \in x \setminus y$ 对 $x \neq y$。

(2) $\Box_k \neg \beta_{xA} \in x$ 并且 $\beta_{xA} \in \bigcap A$ 对 $\rho^\Lambda(x)(A) < k$。

(3) $\gamma_x \in x$ 并且 $\forall z \in T^\Lambda(\rho^\Lambda(x)(z) > 0 \ \& \ x \neq z \to \neg \gamma_x \in z)$。

对深度 $d(x)$ 归纳定义如下公式 ξ_x^k 和 ζ_x^k：

(1) $\xi_x^k = \bigwedge \{\alpha_{xy} \wedge \neg \alpha_{yx} : y \neq x\} \wedge \bigwedge \{\Box_k \neg \beta_{xA} : \rho^\Lambda(x)(A) < k\}$
$\wedge \bigwedge \{\beta_{yx} : \rho^\Lambda(y)(x) = 0\} \wedge \gamma_x \wedge \bigwedge \{\Diamond_k \zeta_B^k : x \overrightarrow{R}_n B\}$,

其中 $x \overrightarrow{R}_n B$，如果 $\rho^\Lambda(x)(B) \geqslant k \ \& \ \forall b \in B(\rho^\Lambda(b)(x) = 0)$；$\zeta_B^k := \bigvee_{x \in B} \zeta_x^k$。

(2) $\zeta_x^k = \xi_x^k \wedge \bigwedge \{\Box^+(\xi_C^k \to \Diamond_k \xi_D^k) : xR_kDR_kCRx\}$,

其中 $\xi_C^k := \bigvee_{y \in C} \xi_y^k$ 并且 $\xi_D^k := \bigvee_{z \in D} \xi_z^k$。定义 $\delta_U^k := \bigvee_{\eta[B] = U} \zeta_B^k$。现在证明 $\phi_{\mathbb{S}}^k(\delta_U^k / p_U)$ 是 Λ 一致的。

断言 1 $\xi_x^k \in x$ 并且 $\zeta_B^k \in \bigcap B$。

证明 对 $d(x)$ 归纳证明。显然 $\alpha_{xy} \in x$ 并且 $\neg \alpha_{yx} \in x$。对 $\rho^\Lambda(x)(A) < k$，$\Box_k \neg \beta_{xA} \in x$。对 $\rho^\Lambda(y)(x) = 0$，有 $\beta_{yx} \in x$。同样，$\gamma_x \in x$。对 $x \overrightarrow{R}_n B$，根据归纳假设，$\zeta_B^k \in \bigcap B$，因此 $\Diamond_k \zeta_B^k \in x$。对 xR_kDR_kCRx，假设 $xR^=y$ 并且 $\xi_C^k \in y$。根据 CRx 并且 $xR^=y$ 可得，CRy。根据 $\gamma_c \in y$ 对 $c \in C$，我们有 $c = y$，所以 $C = \{y\}$。由 yR_kD 和 $\xi_D^k \in \bigcap D$ 可得 $\Diamond_k \xi_D^k \in y$。证毕。

断言 2 $\delta_0^k \in x_0$（即 $\delta_{w_0}^k \in x_0$ 使得 $\eta(x_0) = w_0$）。

证明 注意 $\delta_0^k = \bigvee_{\eta[B] = \{w_0\}} \zeta_B^k$。对 $B = \{x_0\}$，有 $\xi_{x_0}^k \in x_0$ 并且 $\zeta_{x_0}^k \in x_0$。因此 $\delta_0^k \in x_0$。证毕。

断言 3 $\delta_i^k \to \delta_j^k \in K_g A^2$ 对 $i < j < n$。

证明 只要证明 $\zeta_B^k \to \neg \zeta_{B'}^k \in K_g A^2$ 对 $\eta[B] = \{w_i\}$ 和 $\eta[B'] = \{w_j\}$。选择 $x \neq y$ 使 $\eta(x) = w_i$ 且 $\eta(y) = w_j$。由 $\zeta_x^k \to \neg \zeta_y^k \in K_g A^2$ 可得，$\delta_i^k \to \delta_j^k \in K_g A^2$。证毕。

断言 4 $\delta_i^k \to \Diamond_k \delta_U^k \in K_g A^2$ 对 $\sigma(w_i)(U) \geqslant k$。

证明 要证 $\bigvee_{\eta[B] = \{w_i\}} \zeta_B^k \to \Diamond_k \bigvee_{\eta[C] = U} \zeta_C^k \in K_g A^2$，只要证对每个 $x \in \eta^{-1}(w_i)$ 存在 $C \in \wp^+(\eta^{-1}[U])$ 使 $\zeta_x^k \to \Diamond_k \zeta_C^k \in K_g A^2$。由 $\sigma(w_i)(U) \geqslant k$，存在 C 使得 $\rho^\Lambda(x)(C) \geqslant k$ 并且 $\eta[C] = U$。如果 $x \overrightarrow{R}_k C$，那么 $\Diamond_k \zeta_C^k$ 是 ζ_x^k 的合取支。假设存在 $y \in C$ 使得 $x \overrightarrow{R} y$。只要证 $\zeta_x^k \to \Diamond_k \zeta_y^k \in K_g A^2$。令 $Y = \{z \in T^\Lambda : x \overrightarrow{R} z\}$。由 Tran^2 得，$\zeta_x^k = \xi_x^k \wedge \bigwedge \{\Box^+(\xi_s^k \to \Diamond_k \xi_t^k) : s, t \in Y\}$ 且 $\zeta_y^k = \xi_y^k \wedge \bigwedge \{\Box^+(\xi_s^k \to \Diamond_k \xi_t^k) : s, t \in Y\}$。由 K_g 公理 $\Box \alpha \wedge \Diamond_k \beta \to \Diamond_k(\alpha \wedge \beta)$ 得，$\zeta_x^k \to \Diamond_k \zeta_C^k \in K_g A^2$。证毕。

断言 5 $\delta_i^k \to \neg \Diamond_k \delta_U^k \in K_g A^2$ 对 $\sigma(w_i)(U) < k$。

证明 要证 $\bigvee_{\eta[B] = \{w_i\}} \zeta_B^k \to \neg \Diamond_k \bigvee_{\eta[C] = U} \zeta_C^k \in K_g A^2$，只要证：对每个 $x \in \eta^{-1}(w_i)$ 都存在 $C \in \wp^+(\eta^{-1}[U])$ 使得 $\zeta_x^k \to \neg \Diamond_k \zeta_C^k \in K_g A^2$。由 $\sigma(w_i)(U) < k$ 得，存

在 C 使得 $\rho^A(x)(C) < k$ 并且 $\eta[C] = U$。因此 $\square_k \neg \beta_{xC}$ 是 ζ_x^k 的合取支,所以 β_{xC} 是 ζ_C^k 的合取支。证毕。

根据上述断言可得所要结果。■

下一个关键引理将利用 Ω 模型之间 Ω_n 互模拟的概念(对 $n > 0$)。回顾 Ω 互模拟的概念。关系 $Z : \mathcal{M} \underleftrightarrow{}_\Omega \mathcal{M}'$ 称为 $\mathcal{M}$ 和 $\mathcal{M}'$ 之间的 Ω 互模拟关系,如果它满足原子、前进和后退条件,现在,对每个自然数 $n > 0$,以类似于定义 2.7 和 2.44 的方式来定义 Ω_n 互模拟的概念。

定义 6.8　固定自然数 $n > 0$。令 $\mathcal{M} = (S, \sigma, V)$ 和 $\mathcal{M}' = (S', \sigma', V')$ 是 Ω 模型。称两个状态 $x \in S$ 和 $y \in S'$ 是 Ω_n **互模拟的**(记为 $\mathcal{M}, x \underleftrightarrow{}_\Omega^n \mathcal{M}', y$),如果存在 S 和 S' 之间的二元关系序列 $Z_n \subseteq \cdots \subseteq Z_0$ 使得对所有 $i + 1 < n$ 和 $k > 0$,

(1) xZ_ny。

(2) 如果 uZ_0u',那么 u 和 u' 满足相同的命题字母。

(3) 如果 $uZ_{i+1}u'$,$\sigma(u)(A) \geqslant k$ 对 $A \in \wp^+(S)$ 并且 $\forall a \in A(\sigma(u)(a) > 0)$,那么存在 $B \in \wp^+(S')$ 使得 $\sigma'(u')(B) \geqslant k$ 并且 $A \widehat{Z_i} B$。

(4) 如果 $uZ_{i+1}u'$,$\sigma'(u')(B) \geqslant k$ 对 $B \in \wp^+(S')$ 并且 $\forall b \in B(\sigma'(u')(b) > 0)$,那么存在 $A \in \wp^+(S)$ 使得 $\sigma(u)(A) \geqslant k$ 并且 $A \widehat{Z_i} B$。

可以证明如下类似于命题 2.5 的结果,即在命题字母集有限的情况下,对 $m, n > 0$,只有有限多个不等价的等级之多为 m 并且模态度至多为 n 的公式。

命题 6.12　只考虑有限多个命题字母。固定自然数 $m, n > 0$。那么 $\mathrm{Form}(m+1, \omega)_n$ 中只存在有限多个不等价的公式。此外,对每个 Ω 点模型 $(\mathcal{M}, x)$,它的 $\mathrm{Form}(m+1, \omega)_n$ 理论等值于单独一个公式。

证明　类似于命题 2.5 的证明。■

那么我们有如下类似于命题 2.6 的推论。

推论 6.4　只考虑有限多个命题字母。对任何 Ω 点模型 $(\mathcal{M}, x)$ 和 $(\mathcal{N}, y)$ 以及 $n \in \omega$,$\mathcal{M}, x \underleftrightarrow{}_\Omega^n \mathcal{N}, y$ 当且仅当 $\mathcal{M}, x \equiv_n \mathcal{N}, y$。

为证明本节的主要定理,现在证明如下关键引理,它说明极大覆盖元性质是有限可满足的充分条件。

引理 6.11　令 $\mathcal{M} = (S, \sigma, V)$ 是具有极大覆盖元性质的 Ω 模型。那么每个在 $\mathcal{M}$ 中可满足的 GML 公式 ϕ 也在 $\mathcal{M}$ 的某个有限子模型中可满足。

证明　假设 $\mathcal{M}, x \vDash \phi$ 对某个状态 $x \in S$。只考虑语言 $\mathrm{Form}(k+1, \omega)$,其中 $k = \mathrm{gd}(\phi)$。令 $\mathcal{M}_x$ 是 $\mathcal{M}$ 通过 $\{x\}$ 生成的子模型。对 $\mathrm{md}(\phi) = n$ 归纳证明,存在 $\mathcal{M}_x$ 的子模型 $\mathcal{N}$ 使得 ϕ 可满足。对 $n = 0$,令 $\mathcal{N} = \mathcal{M}_x{\restriction}\{x\}$。那么 $\mathcal{N}, x \vDash \phi$。假设 $n > 0$。从 $\mathcal{M}_x$ 选择集合 T_x 使得 ϕ 在 $\mathcal{M}_x{\restriction}T_x$ 中可满足。

对每个状态 $y \in S$，定义 $[y]_n = \{z \in S : \mathcal{M}, y \leftrightsquigarrow_\Omega^n \mathcal{M}, z\}$。对 $B \in \wp^+(S)$，令 $[B]_n = \{[y]_n : y \in B\}$。定义一个状态 y 的稠密度为 $\mathrm{den}(y) = |[y]_n : xR^=y|$。对 $\mathrm{den}(x) = l$ 归纳定义 T_x。假设 T_y 已经对 y 定义，其中 $\mathrm{den}(y) < l$。定义 $T_x = A \cup B \cup C$，其中 A, B, C 如下选择得到：

(1) 根据 $\mathcal{M}$ 的极大覆盖元性质，集合 $X = \{y : y \leftrightsquigarrow_\Omega^n x \,\&\, xR^=y\}$ 是可定义的，因此有极大状态 $a \in X$。令 $A = \{a\}$。

(2) 令 $U_1 = \{b : a\vec{R}b\}$ 和 $U_2 = \{[b]_0 \cap U_1 : b\vec{R}a\}$。显然 U_2 是有限的，令 $B = \{c : c$ 是某个 $[b]_0 \cap U_1 \in U_2$ 的代表元$\}$。

(3) 令 $Y = \bigcup\{B : a\vec{R}_k B\}$ 和 $Z = \bigcup\{[B]_n : a\vec{R}_k B\}$。对所有 $y \in Y$，$\mathrm{den}(y) < l$（如果 $l = 1$，那么 $Y = \varnothing$）。容易验证 $\mathrm{den}(y) \leqslant \mathrm{den}(a)$。但是 $\mathrm{den}(y) \neq \mathrm{den}(a)$。否则，存在 z 使得 $yR^=z$ 并且 $z \leftrightsquigarrow_\Omega^n a$。那么 $a\vec{R}z$，与 a 的极大性矛盾。可以从 Z 选择 $B_1, \cdots, B_h$，因为 Z 是有限的。令 $C = \bigcup\{T_y : y \in B_i$ 对某个 $1 \leqslant i \leqslant h\}$。

现在令 $\mathcal{N} = (T, \rho, V_T)$ 是 $\mathcal{M}$ 限制到 T_x 的子模型。根据构造容易验证 $\mathcal{N}, a \leftrightsquigarrow_\Omega^n \mathcal{M}, a$。根据推论 6.4 可得，$\mathcal{N}, a \vDash \phi$。∎

定理 6.14 $\mathrm{NExt}(K_g A^2)$ 中每个子余代数逻辑具有有限模型性质。因此它们是完全的。此外，如果它们是有限可公理化的，则它们是可判定的。

证明 令 $\Lambda = K_g A^2{}_{\mathcal{C}} \in \mathrm{NExt}(K_g A^2)$ 是子余代数逻辑并且 ϕ 是 Λ 一致的。根据引理 6.9，由 $\mathrm{var}(\phi)$ 给出的弱典范模型 $\mathcal{M}$ 具有极大覆盖元性质。根据引理 6.11，存在 $\mathcal{M}$ 的有限 Ω 子模型 $\mathcal{N} = (\mathbb{S}, V)$ 使得 ϕ 可满足。但是根据引理 6.10，$\mathbb{S}$ 不可归约为 $\mathcal{C}$ 中任何子余代数。根据定理 6.13 可得，$\mathbb{S} \vDash \Lambda$。有限可公理化性质加上有限模型性质蕴涵可判定性质。∎

现在已经证明斐尼关于子框架逻辑的结果可以推广到余代数分次模态逻辑。这表明余代数语义对于研究技术性问题的研究是很有价值的，特别关于分次模态逻辑的模型论的研究。

6.3 $K_g A^3$ 的典范公式

本节把扎哈利亚谢夫(Zakharyaschev, 1992)研究的 $K4$ 的典范公式推广到分次模态逻辑。注意 $K4$ 的典范公式是对子框架公式的推广。我们要把 6.2 节定义的子余代数公式推广到分次模态逻辑的典范公式。然而，首先我们引入一个比 $\mathrm{NExt}(K_g A^2)$ 更大的格。考虑如下正规分次模态逻辑及其正规扩张：

$$K_g A^3 = K_g \oplus \{\Diamond p \vee \Diamond\Diamond p \to \Diamond_k p : k > 0\}.$$

注意，公式 $\Diamond p \vee \Diamond\Diamond p \to \Diamond_k p$ 等值于 $\Box_k p \to \Box\Box^+ p$，它对应于句子

$$\forall xy(\sigma(x)(y) > 0 \to \sigma(y)(z) \geqslant k) \wedge \forall xyz(\sigma(x)(y) > 0 \wedge \sigma(y)(z) > 0 \to \sigma(x)(z) \geqslant k).$$

本节假定所有余代数满足这个条件。

此外，容易验证 $K_g A^3$ 是 $K_g A^2$ 的真扩张。因此，在论证中我们可以自由使用定理 $\Diamond\Diamond_k p \to \Diamond p$ 和 $\Diamond_k \Diamond p \to \Diamond_k p (k > 0)$。本节的主要结果是，典范公式的可反驳性能够使用一个与子归约概念相关的语义条件来刻画。然而，我们留下这样一个没有解决的问题，即是否每个形如 $K_g A^3 \oplus \phi$ 的逻辑都能使用从 ϕ 可计算的典范公式集来刻画。下面引入一些基本概念。

我们可以把 GML 公式重新写成是从命题字母使用 $\wedge$、$\vee$、$\to$、$\perp$ 和 $\Box_k(k > 0)$ 构造起来的。一个公式 ϕ 称为**无否定公式**，如果 $\perp \notin \mathrm{Sub}(\phi)$。定义 $\Diamond_k\phi := \neg\Box_k\neg\phi$。给定 Ω 模型 $\mathcal{M} = (S, \sigma, V)$ 和 $x \in S$，回顾

$$\mathcal{M}, x \vDash \Box_k\phi \text{ 当且仅当 } \forall X \in \wp^+(S)(\sigma(x)(X) \geqslant k \to (\exists y \in X)\mathcal{M}, y \vDash \phi).$$

给定余代数 $\mathbb{S} = (S, \sigma)$ 和 $X \subseteq S$，定义

(1) $X{\uparrow} = \{x \in S : (\exists y \in X)\sigma(y)(x) > 0\}$；$X{\underline{\uparrow}} = X \cup X{\uparrow}$。

(2) $X{\downarrow} = \{x \in S : (\exists y \in X)\sigma(y)(x) > 0\}$；$X{\overline{\downarrow}} = X \cup X{\downarrow}$。

那么我们有如下概念：

(1) $\mathbb{S}$ 是**有根的**，如果存在 $x \in S$(根状态)使得 $S = x{\underline{\uparrow}}$。

(2) 一个子集 $X \subseteq S$ 是 $\mathbb{S}$ 中的**反链**，如果 $\forall x, y \in X(y \in x{\underline{\uparrow}} \to x = y)$。

(3) 对 $X \subseteq Y \subseteq S$，$X$ 称为 Y 的**覆盖元**，如果 $Y \subseteq X{\overline{\downarrow}}$。

(4) 由 $x \in S$ 生成的**簇**是集合 $C(x) = x{\underline{\uparrow}} \cap x{\overline{\downarrow}}$。

(5) $\mathbb{S}$ 中一个集合 X 称为**终集**，如果 $X{\uparrow} = \varnothing$。

一个泛余代数 $\mathbb{C} = (S, \sigma, A)$ 由余代数 $\mathbb{S} = (S, \sigma)$ 和对布尔运算以及模态运算封闭的子集 $A \subseteq \wp(S)$ 组成。还可以引入如下运算：对 $k > 0$，

$$X{\downarrow}_k = \{x \in S : \exists Y \in \wp^+(X)\sigma(x)(Y) \geqslant k\}.$$

显然(1)$X{\downarrow} = X{\downarrow}_1$ 并且 $\langle k \rangle X = X{\downarrow}_k$。一个泛 Ω 模型 $\mathbb{M} = (\mathbb{C}, V)$ 是由泛余代数 $\mathbb{C} = (S, \sigma, A)$ 和赋值 $V : \Phi \to \wp(S)$ 组成的，其中 $V(p) \in A$ 对每个 $p \in \Phi$。称 $\mathbb{M}$ 是公式 ϕ 的**泛 Ω 模型**(记为 $\mathbb{M} \vDash \phi$)，如果 $\mathbb{M}, x \vDash \phi$ 对所有 $x \in S$。

给定两个泛余代数 $\mathbb{C} = (S, \sigma, A)$ 和 $\mathbb{C}' = (S', \sigma', A')$，一个满射函数 $\eta : S \to S'$ 称为**归约**，如果对所有 $x \in S$，$X \in \wp^+(S)$，$Y' \in \wp^+(S')$，$B \subseteq S'$ 和 $k > 0$：

(1) 若 $\sigma(x)(X) \geqslant k$，则 $\sigma'(\eta(x))(\eta[X]) \geqslant k$。

(2) 若 $\sigma'(\eta(x))(\eta[X]) \geqslant k$，则存在 $Y \in \wp^+(S)$ 使 $\sigma(x)(Y) \geqslant k$ 且 $\eta[Y] \subseteq Y'$。

(3) 若 $B \in A'$，则 $\eta^{-1}[B] \in A$。

一个**子归约**是一个部分归约。称 $\mathbb{C}$ **可(子)归约**到 $\mathbb{C}'$，如果存在从 $\mathbb{C}$ 到 $\mathbb{C}'$ 的(子)

归约函数。

定义 6.9 从泛余代数 $\mathbb{C} = (S, \sigma, A)$ 到 $\mathbb{C}' = (S', \sigma', A')$ 的一个子归约 η 称为**共尾子归约**，如果 $\mathrm{dom}(\eta) \subseteq \mathrm{dom}(\eta)\!\downarrow$，即 $\forall x \in S\,(\exists y \in \mathrm{dom}(\eta)\sigma(y)(x) > 0 \to x \in \mathrm{dom}(\eta) \vee \exists z \in \mathrm{dom}(\eta)\sigma(x)(z) > 0)$。

下面定义闭域条件这个重要概念。

定义 6.10 令 η 是从 $\mathbb{C} = (S, \sigma, A)$ 到 $\mathbb{C}' = (S', \sigma', A')$ 的子归约。令 $\mathfrak{D}$ 是 $\mathbb{C}'$ 中(可能为空)的反链集。称 η 满足**闭域条件**，如果对每个 $x \in \mathrm{dom}(\eta)\!\uparrow$，如下成立：

$$\text{如果 } \eta[x\!\uparrow] = \mathfrak{d}\!\uparrow \text{对某个 } \mathfrak{d} \in \mathfrak{D}, \text{ 那么 } x \in \mathrm{dom}(\eta)。$$

每个 $\mathfrak{d} \in \mathfrak{D}$ 称为一个**闭域**。

闭域条件是子归约定义域的一个封闭条件。下面我们定义典范公式。

定义 6.11 给定有限泛余代数 $\mathbb{C} = (S, \sigma, A)$，其中 $\mathbb{S} = (S, \sigma)$ 使得 $S = \{a_0, \cdots, a_n\}$ 并且 a_0 是根状态。令 $\mathfrak{D}$ 中 $\mathbb{S}$ 的反链集。对每个 $X \in \wp^+(S)$，令 p_X 是对应的命题字母。把 $p_{\{ai\}}$ 写作 p_i。对每个自然数 $k > 0$，定义 $\mathbb{C}$ 和 $\mathfrak{D}$ 的 k **典范公式**如下：

$$\alpha^k(\mathbb{C}, \mathfrak{D}, \perp) = \bigwedge\nolimits_{\sigma(a_i)(X) \geq k} \phi_{a_i X}^k \wedge \bigwedge\nolimits_{i \leq n} \phi_i^k \wedge \bigwedge\nolimits_{\mathfrak{d} \in \mathfrak{D}} \phi_{\mathfrak{d}} \wedge \phi_{\perp} \to p_0,$$

其中

(1) $\phi_{a_i X}^k = \square^+(\square_k p_X \to p_i)$。

(2) $\phi_i^k = \square^+((\bigwedge\nolimits_{\sigma(a_i)(X) < k} \square_k p_X \wedge \bigwedge\nolimits_{j \neq i \leq n} p_j \to p_i) \to p_i)$。

(3) $\phi_{\mathfrak{d}} = \square^+(\bigwedge\nolimits_{a_i \notin \mathfrak{d}\!\downarrow} \square p_i \wedge \bigwedge\nolimits_{i \leq n} p_i \wedge \bigvee\nolimits_{a_i \in \mathfrak{d}} \square p_j)$。

(4) $\phi_{\perp} = \square^+(\bigwedge\nolimits_{i \leq n} \square^+ p_i \to \perp)$。

字面上我们称 $\alpha^{\omega}(\mathbb{C}, \mathfrak{D}, \perp) = \{\alpha^k(\mathbb{C}, \mathfrak{D}, \perp) : k > 0\}$ 为 $\mathbb{C}$ 和 $\mathfrak{D}$ 的**典范公式**，并且字面上称 $\sim\!\alpha^{\omega}(\mathbb{C}, \mathfrak{D}, \perp) = \{\neg\alpha^k(\mathbb{C}, \mathfrak{D}, \perp) : k > 0\}$ 为它的否定。令 $\alpha^k(\mathbb{C}, \mathfrak{D})$ 是从 $\alpha^k(\mathbb{C}, \mathfrak{D}, \perp)$ 删除 $\phi_{\perp}$ 得到的公式。称 $\alpha^k(\mathbb{C}, \mathfrak{D})$ 为 $\mathbb{C}$ 和 $\mathfrak{D}$ 的**无否定 k 典范公式**。字面上称 $\alpha^{\omega}(\mathbb{C}, \mathfrak{D}) = \{\alpha^k(\mathbb{C}, \mathfrak{D}) : k > 0\}$ 为 $\mathbb{C}$ 和 $\mathfrak{D}$ 的**无否定典范公式**，并且 $\sim\!\alpha^{\omega}(\mathbb{C}, \mathfrak{D}) = \{\neg\alpha^k(\mathbb{C}, \mathfrak{D}) : k > 0\}$ 称为它的否定。

令 $\mathbb{C}$ 是有限泛余代数。对任何 $k > 0$ 和反链集 $\mathfrak{D} \subseteq \mathfrak{E}$，如下成立：

(1) $\alpha^k(\mathbb{C}, \mathfrak{D}) \to \alpha^k(\mathbb{C}, \mathfrak{D}, \perp) \in K_{\mathcal{G}}A^3$。

(2) $\alpha^k(\mathbb{C}, \mathfrak{D}) \to \alpha^k(\mathbb{C}, \mathfrak{E}) \in K_{\mathcal{G}}A^3$。

(3) $\alpha^k(\mathbb{C}, \mathfrak{D}, \perp) \to \alpha^k(\mathbb{C}, \mathfrak{E}, \perp) \in K_{\mathcal{G}}A^3$。

最强的 k 典范公式是 $\alpha^k(\mathbb{C}, \varnothing)$，最弱的 k 典范公式是 $\alpha^k(\mathbb{C}, \mathfrak{D}^{\#}, \perp)$，其中 $\mathfrak{D}^{\#}$ 是 $\mathbb{C}$ 中所有反链的集合。

例 6.3 (1) 逻辑 $K_{\mathcal{G}}A^3 \oplus \{\square_k p \to p : k > 0\} = K_{\mathcal{G}}A^3 \oplus \alpha^{\omega}(\bullet, \varnothing)$。只要证明 $K_{\mathcal{G}}A^3$

$\oplus \Box_k p \to p = K_g A^3 \oplus \alpha^k(\bullet, \varnothing)$ 对每个 $k > 0$。计算 $\alpha^k(\bullet, \varnothing)$ 如下：

$$\begin{aligned}
\alpha^k(\bullet, \varnothing) &= \Box^+(((\Box_k p_0 \to p_0) \to p_0) \to p_0 \\
&= ((\Box_k p_0 \to p_0) \wedge \neg p_0) \vee \Diamond((\Box_k p_0 \to p_0) \wedge \neg p_0) \vee p_0 \\
&= (\Box_k p_0 \to p_0) \vee p_0 \vee \Diamond((\Box_k p_0 \to p_0) \wedge \neg p_0)。
\end{aligned}$$

如下是对 $\Box_k p \to p$ 在 $K_g A^3 \oplus \alpha^k(\bullet, \varnothing)$ 中的证明：

[1] $(\Box_k p \to p) \wedge \Box_k p \to p$ PL: [3]

[2] $p \wedge \Box_k p \to p$ 重言式

[3] $\Box_k p \to \Box\Box_k p$ $K_g A^3$ 定理

[4] $\Diamond((\Box_k p \to p) \wedge \neg p) \wedge \Box_k p \to \Diamond((\Box_k p \to p) \wedge \neg p) \wedge \Box\Box_k p$ PL: [3]

[5] $\Box\Box_k p \wedge \Diamond((\Box_k p \to p) \wedge \neg p) \to \Diamond(\Box_k p \wedge (\Box_k p \to p) \wedge \neg p)$ K_g 定理

[6] $\Box_k p \wedge (\Box_k p \to p) \wedge \neg p \to \bot$ 重言式

[7] $\Diamond(\Box_k p \wedge (\Box_k p \to p) \wedge \neg p) \to \Diamond\bot$ K_g 规则：[6]

[8] $\Diamond(\Box_k p \wedge (\Box_k p \to p) \wedge \neg p) \to \bot$ PL: K_g 定理 $\Diamond\bot \to \bot$, [7]

[9] $\Diamond((\Box_k p \to p) \wedge \neg p) \wedge \Box_k p \to \bot$ PL: [4], [5], [8]

[10] $\Diamond((\Box_k p \to p) \wedge \neg p) \wedge \Box_k p \to p$ PL: [9], $\bot \to p$

[11] $((\Box_k p \to p) \vee p \vee \Diamond((\Box_k p \to p) \wedge \neg p)) \wedge \Box_k p \to p$ PL: [1], [2], [10]

[12] $\alpha^k(\bullet, \varnothing)(p \,/\, p_0) \to (\Box_k p \to p)$ PL: [11]

[13] $\Box_k p \to p$ PL: 公理 $\alpha^k(\bullet, \varnothing)$, [12]

反之，$\alpha^k(\bullet, \varnothing)$ 在 $K_g A^3 \oplus \Box_k p \to p$ 中的证明是显然的。

(2) 逻辑 $K_g A^3 \oplus \{\Box p \to \Diamond_k p : k > 0\} = K_g A^3 \oplus \alpha^\omega(\bullet, \varnothing, \bot)$。只要证 $K_g A^3 \oplus \Box p \to \Diamond_k p = K_g A^3 \oplus \alpha^k(\bullet, \varnothing, \bot)$ 对每个 $k > 0$。计算 $\alpha^k(\bullet, \varnothing, \bot)$ 如下：

$$\begin{aligned}
\alpha^k(\bullet, \varnothing, \bot) &= \Box^+(((\Box_k p_0 \to p_0) \to p_0) \wedge \Box^+(\Box^+ p_0 \to \bot) \to p_0 \\
&= \Box^+(((\Box_k p_0 \vee p_0) \wedge (\neg p_0 \vee \Diamond \neg p_0)) \to p_0 \\
&= (\Diamond_k \neg p_0 \wedge \neg p_0) \vee (p_0 \wedge \Box p_0) \vee \Diamond(\Diamond_k \neg p_0 \wedge \neg p_0) \vee \Diamond(p_0 \wedge \Box p_0) \vee p_0 \\
&= \Diamond_k \neg p_0 \vee p_0 \vee (p_0 \wedge \Box p_0) \vee \Diamond(\Diamond_k \neg p_0 \wedge \neg p_0) \vee \Diamond(p_0 \wedge \Box p_0)。
\end{aligned}$$

显然 $\Box_k p \to \Diamond_k p \in K_g A^3 \oplus \Box p \to \Diamond_k p$，因为 $\Box_k p \to \Box\Box^+ p \in K_g A^3$。如下是对 $\alpha^k(\bullet, \varnothing, \bot)$ 在 $K_g A^3 \oplus \Box p \to \Diamond_k p$ 中的证明：

[1] $\Box_k p_0 \to \Diamond_k p_0$ $K_g A^3 \oplus \Box p \to \Diamond_k p$ 定理

[2] $\Box_k p_0 \to \Box\Box p_0$ $K_g A^3$ 定理

[3] $\Box_k p_0 \to \Box\Box p_0 \wedge \Diamond_k p_0$ PL: [1], [2]

[4] $\Box\Box p_0 \wedge \Diamond_k p_0 \to \Diamond_k(p_0 \wedge \Box p_0)$ K_g 定理

[5] $\Diamond_k(p_0 \wedge \Box p_0) \to \Diamond(p_0 \wedge \Box p_0)$ K_g 定理

[6] $\Box_k p_0 \to \Diamond(p_0 \wedge \Box p_0)$ PL: [3], [4], [5]

[7] $\neg\Diamond_k p_0 \vee \Diamond(p_0 \wedge \Box p_0)$ PL: [6]

[8] $\alpha^k(\bullet, \varnothing, \bot)$ PL: [7]

反之，证明$\Box p \to \Diamond_k p \in K_g A^3 \oplus \alpha^k(\bullet, \varnothing, \bot)$如下：

[1] $\Diamond_k \neg\Diamond_k p \vee \Diamond_k p \vee (\Diamond_k p \wedge \Box\Diamond_k p) \vee \Diamond(\Diamond_k\neg\Diamond_k p \wedge \neg\Diamond_k p) \vee \Diamond(\Diamond_k p \wedge \Box\Diamond_k p)$ Sub:公理

[2] $\Diamond_k p \wedge \Box\Diamond_k p \to \Diamond_k p$ 重言式

[3] $\Diamond(\Diamond_k p \wedge \Box\Diamond_k p) \to \Diamond\Diamond_k p$ K_g规则：[2]

[4] $\Diamond\Diamond_k p \to \Diamond_k p$ $K_g A^3$定理

[5] $\Diamond(\Diamond_k p \wedge \Box\Diamond_k p) \to \Diamond_k p$ PL: [3], [4]

[6] $\Box p \wedge (\Diamond_k p \vee (\Diamond_k p \wedge \Box\Diamond_k p) \vee \Diamond(\Diamond_k p \wedge \Box\Diamond_k p)) \to \Diamond_k p$ PL: [2], [5]

[7] $\Box p \wedge \Diamond_k\neg\Diamond_k p \to \Diamond_k(p \wedge \neg\Diamond_k p)$ K_g定理

[8] $\Diamond_k(p \wedge \neg\Diamond_k p) \to \Diamond_k p$ K_g定理

[9] $\Box p \wedge \Diamond_k\neg\Diamond_k p \to \Diamond_k p$ PL: [7], [8]

[10] $\Diamond(\Diamond_k\neg\Diamond_k p \wedge \neg\Diamond_k p) \to \Diamond\Diamond_k\neg\Diamond_k p$ K_g定理

[11] $\Diamond\Diamond_k\neg\Diamond_k p \to \Diamond_k\neg\Diamond_k p$ $K_g A^3$定理

[12] $\Diamond(\Diamond_k\neg\Diamond_k p \wedge \neg\Diamond_k p) \to \Diamond_k\neg\Diamond_k p$ PL: [10], [11]

[13] $\Box p \wedge \Diamond(\Diamond_k\neg\Diamond_k p \wedge \neg\Diamond_k p) \to \Box p \wedge \Diamond_k\neg\Diamond$ PL: [12]

[14] $\Box p \wedge \Diamond(\Diamond_k\neg\Diamond_k p \wedge \neg\Diamond_k p) \to \Diamond_k p$ PL: [9], [13]

[15] $\Box p \wedge [1] \to \Diamond_k p$ PL: [6], [9], [14]

[16] $[1] \to (\Box p \to \Diamond_k p)$ PL: [15]

[17] $\Box p \to \Diamond_k p$ PL: [1], [16]

如果$k = 1$，那么$K4 \oplus \Box p \to \Diamond p = K4 \oplus \alpha^1(\bullet, \varnothing, \bot)$。另一点值得注意的是，公式$(\Box_k p \to \Diamond_k p) \to \Diamond_k\top(k > 0)$是$K_g$有效的，因此$\Diamond_k\top \in K_g A^3 \oplus \Box p \to \Diamond_k p$。但公式$\Diamond_k\top \to (\Box_k p \to \Diamond_k p)$不是有效的。

(3) 逻辑$K_g A^3 \oplus \{\Box(\Box_k p \to p) \to \Box_k p \vee p : k > 0\} = K_g A^3 \oplus \alpha^\omega(\circ \omega, \varnothing)$。这个公式是 Löb 公理的另一个变种。容易证明公式$\Diamond_k\Diamond_k p \wedge p \to \Diamond p$表达了某种弱传递性，它是$K_g A^3 \oplus \Box(\Box_k p \to p) \to \Box_k p \vee p$的定理。回顾$\boxed{\circ\ \omega}$是单元集，它是由单个$\omega$自返状态组成的。计算$\alpha^k(\boxed{\circ\ \omega}, \varnothing)$如下：

$$\alpha^k(\boxed{\circ\ \omega}, \varnothing) = \Box^+(\Box_k p_0 \to p_0) \to p_0 = (\Box_k p_0 \to p_0) \wedge \Box(\Box_k p_0 \to p_0) \to p_0.$$

如下式对$\alpha^k(\boxed{\circ\ \omega}, \varnothing)$在$K_g A^3 \oplus \Box(\Box_k p \to p) \to \Box_k p \vee p$中的证明：

[1] $\Box(\Box_k p_0 \to p_0) \to \Box_k p_0 \vee p_0$ 公理

[2] $\Box(\Box_k p_0 \to p_0) \wedge (\Box_k p_0 \to p_0) \to (\Box_k p_0 \vee p_0) \wedge (\Box_k p_0 \to p_0)$ PL: [1]

[3] $(\Box_k p_0 \vee p_0) \wedge (\Box_k p_0 \to p_0) \to p_0$ 重言式

[4] $\Box(\Box_k p_0 \to p_0) \wedge (\Box_k p_0 \to p_0) \to p_0$ PL: [2], [3]

反之，如下式对 $\Box(\Box_k p \to p) \to \Box_k p \vee p$ 在 $K_g A^3 \oplus \alpha^k(\boxed{\circ\ \omega}, \varnothing)$ 中的证明：

[1] $(\Box_k p \to p) \wedge \Box(\Box_k p \to p) \to p$ $\alpha^k(\boxed{\circ\ \omega}, \varnothing)(p/p_0)$

[2] $\Box(\Box_k p \to p) \to ((\Box_k p \to p) \to p)$ PL: [1]

[3] $((\Box_k p \to p) \to p) \to \Box_k p \vee p$ PL

[4] $\Box(\Box_k p \to p) \to \Box_k p \vee p$ PL: [2], [3]

注意，使用 $\Box_k p \vee p$ 作为 $\alpha^k(\boxed{\circ\ \omega}, \varnothing)$ 后件的原因，乃是公式 $\Box_k(\alpha \vee \beta) \to \Box_k \alpha \vee \Box_k \beta$ 不是有效的。

上面的例子表明，$\mathrm{NExt}(K_g A^3)$ 中某些逻辑可以使用典范公式来公理化。下面证明本节主要定理：给出典范公式的语义刻画条件。称一个(无否定)典范公式 $\alpha^\omega(\mathbb{C}, \mathfrak{D}, \bot)(\alpha^\omega(\mathbb{C}, \mathfrak{D}))$ 在泛余代数 $\mathbb{D}$ 中可反驳，如果 $\sim\alpha^\omega(\mathbb{C}, \mathfrak{D}, \bot)(\sim\alpha^\omega(\mathbb{C}, \mathfrak{D}))$ 在 $\mathbb{D}$ 中可满足。那么如下定理成立。

定理 6.15　令 $\mathbb{C} = (S, \sigma, A)$ 是有限泛余代数使得 $S = \{a_0, \cdots, a_n\}$ 并且 $\mathfrak{D}$ 是 $\mathbb{C}$ 中反链。对任何泛余代数 $\mathbb{D} = (T, \rho, B)$，如下成立：

(1) $\mathbb{D}$ 反驳 $\alpha^\omega(\mathbb{C}, \mathfrak{D}, \bot)$ 当且仅当存在从 $\mathbb{D}$ 到 $\mathbb{C}$ 满足闭域条件的共尾子归约。

(2) $\mathbb{D}$ 反驳 $\alpha^\omega(\mathbb{C}, \mathfrak{D})$ 当且仅当存在从 $\mathbb{D}$ 到 $\mathbb{C}$ 满足闭域条件的子归约。

证明　只证明(1)。从左至右方向，假设存在泛模型 $\mathbb{M} = (\mathbb{D}, V)$ 和 $t \in T$ 使得 $\mathbb{M}, t \vDash \sim\alpha^\omega(\mathbb{C}, \mathfrak{D}, \bot)$。令 ϕ^k 是 $\alpha^k(\mathbb{C}, \mathfrak{D}, \bot)$ 的前件，$\phi^\omega = \{\phi^k : k > 0\}$。定义映射 $\eta : T \to S$ 使得 $\eta(x) = a_i$，如果 $\mathbb{M}, x \vDash \phi^\omega$ 并且 $\mathbb{M}, x \nvDash p_i$。显然 η 是部分映射。现在证明 η 是从 $\mathbb{D}$ 到 $\mathbb{C}$ 的共尾子归约并且满足闭域条件。

断言 1　η 是部分函数。

证明　令 $\eta(x) = a_i$ 且 $\eta(x) = a_j$。那么 $x \vDash \phi^\omega$，$x \nvDash p_i$ 且 $x \nvDash p_j$。由 $x \vDash \bigwedge_{j \neq i \leqslant n} p_j$ 可得，$j = i$，因而 $a_i = a_j$。证毕。

断言 2　η 是子归约。

证明　假设 $\rho(x)(Q) \geqslant k$，$\eta(x) = a_i$ 并且 $\eta[Q] = X = \{a_{j1}, \cdots, a_{jm}\}$。令 $Q = \{y_1, \cdots, y_r\}$ 并且 $\rho(x)(y_h) = n_h > 0$ 对 $1 \leqslant h \leqslant r$。那么 $\sum_{1 \leqslant h \leqslant r} n_h \geqslant k$。固定 $1 \leqslant h \leqslant r$，令 $\eta(y_h) = a_{jh} \in X$。那么 $y_h \nvDash p_{jh}$ 并且 $y_h \vDash \phi^\omega$。如果 $\sigma(a_i)(a_{jh}) < n_h$，那么 $x \vDash \Box_{nh} p_{jh}$。由 $\rho(x)(y_h) = n_h$ 得，$y_h \vDash p_{jh}$，矛盾。因此，$\sigma(a_i)(a_{jh}) \geqslant n_h$。要证 $\sigma(a_i)(X) \geqslant k$，只要证，如果 $\eta(y_h) = \eta(y_l) = a_{jh}$ 使 $h \neq l$，那么 $\sigma(a_i)(a_{jh}) \geqslant n_h + n_l$。假设不然。令 $\sigma(a_i)(a_{jh}) < n_h + n_l$。那么 $x \vDash \Box_{nh+nl} p_{jh}$。所以 $y_h \vDash p_{jh}$ 或 $y_l \vDash p_{jh}$，两种情况都得出矛盾。反之设 $\eta(x) = a_i$ 且 $\sigma(a_i)(X) \geqslant k$。那么 $x \vDash \phi^\omega$ 且 $x \nvDash p_i$。根据 $x \vDash \Box^+(\Box_k p_X \to p_i)$ 和 $x \nvDash p_i$ 得，$x \vDash \Diamond_k \neg p_X$。令 $X = \{a_{j1}, \cdots, a_{jm}\}$。那么 $x \vDash \Diamond_k \neg p_{jh}$ 对每个 $1 \leqslant h \leqslant m$。因此，存在 $Q_h \in \wp^+(T)$ 使 $\rho(x)(Q_h) \geqslant k$ 且 $Q_h \vDash \neg p_{jh}$。由传递性，$Q_h \vDash \phi^\omega$。

所以，$\eta[Q_h] = \{a_{jh}\}$。令 $Q = \bigcup_{1 \le h \le m} Q_h$。所以，$\rho(x)(Q) \ge k$ 且 $\eta[Q] = X$。最后一个条件是 $\eta^{-1}(a_i) = \{x \in T : x \vDash \phi^\omega \ \& \ x \nvDash p_i\} \in A$。证毕。

断言 3 η 是满射。

证明 对任何 $a_i \in S$，如果 $a_i = a_0$，那么根据 $t \vDash \phi^\omega$ 和 $t \nvDash p_0$ 可得，$\eta(t) = a_0$。令 $i > 0$。那么 $\sigma(a_0)(a_i) > 0$。根据 $t \vDash \Box^+(\Box_k p_i \to p_0)$ 和 $t \nvDash p_0$ 可得，$t \nvDash \Box_k p_i$。因此存在 t_i 使得 $\rho(t)(t_i) > 0$ 并且 $t_i \nvDash p_i$。所以 $\eta(t_i) = a_i$。证毕。

断言 4 η 是共尾子归约。

证明 假设 $x \in \mathrm{dom}(\eta){\uparrow}$。那么 $x \vDash \phi^\omega$ 并且 $x \nvDash \phi_\perp$。那么 $x \nvDash p_i$ 或 $x \nvDash \Box p_i$ 对某个 $a_i \in S$。如果 $x \nvDash p_i$，那么 $x \in \mathrm{dom}(\eta)$。如果 $x \nvDash \Box p_i$，那么存在 $y \in x{\uparrow}$ 使得 $y \nvDash p_i$，所以 $y \in \mathrm{dom}(\eta)$。所以 $x \in \mathrm{dom}(\eta){\downarrow}$。证毕。

断言 5 η 满足闭域条件。

证明 假设 $x \in \mathrm{dom}(\eta){\uparrow}$ 并且 $\eta[x{\uparrow}] = \mathfrak{d}{\downarrow}$ 对某个 $\mathfrak{d} \in \mathfrak{D}$。那么 $x \vDash \phi^\omega$ 并且 $x \vDash \phi_\mathfrak{d}$。对所有 $a_j \in \mathfrak{d}, x \nvDash \Box p_j$。要么 $x \nvDash \Box p_i$ 对某个 $a_i \notin \mathfrak{d}{\downarrow}$，或 $x \nvDash p_i$ 对某个 $i \le n$。如果 $x \nvDash \Box p_i$ 对 $a_i \notin \mathfrak{d}{\downarrow}$，那么 $y \nvDash p_i$ 并且 $\eta(y) = a_i \in \mathfrak{d}{\downarrow}$，矛盾。那么 $x \nvDash p_i$ 对某个 $i \le n$。因此 $x \in \mathrm{dom}(\eta)$。证毕。

现在证明从右至左方向。假设 η 是从 $\mathbb{D}$ 到 $\mathbb{C}$ 满足闭域条件的共尾子归约。定义 $\mathbb{D}$ 中赋值 V 使得 $V(p_X) = \{x : x \notin \eta^{-1}[X]\}$。要证明 $x \nvDash \alpha^\omega(\mathbb{C}, \mathfrak{D}, \perp)$ 对 $x \in \eta^{-1}(a_0)$。只要证 $x \vDash \phi^\omega$。

(1) 假设 $\sigma(a_i)(X) \ge k$ 并且 $x \nvDash \phi^k_{a_i X}$。那么存在 $y \in x{\uparrow}$ 使得 $y \vDash \Box_k p_X$ 并且 $y \nvDash p_i$。因此 $\eta(y) = a_i$。根据后退条件，存在 $Q \in \wp^+(T)$ 使得 $\rho(y)(Q) \ge k$ 并且 $\eta[Q] = X$。那么存在 $z \in Q$ 使得 $z \nvDash p_X$。由 $z \in \eta^{-1}[X]$ 可得，$z \nvDash p_X$，矛盾。

(2) 假设 $x \nvDash \phi^k_i$ 对某个 $a_i \in S$。存在 $y \in x{\uparrow}$ 使 $\eta(y) = a_i$，并且要么 $y \nvDash \Box_k p_X$ 对 $\sigma(a_i)(X) < k$，要么 $y \nvDash p_j$ 对某个 $j \ne i$。假设 $y \nvDash \Box_k p_X$。存在 $Q \in \wp^+(T)$ 使得 $\rho(y)(Q) \ge k$ 并且 $Q \vDash \neg p_X$。由前进条件可得，$\eta[Q] \subseteq X$ 并且 $\sigma(a_i)(X) \ge k$。现在假设 $y \nvDash p_j$ 对某个 $j \ne i$。那么 $\eta(y) = a_i$，所以 $j = i$，矛盾。

(3) 假设 $x \nvDash \phi_\mathfrak{d}$ 对某个 $\mathfrak{d} \in \mathfrak{D}$。存在 $y \in x{\uparrow}$ 使得 $y \vDash \Diamond \neg p_j$ 对所有 $a_j \in \mathfrak{d}$ 并且 $y \vDash \bigwedge_{a_i \notin \mathfrak{d}{\downarrow}} \Box p_i \wedge \bigwedge_{i \le n} p_i$。现在，$y \in \mathrm{dom}(\eta){\uparrow}$，因为 $y \ne x_0$。否则 $\eta(y) = a_0$ 并且 $y \nvDash p_0$，矛盾。容易验证 $y \notin \mathrm{dom}(\eta)$。只要证 $\eta[y{\uparrow}] = \mathfrak{d}{\downarrow}$。对任何 $a_j \in \mathfrak{d}$，都有 $y \vDash \Diamond \neg p_j$，所以 $a_j \in \eta[y{\uparrow}]$。对 $a_k \in \mathfrak{d}{\uparrow}$，令 $z \in y{\uparrow}$ 使得 $\eta(z) = a_j$ 并且 $a_k \in a_j{\uparrow}$。由后退条件，存在 $u \in z{\uparrow}$ 使得 $\eta(u) = a_k$。由传递性得，$u \in y{\uparrow}$。反之，令 $a_j \in \eta[y{\uparrow}]$。存在 $z \in y{\uparrow}$ 使 $\eta(z) = a_j$。如果 $a_j \notin \mathfrak{d}{\downarrow}$，那么 $y \vDash \Box p_j$ 并且 $z \vDash p_j$，矛盾。

(4) 假设 $x \nvDash \phi_\perp$。那么 $y \vDash \bigwedge_{i \le n} \Box^+ p_i$ 对某个 $y \in x{\uparrow}$。因为 $x \nvDash p_0$，所以 $y \ne x$。因而 $y \in x{\uparrow}$。根据共尾条件可得，$y \in \mathrm{dom}(\eta){\downarrow}$。存在 $z \in \mathrm{dom}(\eta)$ 使 $y \in z{\downarrow}$。

根据 $y \vDash \bigwedge_{i \leqslant n} \square^+ p_i$ 可得，$z \notin \mathrm{dom}(\eta)$，矛盾。∎

给定任何泛模型 $\mathbb{M} = (S, \sigma, A, V)$ 和 $x, y \in S$，以及任何 GML 公式 ϕ，称 x 和 y 在 $\mathbb{M}$ 中是 ϕ **等价的**（记为 $x \equiv_\phi y$），如果 $\mathbb{M}, x \vDash \psi$ 当且仅当 $\mathbb{M}, y \vDash \psi$ 对所有 $\psi \in \mathrm{Sub}(\phi)$。令 $[x]_\phi = \{y \in S : x \equiv_\phi y\}$ 是 x 在 $\equiv_\phi$ 下的等价类。对任何非空子集 $X, Y \subseteq S$，写 $X \equiv_\phi Y$，如果 $\forall x \in X \exists y \in Y (x \equiv_\phi y)$ 并且反之亦然。令 $[X]_\phi = \{[x]_\phi : x \in X\}$。

定义 6.12　令 $\mathbb{M} = (S, \sigma, A, V)$ 是泛模型。一个集合 $X \subseteq S$ 称为在 $\mathbb{M}$ 中（相对于 ϕ）是**非退化循环的**，如果 $\forall x, y \in X \exists z \in X (\sigma(x)(z) > 0 \,\&\, z \equiv_\phi y)$。称 X 在 $\mathbb{M}$ 中是**退化循环的**，如果 $\forall x, y \in X (\sigma(x)(y) = 0 \,\&\, x \equiv_\phi y)$。称 X 在 $\mathbb{M}$ 中是**循环的**，如果 X 是非退化循环的，或者是退化循环的。

容易验证，不存在既是非退化循环的又是退化循环的集合。使用循环集，在分次模态逻辑中，可以引入扎哈利亚谢夫(Zakharyaschev, 1992)的选择程序。

定义 6.13　令 $\mathbb{M} = (S, \sigma, A, V)$ 是公式 ϕ 的反泛模型。从 $\mathbb{M}$ 开始选择程序如下：

第 0 步：$S_0 = S$，$T_0 = \varnothing$，$W_0 = S_0 \setminus T_0$。

第 n 步$(n > 0)$：如果 $W_{n-1} = \varnothing$，那么停止。如果 $W_{n-1} \neq \varnothing$，令 $C_n^1, \cdots, C_n^r$ 是 W_{n-1} 中所有不同的极大子集使得：

(1) C_n^i 是循环的并且 $C_n^i = C_n^i {\uparrow} \cap W_{n-1}$。

(2) $\forall x, y \in C_n^i \forall k < n \, (x \in C_n^j {\downarrow} \leftrightarrow y \in C_n^j {\downarrow})$，

其中

$$S_n = S_{n-1} \setminus \{x : x \notin T_n \,\&\, \exists y \in T_n (\sigma(x)(y) > 0 \,\&\, x \equiv_\phi y)\},$$
$$T_n = T_{n-1} \cup C_n^1 \cup \cdots \cup C_{r_*}^r,$$
$$W_n = S_n \setminus T_n。$$

然后继续第 $n + 1$ 步。

命题 6.13　对每个步骤 $n > 0$，除了最后一步，选择程序只输出有限多个两两不同的不交集 $C_n^1, \cdots, C_n^r$ 使得 $\bigcup_{1 \leqslant i \leqslant r} C_n^i$ 是 W_{n-1} 的覆盖元。

证明　对 n 归纳证明。假设该命题对所有 $k < n$ 成立。对任何 $x \in C_n^i$，我们有如下两种情况：

(1) $x {\uparrow} \cap W_{n-1} \neq \varnothing$。$C_n^i = \{y \in W_{n-1} : y {\uparrow} \cap W_{n-1}$ 是非退化循环的，$y {\uparrow} \cap W_{n-1} \equiv_\phi x {\uparrow} \cap W_{n-1}$ 且 $\forall z \in y {\uparrow} \cap W_{n-1} \forall k < n \, (z \in C_k^j {\downarrow} \leftrightarrow x \in C_k^j {\downarrow})\}$。

(2) $x {\uparrow} \cap W_{n-1} = \varnothing$。$x$ 是 W_{n-1} 中终禁自返状态。因此 $C_n^i = \{y \in W_{n-1} : y{\uparrow} \cap W_{n-1} = \varnothing, y \equiv_\phi x \,\&\, \forall k < n \, (y \in C_k^j {\downarrow} \leftrightarrow x \in C_k^j {\downarrow})\}$。

根据归纳假设和 $[S]_\phi$ 有限，该选择程序只输出有限多个不交集合 $C_n^1, \cdots, C_n^r$。

现在证明 $\bigcup_{1 \leqslant i \leqslant r} C_n^i$ 是 W_{n-1} 的覆盖元。任取 $x \in W_{n-1}$。如果 $x \uparrow \cap W_{n-1}$ 是循环的，并且对所有 y, z 属于 $x \uparrow \cap W_{n-1}$，$|\{C_k^j : \sigma(y)(C_k^j) > 0\}| = |\{C_k^j : \sigma(z)(C_k^j) > 0\}|$ 对某个 $k < n$，那么 x 生成某个 C_n^i。否则，要么 $\exists x_1 \in x \uparrow \cap W_{n-1}$ $(x_1 \uparrow \cap W_{n-1} \neq_\phi x \uparrow \cap W_{n-1})$，要么 $\exists x_1 \in x \uparrow \cap W_{n-1}$ $(|\{C_k^j : \sigma(x_1)(C_n^j) > 0\}| = |\{C_k^j : \sigma(x)(C_n^j) > 0\}|)$。考虑 $x_1 \uparrow \cap W_{n-1}$，可找到某个 $x_m \in x \uparrow \cap W_{n-1} \cap C_n^i$ 对某个 C_n^i，因为 $[S]_\phi$ 有限。那么 $\bigcup_{1 \leqslant i \leqslant r} C_n^i$ 是 W_{n-1} 的覆盖元。∎

容易验证 $|[S]_\phi| \leqslant 2^{|\text{sub}(\phi)|}$ 并且 $|\wp([S]_\phi)| \leqslant 2^{2^{|\text{sub}(\phi)|}}$。可以推算在第 n 步输出的集合 C_n^i 的数 r_n 如下：$r_1 \leqslant 2^{2^{|\text{sub}(\phi)|}} + 2^{|\text{sub}(\phi)|}$ 并且 $r_{n+1} \leqslant r_1 \cdot 2^{\sum_{i=1}^n r_i}$。现在证明选择程序在有限步骤之内停止。

命题 6.14 选择程序至多在 $2^{|\text{sub}(\phi)|}$ 步之内停止。

证明 假设不然。那么 $W_{n-1} \neq \varnothing$ 对 $n = 2^{|\text{sub}(\phi)|} + 1$。对任何 $x_n \in W_{n-1}$，根据命题 6.13 可得，存在状态链 $x_n, \cdots, x_1$ 使得 $x_{n-1} \in C_{n-1}^k, \cdots, x_1 \in C_1^l$ 对自然数 $k, \cdots, l$。根据选择程序可得，$x_i \neq_\phi x_j$ 对 $1 \leqslant i \neq j \leqslant n$，与 $|[S]_\phi| \leqslant 2^{|\text{sub}(\phi)|}$ 矛盾。∎

现在问题是定义一个商模型 $\mathbb{M}^\#$，使用选择方法证明，自然映射是从 $\mathbb{M}$ 到 $\mathbb{M}^\#$ 的共尾子归约。从 $\mathbb{M}$ 反驳 ϕ 可以退出 $\mathbb{M}^\#$ 反驳 ϕ。最后一步是希望证明，所构造的典范公式可以用于公理化形如 $K_gA^3 \oplus \phi$ 的逻辑。我们留下如下猜想。

猜想 6.1 对任何(无否定)公式 ϕ，存在算法输出有限的(无否定)典范公式集合 Δ 使得 $K_gA^3 \oplus \phi = K_gA^3 \oplus \Delta$。

然而扎哈利亚谢夫(Zakharyaschev, 1992)所构造的商模型和典范公式只对基本模态公式成立。对于分次模态逻辑来说，需要新的构造证明，或者否证形如 $K_gA^3 \oplus \phi$ 的逻辑都能用典范公式公理化。

6.4　正规分次模态格NExt($K_g\text{Alt}_n$)

本节研究如下形式的正规分次模态逻辑的所有正规扩张组成的格：

$$K_g\text{Alt}_n = K_g \oplus \Box p_0 \vee \Box(p_0 \to p_1) \vee \cdots \vee \Box(p_0 \wedge \cdots \wedge p_{n-1} \to p_n)$$

对任何 $n > 0$。公式 Alt_n 最初是赛格伯格(Segerberg, 1971)加以研究的，后来贝里斯玛(Bellissima, 1988)对它加以系统研究。我们把贝里斯玛关于 Alt_n 的结论推广到分次模态逻辑。首先在余代数语义下给出一些关于公式 Alt_n 的事实。对任何余代数 $\mathbb{S} = (S, \sigma)$，定义 $\sigma\uparrow(x) = \{y \in S : \sigma(x)(y) > 0\}$，对每个状态 $x \in S$。首先证明如下关于余代数对应结果。

命题 6.15 对任何余代数 $\mathbb{S} = (S, \sigma)$，$\mathbb{S} \vDash \text{Alt}_n$ 当且仅当 $\mathbb{S} \vDash \forall x(|\sigma\uparrow(x)| \leqslant n)$。

证明 假设 $\mathbb{S} \nvDash \mathrm{Alt}_n$。那么存在 Ω 模型 $\mathcal{M} = (\mathbb{S}, V)$ 使得 $\mathcal{M}, x \nvDash \mathrm{Alt}_n$ 对某个 x $\in S$。那么 $x \vDash \lozenge \neg p_0 \wedge \lozenge(p_0 \wedge \neg p_1) \wedge \cdots \wedge \lozenge(p_0 \wedge \cdots \wedge p_{n-1} \wedge \neg p_n)$。因此存在不同状态 $y_0, \cdots, y_n \in \sigma{\uparrow}(x)$，即 $\mathbb{S} \nvDash \forall x(|\sigma{\uparrow}(x)| \leqslant n)$。反之假设 $|\sigma{\uparrow}(a)| > n$ 对某个状态 $a \in S$。令 $y_0, \cdots, y_n \in \sigma{\uparrow}(x)$ 是不同状态。定义 $\mathbb{S}$ 中赋值 V 使得 $V(p_i) = \{b_j : j > i\}$ 对 $i < n + 1$。因此我们有 $\mathbb{S}, V, a \vDash \lozenge \neg p_0 \wedge \lozenge(p_0 \wedge \neg p_1) \wedge \cdots \wedge \lozenge(p_0 \wedge \cdots \wedge p_{n-1} \wedge \neg p_n)$，即 $x \nvDash \mathrm{Alt}_n$。所以 $\mathbb{S} \nvDash \mathrm{Alt}_n$。∎

比较公式 Alt_n 和 $\square^{n+1}\bot$。在关系语义下，一个框架 $\mathfrak{F} = (W, R)$ 使 $\square^{n+1}\bot$ 有效当且仅当 $\mathfrak{F} \vDash \forall x(|R(x)| \leqslant n)$ 当且仅当 $\mathfrak{F} \vDash \mathrm{Alt}_n$，即 $\mathsf{Frm}(\mathrm{Alt}_n) = \mathsf{Frm}(\square^{n+1}\bot)$。根据关系框架和余代数之间的联系，有如下命题成立。

命题 6.16 对任何 $n > 0$，$K_g\mathrm{Alt}_n = K_g \oplus \square^{n+1}\bot$。

证明 使用典范模型验证 $K_g\mathrm{Alt}_n = \mathsf{Log}(\mathsf{Coalg}(\mathrm{Alt}_n))$ 并且 $K_g \oplus \square^{n+1}\bot = \mathsf{Log}(\mathsf{Coalg}(\square^{n+1}\bot))$。然而 $\mathsf{Coalg}(\mathrm{Alt}_n) = \mathsf{Coalg}(\square^{n+1}\bot)$。假设不然。令 $\mathbb{S} \vDash \mathrm{Alt}_n$ 但 $\mathbb{S} \nvDash \square^{n+1}\bot$。那么 $\mathbb{S}_\bullet \nvDash \square^{n+1}\bot$，因此 $\mathbb{S}_\bullet \nvDash \mathrm{Alt}_n$。这样 $\mathbb{S} \nvDash \mathrm{Alt}_n$，矛盾。∎

接下来要证明 $K_g\mathrm{Alt}_n$ 的正规扩张的典范性。首先引入一些基本概念。给定余代数 $\mathbb{S} = (S, \sigma)$，对每个状态 $x \in S$，对 n 归纳定义 $\sigma{\uparrow}^n(x)$ 如下：

(1) $\sigma{\uparrow}^0(x) = \{x\}$。

(2) $\sigma{\uparrow}^{n+1}(x) = \{y \in S : \sigma(z)(y) > 0$ 对某个 $z \in \sigma{\uparrow}^n(x)\}$。

令 $S_n(x) = \bigcup_{k \leqslant n} \sigma{\uparrow}^k(x)$。显然 $\sigma{\uparrow}(x) = \sigma{\uparrow}^1(x)$。现在证明如下引理，它的意思是公式的真值仅仅依赖于模型中部分状态。

引理 6.12 令 ϕ 是 GML 公式，$\mathrm{md}(\phi) = n$。对泛余代数 $\mathbb{C} = (\mathbb{S}, A)$ 和 $\mathbb{C}' = (\mathbb{S}', A')$ 以及 $\mathbb{C}$ 和 $\mathbb{C}'$ 中赋值 V 和 V'，假设 $\eta : \mathbb{S}{\restriction}S_n(x) \cong \mathbb{S}'{\restriction}S_n(x')$ 使 $\eta(x) = x'$ 并且 $x' \in V(p)$ 当且仅当 $x' \in V'(p)$ 对所有 $p \in \mathrm{var}(\phi)$。那么 $\mathbb{C}, V, x \vDash \phi$ 当且仅当 $\mathbb{C}', V', x' \vDash \phi$。

证明 对 ϕ 归纳证明。∎

引理 6.13 公式 Alt_n(对某个 $n > 0$)的泛余代数类是 d 持久的。

证明 令 $\mathbb{C} = (\mathbb{S}, A)$ 是泛余代数，其中 $\mathbb{S} = (S, \sigma)$ 是余代数，$\mathbb{C} \vDash \mathrm{Alt}_n$。要证明 $\mathbb{C} \vDash \phi$ 当且仅当 $\mathbb{S} \vDash \phi$ 对任何 GML 公式 ϕ。从右至左的方向显然成立。反之，首先证明如下断言。

断言 $|\sigma{\uparrow}(a)| \leqslant n$ 对每个状态 $a \in S$。

证明 假设不然。令 $X = \{a_0, \cdots, a_n\} \subseteq \sigma{\uparrow}(a)$。那么显然 $\{Y \cap X : Y \in A\} = \wp(X)$。定义 $\mathbb{C}$ 中赋值 V 使得 $V(p_i) \subseteq A$ 并且 $V(p_i) \cap X = \{a_i\}$ 对所有 $i \leqslant n$。那么 $\mathbb{S}, V, a \nvDash \mathrm{Alt}_n$，所以 $\mathbb{C} \nvDash \mathrm{Alt}_n$，矛盾。证毕。

假设 $\mathbb{S} \nvDash \phi$。那么存在赋值 V 和 $a \in S$ 使得 $\mathbb{S}, V, a \nvDash \phi$。令 $\mathrm{md}(\phi) = k$。那

么 $S_k(a) \leqslant \sum_{j \leqslant k} n^j$。因此存在 $\mathbb{C}$ 中赋值 V' 使得 $V'(p_i) \in A$ 并且 $V'(p_i) \cap S_k(a) = V(p_i)$ $\cap S_k(a)$。所以 $\mathbb{C} \nvDash \phi$。∎

根据典范性与 d 持久性等价可得如下定理。

定理 6.16 对任何 $n > 0$，每个逻辑 $\Lambda \in \mathrm{NExt}(\mathrm{Alt}_n)$ 都是典范的。

证明 考虑泛余代数 $\mathbb{C}^\Lambda = (S^\Lambda, \sigma^\Lambda, A^\Lambda)$，其中 $\mathbb{S}^\Lambda = (S^\Lambda, \sigma^\Lambda)$ 是 Λ 的典范余代数，并且 $A^\Lambda = \{X\phi = \{x \in S^\Lambda : \phi \in x\} : \phi$ 是 GML 公式$\}$。根据引理 6.13 和 $\mathbb{C}^\Lambda \vDash \Lambda$ 可得，$\mathbb{S}^\Lambda \vDash \Lambda$，即 Λ 是典范的。∎

下面证明正规模态格 $\mathrm{NExt}(\mathrm{Alt}_1)$ 中每个逻辑都有有限模型性质，其中 $\mathrm{Alt}_1 = \Box p_0 \vee \Box(p_0 \to p_1)$。注意 Alt_1 对应于条件 $\forall x(|\sigma \uparrow (x)| \leqslant 1)$。因此，可以不计同构地把所有点生成的余代数类分成几类。令 $\mathbb{S}_\omega = (\omega, \sigma_S)$ 是余代数，其中 ω 是全体自然数集合，σ_S 满足如下两个条件：

(1) $\sigma_S(n)(n+1) > 0$ 对所有 $n \in \omega$。

(2) $\sigma_S(k)(j) = 0$，如果 $j \neq k+1$。

称这样的余代数为"后继余代数"，用 $\mathcal{SUC}$ 表示所有这样的余代数的类。

对每个自然数 $n \in \omega$，令 $\mathbb{S}_n = (n+1, \sigma_n)$ 是余代数，其中 $n+1 = \{0, \cdots, n\}$，并且 σ_n 满足如下两个条件：

(1) $\sigma_n(k+1)(k) > 0$ 对所有 $k < n$。

(2) $\sigma_n(h)(j) = 0$，如果 $h \neq j+1$。

称这样的余代数为"有限上升余代数"，使用 $\mathcal{FDC}$ 表示所有这样余代数的类(图 6.3)。

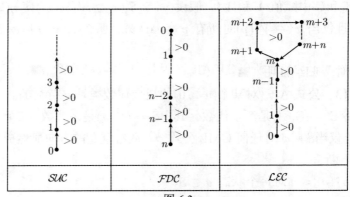

图 6.3

对每个有序对 $(m, n) \in \omega^2$，令 $\mathbb{S}_{m,n} = (m+n+1, \sigma_{m+n})$ 是余代数，其中 $m+n+1 = \{0, \cdots, m+n\}$，并且 σ_{m+n} 满足以下条件：

(1) $\sigma_{m+n}(k)(k+1) > 0$ 对所有 $k < m+n$。

(2) $\sigma_{m+n}(m+n)(m) > 0$。

(3) $\sigma_n(h)(j) = 0$，如果 $j \neq h+1$ 或 $(j = m+n \ \& \ h = m)$。

称这样的余代数为"环尾余代数"，使用 $\mathcal{LEC}$ 表示所有这样余代数的类。

引理 6.14　令 $\mathbb{S}$ 是点生成余代数使得 $\mathbb{S} \vDash \mathrm{Alt}_1$。那么 $\mathbb{S}$ 同构于 $\mathcal{SUC} \cup \mathcal{FDC} \cup \mathcal{LEC}$ 中某个余代数。

证明　根据 $\mathbb{S} \vDash \mathrm{Alt}_1$ 当且仅当 $\mathbb{S} \vDash \forall x(|\sigma{\uparrow}(x)| \leqslant 1)$。∎

引理 6.15　每个环尾余代数 $\mathbb{S}_{m,n}$ 同构于某个后继余代数的某个同态象。反之，每个后继余代数 $\mathbb{S}_\omega$ 可归约为某个环尾余代数 $\mathbb{S}_{m,n}$。

证明　根据每个环尾余代数是某个后继余代数的某个后段的同态象。∎

定理 6.17　每个逻辑 $\Lambda \in \mathrm{NExt}(K_g\mathrm{Alt}_1)$ 具有有限模型性质。

证明　令 $\phi \notin \Lambda$，则存在余代数 $\mathbb{S}$ 使 $\mathbb{S} \vDash \Lambda$ 但 $\mathbb{S} \nvDash \phi$。假设 $\mathbb{S}$ 是无限的并且从状态 $a \in S$ 生成的。显然 $\mathbb{S} \vDash \mathrm{Alt}_1$。那么 $\mathbb{S}$ 同构于某个后继余代数 $\mathbb{S}_\omega = (\omega, \sigma_S)$，所以 $\mathbb{S}_\omega, n \nvDash \phi$ 对某个 $n \in \omega$。不失一般性，假设 $n = 0$。那么 $\mathbb{S}_\omega, 0 \nvDash \phi$。令 $m + n \geqslant \mathrm{md}(\phi)$。令 $\mathbb{S}_\omega$ 可归约为某个环尾余代数 $\mathbb{S}_{m,n}$。那么 $\mathbb{S}_{m,n} \vDash \Lambda$。只要证 $\mathbb{S}_{m,n} \nvDash \phi$。令 V 是 $\mathbb{S}_\omega$ 中的赋值使 $\mathbb{S}_\omega, V, 0 \nvDash \phi$。定义 $\mathbb{S}_{m,n}$ 中的赋值 V' 使对每个 $p \in \mathrm{var}(\phi)$ 和 $k \leqslant m+n$，$k \in V'(p)$ 当且仅当 $k \in V(p)$。显然 $\mathbb{S}{\restriction}S_n(a) \cong \mathbb{S}_{m,n}$。所以 $\mathbb{S}_{m,n}, V', 0 \nvDash \phi$。∎

可以定义另一个关于正规分次模态逻辑的性质。一个正规分次模态逻辑 Λ 称为**表格逻辑**，如果 $\Lambda = \mathrm{Log}(\mathbb{S})$ 对某个有限余代数 $\mathbb{S}$. 显然，表格逻辑具有有限模型性质. 一个正规分次模态逻辑 Λ 称为**濒表格逻辑**，如果 Λ 不是表格逻辑，但它每个真扩张都是表格逻辑。现在把这些概念用于正规分次模态逻辑。

定理 6.18　极小正规分次模态逻辑 K_g 不是表格逻辑。

证明　假设不然。令 $\mathbb{S} = (S, \sigma)$ 是有限余代数使得 $|S| = n > 0$。假设 $K_g = \mathrm{Log}(\mathbb{S})$。因为 $\mathrm{Alt}_n \notin K_g$，所以 $\mathbb{S} \nvDash \mathrm{Alt}_n$。因此 $|S| \geqslant n$，矛盾。∎

定理 6.19　逻辑 $\Lambda = K_g\mathrm{Alt}_1 \oplus \lozenge^k\top$ 对任何 $k > 0$ 是濒表格逻辑。

证明　定义后继余代数 $\mathbb{S}_\omega = (\omega, \sigma_S)$，其中 $\sigma_S(n)(n+1) = k$。那么显然 $\Lambda = \mathrm{Log}(\mathbb{S}_\omega)$。所以 Λ 不是表格逻辑。令 $\Lambda' \supseteq \Lambda$。定义 $\mathsf{K}_\omega{}^{\Lambda'} = \{\mathbb{S} : \mathbb{S}$ 是有限的点生成的余代数并且 $\mathbb{S} \vDash \Lambda'\}$。如果存在 $h > 0$ 使对每个 $\mathbb{S}_{m,n} \in \mathsf{K}_\omega{}^{\Lambda'}$，$m+n \leqslant h$，那么 $\mathsf{K}_\omega{}^{\Lambda'}$ 不计同构是有限的，所以 $\amalg\mathbb{S}_{m,n}$ 是有限的，并且 $\Lambda' = \mathrm{Log}(\amalg\mathbb{S}_{m,n})$。假设不存在 $h > 0$ 使得对每个 $\mathbb{S}_{m,n} \in \mathsf{K}_\omega{}^{\Lambda'}$，$m+n \leqslant h$。那么 $\sup\{m+n : \mathbb{S}_{m,n} \in \mathsf{K}_\omega{}^{\Lambda'}\} = \omega$。那么 $\mathbb{S}_\omega \vDash \Lambda'$。所以 $\Lambda' = \Lambda$ 并且 Λ' 不是 Λ 的真扩张。∎

第 7 章 公式的分类

使用结构之间的映射对公式分类，这是模型论的重要组成部分。对于一阶逻辑的模型论来说，最著名的结果是如下保持定理(Chang and Keisler, 1990)：

(1) **Łoś定理**。一个一阶公式等值于某个全称公式当且仅当它对子模型保持。

(2) **Chang-Łoś-Suszko定理**。一个一阶公式等值于某个全称存在公式当且仅当它对链并保持。

(3) **Lyndon定理**。一个一阶公式等值于某个正公式当且仅当它对同态保持。

然而，德莱克(de Rijke, 1993, 1995)把这些结果推广到基本模态逻辑。本章继续把它们推广到余代数分次模态逻辑。此外，对基本模态逻辑来说，另一个结果是使用模拟来区分正存在公式，参见白磊本等的著作(Blackburn et al., 2001)。我们从余代数 GML 的正存在公式开始。

7.1 Ω 模拟与正存在公式

有两种方式理解 Ω 模拟：(i) Ω 模拟是从 Ω 互模拟放弃后退条件和一个方向的原子条件得到的；(ii) Ω 模拟是将同态挺升到关系层面得到的。

定义 7.1 令 $\mathcal{M} = (S, \sigma, V)$ 和 $\mathcal{M}' = (S', \sigma', V')$ 是 Ω 模型。一个非空二元关系 $Z \subseteq S \times S'$ 称为从 $\mathcal{M}$ 到 $\mathcal{M}'$ 的 **Ω 模拟**，如果下面条件成立：对所有 $x \in S$, $x' \in S'$ 和 $X \in \wp^+(S)$，

(1) 如果 xZx'，那么 $x \in V(p)$ 蕴涵 $x' \in V'(p)$ 对每个命题字母 p。

(2) 如果 xZx' 并且 $\sigma(x)(X) \geqslant k$，那么存在 $X' \in \wp^+(S')$ 使得 $\sigma'(x')(X') \geqslant k$, $\forall y \in X \exists y' \in X' (yZy')$ 并且 $\forall y' \in X' \exists y \in X (yZy')$。

称两个点 Ω 模型 $(\mathcal{M}, x)$ 和 $(\mathcal{M}', x')$ 是 **Ω 模拟的**(记为 $\mathcal{M}, x \longrightarrow_\Omega \mathcal{M}', x'$)，如果存在 $\mathcal{M}$ 和 $\mathcal{M}'$ 之间的 Ω 模拟 Z 使得 xZx'。称 GML 公式 ϕ **保持 Ω 模拟**，如果 $\mathcal{M}, x \vDash \phi$ 蕴涵 $\mathcal{M}', x' \vDash \phi$ 对任何 $\mathcal{M}, x \longrightarrow_\Omega \mathcal{M}', x'$。

定义 7.2 所有**正存在公式**的集合是由如下规则形成的：
$$\phi ::= p \mid \phi \wedge \psi \mid \phi \vee \psi \mid \Diamond_k \phi,$$

其中 $p \in \Phi$ 并且 $k > 0$。

定义点 Ω 模型上的二元关系 $\Rightarrow_{PE}$ 如下：

$\mathcal{M}, x \Rightarrow_{PE} \mathcal{N}, y$，如果对所有正存在公式 ϕ，$\mathcal{M}, x \vDash \phi$ 蕴涵 $\mathcal{N}, y \vDash \phi$。

这样就可以证明如下命题。

命题 7.1　对点 Ω 模型 $(\mathcal{M}, x)$ 和 $(\mathcal{N}, y)$，$\mathcal{M}, x \underrightarrow{\ }_\Omega \mathcal{N}, y$ 蕴涵 $\mathcal{M}, x \Rightarrow_{PE} \mathcal{N}, y$。

证明　假设 $\mathcal{M}, x \underrightarrow{\ }_\Omega \mathcal{N}, y$。对正存在公式归纳，容易验证 $\mathcal{M}, x \Rightarrow_{PE} \mathcal{N}, y$。在模态情况下，使用前进条件。∎

所有正存在公式都对 Ω 模拟保持。对于另一个方向，需要证明如下关键引理，它与 Ω 饱和以及 Ω 超滤扩张相关。

引理 7.1　令 $\mathcal{M}$ 和 $\mathcal{M}'$ 是 Ω 饱和的 Ω 模型。如果 $\mathcal{M}, x \Rightarrow_{PE} \mathcal{M}', x'$，那么 $\mathcal{M}, x \underrightarrow{\ }_\Omega \mathcal{M}', x'$。因此这两个概念在 Ω 饱和模型上是重合的。

证明　假设 $\mathcal{M}, x \Rightarrow_{PE} \mathcal{M}', x'$ 对 Ω 模型 $\mathcal{M} = (S, \sigma, V)$ 和 $\mathcal{M}' = (S', \sigma', V')$。要证明 $\mathcal{M}, x \underrightarrow{\ }_\Omega \mathcal{M}', x'$。定义关系 $Z \subseteq S \times S'$ 为 $Z = \{(u, u') : \mathcal{M}, u \Rightarrow_{PE} \mathcal{M}', u'\}$。那么 xZx'。现在证明 $Z : \mathcal{M}, x \underrightarrow{\ }_\Omega \mathcal{M}', x'$。显然 $u \in V(p)$ 蕴涵 $u' \in V'(p)$ 对所有 $p \in \Phi$ 和 uZu'。假设 $\sigma(u)(U) \geqslant k$ 并且 uZu'。分两种情况。

情况 1　存在 $v \in U$ 使 $\sigma(u)(v) = \omega$。令 $PE(v) = \{\phi : \mathcal{M}, v \vDash \phi \,\&\, \phi \text{ 是正存在公式}\}$。对任何 $k > 0$ 和 $\Delta \in \wp^+(PE(v))$，都有 $\mathcal{M}, u \vDash \Diamond_k \bigwedge \Delta$，所以 $\mathcal{M}', u' \vDash \Diamond_k \bigwedge \Delta$。因此 $\sigma'(u')(\llbracket \bigwedge \Delta \rrbracket_{\mathcal{M}'}) \geqslant k$。由 Ω 饱和得，$\sigma'(u')(\llbracket PE(v) \rrbracket_{\mathcal{M}'}) \geqslant k$。因此存在 $U' \in \wp^+(S')$ 使得 $\sigma'(u')(U') \geqslant k$ 并且 vZv' 对所有 $v' \in U'$ 和 $k > 0$。

情况 2　对所有 $v \in U$，$0 < \sigma(u)(v) < \omega$。令 $U = \{v_0, \cdots, v_n\}$，$\sigma(u)(v_i) = k_i > 0 (i \leqslant n)$ 并且 $\sum_{i \leqslant n} k_i \geqslant k$。令 $PE(v_i) = \{\phi : \mathcal{M}, v_i \vDash \phi \text{ 并且 } \phi \text{ 是正存在公式}\}$ 对 $i \leqslant n$。现在划分 $U = T_0 \cup \cdots \cup T_m$ 使 T_i 是由具有相同正存在理论的状态组成的集合。令 $t_j \in T_j (j \leqslant m)$ 是 T_j 的代表元并且 $r_j = \sigma(u)(T_j)$。对每个 $\Delta \in \wp^+(PE(t_j))$，$u \vDash \Diamond_{r_j} \bigwedge \Delta$，所以由 Ω 饱和，$\sigma'(u')(PE(t_j)) \geqslant r_j$。由 $\sum_{j \leqslant m} r_j \geqslant k$ 得，存在 $U' \in \wp^+(S')$ 使 $\sigma'(u')(U') \geqslant \sum_{j \leqslant m} r_j \geqslant k$ 且 $U \hat{Z} U'$。∎

推论 7.1　对任何点 Ω 模型 $(\mathcal{M}, x)$ 和 $(\mathcal{M}', x')$，$\mathcal{M}^{ue}, \pi(x) \Rightarrow_{PE} \mathcal{M}'^{ue}, \pi(x')$ 当且仅当 $\mathcal{M}^{ue}, \pi(x) \underrightarrow{\ }_\Omega \mathcal{M}'^{ue}, \pi(x')$，其中 $\pi(x)$ 和 $\pi(x')$ 是由 x 和 x' 生成的主滤子。

证明　根据引理 7.4 和命题 3.28。∎

定理 7.1　一个 GML 公式 ϕ 等值于某个正存在公式当且仅当 ϕ 对 Ω 模拟保持。

证明   从左至右已由命题 7.1 得证。对另一方向，假设 ϕ 对 Ω 保持。考虑 ϕ 的正存在推论集合 $\mathrm{PEC}(\phi) = \{\psi : \phi \vDash \psi \ \& \ \psi$ 是正存在公式$\}$。只要证 $\mathrm{PEC}(\phi) \vDash \phi$，然后由紧致性可得，$\phi$ 等值于某个正存在公式。假设 $\mathcal{M}, x \vDash \mathrm{PEC}(\phi)$。定义 $\Gamma = \{\neg\psi :$ $\mathcal{M}, x \nvDash \psi \ \& \ \psi$ 是正存在公式$\}$。

断言   集合 $\Gamma \cup \{\phi\}$ 是一致的。

证明   假设不然。那么 $\phi \vDash \psi_1 \vee \cdots \vee \psi_n$ 对某些 $\neg\psi_1, \cdots, \neg\psi_n \in \Gamma$。容易验证 $\psi_1 \vee \cdots \vee \psi_n$ 是正存在公式，所以 $\psi_1 \vee \cdots \vee \psi_n \in \mathrm{PEC}(\phi)$。因此 $\mathcal{M}, x \vDash \psi_1 \vee \cdots \vee \psi_n$。那么 $\mathcal{M}, x \vDash \psi_i$ 对某个 $1 \leq i \leq n$，与 $\neg\psi_i \in \Gamma$ 矛盾。证毕。

因此存在 Ω 模型 $(\mathcal{N}, y)$ 使 $\mathcal{N}, y \vDash \bigwedge \Gamma \wedge \phi$。这样 $\mathcal{N}, y \Rightarrow_{\mathrm{PE}} \mathcal{M}, x$。由推论 3.4 得，$\mathcal{N}, y \equiv_g \mathcal{N}^{\mathrm{ue}}, \pi(y)$ 并且 $\mathcal{M}, x \equiv_g \mathcal{M}^{\mathrm{ue}}, \pi(x)$。现在由推论 7.1 得，$\mathcal{N}^{\mathrm{ue}}, \pi(y) \rightrightarrows_{\Omega}$ $\mathcal{M}^{\mathrm{ue}}, \pi(x)$。由 $\mathcal{N}, y \vDash \phi$ 得，$\mathcal{N}^{\mathrm{ue}}, \pi(y) \vDash \phi$。因为 ϕ 对 Ω 保持，所以 $\mathcal{M}^{\mathrm{ue}}, \pi(x) \vDash \phi$。因此 $\mathcal{M}, x \vDash \phi$。∎

7.2   点 Ω 子模型保持

本节证明对点 Ω 子模型保持可以用来区分全称 GML 公式。

定义 7.3   所有**存在公式**的集合是由如下规则给出的：

$$\phi ::= p \mid \neg p \mid \bot \mid \top \mid \phi_1 \wedge \phi_2 \mid \phi_1 \vee \phi_2 \mid \Diamond_k\phi,$$

其中 $p \in \Phi$ 并且 $k > 0$。所有**全称公式**的集合由如下规则给出：

$$\psi ::= p \mid \neg p \mid \bot \mid \top \mid \psi_1 \wedge \psi_2 \mid \psi_1 \vee \psi_2 \mid \Box_k\psi,$$

其中 $p \in \Phi$ 并且 $k > 0$。

定义 7.4   令 $(\mathcal{M}, a)$ 和 $(\mathcal{M}', a')$ 是 Ω 点模型，$\mathcal{M} = (S, \sigma, V)$，$\mathcal{M}' = (S', \sigma', V')$。称 $(\mathcal{M}, a)$ 是 $(\mathcal{M}', a')$ 的**点 Ω 子模型**，如果 $\sigma = \sigma'{\restriction}S^2$ 且 $a = a'$。公式 ϕ 对 **Ω 点子模型保持**，如果 $\mathcal{M}', a' \vDash \phi$ 蕴涵 $\mathcal{M}, a \vDash \phi$，其中 $(\mathcal{M}, a)$ 是 $(\mathcal{M}', a')$ 的点 Ω 子模型。

也可以引入如下点 Ω 模型上的关系：

(1) $\mathcal{M}, x \Rightarrow_{\mathrm{E}} \mathcal{N}, y$，如果对所有存在公式 ϕ，$\mathcal{M}, x \vDash \phi$ 蕴涵 $\mathcal{N}, y \vDash \phi$。

(2) $\mathcal{M}, x \Rightarrow_{\mathrm{U}} \mathcal{N}, y$，如果对所有全称公式 ϕ，$\mathcal{M}, x \vDash \phi$ 蕴涵 $\mathcal{N}, y \vDash \phi$。

下面还要引入一些概念。给定 Ω 模型 $\mathcal{M} = (S, \sigma, V)$ 和 $a \in S$，状态 x 的入度

定义为 $\mathrm{Ind}(x) :=$ 从 a 到 x 的通路数。对 n 归纳定义 a 的**外壳** $H^n(a)$ 如下：

(1) $H^0(a) = \{a\}$。

(2) $H^{n+1}(a) = H^n(a) \cup \{b \in S : \exists c \in H^n(a)(\sigma(c)(b) > 0)\}$。

注意，a 的 n 外壳 $H^n(a)$ 是由从 a 至多 n 步可及的状态组成的集合。

对每个状态 x，定义它的**深度**为

$$\mathrm{dep}(x) = \begin{cases} \min\{n : x \in H^n(a)\}, & \text{如果存在 } n \text{ 使得 } x \in H^n(a), \\ \infty, & \text{否则。} \end{cases}$$

对 $\mathcal{M}$ 中任何非空有限子集 X，令 $\mathrm{dep}(X) = n$，如果 $\mathrm{dep}(x) = n$ 对所有 $x \in X$。一个点 Ω 模型 $(\mathcal{M}, a)$ 称为**有限深度模型**，如果 $(\mathcal{M}, a)$ 中每个状态的深度有限。

在余代数背景下，我们还引入德莱克 (de Rijke, 1995) 的力迫概念。称一个余代数性质 α 是**可力迫的**，如果对每个点模型 $(\mathcal{M}, a)$，存在 $(\mathcal{N}, b)$ 使得 $\mathcal{M}, a \xlongequal{\hspace{0.3em}}_\Omega \mathcal{N}, b$ 并且 $(\mathcal{N}, b)$ 有性质 α。我们可以证明如下命题。

命题 7.2 有限深度性质是可力迫的。

证明 令 $(\mathcal{M}, a)$ 是 Ω 点模型。令 $(\mathcal{N}, a)$ 是 $(\mathcal{M}, a)$ 由 $\bigcup_{n \in \omega} H^n(a)$ 生成的子模型。那么 $\mathcal{M}, a \xlongequal{\hspace{0.3em}}_\Omega \mathcal{N}, a$ 并且 $(\mathcal{N}, a)$ 是有限深度的。∎

命题 7.3 性质 $\forall x\,(\mathrm{Ind}(x) \leqslant 1)$ 是可力迫的。

证明 假设 $(\mathcal{M}, a)$ 是从 a 生成的 Ω 子模型。使用树展开可得 Ω 互模拟模型，其中每个状态的入度至多为 1。∎

称点 Ω 模型 $(\mathcal{M}, a)$ 是**平滑的**，如果 $(\mathcal{M}, a)$ 是有限深度的并且每个状态入度至多为 1。可以证明如下推论。

推论 7.2 平滑性是可力迫的。

要证明 GML 的 Łoś 定理，需要证明如下关键引理。

引理 7.2 假设 $(\mathcal{M}, a)$ 是平滑的并且 $(\mathcal{N}, b)$ 是 Ω 饱和的。如果 $\mathcal{M}, a \Rightarrow_E \mathcal{N}, b$，那么存在 $(\mathcal{N}', b')$ 使得 $\mathcal{N}', b' \xlongequal{\hspace{0.3em}}_\Omega \mathcal{N}, b$ 并且 $(\mathcal{M}, a)$ 可嵌入 $(\mathcal{N}', b')$ (图 7.1)。

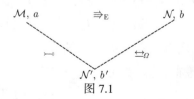

图 7.1

证明 令 $\mathcal{M} = (S, \sigma, V)$ 并且 $\mathcal{N} = (T, \rho, U)$。对所有 $x \in S$，对 $\mathrm{dep}(x)$ 归纳定义关系 $Z \subseteq S \times T$ 使得 $\forall (x, y) \in Z (\mathcal{M}, x \Rightarrow_E \mathcal{N}, y)$。对 $\mathrm{dep}(x) = 0$，有 $x = a$，

并且令 $Z[a] = \{b\}$。现在假设 $\mathrm{dep}(X) = n$ 对 $X \in \wp^+(S)$ 并且 $Z[x]$ 已经对所有 x 使得 $\mathrm{dep}(x) < n$ 定义。令 $\sigma(x)(X) \geqslant k$，$X = \{x_0, \cdots, x_m\}$ 并且 $\mathrm{dep}(x_i) = n\,(i \leqslant m)$。根据平滑性，$x$ 是唯一的并且 $\mathrm{dep}(x) = n - 1$。对每个 $i \leqslant m$，定义 $\mathrm{E}(x_i) = \{\phi : \mathcal{M},$ $x_i \vDash \phi \ \& \ \phi$ 是存在公式$\}$.

情况 1　$\sigma(x)(x_i) = \omega$ 对某个 $i \leqslant m$。对每个 $y \in Z[x]$，根据 Ω 饱和性质，存在 Q_{yx_i} 使得 $\rho(x)(Q_{yx_i}) = \omega$ 并且 $\mathcal{N}, Q_{yx_i} \vDash \mathrm{E}(x_i)$。

情况 2　$0 < \sigma(x)(x_i) = \omega$ 对所有 $i \leqslant m$。取任何 $y \in Z[x]$。划分 $X = X_1 \cup \cdots \cup X_l$ 使得每个 X_j 是由满足相同存在公式集 $\mathrm{E}(X_j)$ 的状态组成的集合。根据 Ω 饱和性质，对每个 $1 \leqslant j \leqslant l$，存在 Q_{yX_j} 使得 $\rho(x)(Q_{yX_j}) \geqslant \sigma(x)(X_j)$ 并且 $\mathcal{N}, Q_{yX_j} \vDash \mathrm{E}(X_j)$。令 $Q_{yX} = \bigcup_{1 \leqslant j \leqslant l} Q_{yX_j}$。那么令 $Z[X] = Q_y$。

根据上述构造，我们有如下断言。

断言 1　如果 xZy，那么 $\mathcal{M}, x \Rrightarrow_{\mathrm{E}} \mathcal{N}, y$。（对 $\mathrm{dep}(x)$ 归纳易证）。

断言 2　令 xZy 并且 $X \in \wp^+(S)$。对每个 $k > 0$，如果 $\sigma(x)(X) \geqslant k$，那么存在 $Y \in \wp^+(T)$ 使得 $\rho(y)(Y) \geqslant k$ 并且 $X \, \widehat{Z} \, Y$。

令 $(\mathcal{N}', b') = (\mathcal{M}, a) \uplus (\mathcal{N}, b)$，其中 $b = b'$ 或 bZb'，令 $\mathcal{N}' = (T', \rho', U')$ 是余代数使得：$\forall x \in S \ \& \ y, z \in T \,(xZy \ \& \ 0 < \rho(y)(z) = r \leqslant \omega \to \rho(x)(z) = r)$。定义 $R \subseteq T' \times T$ 为 $R = Z \cup \mathrm{Id}_T$，其中 Id_T 是 T 上恒等关系。只需要证明如下断言。

断言 3　$R : \mathcal{N}', b' \; \underline{\leftrightarrow}_\Omega \; \mathcal{N}, b$。

证明　原子条件显然成立。假设 xRy 且 $\rho'(x)(X) \geqslant k$。如果 $X \subseteq S$，那么 $\sigma(x)(X) \geqslant k$。根据断言 2 可得，$\rho(y)(Y) \geqslant k$ 并且 $X \, \widehat{Z} \, Y$ 对某个 $Y \in \wp^+(T)$。如果 $X \subseteq T$，则有两种情况。如果 $x \in T$，那么 $x = y$ 并且 $X \, \widehat{Z} \, X$。如果 $x \notin T$，那么 xZy。根据 $\rho(y)(X) \geqslant k$ 可得，$\rho(x)(X) \geqslant k$。反之，假设 xRy 且 $\rho(y)(Y) \geqslant k$。假设 $x \in S$。那么 xZy。根据 $\rho(y)(Y) \geqslant k$ 得，$\rho(x)(Y) \geqslant k$，即 $\rho'(x)(Y) \geqslant k$。显然 $Y \, \widehat{Z} \, Y$。假设 $x \in T$。那么 $x = y$。因此 $\rho'(x)(Y) \geqslant k$。显然 $Y \, \widehat{Z} \, Y$。证毕。∎

定理 7.2　一个 GML 公式 ϕ 等值于某个全称公式当且仅当 ϕ 对点 Ω 模型保持。

证明　从左至右的方向对全称公式 ϕ 归纳证明。对另一个方向，假设 ϕ 对点 Ω 模型保持。定义 ϕ 的全称推论集为 $\mathrm{UC}(\phi) = \{\psi : \phi \vDash \psi \ \& \ \psi$ 是全称公式$\}$。由紧致性，只要证 $\mathrm{UC}(\phi) \vDash \phi$。设 $\mathcal{M}, a \vDash \mathrm{UC}(\phi)$。可以假设 $(\mathcal{M}, a)$ 是平滑的。否则，可以找到 Ω 互模拟的平滑 Ω 点模型使 $\mathrm{UC}(\phi)$ 真。定义 $\mathrm{E}(\mathcal{M}, a) = \{\xi : \mathcal{M}, a \vDash \xi \ \& \ \xi$ 是存在公式$\}$。容易验证集合 $\mathrm{E}(\mathcal{M}, a) \cup \{\phi\}$ 有模型。令 $\mathcal{N}, b \vDash \bigwedge \mathrm{E}(\mathcal{M}, a) \wedge \phi$。

假设$(\mathcal{N}, b)$是Ω饱和的。由引理 7.2，存在$(\mathcal{M}, a)$的膨胀$(\mathcal{N}', b')$使$\mathcal{N}', b' \vDash \phi$。根据对点$\Omega$子模型保持可得，$\mathcal{M}, a \vDash \phi$。■

7.3　GML的Chang-Łoś-Suszko定理

本节考虑链并和全称存在公式，要证明 GML 的 Chang-Łoś-Suzko 定理。

定义 7.5　所有**全称存在公式**的集合是由如下规则给出：

$$\phi ::= E \mid \phi_1 \wedge \phi_2 \mid \phi_1 \vee \phi_2 \mid \Box_k \phi,$$

其中$k > 0$且E是存在公式。所有**存在全称公式**的集合是由如下规则给出：

$$\psi ::= U \mid \psi_1 \wedge \psi_2 \mid \psi_1 \vee \psi_2 \mid \Diamond_k \psi,$$

其中$k > 0$且U是全称公式。

现在引入点模型上的二元关系$\Rightarrow_{UE}$和$\Rightarrow_{EU}$如下：

(1) $\mathcal{M}, a \Rightarrow_{UE} \mathcal{N}, b$，如果对所有 UE 公式$\phi$，$\mathcal{M}, a \vDash \phi$蕴涵$\mathcal{N}, b \vDash \phi$。

(2) $\mathcal{M}, a \Rightarrow_{EU} \mathcal{N}, b$，如果对所有 EU 公式$\phi$，$\mathcal{M}, a \vDash \phi$蕴涵$\mathcal{N}, b \vDash \phi$。

定义 7.6　一个**Ω 点模型链**是模型族$\{(\mathcal{M}_i, a_i) : i \in I \ \& \ \mathcal{M}_i = (S_i, \sigma_i, V_i)\}$使得$(\mathcal{M}_i, a_i)$是$(\mathcal{M}_j, a_j)$的点$\Omega$子模型对所有$i \leqslant j \in I$。一个**$\Omega$ 互模拟链**是$\{(\mathcal{M}_i, a_i) : i \in I\}$使得$\mathcal{M}_i, a_i \underleftrightarrow{}_\Omega \mathcal{M}_j, a_j$对所有$i \leqslant j \in I$。一个链$\{(\mathcal{M}_i, a_i) : i \in I\}$的**并**是$\Omega$模型$\mathcal{M} = \bigcup_{i \in I}(\mathcal{M}_i, a_i) = (S, \sigma, V)$使得$S = \bigcup_{i \in I} S_i$, $\sigma = \bigcup_{i \in I} \sigma_i$并且$V(p) = \bigcup_{i \in I} V_i(p)$对每个命题字母$p$。

引理 7.3　假设$\{(\mathcal{M}_i, a_i) : i \in I\}$是$\Omega$互模拟链，使得对每个$i \in \omega$，$(\mathcal{M}_i, a_i)$可嵌入$(\mathcal{M}_{i+1}, a_{i+1})$。那么$\mathcal{M}_j, a_j \underleftrightarrow{}_\Omega \bigcup_{i \in I}(\mathcal{M}_i, a_i)$对所有$j \in \omega$。

证明　由假设，每个$(\mathcal{M}_i, a_i)$可嵌入$\bigcup_{i \in I}(\mathcal{M}_i, a_i)$。包含映射是$\Omega$互模拟。■

引理 7.4　假设$(\mathcal{M}, a)$是平滑的，并且它是$(\mathcal{N}, b)$的可嵌入子模型。那么存在平滑Ω模型$(\mathcal{Q}, c)$使得$(\mathcal{M}, a)$是$(\mathcal{Q}, c)$的可嵌入子模型并且$\mathcal{Q}, c \underleftrightarrow{}_\Omega \mathcal{N}, b$。

证明　令$(\mathcal{Q}, c)$是$(\mathcal{N}, b)$从b生成的子模型的树展开。因为$(\mathcal{M}, c)$是平滑的，所以它可以嵌入$(\mathcal{Q}, c)$，并且$(\mathcal{Q}, c)$是平滑的。■

引理 7.5　令$(\mathcal{M}, a)$是平滑的并且$(\mathcal{N}, b)$是Ω饱和的。如果$\mathcal{M}, a \Rightarrow_{EU} \mathcal{N}, b$，那么存在$(\mathcal{N}', b')$使$(\mathcal{M}, a)$可嵌入$(\mathcal{N}', b')$，$\mathcal{M}, a \Rightarrow_U \mathcal{N}', b'$并且$\mathcal{N}', b' \underleftrightarrow{}_\Omega \mathcal{N}, b$。

证明　假设$\mathcal{M}, a \Rightarrow_{EU} \mathcal{N}, b$。证明类似于引理 7.2。定义关系$Z$使得$\mathcal{M}, x \Rightarrow_{EU} \mathcal{N}, y$对所有$(x, y) \in Z$。把$Z$扩张为$(\mathcal{N}', b')$和$(\mathcal{N}, b)$之间的$\Omega$互模拟关系使得$(\mathcal{M},$

a)可嵌入$(\mathcal{N}', b')$。根据引理 7.4 得，令$(\mathcal{N}', b')$是平滑的。根据$\mathcal{M}, a \Rrightarrow_{EU} \mathcal{N}, b$ 和$\mathcal{N}', b' \underleftrightarrow{}_\Omega \mathcal{N}, b$，显然有$\mathcal{M}, a \Rrightarrow_U \mathcal{N}', b'$。■

引理 7.6 令 UEC(ϕ) = $\{\psi : \psi$ 是 UE 公式 & $\phi \vDash \psi\}$并且$\mathcal{M}, a \vDash$UEC(ϕ)。那么存在Ω 饱和模型$(\mathcal{N}, b)$使得$\mathcal{N}, b \vDash \phi$，$(\mathcal{M}, a)$可嵌入$(\mathcal{N}, b)$并且$\mathcal{M}, a \Rrightarrow_U \mathcal{N}, b$。

证明 令 EUC($\mathcal{M}, a$) = $\{\psi : \psi$ 是 EU 公式 & $\mathcal{M}, a \vDash \psi\}$。根据紧致性可得，集合 EUC($\mathcal{M}, a$) $\cup \{\phi\}$有模型$(\mathcal{Q}, c)$，可以假设$(\mathcal{Q}, c)$是Ω 饱和的。根据引理 7.5，我们可以得到点模型$(\mathcal{N}, b)$，它是$(\mathcal{Q}, c)$扩张。那么$\mathcal{N}, b \vDash \phi$并且$\mathcal{M}, a \Rrightarrow_U \mathcal{N}, b$。我们也可以假设$(\mathcal{N}, b)$是$\Omega$ 饱和的。■

定理 7.3 一个 GML 公式 ϕ 等值于某个 UE 公式当且仅当它对链并保持。

证明 从左至右的方向容易证明。假设 ϕ 对链并保持。考虑 UEC(ϕ) = $\{\psi : \psi$ 是 UE 公式 & $\phi \vDash \psi\}$。根据紧致性，只要证 UEC(ϕ) $\vDash \phi$。假设$\mathcal{M}_0, a_0 \vDash$ UEC(ϕ)。还可以假设$(\mathcal{M}_0, a_0)$是平滑的和Ω 饱和的。要证$\mathcal{M}_0, a_0 \vDash \phi$。现在对 $i \in \omega$ 归纳构造Ω 互模拟链$\{(\mathcal{M}_i, a_i) : i \in \omega\}$使其中每个模型都是平滑的、$\Omega$ 饱和的，以及构造Ω 饱和扩张$(\mathcal{N}_i, b_i)$使对每个 $i \in \omega$ 都有$\mathcal{N}_i, b_i \vDash \phi$ 且$\mathcal{N}_i, b_i \Rrightarrow_E \mathcal{M}_i, a_i$(图 7.2)。

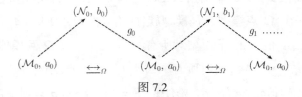

图 7.2

由引理 7.6 得，存在$(\mathcal{M}_i, a_i)$的Ω 饱和扩张$(\mathcal{N}_i, b_i)$使$\mathcal{N}_i, b_i \Rrightarrow_E \mathcal{M}_i, a_i$。由引理 7.4 得，存在$(\mathcal{M}_{i+1}, a_{i+1})$使得$\mathcal{M}_{i+1}, a_{i+1} \underleftrightarrow{}_\Omega \mathcal{M}_i, a_i$，以及 g_i 使得$(\mathcal{N}_i, b_i)$嵌入$(\mathcal{M}_{i+1}, a_{i+1})$，并且 g_i 是包含映射。假设$(\mathcal{M}_{i+1}, a_{i+1})$是平滑的和$\Omega$ 饱和的。每个 g_i 是包含映射，所以 $\bigcup_{i \in \omega} (\mathcal{M}_i, a_i) = \bigcup_{i \in \omega} (\mathcal{N}_i, b_i) = (\mathcal{Q}, c)$。那么$\mathcal{N}_i, b_i \vDash \phi (i \in \omega)$蕴涵$\mathcal{Q}, c \vDash \phi$。由引理 7.5 得，$(\mathcal{M}_0, a_0) \underleftrightarrow{}_\Omega (\mathcal{Q}, c)$。所以$\mathcal{M}_0, a_0 \vDash \phi$。■

7.4 保序与正公式

本节考虑标准的代数同态(而不是余代数Ω同态)。证明 GML 的 Lyndon 定理。首先定义一些基本概念。

定义 7.7 所有正公式的集合是由如下规则形成：

$$\phi ::= p \mid \bot \mid \top \mid \phi_1 \wedge \phi_2 \mid \phi_1 \vee \phi_2 \mid \Diamond_k\phi \mid \Box_k\phi,$$

其中 $k > 0$ 并且 $p \in \Phi$。所有**负公式**的集合由如下规则形成：

$$\psi ::= \neg p \mid \bot \mid \top \mid \psi_1 \wedge \psi_2 \mid \psi_1 \vee \psi_2 \mid \Diamond_k\psi \mid \Box_k\psi,$$

其中 $k > 0$ 并且 $p \in \Phi$。

定义 7.8 令 $(\mathcal{M}, a)$ 和 $(\mathcal{N}, b)$ 是 Ω 点模型使得 $\mathcal{M} = (S, \sigma, V)$ 并且 $\mathcal{N} = (T, \rho, U)$。一个从 $(\mathcal{M}, a)$ 到 $(\mathcal{N}, b)$ 的**保序函数**是一个函数 $\eta : S \to T$ 使得

(1) $\eta(a) = b$。

(2) $\forall x \in S \, \forall X \in \wp^+(S) \, \forall k > 0 \, (\sigma(x)(X) \geqslant k \to \rho(\eta(x))(\eta[X]) \geqslant k)$。

(3) $\forall x \in S \, (x \in V(p) \to \eta(x) \in U(p))$ 对每个命题字母 p。

$(\mathcal{N}, b)$ 称为 $(\mathcal{M}, a)$ 的**保序象**，如果存在从 $(\mathcal{M}, a)$ 到 $(\mathcal{N}, b)$ 的满射保序函数。

引入点模型上的二元关系 $\Rightarrow_P$ 和 $\Rightarrow_P$ 如下：

(1) $\mathcal{M}, a \Rightarrow_P \mathcal{N}, b$，如果对所有正公式 ϕ，$\mathcal{M}, a \vDash \phi$ 蕴涵 $\mathcal{N}, b \vDash \phi$。

(2) $\mathcal{M}, a \Rightarrow_N \mathcal{N}, b$，如果对所有负公式 ϕ，$\mathcal{M}, a \vDash \phi$ 蕴涵 $\mathcal{N}, b \vDash \phi$。

那么我们有如下关键引理。

引理 7.7 令 $(\mathcal{M}, a)$ 和 $(\mathcal{N}, b)$ 是 Ω 饱和模型，其中每个状态的入度至多为 1。假设 $\mathcal{M}, a \Rightarrow_P \mathcal{N}, b$。那么存在 $(\mathcal{M}', a')$ 和 $(\mathcal{N}', b')$ 使得 $\mathcal{M}, a \underleftrightarrow{\ \ }_\Omega \mathcal{M}', a'$，$\mathcal{N}, b \underleftrightarrow{\ \ }_\Omega \mathcal{N}', b'$，并且 $(\mathcal{N}', b')$ 是 $(\mathcal{M}', a')$ 的保序象。

证明 令 $(\mathcal{M}_a, a)$ 是 $(\mathcal{M}, a)$ 从 a 生成的子模型，$(\mathcal{N}_b, b)$ 是 $(\mathcal{N}, b)$ 从 b 生成的子模型。因而 $(\mathcal{M}_a, a)$ 和 $(\mathcal{N}_b, b)$ 是平滑的。令 $\kappa = |\mathcal{N}_b|^+$ 是大于 $\mathcal{N}_b$ 的基数的最小基数。对 $(\mathcal{M}_a, a)$ 中状态的深度归纳，对每个状态增加 κ 个复制状态到 $(\mathcal{M}_a, a)$，从而得到一个 $(\mathcal{M}_a, a)$ 的 Ω 互模拟模型。对于 $(\mathcal{M}_a, a)$ 中深度为 1 的状态 x，令模型 $\mathcal{M}_{ax}$ 是 $(\mathcal{M}_a, a)$ 从 x 生成的子模型。把每个 $\mathcal{M}_{ax}$ 的 κ 个复制模型增加到 $\mathcal{M}_a$ 使得每个状态都如原来模型与 a 联系。令 $(\mathcal{M}_1, a)$ 是这样一个模型。容易验证 $\mathcal{M}_a, a \underleftrightarrow{\ \ }_\Omega \mathcal{M}_1, a$。重复这个论证便可以得到 Ω 互模拟链

$$\mathcal{M}_a, a \underleftrightarrow{\ \ }_\Omega \mathcal{M}_1, a \underleftrightarrow{\ \ }_\Omega \mathcal{M}_2, a \underleftrightarrow{\ \ }_\Omega \mathcal{M}_3, a \cdots。$$

令 $(\mathcal{M}', a) = \bigcup_{i \geqslant 1} (\mathcal{M}_i, a)$。那么 $\mathcal{M}', a \underleftrightarrow{\ \ }_\Omega \mathcal{M}, a$，并且对 $\mathcal{M}_a$ 中某个状态 x 使得 $\sigma(x)(y) > 0$，$(\mathcal{M}', a)$ 含有 κ 多个由 y 生成的子模型。

现在对状态深度归纳定义从 $(\mathcal{M}', a)$ 到 $(\mathcal{N}_b, b)$ 的保序函数 η 使 $\mathcal{M}', x \Rightarrow_P \mathcal{N}_b$，$\eta(x)$ 对 $\mathcal{M}'$ 中每个状态 x。令 $\eta(a) = b$。假设 $n > 0$ 并且 η 已对所有深度 $\leqslant n$ 的状

态定义，使$(\mathcal{N}_b, b)$中每个深度$< n$的状态属于η的值域。令$\mathrm{dep}(y) = n$对y属于$(\mathcal{N}_b, b)$。根据平滑性选择z使$\mathrm{dep}(z) = n-1$且$\rho(y)(z) > 0$。考虑公式集$\mathrm{NEG}(\mathcal{N}_b, y) = \{\psi : \mathcal{N}_b, y \vDash \psi \ \& \ \psi$是负公式$\}$。那么$\mathcal{N}, y \vDash \bigwedge \mathrm{NEG}(\mathcal{N}_b, y)$。由假设得，存在$x'$属于$\mathcal{M}'$使得$\eta(x') = z$并且$\mathcal{M}', x' \Rightarrow_P \mathcal{N}_b, z$。令$x$属于$\mathcal{M}_a$使$x'$是$x$的复制状态(如果$x'$属于$\mathcal{M}_a$，令$x' = x$)。那么$\mathcal{M}', x' \underline{\leftrightarrow}_\Omega \mathcal{M}_a, x \underline{\leftrightarrow}_\Omega \mathcal{M}, x$。因此$\mathcal{M}, x \Rightarrow_P \mathcal{N}, z$。根据$\Omega$饱和，存在$u$属于$\mathcal{M}$使得$\sigma(x)(u) \geqslant \rho(y)(z)$并且$\mathcal{M}, u \vDash \bigwedge \mathrm{NEG}(\mathcal{N}_b, y)$。因此$u$属于$\mathcal{M}_a$。令$u'$是$u$的复制状态使得$\sigma'(x')(u') \geqslant \rho(y)(z)$且$u' \notin \mathrm{dom}(\eta)$。令$\eta(u') = u$。所以$(\mathcal{N}_b, b)$中每个状态属于$\eta$的值域。容易定义满射$\eta$，使用$\Omega$饱和和正公式理论证明它是保序的。∎

定理 7.4　一个 GML 公式ϕ等值于某个正公式当且仅当它对保序象保持。

证明　从左至右的方向是显然的。对另一个方向，假设ϕ对保序象保持。考虑$\mathrm{POSC}(\phi) = \{\psi : \phi \vDash \psi \ \& \ \psi$是正公式$\}$。根据紧致性，只要证$\mathrm{POSC}(\phi) \vDash \phi$。令$\mathcal{N}, b \vDash \mathrm{POSC}(\phi)$。然后考虑集合$\mathrm{NEG}(\mathcal{N}, b) = \{\psi : \mathcal{N}, b \vDash \psi \ \& \ \psi$是负公式$\}$。易证集合$\mathrm{NEG}(\mathcal{N}, b) \cup \{\phi\}$可满足。令$\mathcal{M}, a \vDash \bigwedge \mathrm{NEG}(\mathcal{N}, b) \wedge \phi$。那么$\mathcal{M}, a \Rightarrow_P \mathcal{N}, b$。假设$(\mathcal{M}, a)$和$(\mathcal{N}, b)$是$\Omega$饱和的，并且每个状态入度至多为 1。由引理 7.7 得，存在$(\mathcal{M}', a')$和$(\mathcal{N}', b')$使得$\mathcal{M}, a \underline{\leftrightarrow}_\Omega \mathcal{M}', a', \mathcal{N}, b \underline{\leftrightarrow}_\Omega \mathcal{N}', b'$，并且$(\mathcal{N}', b')$是$(\mathcal{M}', a')$的保序象。由$\phi$对保序象保持可得，$\mathcal{N}, b \vDash \phi$。∎

7.5　子框架保持

本节回到基本模态逻辑，研究哪些公式的有效性在取子框架这种运算下保持。对于分次模态逻辑来说，这个问题也是存在的，我们把它作为开放问题。首先看如何处理基本模态逻辑的情况。经典保持结果都能在模型层次上对基本模态逻辑加以证明(de Rijke, 1995；Sturm, 2000)。然而，我们仍然缺少框架运算下的保持定理。本节考虑子框架下模态公式的保持问题。

我们缺少说明哪些基本模态公式在取子框架下保持的结果，即基本模态公式ϕ使得$\mathfrak{F} \vDash \phi$蕴涵$\mathfrak{G} \vDash \phi$对$\mathfrak{F}$的每个子框架$\mathfrak{G}$。这个问题在查古若夫和扎哈利亚谢夫的模态逻辑著作(Chagrov and Zakharyaschev, 1997)中也作为开放问题 9.1 提出来，即如何描述在子框架下保持的模态公式的结构。本节目的就是为这个问题提供部分答案。到目前为止，对这个问题最有意思的相关结果是子框架逻辑的完全性(Fine, 1985)，即 $K4$ 的正规扩张中每个逻辑可被子框架公式公理化，当且仅当它是完全的并且框架类 Frm(Λ)对子框架封闭。这条定理说明了为什么比如 Löb 公理$\Box(\Box p \to p) \to \Box p$ 和 Grzegorczyk 公理(Grz)$\Box(\Box(p \to \Box p) \to p) \to p$ 对子框架保持，关键是这两个公式蕴涵传递性公理。每个子框架公式加上传递性公式都是对子框架保持的。然而，萨奎斯特公式为我们提供了找出对子框架保持的模态公式的基础。我们要定义一类萨奎斯特公式使得它们具有全称的一阶对应句子。为解释 Löb 公理和 Grzegorczyk 公理等"高阶"模态公式对子框架保持，也可以把这个萨奎斯特公式类推广到模态 μ 演算。

首先定义一种特殊形式的模态公式。称形如$\Box\neg p$ 的公式为**必然否定原子**。给定命题字母 p，形如$\Box\neg p \wedge \delta$ 的公式称为**模态 p 伴随公式**，如果 δ 是正存在公式并且 $p \in \mathrm{var}(\delta)$。一个**模态伴随公式**(简称 MC 公式)是某个模态 p 伴随公式对某个命题字母 p。本节定义一类子框架封闭的萨奎斯特公式(简称 SC 公式)。给定公式 ϕ，令$\Diamond^-(\phi)$是从 ϕ 删除 $\Diamond$ 的所有出现而得到的公式。一个命题字母 p 称为 ϕ 的**正布尔原子**，如果 ϕ 是从 p 和其他公式使用 $\wedge$ 和 $\vee$ 构造的。

定义 7.9　一个对子框架封闭的萨奎斯特蕴涵式是形如 $\phi \to \psi$ 的公式，其中 (1)ϕ 由如下规则构造：

$$\phi ::= p \mid \top \mid \bot \mid \Box p \mid \mathrm{MC} \mid \mathrm{NEG}(\Diamond) \mid \phi_1 \wedge \phi_2 \mid \phi_1 \vee \phi_2 \mid \Diamond\phi,$$

其中 $\mathrm{NEG}(\Diamond)$是否定存在公式，MC 是模态伴随公式；(2)ψ 由如下规则构造：

$$\psi ::= p \mid \Diamond p \mid \top \mid \bot \mid \psi_1 \wedge \psi_2 \mid \psi_1 \vee \psi_2 \mid \Box\psi$$

使得对 ψ 中出现的每个可能原子 $\Diamond p$，p 是 $\Diamond^-(\phi)$的布尔原子。一个 **SC-萨奎斯特公式**是从 SC-萨奎斯特蕴涵式使用 $\wedge$、$\Box$和 $\vee$ 构造起来的。

注意，SC-萨奎斯特公式的形成规则是在萨奎斯特公式的形成规则上增加了几个限制条件得到的。第一、萨奎斯特蕴涵式后件不仅是正公式，而且满足更多的条件。 第二、萨奎斯特蕴涵式前件中使用的否定公式限于存在否定公式。第三、在萨奎斯特蕴涵式前件中只允许形如$\Box p$ 的必然原子，而不允许叠置必然算子。第四、我们在前件中引入了模态伴随公式。

所有 SC-萨奎斯特公式是萨奎斯特公式。显然也有 SC-萨奎斯特公式的反例。首先，统一的全称公式都是 SC-萨奎斯特公式，例如$\Box^n p$ 是带 n 个必然算作为前缀的 SC-萨奎斯特公式。全称无变元模态公式是 SC-萨奎斯特公式。显然 Löb、Grz 和 Mckinsey 公理不是 SC-萨奎斯特公式。对萨奎斯特公式，参见萨奎斯特等的工作(Sahlqvist, 1975；van Benthem, 1983；Blackburn, et al., 2001)。

定理 7.5 每个 SC-萨奎斯特公式 ξ 局部对应于自动可计算的一阶全称公式。因此每个 SC-萨奎斯特公式对子框架保持。

证明 只要应用萨奎斯特-范本特姆算法，自动计算每个 SC-萨奎斯特公式的局部对应的全称一阶公式。由如下事实，只需证 SC-萨奎斯特蕴涵式的情况，因为①如果 ϕ 局部对应于 $\alpha(x)$，那么 $\Box^n\phi$ 局部对应于 $\forall y(R^nxy \to \alpha(y))$；②如果 ϕ(局部)对应于 α 并且 ψ(局部)对应于 β，那么 $\phi \wedge \psi$(局部)对应于 $\alpha \wedge \beta$；③如果 ϕ 局部对应于 $\alpha(x)$，ψ 局部对应于 $\beta(x)$，并且 ϕ 和 ψ 没有相同的命题字母，那么 $\phi \vee \psi$ 局部对应于 $\alpha(x) \vee \beta(x)$。

考虑二阶翻译 $\forall P_1 \cdots P_n(\mathrm{ST}(\phi, x) \to \mathrm{ST}(\psi, x))$。提出 $\mathrm{ST}(\phi, x)$ 中除模态伴随公式中可能算子之外其他可能算子，应用

$$(\alpha \vee \beta \to \gamma) \leftrightarrow ((\alpha \to \gamma) \wedge (\beta \to \gamma)) \text{和} \forall x(\alpha \wedge \beta) \leftrightarrow (\forall x\alpha \wedge \forall x\beta)。$$

可得如下公式：

$$\forall P_1 \cdots P_n \forall x_1 \cdots x_m(\mathsf{REL} \wedge \mathsf{BA} \wedge \mathsf{MC} \wedge \mathsf{NEG}(\Diamond) \wedge \mathsf{AT} \to \mathrm{ST}(\psi, x)),$$

其中
(1) REL 是二元关系的合取。
(2) BA 是对应于必然原子 $\Box p$ 的翻译 $\forall y(Rxy \to Py)$ 的合取。
(3) MC 是前件中所有模态伴随公式的翻译的合取。
(4) NEG($\Diamond$)是前件中存在否定公式的翻译的合取。
(5) AT 是命题字母翻译的合取。

现在，由于 NEG($\Diamond$)是存在否定公式，将它置入后件可得全称正公式：

$$\forall P_1 \cdots P_n(\mathsf{REL} \wedge \mathsf{BA} \wedge \mathsf{MC} \wedge \mathsf{AT} \to \mathsf{POS})。$$

对 p 模态伴随公式 $\Box\neg p \wedge \delta$，翻译是 BNA $\wedge$ POSE，其中 BNA 是 $\Box\neg p$ 的翻译，POSE 是 δ 的翻译。现在提出 POSE 中所有可能算子，把 BNA 移入后件可得

$$\forall P_1 \cdots P_n(\mathsf{REL} \wedge \mathsf{BA} \wedge \mathsf{NEG}(\phi) \wedge \mathsf{AT} \to \mathsf{EX} \vee \mathsf{POS}),$$

其中 EX 是模态伴随公式中必然否定原子的翻译的否定的合取。替换算法如下。因为前件中的必然原子和必然否定原子没有公共的命题字母，我们使用通常的消去二阶全称量词的算法。对必然原子和 AT 中每个谓词 P，使用极小谓词消去。假设 $Py_1, \cdots, Py_k$ 是必然原子中出现的所有一元位子，并且 $\mathsf{AT} = Pz_1 \wedge \cdots \wedge Pz_{l \circ}$ 定义谓词

$$\tau(P) = \lambda u。(\bigvee_{1 \leqslant i \leqslant k} Ry_i u \vee \bigvee_{1 \leqslant j \leqslant l}(u = z_j))。$$

消去二阶量词，后件中的存在部分等值于一个无全称量词的原子公式，因为 $\tau(P)$ 中存在用于消去 EX 中谓词的等式。最后得到局部全称一阶对应公式。∎

例 7.1 考虑公式 $\Diamond p \to \Box(\Box p \to \Box\Box p)$，它是传递性公式 $\Box p \to \Box\Box p$ 的弱化形式。它等值于 $\Diamond(\Box\neg p \wedge \Diamond\Diamond p) \to \Box p$。显然这个公式是 SC-萨奎斯特公式，它的前件是带可能算子的 p 模态伴随公式。计算它的二阶翻译如下：

$$\forall P(\exists y(Rxy \wedge \forall z(Ryz \to \neg Pz) \wedge \exists st(Ryz \wedge Rst \wedge Pt)) \to \forall v(Rxv \to Pv))。$$

提出可能算子得

$$\forall P\forall y(Rxy \wedge \forall z(Ryz \to \neg Pz) \wedge \exists st(Rys \wedge Rst \wedge Pt) \to \forall v(Rxv \to Pv))。$$

将必然否定原子置入后件，提出模态伴随公式中的可能算子可得

$$\forall P\forall yst(Rxy \wedge Rys \wedge Rst \wedge Pt \to \exists z(Ryz \wedge Pz) \vee \forall v(Rxv \to Pv))。$$

使用谓词 $\tau(P) = \lambda u。u = t$ 消去全称量词可得

$$\forall yst(Rxy \wedge Rys \wedge Rst \to \exists z(Ryz \wedge z = t) \vee \forall v(Rxv \to v = t))$$

它等值于 $\forall ystv(Rxy \wedge Rys \wedge Rst \to Ryt \vee (Rxv \to v = t))$。

上面已经证明，所有 SC 公式有全称一阶对应句子。这里指出关于 SC 公式生成的正规模态逻辑的结果。回顾下面这个结果(Chagrov and Zakharyachev, 1995)，存在一个萨奎斯特逻辑，它是 $S4$ 的正规扩张，缺乏有限模型性质。因此，并非所有萨奎斯特逻辑具有有限模型性质。称一个逻辑 $\Lambda = K \oplus \Sigma$ 是 **SC-萨奎斯特逻辑**，如果它是由一个 SC-萨奎斯特公式集 Σ 生成的正规模态逻辑。

命题 7.4 NExt($K4$)中所有 SC-萨奎斯特逻辑有有限模型性质。

证明 令 $\Lambda \in$ NExt($K4$)是 SC-萨奎斯特逻辑。根据斐尼论文(Fine, 1985)的定理 6.1，Λ 能被子框架逻辑公理化。那么根据斐尼论文(Fine, 1985)的定理 4.5，每个子框架逻辑具有有限模型性质，Λ 也有有限模型性质。∎

然而，我们不知道是否所有 SC-萨奎斯特逻辑具有有限模型性质。更一般地，我们有如下没有解决的开放问题。

问题 7.1 是否每个相对于对子框架封闭的框架类完全的萨奎斯特逻辑都具有有限模型性质？

现在回到 SC-萨奎斯特公式。一些非萨奎斯特公式，比如 Löb 公理和 Grz 公

理，都对子框架封闭，这超出了上面研究的范围。那么显然问题是要扩张 SC-萨奎斯特公式类。考虑基本模态语言的一种特殊扩张，即模态 μ 演算。我们定义一类对子框架保持的 μ 公式。这可以用来解释为什么 Löb 公理和 Grz 公理对子框架保持。模态不动点逻辑与 Löb 公理之间也有一些联系(Alberucci and Facchini, 2009；van Benthem, 2006；Visser, 2005)。

所有模态不动点公式的集合 Form(μ)是由基本模态公式的形成规则加上形如 $\mu x.\phi$ 和 $\nu x.\phi$ 的公式，其中 $x \in \Phi$ 并且 ϕ 对命题字母 x 是正的。定义 $\neg\mu x.\phi := \nu x.\neg\phi$ 并且 $\neg\nu x.\phi := \mu x.\neg\phi(x/\neg x)$。一个模态不动点公式 ϕ 的量词度定义为 ϕ 中叠置不动点算子的数 qr(ϕ)。此外，ϕ 的**模态度**是 ϕ 中出现的叠置模态算子的数 md(ϕ)。给定模型 $\mathfrak{M} = (W, R, V)$ 和 $w \in W$，对每个对 x 正的模态不动点公式 ϕ，定义函数幂集上的函数 $\phi_x^{\mathfrak{M}}: \wp(W) \to \wp(W)$ 如下：

$w \in \phi_x^{\mathfrak{M}}(A)$ 当且仅当 $W, R, V[x \mapsto A], w \vDash \phi$，其中 $V[x \mapsto A]$ 是赋

值 V 的变种使得 A 指派给命题字母 x 而不改变其他赋值。

如下事实说明了模态不动点算子可以用不动点来解释。

事实 7.1　如果 ϕ 对 x 是正的，那么函数 $\phi_x^{\mathfrak{M}}$ 是单调的。因此根据 Tarski-Naster 定理，函数 $\phi_x^{\mathfrak{M}}$ 有最小不动点 LFP.$\phi_x^{\mathfrak{M}}$ 和最大不动点 GFP.$\phi_x^{\mathfrak{M}}$。

定义模态不动点公式的语义子句如下：

(1) $\mathfrak{M}, w \vDash \mu x.\phi$ 当且仅当 $w \in$ LFP.$\phi_x^{\mathfrak{M}}$。

(2) $\mathfrak{M}, w \vDash \nu x.\phi$ 当且仅当 $w \in$ GFP.$\phi_x^{\mathfrak{M}}$。

对任何公式 $\mu x.\phi$，递归定义 $\phi_{x,\mathfrak{M}}^{\lambda}(\varnothing)$ 如下：

(1) $\phi_{x,\mathfrak{M}}^{0}(\varnothing) = \varnothing$。

(2) $\phi_{x,\mathfrak{M}}^{\lambda+1}(\varnothing) = \phi_x^{\mathfrak{M}}(\phi_{x,\mathfrak{M}}^{\lambda}(\varnothing))$。

(3) 对极限序数 κ。

令 Ord 是所有序数的类。那么 $\mathfrak{M}, w \vDash \mu x.\phi$ 当且仅当 $w \in \bigcup_{\lambda \in \text{Ord}} \phi_{x,\mathfrak{M}}^{\lambda}(\varnothing)$。同样，对公式 $\nu x.\phi$，递归定义 $\phi_{x,\mathfrak{M}}^{\lambda}(W)$ 如下：

(1) $\phi_{x,\mathfrak{M}}^{0}(W) = W$。

(2) $\phi_{x,\mathfrak{M}}^{\lambda+1}(W) = \phi_x^{\mathfrak{M}}(\phi_{x,\mathfrak{M}}^{\lambda}(W))$。

(3) $\phi_{x,\mathfrak{M}}^{\kappa}(W) = \bigcup_{\lambda < \kappa} \phi_{x,\mathfrak{M}}^{\lambda}(W)$ 对极限序数 κ。

那么 $\mathfrak{M}, w \vDash \nu x.\phi$ 当且仅当 $w \in \bigcup_{\lambda \in \text{Ord}} \phi_{x,\mathfrak{M}}^{\lambda}(W)$。

模态不动点公式 ϕ 的自由变元集 $\mathrm{Free}(\phi)$ 如通常定义，特殊情况是 $\mathrm{Free}(\mu x.\phi)$ $= \mathrm{Free}(\nu x.\phi) = \mathrm{Free}(\phi) \setminus \{x\}$。一个模态不动点公式 ϕ 称为**整洁的**，如果 ϕ 中没有两个不同的不动点算子约束相同的变元，并且没有变元既有自由出现，也有约束出现。

命题 7.5 每个模态不动点公式等值于某个整洁公式。

一个代入是函数 $\iota : \Phi \to \mathrm{Form}(\mu)$。对公式代入的结果递归定义如下：

$$
\begin{aligned}
(p)^\iota &= \iota(p), & (\phi \wedge \psi)^\iota &= \phi^\iota \wedge \psi^\iota, \\
(\neg p)^\iota &= \neg\iota(p), & (\phi \vee \psi)^\iota &= \phi^\iota \vee \psi^\iota, \\
\top^\iota &= \top, & (\Diamond\phi)^\iota &= \Diamond\phi^\iota, \\
\bot^\iota &= \bot, & (\Box\phi)^\iota &= \Box\phi^\iota, \\
(\mu x.\phi)^\iota &= \mu x.\phi^\iota, & (\nu x.\phi)^\iota &= \nu x.\phi^\iota.
\end{aligned}
$$

对于代入有如下条件：如果 ι 用于 $\mu x.\phi$ 和 $\nu x.\phi$，只有自由变元才能允许代入，而且对所有自由变元 y，公式 $\iota(y)$ 中的自由变元不能被 $\mu x.\phi$ 和 $\nu x.\phi$ 中不动点算子约束。那么可以证明如下引理。

引理 7.8 给定模型 $\mathfrak{M} = (W, R, V)$ 和模态不动点公式 ϕ，令 ϕ' 是使用 ψ_i 替换 $\mathrm{Free}(\phi)$ 中 p_i 得到的公式，$\mathfrak{M}' = (W, R, V')$ 是模型使得对所有 $w \in W$，$w \in V'(p_i)$ 当且仅当 $\mathfrak{M}, w \vDash \psi_i$。那么 $\mathfrak{M}, w \vDash \phi'$ 当且仅当 $\mathfrak{M}', w \vDash \phi$。

证明 对 ϕ 归纳证明。原子情况和布尔情况是显然的。只要证

$$
\bigcup_{\lambda \in \mathrm{Ord}} (\psi')^\lambda_{x,\mathfrak{M}}(\varnothing) = \bigcup_{\lambda \in \mathrm{Ord}} (\psi')^\lambda_{x,\mathfrak{M}'}(\varnothing)。
$$

只要证 $(\psi')^\lambda_{x,\mathfrak{M}}(\varnothing) = (\psi')^\lambda_{x,\mathfrak{M}'}(\varnothing)$ 对所有序数 λ。对 $\lambda = 0$，显然有 $(\psi')^0_{x,\mathfrak{M}}(\varnothing) = (\psi')^0_{x,\mathfrak{M}'}(\varnothing) = \varnothing$。假设 $(\psi')^\lambda_{x,\mathfrak{M}}(\varnothing) = (\psi')^\lambda_{x,\mathfrak{M}'}(\varnothing)$。那么 $(\psi')^{\lambda+1}_{x,\mathfrak{M}}(\varnothing) = (\psi')^\mathfrak{M}_x((\psi')^\lambda_{x,\mathfrak{M}}(\varnothing))$。由归纳假设，$(\psi')^\mathfrak{M}_x((\psi')^\lambda_{x,\mathfrak{M}}(\varnothing)) = (\psi')^\mathfrak{M}_x((\psi')^\lambda_{x,\mathfrak{M}'}(\varnothing))$。如下断言给出所要的结果。

断言 对每个 $B \subseteq W$，$(\psi')^\mathfrak{M}_x(B) = (\psi')^{\mathfrak{M}'}_x(B)$。

证明 给定任何 $B \subseteq W$，只要证 $u \in (\psi')^\mathfrak{M}_x(B)$ 当且仅当 $u \in (\psi')^{\mathfrak{M}'}_x(B)$。由定义，只要证 $\mathfrak{F}, V[x \mapsto B], u \vDash \psi'$ 当且仅当 $\mathfrak{F}, V'[x \mapsto B], u \vDash \psi'$。根据归纳假设即得所要的结论。证毕。

那么 $\bigcup_{\lambda \in \mathrm{Ord}} (\psi')^\lambda_{x,\mathfrak{M}}(\varnothing) = \bigcup_{\lambda \in \mathrm{Ord}} (\psi')^\lambda_{x,\mathfrak{M}'}(\varnothing)$。■

定理 7.6 对每个模态不动点公式 ϕ 和代入 ι，如果 $\mathfrak{F} \vDash \phi$，那么 $\mathfrak{F} \vDash \phi^\iota$。

证明　假设存在代入 ι 使得 $\mathfrak{F} \vDash \phi$ 但 $\mathfrak{F} \nvDash \phi^{\iota}$。令 $\mathrm{Free}(\phi) = \{p_1, \cdots, p_n\}$ 并且 $\iota(p_i) = \psi_i$ 对 $1 \leqslant i \leqslant n$。存在 $\mathfrak{F}$ 中的赋值 V 和 $w \in \mathrm{dom}(\mathfrak{F})$ 使得 $\mathfrak{F}, V, w \nvDash \phi^{\iota}$。定义 $\mathfrak{F}$ 中赋值 V' 使得 $u \in V'(p_i)$ 当且仅当 $\mathfrak{F}, V, u \vDash \psi_i$。根据引理 7.8 得，$\mathfrak{F}, V, w \vDash \phi^{\iota}$ 当且仅当 $\mathfrak{F}, V', w \vDash \phi$。因此 $\mathfrak{F}, V', w \nvDash \phi$。所以 $\mathfrak{F} \nvDash \phi$。∎

现在证明模态不动点公式在模型构造下的保持结果。首先所有公式对互模拟下不变。这容易对公式归纳证明。

命题 7.6　如果 Z 是模型 $\mathfrak{M}$ 和 $\mathfrak{M}'$ 之间的互模拟关系使得 wZw'，那么对任何模态不动点公式 ϕ，$\mathfrak{M}, w \vDash \phi$ 当且仅当 $\mathfrak{M}', w' \vDash \phi$。

引理 7.9　对每个模态不动点公式 ϕ，如果 ϕ 对 x 是正的(负的)，那么 ϕ 对 x 是向上单调的(向下单调的)。

证明　对 ϕ 的量词度归纳。如果 $\mathrm{qr}(\phi) = 0$，那么 ϕ 是基本模态公式，该命题成立。假设该命题对 $\mathrm{qr}(\phi) = n$ 成立。对 $\mathrm{qr}(\phi) = n+1$，令 $\phi = \mu x.\psi$ 或 $\nu x.\psi$ 使 $\mathrm{qr}(\psi) = n$。只证 $\mu x.\psi$ 对 x 向上单调。给定任何框架 $\mathfrak{F}$ 和赋值 V 和 V' 使 $V(x) \subseteq V'(x)$，要证 $\bigcup_{\lambda \in \mathrm{Ord}}(\psi')^{\lambda}_{x, \mathfrak{M}}(\varnothing) = \bigcup_{\lambda \in \mathrm{Ord}}(\psi')^{\lambda}_{x, \mathfrak{M}'}(\varnothing)$，这对 λ 归纳证明。∎

我们还可以证明如下关于模态不动点公式对框架互模拟的不变性结果。

定理 7.7　假设 Z 框架 $\mathfrak{F}$ 和 $\mathfrak{F}'$ 之间的互模拟。对每个 $(w, w') \in Z$ 和模态不动点公式 ϕ 使得 $\mathrm{Free}(\phi) = \varnothing$，$\mathfrak{F}, w \vDash \phi$ 当且仅当 $\mathfrak{F}', w' \vDash \phi$。

证明　假设 $(w, w') \in Z$ 并且 $\mathrm{Free}(\phi) = \varnothing$。分别定义 $\mathfrak{F}$ 和 $\mathfrak{F}'$ 中的赋值 V 和 V' 使得 $V(p) = V'(p) = \varnothing$ 对每个命题字母 p。那么 Z 是模型 $(\mathfrak{F}, V)$ 和 $(\mathfrak{F}', V')$ 之间的互模拟。根据命题 7.6，$\mathfrak{F}, V, w \vDash \phi$ 当且仅当 $\mathfrak{F}, V', w' \vDash \phi$。只需要证明 $\mathfrak{F}, V, w \vDash \phi$ 蕴涵 $\mathfrak{F}, w \vDash \phi$。若不然，则存在赋值 V'' 使得 $\mathfrak{F}, V'', w \nvDash \phi$。因为 $\mathrm{Free}(\phi) = \varnothing$，所以 ϕ 对其中所有命题字母都是正的。根据引理 7.9 可得，$\mathfrak{F}, V, w \nvDash \phi$。同理可得 $\mathfrak{F}, V', w' \vDash \phi$ 蕴涵 $\mathfrak{F}, w \vDash \phi$。∎

根据定理 7.7 和命题 7.6，互模拟的一些特殊情况，比如不相交并、生成子结构、有界态射和树展开等等，在这些运算下也有保持结果(Blackburn et al., 2001；Granko and Otto, 2007)。现在运用以上结果证明一些关于子框架封闭的模态不动点公式的规律。

引理 7.10　对任何模态不动点公式 ϕ 和 ψ，

(1) 若 $\mathrm{Frm}(\phi)$ 和 $\mathrm{Frm}(\psi)$ 对子框架封闭，则 $\mathrm{Frm}(\phi \wedge \psi)$ 也对子框架封闭。

(2) 若 $\mathrm{Frm}(\Diamond\phi)$ 对子框架封闭，则 $\mathrm{Frm}(\Diamond\phi) = \varnothing$。

证明　第(1)项显然成立。对(2)，假设存在框架 $\mathfrak{F} \vDash \Diamond\phi$。定义代入 ι 如下：

$$\iota(p) = \begin{cases} \bot, & \text{如果 } \phi \text{ 对 } p \text{ 是正的并且 } p \in \mathrm{Free}(\phi), \\ \top, & \text{如果 } \phi \text{ 对 } p \text{ 是负的并且 } p \in \mathrm{Free}(\phi), \\ p, & \text{否则}。 \end{cases}$$

由定理 7.6 得，$\mathfrak{F} \models \Diamond\phi'$。对任何状态 $w \in \mathrm{dom}(\mathfrak{F})$，都有 $\mathfrak{F}, w \models \Diamond\phi'$。令 $\mathrm{unr}\mathfrak{F}[w]$ 是 $\mathfrak{F}$ 从 w 展开的框架，其根状态为 $\langle w \rangle$。由定理 7.7 得，$\mathrm{unr}\mathfrak{F}[w], \langle w \rangle \models \Diamond\phi'$。存在后继状态 $\langle wu \rangle$ 使 $\mathrm{unr}\mathfrak{F}[w], \langle wu \rangle \models \phi'$。由于 $\mathrm{unr}\mathfrak{F}[w]$ 是禁自返的，$\langle wu \rangle \neq \langle w \rangle$。取 $\mathrm{unr}\mathfrak{F}[w]$ 的子框架 $\mathfrak{G}$ 使 $\mathrm{dom}(\mathfrak{G}) = \{\langle w \rangle\}$。显然 $\mathfrak{G}, \langle w \rangle \nvDash \Diamond\phi'$。因此 $\mathfrak{G} \nvDash \Diamond\phi$。所以 $\mathrm{Frm}(\Diamond\phi) = \varnothing$。∎

令 $\mathrm{Frm}^*(\phi)$ 是使得 ϕ 有效的自返框架类。我们有如下关于必然算子和子框架保持的结果。

引理 7.11　对每个模态不动点公式 ϕ，$\mathrm{Frm}^*(\phi)$ 对子框架封闭当且仅当 $\mathrm{Frm}^*(\Box\phi)$ 对子框架封闭。

证明　对任何自返框架 $\mathfrak{F}$，$\mathfrak{F} \models \phi$ 当且仅当 $\mathfrak{F} \models \Box\phi$。∎

下一个运算是析取。它要更复杂一些。称两个模态不动点公式 ϕ 和 ψ **对析取分配必然算子**，如果 $\Box(\phi \vee \psi) \to \Box\phi \vee \Box\psi$ 在所有框架中有效。给定任何框架 $\mathfrak{F} = (W, R)$，$\mathfrak{F}$ 的一个**简单膨胀**是 $\mathfrak{F}' = (W', R')$，其中 $W' = W \cup \{w\}$ 使得 $w \notin W$，并且 $R' = R \cup \{(w, u) : u \in W\}$。称一个模态不动点公式 ϕ **允许简单膨胀**，如果对每个框架 $\mathfrak{F}$ 及其每个简单膨胀 $\mathfrak{F}'$，$\mathfrak{F} \models \phi$ 蕴涵 $\mathfrak{F}' \models \phi$。

引理 7.12　假设模态不动点公式 ϕ 和 ψ 对析取分配必然算子，$\mathrm{var}(\phi) \cap \mathrm{var}(\psi) = \varnothing$ 并且公式 $\Box\phi \vee \Box\psi$ 允许简单膨胀。如果 $\mathrm{Frm}(\phi)$ 和 $\mathrm{Frm}(\psi)$ 对子框架封闭，那么 $\mathrm{Frm}(\phi \vee \psi)$ 对子框架封闭。

证明　假设 $\mathrm{Frm}(\phi)$ 和 $\mathrm{Frm}(\psi)$ 对子框架封闭。令 $\mathfrak{F} = (W, R)$ 使 $\phi \vee \psi$ 有效。只要证 $\mathfrak{F} \models \phi$ 或 $\mathfrak{F} \models \psi$。若不然，则存在赋值 V_1 和 V_2 以及状态 w_1 和 w_2 使得 $\mathfrak{F}, V_1, w_1 \nvDash \phi$ 并且 $\mathfrak{F}, V_2, w_2 \nvDash \psi$。定义 $\mathfrak{F}$ 使用 w 的膨胀为框架 $\mathfrak{F}' = (W', R')$ 使得 $W' = \mathrm{dom}(\mathfrak{F}) \cup \{w\}$ 并且 $R' = R \cup \{(w, u) : u \in W\}$。定义 $\mathfrak{F}'$ 中的赋值 V' 使得

$$V'(p) = \begin{cases} V_1(p), & \text{如果 } p \in \mathrm{var}(\phi), \\ V_2(p), & \text{如果 } p \in \mathrm{var}(\psi), \\ \varnothing, & \text{否则}。 \end{cases}$$

对公式归纳可以证明，对每个模态不动点公式 ξ 和 $i \in \{1, 2\}$，$\mathfrak{F}', V', w_i \models \xi$ 当

且仅当 $\mathfrak{F}$, V_i, $w_i \vDash \xi$。因此 $\mathfrak{F}'$, V', $w \nvDash \Box\phi \vee \Box\psi$。所以 $\mathfrak{F}' \nvDash \Box\phi \vee \Box\psi$。但是根据假设可得 $\mathfrak{F} \vDash \Box\phi \vee \Box\psi$，矛盾。∎

最后我们研究不动点算子。一个模态不动点公式 ϕ 对子模型保持，如果对任何模型 $\mathfrak{M}$ 及其子模型 $\mathfrak{N}$，$\mathfrak{M} \vDash \phi$ 蕴涵 $\mathfrak{N} \vDash \phi$。模态不动点逻辑的 Łoś-Tarski 定理已得到证明(D'Agostino and Hollenberg, 2000)。该定理如下：一个在子模型下保持的模态不动点句子(即没有自由变元的公式)等值于一个全称句子(即不使用 ◇ 构造的句子)。如下引理是证明该定理的关键引理。

引理 7.13 对每个全称的模态不动点公式 ϕ 使得 $\mathrm{Free}(\phi) = \{x_1, \cdots, x_n\}$ 以及 $\mathfrak{M} = (W, R, V)$ 的子模型 $\mathfrak{N} = (X, S, U)$，对任何 $x \in X$ 和 $A_1, \cdots, A_n \subseteq W$，如果 $\mathfrak{M}$, $V[x_i \mapsto A_i]$, $x \vDash \phi (1 \leqslant i \leqslant n)$，那么 $\mathfrak{N}$, $U[x_i \mapsto A_i \cap X]$, $x \vDash \phi$。

定理 7.8 对每个全称模态不动点公式 $\phi(x)$，其中只含自由变元 x 并且 x 在 ϕ 中自由出现，如果 ϕ 对子模型保持，那么 $\mathrm{Frm}(\mu x.\phi)$ 和 $\mathrm{Frm}(\nu x.\phi)$ 对子框架封闭。

证明 假设 ϕ 对子模型保持。设 $\mathrm{Frm}(\mu x.\phi)$ 不对子框架封闭。那么存在框架 $\mathfrak{F}$ 及其子框架 $\mathfrak{G}$ 使 $\mathfrak{F} \vDash \mu x.\phi$ 但 $\mathfrak{G} \nvDash \mu x.\phi$。令 V 是 $\mathfrak{G}$ 中赋值，w 是其中状态使 $\mathfrak{G}$, V, $w \nvDash \mu x.\phi$。因此 $w \notin \bigcup_{\alpha \in \mathrm{Ord}} \phi_{\mathfrak{G}, V}^{\alpha}(\varnothing)$。只要证 $w \notin \bigcup_{\alpha \in \mathrm{Ord}} \phi_{\mathfrak{F}, V}^{\alpha}(\varnothing)$。由如下断言即得。

断言 对 $\mathfrak{G}$ 中任何子集 X、赋值 V 和状态 u，如果 $\mathfrak{F}$, $V[x \mapsto X]$, $u \vDash \phi$，那么 $\mathfrak{G}$, $V[x \mapsto X]$, $u \vDash \phi$。

这个断言从引理 7.13 得出。由超限归纳得，对所有 $\alpha \in \mathrm{Ord}$，$\phi_{\mathfrak{F}, V}^{\alpha}(\varnothing) \subseteq \phi_{\mathfrak{G}, V}^{\alpha}(\varnothing)$。显然 $w \notin \bigcup_{\alpha \in \mathrm{Ord}} \phi_{\mathfrak{F}, V}^{\alpha}(\varnothing)$。最大不动点的情况类似证明。∎

现在我们得到如下关于模态不动点公式对子框架保持的结果。令 SC(BML) 是所有基本模态 SC-萨奎斯特公式的集合。

定理 7.9 由如下规则形成的最小模态不动点公式集 SC(μ) 中每个公式都在子框架下保持：

(1) SC(BML) $\subseteq$ SC(μ)。

(2) 如果 ϕ 并且 ψ 属于 SC(μ)，那么 $\phi \wedge \psi \in$ SC(μ)。

(3) 如果 $\phi \in$ SC(μ)，那么 $\Box((\Box p \to p) \wedge \phi) \in$ SC(μ)。

(4) 如果 ϕ 和 ψ 属于 SC(μ)，对析取分配必然算子，$\mathrm{var}(\phi) \cap \mathrm{var}(\psi) = \varnothing$ 并且公式 $\Box\phi \vee \Box\psi$ 允许简单膨胀，那么 $\phi \vee \psi \in$ SC(μ)。

(5) 如果 $\phi \in$ SC(μ) 是全称的模态不动点公式，$\mathrm{var}(\phi) = \{x\}$ 并且 ϕ 对 x 是正

的, 那么 $\mu x.\phi \in \mathrm{SC}(\mu)$并且 $\nu x.\phi \in \mathrm{SC}(\mu)$。

证明　根据引理 7.10 ~引理 7.13 和定理 7.8。∎

现在我们从模态不动点逻辑的角度看 Löb 公理和 Grz 公理。 目前已知, Löb 公理等值于模态不动点公式$(\mu x.\square x) \wedge (\square p \to \square\square p)$, 而 Grz 公理等值于$(\mu x.\square x) \wedge (\square p \to \square\square p) \wedge (\square p \to p)$。这些公式都属于定理 7.8 的 $\mathrm{SC}(\mu)$。关键事实是, $\mu x.\square x$ 在框架 $\mathfrak{F}$ 中有效当且仅当 $\mathfrak{F}$ 中关系的逆是良基的。最后我们留下两个没有解决的问题。

问题 7.2　"对子框架保持? "这个问题是否是可判定的?

问题 7.3　对于模态不动点逻辑来说, 类似于定理 7.5 的定理是怎样的?

第一个问题的猜想是否定的, 但缺乏证明。另一个可判定问题如下: 给定对子框架保持的基本模态公式 ϕ, 框架类 Frm(ϕ)的逻辑是否一致, 这个问题是可判定的, 因为只要验证 ϕ 是否在单元集框架上有效(Wolter and Zakharyaschev, 2007)。但是, 在模态语言的扩张中, 比如模态不动点逻辑中, 这个问题的可判定性是否成立呢? 第二个问题的另一方面是建立模态不动点逻辑的萨奎斯特对应定理。

第 8 章 分次模态逻辑的扩张

本章研究分次模态逻辑的各种扩张，动机是我们需要有更强表达力的语言来谈论一些不能在基本的分次模态逻辑中表达的结构性质。8.1 节讨论分次全通模态词，它们用于表达"全局"性质。8.2 节引入分次异点算子，研究一些相关的逻辑问题。8.3 节引入无限基数的模态逻辑。最后 8.4 节证明基本分次模态逻辑的一条 Lindström 刻画定理。

8.1 分次全通模态词

全通模态词是格兰克和帕斯（Granko and Passy, 1992）系统研究的，由于不考虑状态间的可及关系，它们用于表达结构的"全局"性质。本节引入分次全通模态词，谈论余代数结构的"全局"计数性质。首先给出语言 GML(E_g) 及其余代数语义。

定义 8.1 语言 GML(E_g) 是 GML 加上分次全通模态词 $\{E_n : n > 0\}$ 而得到的。GML(E_g) 公式集是由如下规则构造的：

$$\phi ::= p \mid \bot \mid \phi \to \psi \mid \Diamond_n \phi \mid E_n \phi,$$

其中 $p \in \Phi$ 且 $n > 0$。定义 $A_n \phi := \neg E_n \neg \phi$。引入记号 $E!_n \phi := E_n \phi \wedge \neg E_{n+1} \phi$。

定义 8.2 令 $\mathcal{M} = (S, \sigma, V)$ 是 Ω 模型，$a \in S$。满足关系 $\mathcal{M}, a \vDash \phi$ 如通常递归定义，除下面关于分次全通模态词的语义解释：

$$\mathcal{M}, a \vDash E_n \phi \text{ 当且仅当} \mid [\![\phi]\!]_{\mathcal{M}} \mid \geqslant n_\circ$$

容易计算如下子句：

(1) $\mathcal{M}, a \vDash A_n \phi$ 当且仅当 $\mid - [\![\phi]\!]_{\mathcal{M}} \mid < n_\circ$

(2) $\mathcal{M}, a \vDash E!_n \phi$ 当且仅当 $\mid [\![\phi]\!]_{\mathcal{M}} \mid = n_\circ$

定义 $E\phi := E_1 \phi$ 并且 $A\phi := A_1 \phi$。那么 $\mathcal{M}, a \vDash E\phi$ 当且仅当 $\mid [\![\phi]\!]_{\mathcal{M}} \mid \neq \varnothing$，并且 $\mathcal{M}, a \vDash A\phi$ 当且仅当 $\mid [\![\phi]\!]_{\mathcal{M}} \mid = S$。

因此 GML(E_g) 是带全通模态词的基本模态逻辑 ML($\Diamond$, E) 的扩张。如下事实

表明了 "全通" 的意义。

事实 8.1 对任何 Ω 模型 $\mathcal{M}$ 和 $GML(E_g)$ 公式 ϕ, $\mathcal{M}$, $a \vDash \phi$ 当且仅当 $\mathcal{M} \vDash \phi$ 对 $\mathcal{M}$ 中所有状态 a。

现在证明每个分次全通模态词 E_n 不能在 GML 中定义。因而 $GML(E_g)$ 是 GML 的正扩张, 它的表达力更强。

命题 8.1 每个分次全通模态词 E_n 在 GML 中不可定义。

证明 假设不然, 那么存在 GML 公式 $\phi(p)$ 使得对每个 Ω 点模型 $(\mathcal{M}, a)$, $\mathcal{M}$, $a \vDash \phi(p)$ 当且仅当 $|\llbracket p \rrbracket_{\mathcal{M}}| \geqslant n$ 对某个 $n > 0$。现在定义模型 $\mathcal{N} = (T, \rho, U)$ 如下:

(1) $T = \{b, c_0, \cdots, c_{n-1}, d\}$。

(2) $\rho(c_i)(b) = \rho(b)(d) = 1$ 对所有 $i < n$。

(3) $U(p) = \{c_0, \cdots, c_{n-1}\}$。

因此 $|\llbracket p \rrbracket_{\mathcal{N}}| \geqslant n$, 所以 $\mathcal{N}$, $b \vDash \phi(p)$。令 $\mathcal{N}_b$ 是 $\mathcal{N}$ 从 b 生成的子模型。那么 $\mathcal{N}_b$, $b \vDash \phi(p)$。因而 $|\llbracket p \rrbracket_{\mathcal{N}b}| \geqslant n > 0$, 矛盾。∎

下面探索一些关于 $GML(E_g)$ 公式的保持结果。下面两个命题易证。

命题 8.2 令 $\coprod_{i \in I} \mathcal{M}_i$ 是模型族 $\{\mathcal{M}_i : i \in I\}$ 之和。那么对 $\mathcal{M}_i$ 中每个状态 a 和 $GML(E_g)$ 公式 ϕ, 如果 $\mathcal{M}_i$, $a \vDash \phi$, 那么 $\coprod_{i \in I} \mathcal{M}_i$, $a \vDash \phi$。但反之不成立。

证明 对 $\phi := E_n \psi$, 如果 $\mathcal{M}_i$, $a \vDash E_n \psi$, 那么 $|\llbracket \psi \rrbracket_{\mathcal{M}_i}| \geqslant n$, 所以 $\coprod_{i \in I} \mathcal{M}_i$, $a \vDash E_n \psi$。反之, 考虑公式 $E_n p$。定义两个模型 $\mathcal{M}$ 和 $\mathcal{N}$ 使得 $|\llbracket p \rrbracket_{\mathcal{M}}| = n$ 并且 $|\llbracket p \rrbracket_{\mathcal{N}}| = 0$, 那么对 $\mathcal{N}$ 中每个状态 b, $\mathcal{N}$, $b \nvDash E_n p$, 但 $\coprod(\mathcal{M}, \mathcal{N})$, $b \vDash E_n p$。∎

命题 8.3 令 $\mathcal{N}$ 是 $\mathcal{M}$ 的生成子模型。那么对 $\mathcal{N}$ 中每个状态 a 和 $GML(E_g)$ 公式 ϕ, 如果 $\mathcal{N}$, $a \vDash \phi$, 那么 $\mathcal{M}$, $a \vDash \phi$。但反之不成立。

下面考虑 $GML(E_g)$ 公式对 Ω 同态和 Ω 超滤扩张的保持结果。

命题 8.4 令 $\mathcal{M} = (S, \sigma, V)$ 和 $\mathcal{N} = (T, \rho, U)$ 是模型, $\eta : S \to T$ 是从 $\mathcal{M}$ 到 $\mathcal{N}$ 的单射 Ω 同态。对每个 $GML(E_g)$ 公式 ϕ 和 $a \in S$, $\mathcal{M}$, $a \vDash \phi$ 当且仅当 $\mathcal{N}$, $\eta(a) \vDash \phi$。

证明 对 ϕ 归纳证明。对 $\phi := E_n \psi$, 首先设 $\mathcal{M}$, $a \vDash E_n \psi$。那么存在 n 个状态 $b_0, \cdots, b_{n-1}$ 使 $\mathcal{M}$, $b_i \vDash \psi$ 对所有 $i < n$。由归纳假设, $\mathcal{N}$, $\eta(b_i) \vDash \psi$ 对 $i < n$。由单射, $\eta(b_i) \neq \eta(b_j)$ 对 $i \neq j < n$。所以 $\mathcal{N}$, $\eta(a) \vDash E_n \psi$。另一方向类似证明。∎

下面看 Ω 超滤扩张。为证明 $GML(E_g)$ 的基本定理, 首先给出如下对应于分次全通模态词的代数运算。令 $\mathbb{S} = (S, \sigma)$ 是任何 Ω 余代数。对每个自然数 $n > 0$, 定义 $\mathcal{E}_n : \wp(S) \to \wp(S)$ 如下:

$$\mathcal{E}_n(X) = \{a \in S : |X| \geqslant n\}。$$

显然 $[\![E_n\phi]\!]_{\mathcal{M}} = \mathcal{E}_n([\![\phi]\!]_{\mathcal{M}})$ 对每个 Ω 模型 $\mathcal{M}$，GML(E_g)公式 ϕ 和 $n > 0$。现在可以证明如下基本定理。

定理 8.1 令 $\mathcal{M} = (S, \sigma, V)$ 是模型，u 是 S 上的超滤子。对任何 GML(E_g)公式 ϕ，都有 $[\![\phi]\!]_{\mathcal{M}} \in u$ 当且仅当 $\mathcal{M}^{ue}, u \vDash \phi$。

证明 类似于定理 3.1 的证明。∎

推论 8.1 令 $\mathcal{M} = (\mathbb{S}, V)$ 是 Ω 模型。对任何 GML(E_g)公式 ϕ 和状态 a，

(1) $\mathcal{M}, a \vDash \phi$ 当且仅当 $\mathcal{M}^{ue}, \pi(x) \vDash \phi$。

(2) $\mathcal{M} \vDash \phi$ 当且仅当 $\mathcal{M}^{ue} \vDash \phi$。

(3) 如果 $\mathbb{S}^{ue} \vDash \phi$，那么 $\mathbb{S} \vDash \phi$。

最后一个 GML(E_g) 的基本概念是互模拟。回顾这样一个事实，并非每个 GML(E_g)公式在求和或生成子模型下保持不变。因此，并非所有 GML(E_g)公式都在 Ω 互模拟下保持不变。我们引入一个新的 GML(E_g)互模拟的概念。

定义 8.3 令 Let $\mathcal{M} = (S, \sigma, V)$ 和 $\mathcal{N} = (T, \rho, U)$ 是模型。$\mathcal{M}$ 和 $\mathcal{N}$ 之间的一个 GML(E_g)互模拟是一个 Ω 互模拟 Z 使得如下成立：

(1) Z 是全局的，即 $\forall a \in S \exists b \in T (aZb)$ 并且反之亦然。

(2) Z 是单射，即如果 $(a_1, b) \in Z$ 并且 $(a_2, b) \in Z$，那么 $a_1 = a_2$。

全局条件反映了全通性质，而单射条件则反映了分次全通模态词的等级。现在可以证明如下不变性定理。

定理 8.2 每个 GML(E_g)公式对 GML(E_g)互模拟保持不变。

证明 假设 Z 是 $\mathcal{M} = (S, \sigma, V)$ 和 $\mathcal{N} = (T, \rho, U)$ 之间的 GML(E_g)互模拟使得 aZb。对 ϕ 归纳证明 $\mathcal{M}, a \vDash \phi$ 当且仅当 $\mathcal{N}, b \vDash \phi$。对 $\phi := E_n\psi$，首先假设 $\mathcal{M}, a \vDash E_n\psi$。那么 $|[\![\psi]\!]_{\mathcal{M}}| \geqslant n$。令 $a_0, \cdots, a_{n-1} \in [\![\psi]\!]_{\mathcal{M}}$ 是不同状态。根据全局条件和单射条件可得，存在 $b_0, \cdots, b_{n-1}$ 属于 $\mathcal{N}$ 使得 a_iZb_i 对 $i < n$。根据归纳假设，$\mathcal{N}, b_i \vDash \psi$ 对 $i < n$。因此 $\mathcal{N}, b \vDash E_n\psi$。对另一个方向，假设 $\mathcal{N}, b \vDash E_n\psi$。令 $b_0, \cdots, b_{n-1} \in [\![\psi]\!]_{\mathcal{N}}$ 是不同的状态。我们可以在 $\mathcal{M}$ 中找到不同状态 $a_0, \cdots, a_{n-1}$ 使得 a_iZb_i 对 $i < n$。根据归纳假设，$\mathcal{M}, a_i \vDash \psi$ 对 $i < n$。所以 $\mathcal{M}, a \vDash E_n\psi$。∎

显然 GML(E_g)比 GML 有更强的表达力。现在给出几个在 GML(E_g)中余代数可定义性的例子。

例 8.1 给定余代数 $\mathbb{S} = (S, \sigma)$，令 R_σ 是 σ 的图，即 $R_\sigma = \{(a, b) : \sigma(a)(b) >$

0}。那么我们有如下例子。

(1) 余代数性质 $R_\sigma = S^2$ 在 GML(E_g)中使用公式 $Ep \to \Diamond p$ 来定义,但不能在 GML 中定义。如下论证。令 $\mathbb{S} = (S, \sigma)$ 是任何余代数。如果 $R_\sigma = S^2$,那么显然 $\mathbb{S} \vDash Ep \to \Diamond p$。反之假设 $\mathbb{S} \vDash Ep \to \Diamond p$ 但 $\sigma(a)(b) = 0$ 对某个 $a, b \in S$。定义 $\mathbb{S}$ 中赋值 V 使得 $V(p) = \{b\}$。那么 $\mathbb{S}, V, a \vDash Ep$ 但 $\mathbb{S}, V, a \nvDash \Diamond p$,矛盾。注意 $R_\sigma = S^2$ 不能在 GML 中定义,这个事实容易证明,因为它不对求和保持。

(2) 余代数性质 $R_\sigma \neq \varnothing$ 在 GML(E_g)中由公式 $E\Diamond p$ 定义,但不能在 GML 中定义。更一般地,性质 $\exists x \exists X \sigma(x)(X) \geqslant n$ 在 GML(E_g)中由公式 $E\Diamond_n p$ 来定义,但不能在 GML 中定义。

(3) 余代数性质 $\exists_n x \, \forall y \sigma(x)(y) = 0$ 在 GML(E_g)中由公式 $E_n \square \bot$ 来定义,但不能在 GML 中定义。直觉上,这条性质是说至少存在 n 个死点。它不能在 GML 中定义,因为它对生成子余代数保持。

(4) 对任何 $m, n > 0$,GML(E_g)公式 $p \to E_m \Diamond_n p$ 定义性质 $\forall x \exists_m y \, (\sigma(y)(x) \geqslant n)$,它不能在 GML 中定义。对 $m = n = 1$,公式 $p \to E\Diamond p$ 定义这样一条性质,即每个状态都有一个前驱状态。这条性质不能在 GML 中定义,因为它不对生成子余代数保持,如果每个状态 x 都有 m 个前驱 y 使得 $\sigma(y)(x) \geqslant n$,那么在由 x 生成的余代数上,如果 x 不是自反的,则它没有前驱状态。

(5) 易证 $\bigwedge_{i \leqslant n} Ep_i \to \bigvee_{i \neq j \leqslant n} E(p_i \wedge p_j)$ 定义这样一条性质,即余代数至多有 n 个状态。然而,该性质在 GML(E_g)中由公式 $\neg E_{n+1}\top$ 来定义。注意 $E_n\top$ 定义至少有 n 个状态。因此 $E!_n\top$ 定义恰有 n 个状态这条性质。这些性质都不能在 GML 中定义,因为它们不对求和保持。

现在,自然的问题是建立 GML(E_g)的 Goldblatt-Thomason 定理。然而我们把该问题作为开放问题放在这里,要解决它我们需要分次模态算子的代数并且要证明对偶结果。最后我们证明一条完全性定理。

定理 8.3　极小逻辑 K_g 加上如下公理和推理规则是相对于所有余代数类强完全的极小 GML(E_g)逻辑:

公理:(1) $E_{n+1} p \to E_n p$。

　　　(2) $A(p \to q) \wedge E_n p \to E_n q$。

　　　(3) $\neg E(p \wedge q) \wedge E!_m p \wedge E!_n q \to E!_{m+n}(p \vee q)$。

　　　(4) $p \to Ep$。

(5) $p \to AEp$。

(6) $EEp \to Ep$。

(7) $\Diamond p \to Ep$。

A-Gen：从 ϕ 推出 $A\phi$。

证明 注意公理(1)~ 公理(3)是分次算子的公理。公理(4)~ 公理(6)是全通性公理，公理(7)是包含公理，即对所有 x 和 y，如果 $\sigma_\Diamond(x)(y) > 0$，那么 $\sigma_E(x)(y) > 0$。使用典范余代数方法易证完全性。∎

令 $K_g\Gamma$ 是 GML 逻辑。定义 $K_g^E\Gamma$ 的增加极小 GML(E_g)逻辑的公理和规则而得到的逻辑。那么如下定理成立。

定理 8.4 假设 Γ 是 GML 公式集并且它定义余代数类 **K**。如果 $K_g\Gamma$ 是典范的，那么 $K_g^E\Gamma$ 相对于 **K** 是强完全的。

证明 假设 $K_g\Gamma$ 是典范的。令 $\mathcal{M} = (S, \sigma_\Diamond, \sigma_E, V)$ 是 $K_g^E\Gamma$ 的典范模型。令 Σ 是任何 $K_g^E\Gamma$ 一致的 GML(E_g)公式集。令 x 是 $K_g^E\Gamma$-MCS 并且 $\Sigma \subseteq x$。那么 $\mathcal{M}, x \vDash \Sigma$。根据公理(4)~ 公理(6)，$R\sigma_E$ 是等价关系。令 $\mathcal{M}_x = (T, \rho_\Diamond, \rho_E, U)$ 是 $\mathcal{M}$ 由 x 生成的子模型。那么 $R\rho_E$ 是全局关系。根据包含公理，$R\rho_\Diamond \subseteq R\rho_E$，因而 $\mathbb{T} = (T, \rho_\Diamond)$ 是 $\mathbb{S}$ 的生成子余代数。所以，$\mathbb{T} \in \mathbf{K}$。∎

8.2 分次异点算子

异点算子 D 是德莱克(de Rijke, 1992)系统加以研究的。算子 D 的关系语义是利用不相等关系来解释的。本节引入分次算子 $D_n(n > 0)$，其语义解释是依据计算不同的状态。这样就得到一个比 GML 有更强表达力的模态语言。由于该语言能表达余代数的特殊的性质，因此探讨它的逻辑性质就是有意义的。首先引入一些基本概念。

定义 8.4 语言 GML(D_g)是由 GML 加上分次异点算子$\{D_n : n > 0\}$得到的。GML(D_g)公式集是由如下规则得到的：

$$\phi ::= p \mid \bot \mid \phi \to \psi \mid \Diamond_n\phi \mid D_n\phi,$$

其中 $p \in \Phi$ 且 $n > 0$。定义对偶$[D_n]\phi = \neg D_n\neg\phi$ 和缩写 $D!_n\phi := D_n\phi \wedge \neg D_{n+1}\phi$。

定义 8.5 令 $\mathcal{M} = (S, \sigma, V)$ 是模型并且 $a \in S$。如通常递归定义满足关系 $\mathcal{M}, a \vDash \phi$，除了以下关于分次异点算子的语义解释：

$$\mathcal{M}, a \vDash D_n\phi \text{ 当且仅当} |[\![\phi]\!]_\mathcal{M} \setminus \{a\}| \geqslant n_\circ$$

容易计算如下子句：

(1) $\mathcal{M}, a \vDash [D_n]\phi$ 当且仅当 $|-[\![\phi]\!]_\mathcal{M} \setminus \{a\}| < n_\circ$

(2) $\mathcal{M}, a \vDash D!_n\phi$ 当且仅当 $|[\![\phi]\!]_\mathcal{M} \setminus \{a\}| = n_\circ$

定义 $D\phi := D_1\phi$ 以及 $[D]\phi := [D_1]\phi$。那么

(3) $\mathcal{M}, a \vDash D\phi$ 当且仅当 $|[\![\phi]\!]_\mathcal{M} \setminus \{a\}| \neq \varnothing_\circ$

(4) $\mathcal{M}, a \vDash [D]\phi$ 当且仅当 $|-[\![\phi]\!]_\mathcal{M} \setminus \{a\}| = S_\circ$

这样，$\mathrm{GML}(D_g)$ 是基本模态逻辑的异点算子扩张语言 $\mathrm{ML}(\Diamond, D)$ 的扩张。容易验证 $\mathrm{GML}(D_g)$ 是 GML 的真扩张，因为分次异点算子不能在 GML 中定义。然而，可以在 $\mathrm{GML}(D_g)$ 中定义分次全通算子如下：对 $n > 0$，令

$$E\phi := \phi \vee D\phi,$$
$$E_{n+1}\phi := (\phi \wedge D_n\phi) \vee (\neg\phi \wedge D_{n+1}\phi),$$

因此 $A\phi := \phi \wedge [D]\phi$ 并且 $A_{n+1}\phi := (\phi \vee [D_n]\phi) \wedge (\neg\phi \vee [D_{n+1}]\phi)$。

我们已经引入语言 $\mathrm{GML}(D_g)$。然而，命题逻辑加分次异点算子的模态语言本身也是有意思的。对这个语言来说，不需要使用余代数语义，因为所需要的对异点算子的语义解释与状态之间的关系无关。这里暂时使用关系语义学。给定模型 $(\mathfrak{M}, x)$，我们有

$$\mathfrak{M}, w \vDash D_n\phi \text{ 当且仅当至少存在 } n \text{ 个与当前状态不同的状态使 } \phi \text{ 真}.$$

于是我们有如下从 $\mathrm{ML}(D_g)$ 到带等词一阶逻辑的翻译：

$$\mathrm{ST}(D_n\phi, x) = \exists_n y \, (y \neq x \wedge \mathrm{ST}(\phi, y)).$$

那么如下定理成立。

定理 8.5　对每个 $\mathrm{ML}(D_g)$ 公式 ϕ，框架类 $\mathrm{Frm}(\phi)$ 可被一个一阶句子定义。

证明　公式 ϕ 的二阶翻译只含有单元谓词变元，因此等值于某个一阶公式。　∎

推论 8.2　每个 $\mathrm{ML}(D_g)$ 可定义的框架类是一阶可定义的。

命题 8.5　对每个自然数 $n > 0$，恰有 n 个状态的框架类在 $\mathrm{ML}(D_g)$ 中可定义。

证明　公式 $D_n\top$ 定义多于 n 个状态的框架类，$\neg D_{n+1}\top$ 定义不多于 n 个状态。　∎

推论 8.3　每个一阶可定义的框架类在 $\mathrm{ML}(D_g)$ 中可定义。

证明 每个 FOL$^=$公式等值于表达至少存在特定数量的个体满足特定性质的公式的布尔组合。根据命题 8.5，它在 ML(D_g)中可定义。∎

我们回到 ML(D_g)并且考虑保持和可定义性的问题。对于保持结果，正如 GML(E_g)，首先考虑子模型的问题。如下命题成立。

命题 8.6 令 η 是从模型$\mathcal{M}$到$\mathcal{N}$的嵌入。那么对$\mathcal{M}$中每个状态 a 和 GML(D_g)公式 $D_n\phi$，如果$\mathcal{M}, a \vDash D_n\phi$，那么$\mathcal{N}, a \vDash D_n\phi$。

作为命题 8.6 的特殊情况，如下两个命题成立。

命题 8.7 令$\mathcal{M}$是$\mathcal{N}$的生成子模型。那么对$\mathcal{M}$中每个状态 a 和 GML(D_g)公式 ϕ，如果$\mathcal{M}, a \vDash \phi$，那么$\mathcal{N}, a \vDash \phi$。

命题 8.8 令 $\coprod_{i \in I}\mathcal{M}_I$是$\mathcal{M}_I$（$i \in I$）的求和。那么对$\mathcal{M}_i$中每个状态 a 和 GML(D_g)公式 ϕ，如果$\mathcal{M}_i, a \vDash \phi$，那么$\coprod_{i \in I}\mathcal{M}_i, a \vDash \phi$。

现在考虑 Ω 同态和 Ω 超滤扩张。显然形如 $D_n\phi$ 的 GML(D_g)公式在 Ω 同态下可能不保持。然而，如下命题成立。

命题 8.9 令$\mathcal{M} = (S, \sigma, V)$和$\mathcal{N} = (T, \rho, U)$是模型并且令 η 是从$\mathcal{M}$到$\mathcal{N}$的单射 Ω 同态。对每个 GML(D_g)公式 ϕ 和 $a \in S$，$\mathcal{M}, a \vDash \phi$ 当且仅当$\mathcal{N}, \eta(a) \vDash \phi$。

证明 对 ϕ 归纳证明。对于 $\phi := D_n\psi$，使用单射条件。∎

考虑 Ω 同态象。若余代数$\mathbb{T}$是$\mathbb{S}$的单射 Ω 同态象，则$\mathbb{S} \cong \mathbb{T}$，所以$\mathbb{S} \vDash \phi$ 当且仅当$\mathbb{T} \vDash \phi$ 对每个 GML(D_g)公式 ϕ。下面考虑 Ω 超滤扩张。修改德莱克论文（de Rijke, 1992）中命题 1.3 的证明，可得如下基本定理。

命题 8.10 令$\mathcal{M}^{ue}$是$\mathcal{M} = (S, \sigma, V)$的 Ω 超滤扩张并且 u 是$\mathcal{M}$中的超滤子。那么对每个 GML(D_g)公式 ϕ，$[\![\phi]\!]_\mathcal{M} \in u$ 当且仅当$\mathcal{M}^{ue}, u \vDash \phi$。

证明 对 ϕ 归纳证明。只证明情况 $\phi := D_n\psi$。假设 $[\![D_n\psi]\!]_\mathcal{M} \in u$, i.e., $\{x : \exists_n y\,(y \neq x\ \&\ y \in [\![\psi]\!]_\mathcal{M})\} \in u$。那么存在至少 n 个与 u 不同的超滤子 $v_0,\cdots,v_{n-1}$ 使得$\mathcal{M}^{ue}, v_i \vDash \psi$ 对所有 $i < n$。分两种情况：

情况 1 u 含单元集$\{x\}$。那么 $u = \{X \subseteq S : x \in X\}$。因此 $x \in [\![D_n\psi]\!]_\mathcal{M}$。那么存在 n 个不同的状态 $y_0,\cdots,y_{n-1}$ 使得 $y_i \neq x$ 并且$\mathcal{M}^{ue}, y_i \vDash \psi$ 对所有 $i < n$。因为 $y_i \neq x$，所以$\{y_i\} \notin u$。令 v_i是从$\{y_i\}$生成的超滤子。那么 $v_i \neq v_j$，因为 $y_i \neq y_j$ 对 $i \neq j < n$。因此 $[\![\psi]\!]_\mathcal{M} \in v_i$ 对 $i < n$。根据归纳假设，$\mathcal{M}^{ue}, u \vDash D_n\psi$。

情况 2 u 不含有单元集。由 $[\![D_n\psi]\!]_\mathcal{M} \in u$ 可得，$[\![D_n\psi]\!]_\mathcal{M} \neq \varnothing$。令 $x \in [\![D_n\psi]\!]_\mathcal{M}$。那么存在 n 个不同的状态 $y_0,\cdots,y_{n-1} \in [\![\psi]\!]_\mathcal{M}$。所以$\{y_i\} \notin u$ 对所有 $i < n$。由情况

1 可得，$\mathcal{M}^{ue}, u \vDash D_n \psi$。

反之假设 $[\![D_n\psi]\!]_{\mathcal{M}} \notin u$。要证 $\mathcal{M}^{ue}, u \nvDash D_n\psi$。由于 $[\![D_n\psi]\!]_{\mathcal{M}} \notin u$，$X = \{x : \forall y_0 \cdots y_{n-1}(\bigwedge_{i \neq j < n}(y_i \neq y_j) \wedge \bigwedge_{i < n}(y_i \neq x) \rightarrow \bigvee_{i < n}(y_i \in [\![\psi]\!]_{\mathcal{M}}))\} \in u$。所以 $X \neq \varnothing$。

情况 3　$X \nsubseteq [\![\psi]\!]_{\mathcal{M}}$。那么 $X = S$ 并且 $|\ [\![\psi]\!]_{\mathcal{M}}\ | < n$。对任何不同的超滤子 $v_0, \cdots, v_{n-1}$，都有 $[\![\psi]\!]_{\mathcal{M}} \notin v_i$ 对某个 $i < n$。因此 $\mathcal{M}^{ue}, u \nvDash D_n\psi$。

情况 4　$X \subseteq [\![\psi]\!]_{\mathcal{M}}$。要证 $[\![\psi]\!]_{\mathcal{M}} \subseteq X$。假设不然。令 $z \notin X$ 但 $z \in [\![\psi]\!]_{\mathcal{M}}$。因而存在 n 个不同于 z 的状态使 ψ 真，与 $X \neq \varnothing$ 矛盾。所以 $X = [\![\psi]\!]_{\mathcal{M}}$。令 u' 是由 X 生成的。那么 $u' \subseteq u$。反之设 $u \nsubseteq u'$。那么存在 $Y \in u$ 但 $-Y \in u'$。但 $X \subseteq -Y$ 且 $X \in u$，所以 $-Y \in u$，矛盾。因此 $u = u'$。对 n 个不同于 u 的超滤子 $v_0, \cdots, v_{n-1}$，令 $Y \in u \setminus v_i$ 对某个 $i < n$。那么 $X \subseteq Y$，所以 $[\![\psi]\!]_{\mathcal{M}} \notin v_i$。这样 $\mathcal{M}^{ue}, u \nvDash D_n\psi$。■

推论 8.4　对任何余代数 $\mathbb{S}$ 和 GML(D_g) 公式 ϕ，如果 $\mathbb{S}^{ue} \vDash \phi$，那么 $\mathbb{S} \vDash \phi$。

由此容易验证余代数性质 $\exists x\,(\sigma(x)(x) > 0)$ 不能在 GML(D_g) 中定义。只要考虑余代数 $\mathbb{S} = (\omega, \sigma_<)$，其中 $\sigma_<(x)(y) > 0$ 当且仅当 $x < y$。那么 $\mathbb{S}^{ue} \vDash \exists x\,(\sigma(x)(x) > 0)$，因为所有非主滤子都是自返的。但是 $\mathbb{S} \nvDash \exists x\,(\sigma(x)(x) > 0)$。下面考虑 GML$(D_g)$ 公式和 Ω 互模拟。如下命题易证。

命题 8.11　令 Z 是模型 $\mathcal{M}$ 和 $\mathcal{N}$ 之间的全局单射 Ω 互模拟使得 aZb。对任何 GML(D_g) 公式 ϕ，$\mathcal{M}, a \vDash \phi$ 当且仅当 $\mathcal{N}, b \vDash \phi$。

证明　对 ϕ 归纳证明。对于情况 $\phi := D_n\psi$，使用全局单射的条件。■

最后考虑完全性。正如极小 GML(E_g) 逻辑，使用类似方式证明如下定理。

定理 8.6　极小正规分次模态逻辑 K_g 加上如下公理和规则可得相对于全体余代数类完全的极小 GML(D_g) 逻辑：

公理：(1) $D_{n+1}\,p \rightarrow D_n\,p$。

(2) $[D](p \rightarrow q) \wedge D_n\,p \rightarrow D_n\,q$。

(3) $\neg D(p \wedge q) \wedge D!_m\,p \wedge D!_n\,q \rightarrow D!_{m+n}\,(p \vee q)$。

(4) $p \rightarrow Dp$。

(5) $p \rightarrow [D]Dp$。

(6) $DDp \rightarrow Dp$。

(7) $\Diamond p \wedge \neg p \rightarrow Dp$。

$[D]$-Gen：从 ϕ 推出 $[D]\phi$。

正如 GML(E_g) 的情况，很自然有的问题乃要是证明一条关于逻辑 GML(D_g)

的 Goldblatt-Thomason 定理，这个问题作为开放问题放在这里。

8.3 无限基数的模态逻辑

本节探索模态逻辑 $\mathrm{ML}(\aleph_1, \omega)$，它是 GML 加上无限基数 $\aleph_0$ 的模态算子 $\Diamond_\omega$ 而得到的扩张。任给 Ω 模型 $\mathcal{M} = (S, \sigma, V)$ 和 $a \in S$,

$$\mathcal{M}, a \vDash \Diamond_\omega \phi \text{ 当且仅当 } \sigma(a)(\llbracket \phi \rrbracket_\mathcal{M}) \geqslant \aleph_0.$$

公式 $\Diamond_\omega \phi$ 的意义是，至少存在可数多个复制 ϕ 状态。考虑公式 $\Diamond_\omega p$。显然它可以被 GML 公式集 $\{\Diamond_n p : n \in \omega\}$ 来定义。因此，在无限分次模态逻辑中，定义

$$\Diamond_\omega p := \bigwedge_{n \in \omega} \Diamond_n p.$$

法托·罗西-巴尔纳巴和格拉所提的论文（Fattorosi-Barnaba and Grassotti, 1995）研究了关系语义下的无限分次模态逻辑。然而，这里要探索余代数逻辑 $\mathrm{ML}(\aleph_1, \omega)$ 的一些性质。首先研究一些保持和不变性的结果。容易验证，所有 $\mathrm{ML}(\aleph_1, \omega)$ 公式对求和以及生成子模型保持，原因是它们不改变后继状态信息。

命题 8.12 令 $\coprod_{i \in I} \mathcal{M}_i$ 是模型 $\mathcal{M}_i$ 的求和，$\coprod_{i \in I} \mathbb{S}_i$ 是余代数 $\mathbb{S}_i$ 的求和。那么对 $\mathcal{M}_i$ 或 $\mathbb{S}_i$ 中每个状态 a 和 $\mathrm{ML}(\aleph_1, \omega)$ 公式 ϕ,

(1) $\mathcal{M}_i, a \vDash \phi$ 当且仅当 $\coprod_{i \in I} \mathcal{M}_i, a \vDash \phi$。

(2) $\mathcal{M}_i \vDash \phi$ 对所有 $i \in I$ 当且仅当 $\coprod_{i \in I} \mathcal{M}_i \vDash \phi$。

(3) $\mathbb{S}_i, a \vDash \phi$ 当且仅当 $\coprod_{i \in I} \mathbb{S}_i, a \vDash \phi$。

(4) $\mathbb{S}_i \vDash \phi$ 对所有 $i \in I$ 当且仅当 $\coprod_{i \in I} \mathbb{S}_i \vDash \phi$。

证明 第(1)项对 ϕ 归纳证明，其他项容易得出。∎

命题 8.13 令 $\mathcal{M}$ 是 $\mathcal{N}$ 的生成子模型，$\mathbb{S}$ 是 $\mathbb{T}$ 的生成子余代数。对 $\mathcal{M}$ 或 $\mathbb{S}$ 中每个状态 a 和 $\mathrm{ML}(\aleph_1, \omega)$ 公式 ϕ,

(1) $\mathcal{M}, a \vDash \phi$ 当且仅当 $\mathcal{N}, a \vDash \phi$。

(2) 如果 $\mathcal{N} \vDash \phi$，那么 $\mathcal{M} \vDash \phi$。

(3) $\mathbb{S}, a \vDash \phi$ 当且仅当 $\mathbb{T}, a \vDash \phi$。

(4) 如果 $\mathbb{T} \vDash \phi$，那么 $\mathbb{S} \vDash \phi$。

证明 第(1)项对 ϕ 归纳证明，其他项容易得出。∎

然而，所有 $\mathrm{ML}(\aleph_1, \omega)$ 公式对 Ω 同态和 Ω 互模拟保持不变。

命题 8.14 令 η 是从模型 $\mathcal{M} = (\mathbb{S}, V)$ 到 $\mathcal{N} = (\mathbb{T}, U)$ 的 Ω 同态,其中 $\mathbb{S} = (S, \sigma)$ 和 $\mathbb{T} = (T, \rho)$ 是余代数。对 $\mathcal{M}$ 或 $\mathbb{S}$ 中每个状态 a 和 $\mathrm{ML}(\aleph_1, \omega)$ 公式 ϕ,

(1) $\mathcal{M}, a \vDash \phi$ 当且仅当 $\mathcal{N}, \eta(a) \vDash \phi$。

(2) 如果 η 是满射,那么 $\mathcal{M} \vDash \phi$ 当且仅当 $\mathcal{N} \vDash \phi$。

(3) 如果 $\mathbb{S}, a \vDash \phi$,那么 $\mathbb{T}, \eta(a) \vDash \phi$。

(4) 如果 η 是满射,那么 $\mathbb{S} \vDash \phi$ 蕴涵 $\mathbb{T} \vDash \phi$。

证明 只对 ϕ 归纳证明 (1)。对 $\phi := \Diamond_\omega \psi$,假设 $\mathcal{M}, a \vDash \Diamond_\omega \psi$。那么存在 $X \subseteq S$ 使得 $\sigma(a)(X) = \omega$ 并且 $\mathcal{M}, X \vDash \psi$。根据归纳假设,$\mathcal{M}, \eta[X] \vDash \psi$。只要证明 $\rho(\eta(a))(\eta[X]) \geqslant \omega$。如果存在 $Y \in \wp^+(X)$ 使得 $\sigma(a)(Y) = \omega$,则由前进条件得, $\rho(\eta(a))(\eta[X]) \geqslant \omega$,因为 $\eta[Y] \subseteq \eta[X]$。假设对所有 $Y \in \wp^+(X)$,$\sigma(a)(Y) < \omega$。因此 X 是无限的,因为 $\sigma(a)(X) = \omega$。对每个 $b \in X$,令 $\sigma(a)(b) = k_b > 0$。那么 $\rho(\eta(a))(\eta(b)) \geqslant k_b$。如果 $\rho(\eta(a))(\eta[X]) = n < \omega$,那么 $\rho(\eta(a))(\eta(b)) \geqslant k_b > n$ 对某个 $b \in X$,矛盾。另一个方向类似证明。∎

命题 8.15 令 Z 是 $(\mathcal{M}, a)$ 和 $(\mathcal{N}, b)$ 之间的 Ω 互模拟。对每个 $\mathrm{ML}(\aleph_1, \omega)$ 公式 ϕ, $\mathcal{M}, a \vDash \phi$ 当且仅当 $\mathcal{N}, b \vDash \phi$。

证明 对 ϕ 归纳证明。对情况 $\phi := \Diamond_\omega \psi$,假设 $\mathcal{M}, a \vDash \Diamond_\omega \psi$。那么存在 $X \subseteq S$ 使得 $\sigma(a)(X) = \omega$ 并且 $\mathcal{M}, X \vDash \psi$。如果存在 $Y \in \wp^+(X)$ 使得 $\sigma(a)(Y) = \omega$,则根据前进条件,存在 $Y' \in \wp^+(X)$ 使得 YZY' 并且 $\rho(b)(Y') = \omega$。再由归纳假设得, $\mathcal{N}, Y' \vDash \psi$。所以 $\mathcal{N}, b \vDash \Diamond_\omega \psi$。现在假设对所有 $Y \in \wp^+(X)$,$\sigma(a)(Y) < \omega$。只要证明 $\rho(b)(Z[X]) \geqslant \omega$。假设不然。令 $\rho(b)(Z[X]) = n < \omega$。假设 $\rho(b)(c) > 0$ 对所有 $c \in Z[X]$。那么 $Z[X]$ 是有限的,并且 $\rho(b)(c) = k_c < n$ 对所有 $c \in Z[X]$。根据 $\sigma(a)(X) = \omega$, 令 $\sigma(a)(d) = l > n$ 对某个 $d \in X$。那么存在 $c \in Z[X]$ 使得 dZc 并且 $\rho(b)(c) \geqslant l > n$, 矛盾。另一个方向类似证明。∎

现在考虑 Ω 超滤扩张。关键事实在于,我们增加了新算子 $\Diamond_\omega$,因此可以引入 Ω 余代数 $\mathbb{S} = (S, \sigma)$ 上的新代数运算 $\langle \omega \rangle : \wp(S) \to \wp(S)$ 如下:

$$\langle \omega \rangle X = \{a \in S : \sigma(a)(X) \geqslant \omega\}。$$

容易证明如下关于超滤子的事实。

命题 8.16 令 $\mathbb{S} = (S, \sigma)$ 是 Ω 余代数并且 u 是 S 上的超滤子。对任何子集 $X \subseteq S$,都有 $\langle \omega \rangle X \in u$ 当且仅当 $\langle n \rangle X \in u$ 对所有 $n \in \omega$。

证明 从左至右的方向成立,因为 $\langle\omega\rangle X \subseteq \langle n\rangle X$ 对所有 $n \in \omega$。对另一个方向,假设 $\langle\omega\rangle X \notin u$ 但是 $\langle n\rangle X \in u$ 对所有 $n \in \omega$,那么 $-\langle\omega\rangle X \in u$。因此交集 $Y = -\langle\omega\rangle X \cap \bigcap\{\langle n\rangle X : n \in \omega\} \in u$。这样 $Y \neq \varnothing$。令 $a \in Y$。那么 $\sigma(a)(X) < \omega$ 但是 $\sigma(a)(X) \geqslant n$ 对所有 $n \in \omega$,矛盾。∎

现在证明如下关于 ML($\aleph1, \omega$) 在 Ω 超滤扩张下的基本定理。

定理 8.7 对任何模型 $\mathcal{M} = (S, \sigma, V)$,$S$ 上的超滤子 u 和 ML($\aleph1, \omega$) 公式 ϕ,都有 $[\![\phi]\!]_{\mathcal{M}} \in u$ 当且仅当 $\mathcal{M}^{\mathrm{ue}}, u \vDash \phi$。

证明 对 ϕ 归纳证明。对于情况 $\phi := \Diamond_\omega\psi$,假设 $\mathcal{M}^{\mathrm{ue}}, u \vDash \Diamond_\omega\psi$。那么存在一集超滤子 U 使得 $\sigma^{\mathrm{ue}}(u)(U) = \omega$ 并且 $\mathcal{M}^{\mathrm{ue}}, U \vDash \psi$。根据命题 8.16,只要证 $\langle n\rangle[\![\psi]\!]_{\mathcal{M}} \in u$ 对所有 $n \in \omega$。对任何 $n \in \omega$,都有 $\sigma^{\mathrm{ue}}(u)(U) > n$。因此,$\mathcal{M}^{\mathrm{ue}}, u \vDash \Diamond_n\psi$。所以,$\langle n\rangle[\![\psi]\!]_{\mathcal{M}} \in u$。反之假设 $\langle\omega\rangle[\![\psi]\!]_{\mathcal{M}} \in u$。那么对所有 $n \in \omega$,都有 $\langle n\rangle[\![\psi]\!]_{\mathcal{M}} \in u$。因此 $\mathcal{M}^{\mathrm{ue}}, u \vDash \Diamond_n\psi$ 对所有 $n \in \omega$。所以 $\mathcal{M}^{\mathrm{ue}}, u \vDash \Diamond_\omega\psi$。∎

推论 8.5 对任何 ML($\aleph1, \omega$) 公式 ϕ,如果 $\mathbb{S}^{\mathrm{ue}} \vDash \phi$,那么 $\mathbb{S} \vDash \phi$。

完全性如何呢?为获得所有 ML($\aleph1, \omega$) 的有效式的完全公理系统,只要拼写出公式 $\Diamond_\omega p$ 的语义。容易得到如下无限模态公式作为公理:

$$\Diamond_\omega p \leftrightarrow \bigwedge_{n \in \omega} \Diamond_n p。$$

然而,这里需要无限合取。

定理 8.8 极小正规无限分次模态逻辑 K_g^∞ 加上公理 $\Diamond_\omega p \leftrightarrow \bigwedge_{n \in \omega} \Diamond_n p$ 所得到的公理系统相对于全体 Ω 余代数类是强完全的。

证明 只要证明典范模型定理。令 $\mathcal{M}$ 是典范模型并且 Γ 是 MCS。只要对 ϕ 归纳证明 $\mathcal{M}, \Gamma \vDash \phi$ 当且仅当 $\phi \in \Gamma$。对于情况 $\phi := \Diamond_\omega\psi$,假设 $\mathcal{M}, \Gamma \vDash \Diamond_\omega\psi$。对所有自然数 n 都有 $\mathcal{M}, \Gamma \vDash \Diamond_n\psi$。因此 $\Diamond_n\psi \in \Gamma$ 对所有 $n \in \omega$。因此 $\bigwedge_{n \in \omega} \Diamond_n\psi \in \Gamma$。所以 $\Diamond_\omega\psi \in \Gamma$。反之假设 $\Diamond_\omega\psi \in \Gamma$。那么 $\Diamond_n\psi \in \Gamma$ 对所有 $n \in \omega$。因此,$\mathcal{M}, \Gamma \vDash \Diamond_n\psi$ 对所有 $n \in \omega$。这样 $\mathcal{M}, \Gamma \vDash \bigwedge_{n \in \omega} \Diamond_n\psi$。所以 $\mathcal{M}, \Gamma \vDash \Diamond_\omega\psi$。∎

现在考虑 ML$^\infty$($\aleph_1, \omega$) 的可定义性问题。考虑对余代数分次模态逻辑的 Goldblatt-Thomason 定理的证明,它可以转移到 ML$^\infty$($\aleph_1, \omega$)。在使公理系统代数化时,只需要在抽象代数的定义中增加算子 $\Diamond_\omega x$ 和它所要满足的公理

$$\Diamond_\omega x = \sum\{\Diamond_n x : n \in \omega\}。$$

就可以得到如下关于无限模态语言 ML$^\infty$($\aleph_1, \omega$) 的 Goldblatt-Thomason 定理。

定理 8.9　令 K 是对 Ω 超滤扩张封闭的余代数类。那么 K 在无限模态语言 $\mathrm{ML}^{\infty}(\aleph_1, \omega)$ 中可定义当且仅当它对求和、生成子余代数和 Ω 同态象封闭，并且 K 的补类对 Ω 超滤扩张封闭。

推论 8.6　一个余代数类 K 在分次模态语言中可定义当且仅当 K 在无限模态语言 $\mathrm{ML}^{\infty}(\aleph_1, \omega)$ 中可定义。

例如，考虑公式 $\lozenge_{\omega}\top$。它定义的余代数类是满足条件 $\forall x(\sigma(x)(x\uparrow) = \omega)$ 的全体余代数。然而该余代数类同样也可以通过 GML 公式集 $\{\lozenge_n\top : n \in \omega\}$ 来定义。

8.4　GML 的 Lindström 定理

一个抽象逻辑 L 的 Lindström 刻画定理是利用该逻辑的一些基本逻辑性质来刻画它的表达力。林德斯特姆(Lindström, 1969)中证明了一阶逻辑的 Lindström 定理，即一阶逻辑的任何扩张的抽象逻辑 L 满足紧致性和 Löwenheim-Skolem 性质当且仅当 L 的表达力不超过一阶逻辑。这意味着在一阶逻辑及其扩张中，一阶逻辑是同时具有紧致性和 Löwenheim-Skolem 性质的唯一逻辑。因此，一阶逻辑的任何真扩张将失去两种性质之一。这告诉我们为什么一阶逻辑如此特殊。近年来，腾卡特等的论文(ten Cate et al., 2007)证明了一阶逻辑的某些片段的 Lindström 定理。一个主要结果是，一阶逻辑的 k 变元片段(对 $k \geqslant 3$)的表达力可以被紧致性和对 k 步潜同构不变这两种性质刻画。但是对 $k = 2$，这仍然是没有解决的问题。在一阶逻辑的片段中，基本模态逻辑是一个特殊片段，它是一阶逻辑的两变元片段的片段。然而范本特姆(van Benthem, 2007)证明了一条 Lindström 定理，即基本模态语言的表达力被紧致性和互模拟不变刻画。对分次模态逻辑，腾卡特等在同一篇论文中也证明了一些有趣的 Lindström 定理。基本事实乃是 GML 并非对基本模态逻辑的互模拟不变，而是对树展开不变。由此证明如下两个结果：

(1) 一个扩张 GML 的抽象逻辑具有紧致性、Löwenheim-Skolem 性质和树展开不变性质当且仅当它的表达力不超过 GML。

(2) 一个在树结构上扩张 GML 并且对代入封闭的抽象逻辑具有树结构上的紧致性和 Löwenheim-Skolem 性质当且仅当在树结构上它的表达力不超过 GML。

注意，上述两条定理是在关系结构上刻画 GML 的表达力。然而，我们可以给出一条在余代数结构上刻画 GML 的表达力的定理。主要结果是，GML 的表达力被紧致性和 Ω 互模拟不变性质刻画。首先引入一些基本概念。

定义 8.6　一个抽象分次模态逻辑是一个有序对 $(L, \vDash_L)$，其中 L 是公式集，

$\vDash_L$ 是余代数 L 结构与 L 公式之间满足如下条件的满足关系：

(1)（**出现**）对每个公式 ϕ，令 $L(\phi)$ 是与 ϕ 的有限语言。若 $\phi \in L$ 且 $(\mathcal{M}, a)$ 是余代数 L 模型，则 $\mathcal{M}, a \vDash_L \phi$ 只有在 L 包含 $L(\phi)$ 的情况下才有定义。

(2)（**膨胀**）若 $\mathcal{M}, a \vDash_L \phi$ 且 $(\mathcal{N}, b)$ 是 $(\mathcal{M}, a)$ 到更大语言的膨胀，则 $\mathcal{N}, b \vDash_L \phi$。

(3)（**Ω 互模拟**）如果 $\mathcal{M}, a \underset{\Omega}{\leftrightarrow} \mathcal{N}, b$ 并且 $\mathcal{M}, a \vDash_L \phi$，那么 $\mathcal{N}, b \vDash_L \phi$。

说明 8.1 比较抽象分次模态逻辑和抽象经典逻辑以及抽象模态逻辑的定义，Ω 互模拟性质是决定分次模态特征的关键因素。

现在表述抽象分次模态逻辑的一些性质，它们对大多数分次模态逻辑成立。Bool (L)（**L 对布尔联结词封闭**）如果如下条件成立：

(1) 若 $\phi \in L$，则存在 $\xi \in L$ 使得对每个余代数 L 模型 $(\mathcal{M}, a)$，$\mathcal{M}, a \vDash_L \xi$ 当且仅当 $\mathcal{M}, a \nvDash_L \phi$。把这个存在的公式 ξ 写成 $\neg\phi$。

(2) 若 $\phi, \psi \in L$，则存在 $\xi \in L$ 使得对每个余代数 L 模型 $(\mathcal{M}, a)$，$\mathcal{M}, a \vDash_L \xi$ 当且仅当 $\mathcal{M}, a \vDash_L \phi$ 或 $\mathcal{M}, a \vDash_L \psi$。把这个存在的公式 ξ 写成 $\phi \vee \psi$。

如果 Bool (L) 成立，我们也写 $\phi \wedge \psi$、$\phi \to \psi$ 和 $\phi \leftrightarrow \psi$。

Rel (L)（**L 允许相对化**）如果 $\phi \in L$ 并且 p 是新的命题字母，那么存在公式 $\xi \in L$（写成 Rel (ϕ, p)）使得对每个余代数 L 模型 $(\mathcal{M}, a)$，$\mathcal{M}, a \vDash_L \xi$ 当且仅当 $\mathcal{M}, a \vDash_L p$ 并且 $\mathcal{M}^p, a \vDash_L \phi$，其中 $\mathcal{M}^p$ 是 $\mathcal{M}$ 的子模型，其中状态集是 $\mathcal{M}$ 中所有 p 状态的集合。

FDP (L)（**L 具有有限深度性质**）对每个 $\phi \in L$，存在自然数 k 使得对每个余代数 L 模型 $(\mathcal{M}, a)$，$\mathcal{M}, a \vDash_L \phi$ 当且仅当 $\mathcal{M}{\upharpoonright}_k, a \vDash_L \phi$，其中 $\mathcal{M}{\upharpoonright}_k$ 是 $\mathcal{M}$ 的子模型，其状态集是所有从 a 至多 k 步可及的状态集合。

Comp (L)（**L 具有紧致性**）对每个 L 公式集 Γ，如果 Γ 的每个有限子集可满足，那么 Γ 可满足。

定义 8.7 一个抽象分次模态逻辑称为**正则的**，如果 Bool (L) 和 Rel (L) 都成立。

另一基本概念是抽象分次模态逻辑之间的表达力次序。对抽象分次模态逻辑 L 和 $\phi \in L$，令 $\mathrm{Mod}_L(\phi) = \{(\mathcal{M}, a) : \mathcal{M}, a \vDash_L \phi\}$。如下定义表达力的次序。

定义 8.8 令 L_1 和 L_2 是抽象分次模态逻辑。称 **L_2 至少与 L_1 一样强**（记为 $L_1 \preccurlyeq L_2$），如果对每个 $\phi \in L_1$，存在 $\psi \in L_2$ 使得 $\mathrm{Mod}_{L1}(\phi) = \mathrm{Mod}_{L2}(\psi)$。称 L_2 与 L_1 **表达力相同**（记为 $L_1 \sim L_2$），如果 $L_1 \preccurlyeq L_2$ 并且 $L_2 \preccurlyeq L_1$。如果 $L_1 \preccurlyeq L_2$ 但并且 $L_1 \sim L_2$，那么我们写 $L_1 \prec L_2$。

现在给出一些具体的分次模态逻辑并比较它们的表达力。

例 8.2　(1) 显然 $\mathrm{GML} \prec \mathrm{GML}(E_g) \prec \mathrm{GML}(D_g)$，其中 $\mathrm{GML}(E_g)$ 和 $\mathrm{GML}(D_g)$ 已经在 8.1 节和 8.2 节定义。

(2) 回顾计数模态语言 $\mathrm{ML}(\kappa, \omega)$（对每个基数 κ）的模态相似型是 $\{\Diamond_\lambda : \lambda < \kappa\}$。容易验证 $\mathrm{ML}(\kappa_1, \omega) \prec \mathrm{ML}(\kappa_2, \omega)$ 对 $\kappa_1 < \kappa_2$。

(3) 考虑混合模态语言，基本概念和一些模型论结果参见腾卡特的论文(ten Cate, 2005)。基本混合语言 $\mathcal{H}(@)$ 是从基本模态语言增加状态名字 i 和形如 $@_i\phi$ 的公式得到的。名字 i 的作用是代表状态的个体变元。一个公式 $@_i\phi$ 在状态 w 上是真的当且仅当 ϕ 在以 i 命名的状态上是真的。显然，分次模态词 $\Diamond_n(n > 1)$ 对于 $\mathcal{H}(@)$ 互模拟不是不变的。然而，考虑混合语言 $\mathcal{H}(@, \downarrow)$，它是从 $\mathcal{H}(@)$ 增加向下箭头 $\downarrow$ 得到的。我们有形如 $\downarrow i\, \phi$ 的公式其意思是约束 i 为当前状态。使用这个向下箭头，在语言 $\mathcal{H}(@, \downarrow)$ 中可以定义关系语义下的分次模态算子为

$$\Diamond_2 p := \downarrow i\, \Diamond \downarrow j\, (p \wedge @_i \Diamond (\neg j \wedge p)),$$

$$\Diamond_{n+1} p := \downarrow i\, \Diamond \downarrow j\, (p \wedge @_i \Diamond_n (\neg j \wedge p))。$$

在关系模型上，$\mathrm{GML} \prec \mathcal{H}(@, \downarrow)$。在余代数模型上也有 $\mathrm{GML} \prec \mathcal{H}(@, \downarrow)$。

下面证明有限深度性质足以说明扩张 GML 的抽象分次模态逻辑的表达力等于 GML。我们需要如下关键引理。

引理 8.1　假设 $\mathrm{FDP}(L)$ 并且 k 是所要的自然数。对每个公式 $\phi \in L$，$\mathrm{Mod}_L(\phi)$ 可被某个 GML 公式 ψ 定义使得 $\mathrm{md}(\psi) \leqslant k$。

证明　对每个 $\phi \in L$，令 $\mathrm{md}(\phi) \leqslant k$，只考虑 ϕ 的等级。只要证明 $\mathcal{M}, a \equiv_k \mathcal{N}, b$ 并且 $\mathcal{M}, a \vDash_L \phi$ 蕴涵 $\mathcal{N}, b \vDash_L \phi$。论证如下。只存在有限多个不等值的等级至多为 ϕ 的等级并且模态度至多为 k 的 GML 公式。所以 $\mathrm{Mod}_L(\phi)$ 可被其中模型的模态度 k 并且等级 $\mathrm{gd}(\phi)$ 的理论的析取定义，它等值于一个 GML 公式。

假设 $\mathcal{M}, a \equiv_k \mathcal{N}, b$ 并且 $\mathcal{M}, a \vDash_L \phi$。令 $\overrightarrow{\mathcal{M}}[a]$ 和 $\overrightarrow{\mathcal{N}}[b]$ 是树展开模型。这样 $(\overrightarrow{\mathcal{M}}[a], \langle a \rangle) \equiv_k (\overrightarrow{\mathcal{N}}[b], \langle b \rangle)$。因此 $(\overrightarrow{\mathcal{M}}[a], \langle a \rangle)$ 和 $(\overrightarrow{\mathcal{N}}[b], \langle b \rangle)$ 在 k 层树结构上 Ω 互模拟的。根据 k 度的 $\mathrm{FDP}(L)$ 和 Ω 互模拟，从下图可得 $\mathcal{N}, b \vDash_L \phi$，最后，$\mathrm{Mod}_L(\phi)$ 可被一个 GML 公式定义(图 8.1)。∎

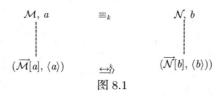

图 8.1

定理 8.10 如果 FDP(L)并且 GML $\preccurlyeq$ L，那么 L $\preccurlyeq$ GML。

证明 根据引理 8.1。∎

定理 8.11 一个扩张 GML 的正则抽象分次模态逻辑 L 满足 Com(L)和 Ω 互模拟不变性质当且仅当 L 的表达力不超过 GML。

证明 令 L 是扩张 GML 的正则抽象分次模态逻辑并且满足 Com(L)和 Ω 互模拟不变性质。只要证明 FDP(L)。假设不然。那么对每个自然数 k, 存在模型($\mathcal{M}_k$, a)和($\mathcal{M}_k{\upharpoonright}k$, a)区分 ϕ。假设 $\mathcal{M}_k$, $a \nvDash \phi$ 并且 $\mathcal{M}_k{\upharpoonright}k$, $a \vDash \phi$。根据 Bool (L)可得，¬ϕ $\in L$。取新命题字母 p, 定义集合

$$\Sigma = \{\neg\phi\} \cup \{\text{Rel}\,(\phi, p)\} \cup \{\square^n p : n \in \omega\}。$$

那么 Σ 有限可满足。由 Com(L), 存在模型($\mathcal{N}$, b)使得 $\mathcal{N}$, $b \vDash \Sigma$。令($\mathcal{N}_b$, b)是($\mathcal{N}$, b)从 b 生成的子模型。由 Ω 互模拟不变性质，$\mathcal{N}_b$, $b \vDash \neg\phi$。由 $\mathcal{N}$, $b \vDash$ Rel (ϕ, p)可得，$\mathcal{N}{\upharpoonright}p$, $b \vDash \phi$。所以($\mathcal{N}{\upharpoonright}p$, b)与($\mathcal{N}_b$, b)相同，因此 $\mathcal{N}_b$, $b \vDash \phi$, 矛盾。∎

对于模态逻辑来说，包括基本模态逻辑，Lindström 刻画定理仍然没有穷尽。例如，我们还有如下没有解决的问题。

问题 8.1 模态逻辑的真正省略型定理是怎样的？如果找到这样的定理，我们怎么样用它来刻画模态逻辑的表达力？

问题 8.2 使用模态词扩张所得到的模态语言的表达力怎样来刻画？

参 考 文 献

Alberucci L, Facchini, A. 2009. On modal μ-calculus and gödel-löb logic. Studia Logica, 91: 145–169.

Andréka H, Németi I, van Benthem J. 1998. Modal languages and bounded fragments of predicate logic. Journal of Philosophical Logic, 27: 217–271.

Awodey S. 2006. Category Theory. Oxford and New York: Oxford University Press.

Baader F, Nutt W. 2003. Basic Description Logics. In: Baader F, Calvanese D, McGuinness D, Nardi D, Patel-Schneider, P. The Description Logic Handbook: Theory, Implementation, and Applications. Cambridge UK: Cambridge University Press.

Barwise J, Feferman S. 1985. Model-Theoretic Logics. New York: Springer-Verlag.

Bell J, Slomson A. 1969. Models and Ultraproducts. Amsterdam and London: North-Holland Publishing Company.

Bellissima F. 1988. On the lattice of extensions of the modal logics KAlt$_n$. Archive for Mathematical Logic, 27(2): 107–114.

Blackburn P, de Rijke M, Venema Y. 2001. Modal Logic. New York: Cambridge University Press.

Blackburn P, van Benthem J. 2007. Modal logic: a semantic perspective. In: Blackburn P, van Benthem J, Wolter F. Handbook of Modal Logic. Amsterdam: Elsevier: 1–84.

Boolos G. 1993. The Logic of Provability. New York: Cambridge University Press.

Burris S, Sankappanavar H. 1981. A Course in Universal Algebra. New York: Springer-Verlag.

Cerrato C. 1990. General canonical models for graded normal logics. Studia Logica, 49: 241–252.

Chagrov A, Zakharyaschev M. 1995. Sahlqvist Formulas are not so elementary even above S4. In: Csirmaz L, Gabbay D, de Rijke M. Logic Colloquium'92. Stanford: CSLI Publications: 61–73.

Chagrov A, Zakharyaschev M. 1997. Modal Logic. Oxford and New York: Oxford University Press.

Chang C C, Keisler H. 1990. Model Theory. 3rd ed. Amsterdam: North-Holland.

D'Agostino G, Hollenberg M. 2000. Logical questions concerning the μ-calculus: interpolation, Lyndon and Łoś-Tarski. The Journal of Symbolic Logic, 65: 310–332.

D'Agostino G, Visser A. 2002. Finality regained: a coalgebraic study of Scott-sets and multisets. Archive for Mathematical Logic, 41: 267–298.

de Caro F. 1988. Graded modalities II (canonical models). Studia Logica, 47: 1–10.

de Rijke M. 1992. The modal logic of inequality. The Journal of Symbolic Logic, 57: 566–584.

de Rijke M. 1993. Extending Modal Logic. Ph.D Thesis, ILLC, University of Amsterdam.

de Rijke M. 1995. Modal Model Theory. Technical Report CS-R9517, CWI, Amsterdam.

de Rijke M. 2000. A note on graded modal logic. Studia Logica, 64: 271–283.

Doets K. 1987. Completeness and Definability: applications of the Ehrenfeucht game in intensional and second-order logic. Ph.D thesis, Department of Mathematics and Computer Science, University of Amsterdam.

Fattorosi-Barnaba M, de Caro F. 1985. Graded modalities I. Studia Logica, 44: 197–221.

Fattorosi-Barnaba M, Grassotti S. 1995. An Infinitary Graded Modal Logic (Graded Modalities VI). Mathematical Logic Quarterly, 41: 547–563.

Ferrante A, Napoli M, Parente M. 2009. Graded CTL: satisfiablity and symbolic model checking. In: Breitman K, Cavalcanti A. International Conference on Formal Engineering Methods (ICFEM'09). LNCS 5885. New York: Springer-Verlag: 305–325.

Fine K. 1972a. In so many possible worlds. Notre Dame Journal of Formal Logic, 13(4): 516–520.

Fine K. 1972b. For so many individuals. Notre Dame Journal of Formal Logic, 13(4): 569–572.

Fine K. 1974a. An ascending chain of S4 logics. Theoria, 40: 110–116.

Fine K. 1974b. Logics containing K4. Part I. The Journal of Symbolic Logic, 39: 31–42.

Fine K. 1985. Logics containing K4. Part II. The Journal of Symbolic Logic, 50: 519–651.

Goldblatt R. 1975. First-order definability in modal logic. The Journal of Symbolic Logic, 40(1): 35–40.

Goldblatt R. 1989. Varieties of complex algebras. Annals of Pure and Applied Logic 44: 173–242.

Goldblatt R, Thomason S. 1974. Axiomatic classes in propositional modal logic. In: Crossley J. Algebra and Logic, 163–173, Berlin: Springer.

Goranko V, Otto M. 2007. Model theory of modal logic. In: Blackburn P, van Benthem J, Wolter F. Handbook of Modal Logic. Amsterdam: Elsevier: 249–330.

Granko V, Passy S. 1992. Using the universal modalities: gains and questions. Journal of Logic and Computation, 2(1): 5–30.

Hodges W. 1993. Model theory. New York: Cambridge University Press.

Jacobs B, Rutten J. 1997. A tutorial on (co)algebras and (co)induction. EATCS Bulletin, 62: 222–259.

Keisler H. 1970. Logic with quantifier "there exist uncountably many". Annals of Mathematical Logic, 1: 1–93.

Kracht M. 1999. Tools and Techniques in Modal Logic. Amsterdam: Elsevier.

Kurz A, Rosický J. 2007. The Goldblatt-Thomason theorem for coalgebras. In: Mossakowski T. CALCO 2009, LNCS 4624. New York: Springer-Verlag.

|参 考 文 献|

Kurz A. 1999. Coalgebras and Modal Logic. Lecture Notes for ESSLLI'01.

Lehtinen S. 2008. Generalizaing the Goldblatt-Thomason Theorem and Modal Definability. Dissertation, Tampere University.

Lindström P. 1969. On extensions of elementary logic. Theoria 35: 1–11.

Ma M. 2008. Dynamic epistemic logic and graded modal logic. In: Kurzen L, Velázquez-Quesada F. Logics for Dynamics of Information and Preferences.Seminar's yearbook 2008. Amsterdam: ILLC, University of Amsterdam: 208–219.

Ma M. 2009. Dynamic epistemic logic of finite identification. In: He X, Horty J, Pacuit E. Proceedings of the 2nd international conference on Logic, rationality and interaction. Berlin and Heidelberg: 227–237.

Ma M. 2010a. Toward model-theoretic logics. Frontiers of Philosophy in China, 5: 294-311. New York: Springer-Verlag.

Ma M. 2010b. Graded modal classes of finite transitive frames. Studies in Logic, 2:19–25.

Makinson D. 1971. Some embedding theorems for modal logic. Notre Dame Journal of Formal Logic, 12(2): 252–254.

Monk J. 1976. Mathematical Logic. New York: Springer-Verlag.

Mostowski A. 1957. On a generalization of quantifiers. Fundamenta Mathematicae, 44: 12–36.

Rosen E. 1997. Modal logic over finite structures. Journal of Language, Logic and Information, 6: 427–439.

Rutten J. 2000. Universal coalgebras: a theory of systems. Theoretical Computer Science, 249: 3–80.

Sahlqvist H. 1975. Completeness and correspondence in the first and second order semantics for modal logic. In: Kanger S. Proceedings of the Third Scandinavian Symposium. Amsterdam: North-Holland: 110–143.

Sano K. 2010. Semantics Investigation in Extended Modal Languages. Ph.D Thesis, Graduate School of Lettes, Kyoto University.

Sano K, Ma M. 2010. Goldblatt-Thomason-style theorems for graded modal language. In: Beklemishev L, Goranko V, Shehtman V. Advances in Modal Logic, 8: 330–349. Oxford: Colledge Publications.

Schröder L. 2008. Expressivity of coalgebraic modal logic: the limit and beyond. In: Theoretical Computer Science, 390: 230–247.

Schröder L, Pattinson D. 2007. Rank-1 modal logic are coalgebraic. In: Thomas W, Weil P. STACS 2007, LNCS 4393. Berlin and Heidelberg: Springer-Verlag: 573–585.

Schröder L, Pattinson D. 2010. Coalgebraic correspondence theory. In: Ong L. Proceedings of the 13th International Conference on Foundations of Software Science and Computational

Structures, FOSSACS 2010. Berlin and Heidelberg: Springer-Verlag: 328–342.

Segerberg K. 1971. An Essay in Classical Modal Logic. Filosofiska Studier 13. University of Uppsala.

Strum H. 2000. Elementary classes in basic modal logic. Studia Logica, 64: 193–213.

Tarski A. 1941. Introduction to Logic and to the Methodology of Deductive Sciences. New York: Oxford University Press.

ten Cate B. 2005. Model Theory for Extended Modal Languages. Ph.D thesis, ILLC, University of Amsterdam.

ten Cate B, van Benthem J, Vänäänen J. 2007. Lindström theorems for fragments of first-order logic. In: Ong L. Proceedings of 22nd Annual IEEE Symposium on Logic in Computer Science. Wroclaw: IEEE Press: 280–292.

van Benthem J. 1975. A note on modal formulae and relational properties. The Journal of Symbolic Logic, 40(1): 55–58.

van Benthem J. 1983. Correspondence theory. In: Gabbay D, Guenthner F. Handbook of Philosophical Logic (vol.2). 1st ed.

van Benthem J. 1985. Modal Logic and Classical Logic. Napoli: Bibliopolis.

van Benthem J. 1989. Notes on modal definability. Notre Dame Jornal of Formal Logic, 30(1): 20–35.

van Benthem J. 1993. Modal frame classes revisited. Fundamenta Informaticae, 18: 307–317.

van Benthem J. 2006. Modal frame correspondence and fixed-points. Studia Logica, 83: 133–155.

van Benthem J. 2007. A new modal lindström theorem. Logica Universalis, 1(1): 125–138.

van der Hoek W, Ch Meyer J J. 1992. Graded modalities in epistemic logic. In: Nerode A, Taitslin M. Logical Foundations of Computer Science -Tver'92. LNCS 620. Berlin and Heidelberg: Springer-Verlag: 503–514.

van der Hoek W, de Rijke M. 1993. Generalized quantifers and modal logic. Journal of Logic, Language, and Information, 2: 19–58.

van der Hoek W, de Rijke M. 1995. Counting objects. Journal of Logic and Computation 5(3): 325–345.

Venema Y. 1999. Modal definability, purely modal. In: Gerbrandy J, Marx M, de Rijke M, Venema Y. JFAK. Essays Dedicated to Johan van Benthem on the Occasion of his 50th Birthday. Amsterdam: Amsterdam University Press.

Venema Y. 2007. Algebras and colagebras. In: Blackburn P, van Benthem J, Wolter F. Handbook of Modal Logic. Amsterdam: Elsevier: 331–426.

Visser A. 2005. Löb's logic meets the μ-calculus. In: Middeldorp A, Oostrom V, van Raamsdonk F, de

Vrijer R. Processes, Terms and Cycles: Steps on the Road to Infinity: Essasys Dedicated to Jan Willem Klop on the Occation of his 60th Birthday. Berlin and Heidelberg: Springer-Verlag: 14–25.

Wolter F, Zakharyaschev M. 2007. Modal decision problems. In: Blackburn P, van Benthem J, Wolter F. Handbook of Modal Logic. Amsterdam: Elsevier: 427–489.

Zakharyaschev M. 1992. Canonical Formulas for K4. Part I. The Journal of Symbolic Logic, 57(4): 1377–1402.

附录A 模型论与泛代数

附录 A 回顾模型论和泛代数的一些基本概念和定理。这两个分支是相互联系的，如 Chang-Keisler 等式所言，"泛代数 + 逻辑 = 模型论"。我们从模型论开始。经典逻辑的模型论参见一些经典著作(Chang and Keisler, 1990；Hodges, 1993；Bell and Slomson, 1969)。

一个结构是一个有序组$\mathcal{A}$，它包含①一个域 $\mathrm{dom}(\mathcal{A}) = A$，即非空个体集；②来自 $\mathrm{dom}(\mathcal{A})$ 的常元集；③关系集合；④函数集。对任何语言 L，我们有 L 结构。数学家和逻辑学家常常研究结构之间的联系。

定义 A.1 令$\mathcal{A}$和$\mathcal{B}$是 L 结构。从$\mathcal{A}$到$\mathcal{B}$的一个**同态**是一个函数 $f: A \to B$ 使得

(1) 对 L 中每个常元 c，$f(c^A) = c^B$。

(2) 对 L 中每个 n 元关系符号 R 和 A 中 n 元组$(a_0, \cdots, a_{n-1})$，如果$(a_0, \cdots, a_{n-1})$ $\in R^A$，那么$(f(a_0), \cdots, f(a_{n-1})) \in R^B$。

(3) 对 L 中每个 n 元函数符号 F 和 A 中 n 元组$(a_0, \cdots, a_{n-1})$：

$$f(F^A(a_0, \cdots, a_{n-1})) = F^B(f(a_0), \cdots, f(a_{n-1}))。$$

从$\mathcal{A}$到$\mathcal{B}$的一个**嵌入**是一个单射同态使得

(4) 对 L 中每个 n 元关系符号 R 和 A 中 n 元组$(a_0, \cdots, a_{n-1})$，

如果$(f(a_0), \cdots, f(a_{n-1})) \in R^B$，那么$(a_0, \cdots, a_{n-1}) \in R^A$。

从$\mathcal{A}$到$\mathcal{B}$的一个**同构**是一个满射嵌入。

定义 A.2 令$\mathcal{A}$和$\mathcal{B}$是 L 结构。那么$\mathcal{A}$称为$\mathcal{B}$的**子结构**，如果 $\mathrm{dom}(\mathcal{A}) \subseteq \mathrm{dom}(\mathcal{B})$ 并且包含映射 $i: \mathrm{dom}(\mathcal{A}) \to \mathrm{dom}(\mathcal{B})$ 是嵌入。令 Y 是$\mathcal{B}$中元素集。称$\mathcal{A}$是$\mathcal{B}$由 Y **生成的子结构**，如果

(1) $Y \subseteq \mathrm{dom}(\mathcal{A})$。

(2) $c^B \in \mathrm{dom}(\mathcal{A})$对 L 中所有常元 c。

(3) 对 L 中每个 n 元函数符号 F 和 $\mathrm{dom}(\mathcal{A})$中每个 n 元组$(a_0, \cdots, a_{n-1})$，$F^B(a_0, \cdots, a_{n-1}) \in \mathrm{dom}(\mathcal{A})$。

定义 A.3 一个一阶公式 α 称为$\forall_0$（或$\exists_0$）公式，如果它是没有量词的公式。

一个一阶公式 α 称为 $\forall_{n+1}$ 公式，如果它是从 $\exists_n$ 公式使用 $\wedge$、$\vee$ 和全称量词构造起来的。一个一阶公式 α 称为 $\exists_{n+1}$ 公式，如果它是从 $\forall_n$ 公式使用 $\wedge$、$\vee$ 和存在量词构造起来的。也称 $\forall_1$ 公式为**全称公式**，称 $\exists_1$ 公式为**存在公式**。

定义 A.4 令 $(\mathcal{A}_i : i < \lambda)$ 是 L 结构序列。称 $(\mathcal{A}_i : i < \lambda)$ 是一个**链**，如果 $\mathcal{A}_i$ 是 $\mathcal{A}_j$ 的子结构对所有 $i < j < \lambda$。定义链 $(\mathcal{A}_i : i < \lambda)$ **的并** $\mathcal{B}$（记为 $\mathcal{B} = \bigcup_{i < \lambda} \mathcal{A}_i$）为如下结构：

(1) $\mathrm{dom}(\mathcal{B}) = \bigcup_{i < \lambda} \mathrm{dom}(\mathcal{A}_i)$。

(2) 对 L 中每个常元 c，令 $c^B = c^{A_i}$ 对任何 $i < \lambda$。

(3) 对每个 n 元函数符号 F 和 $\mathrm{dom}(\mathcal{B})$ 中 n 元组 $(a_0, \cdots, a_{n-1})$，$F^B(a_0, \cdots, a_{n-1}) = F^{A_i}(a_0, \cdots, a_{n-1})$ 对某个 $i < \lambda$ 使得 $a_0, \cdots, a_{n-1} \in \mathrm{dom}(\mathcal{A}_i)$。

(4) 对每个 n 元关系符号 R 和 $\mathrm{dom}(\mathcal{B})$ 中 n 元组 $(a_0, \cdots, a_{n-1})$，$(a_0, \cdots, a_{n-1}) \in R^B$ 当且仅当 $(a_0, \cdots, a_{n-1}) \in R^{A_i}$ 对某个 $i < \lambda$ 使得 $a_0, \cdots, a_{n-1} \in \mathrm{dom}(\mathcal{A}_i)$。

另一种重要的模型构造是超积。首先定义几个基本概念。

定义 A.5 令 S 是任何非空集合。一个子集 $F \subseteq \wp(S)$ 称为 S 上的**滤子**，如果以下条件成立：

(1) $S \in F$。

(2) 如果 $X, Y \in F$，那么 $X \cap Y \in F$。

(3) 如果 $X \in F$ 并且 $X \subseteq Z \subseteq S$，那么 $Z \in F$。

一个滤子 F 称为**真滤子**，如果它不等于 $\wp(S)$。一个真滤子 F 称为**超滤子**，如果对所有 $X \subseteq S$，$X \in F$ 当且仅当 $-X \notin F$。

令 E 是 $\wp(S)$ 的任何子集。那么由 E 生成的滤子是包含 E 的最小滤子。称 E 具有**有限交性质**，如果 E 中任意有限多个集合的交集非空。基本的事实乃是，每个真滤子可以扩张为超滤子。现在定义关于超积的一些概念。集合族 $\{A_i : i \in I\}$ 的乘积是集合

$$\prod_{i \in I} A_i = \{f : I \to \bigcup_{i \in I} A_i \mid f(i) \in A_i\}。$$

令 U 是 I 上超滤子，$\{A_i : i \in I\}$ 是集合族。定义 $\prod_{i \in I} A_i$ 上相对于 U 的等价关系 $\sim_U$ 如下：

$$f \sim_U g \text{ 当且仅当} \{i \in I \mid f(i) = g(i)\} \in U。$$

令 $[f]_U$ 是 f 的等价类。定义集合族 $\{A_i : i \in I\}$ 相对于 U 的超积为

$$\prod_U A_i = \{[f]_U : f \in \prod_{i \in I} A_i\}。$$

现在定义模型族的超积。

定义 A.6 令 $\{\mathcal{A}_i : i \in I\}$ 是一阶模型族。定义它的**超积** $\prod_U \mathcal{A}_i$ 如下：

(1) $\prod_U \mathcal{A}_i$ 的个体域是 $\prod_U A_i$。

(2) 对任何在 $\mathcal{A}_i$ 中解释为 a_i 的常元 c, 在 $\prod_U \mathcal{A}_i$ 中解释为 $[\{(i, a_i) : i \in I\}]_U$。

(3) 对任何 n 元函数符号 F, 它在 $\prod_U \mathcal{A}_i$ 中解释为

$$F_U([f_U^1], \cdots, [f_U^n]) = [\{(i, F_i(f^1(i), \cdots, f^n(i))) \mid i \in I\}]_U。$$

(4) 对任何 n 元关系符号 R, 它在 $\prod_U \mathcal{A}_i$ 中解释为

$$R_U([f_U^1], \cdots, [f_U^n]) \text{当且仅当} \{i \in I : R_i(f^1(i), \cdots, f^n(i))\}\} \in U。$$

如果所有 $\mathcal{A}_i = \mathcal{A}$, 则写 $\prod_U \mathcal{A}$ 并称之为 $\mathcal{A}$ 的一个**超幂**。

关于超积的重要定理如下。

定理 A.1 令 U 是 I 上超滤子, $\{\mathcal{A}_i : i \in I\}$ 是一阶结构族。对任何一阶公式 $\alpha(x_0, \cdots, x_{n-1})$ 和 $[f_U^1], \cdots, [f_U^n]$ 属于 $\prod_U \mathcal{A}_i$, $\prod_U \mathcal{A}_i \vDash \alpha(x_0, \cdots, x_{n-1})[[f_U^1], \cdots, [f_U^n]]$ 当且仅当 $\{i \in I \mid \mathcal{A}_i \vDash \alpha(x_0, \cdots, x_{n-1})[f^1(i), \cdots, f^n(i)]\} \in U$。

定理 A.2 一个一阶理论对子模型保持当且仅当它有全称公理（$\forall_1$ 句子）集。

定理 A.3 一个一阶理论对链并保持当且仅当它有 $\forall_2$ 句子的公理集。

定理 A.4 一个一致的一阶理论对同态保持当且仅当它有正句子的公理集。

称一个模型类 $\mathbf{K}$ 是**一阶可定义的**, 如果存在一阶理论 T 使得对每个一阶模型 $\mathcal{A}$, $\mathcal{A} \in \mathbf{K}$ 当且仅当 $\mathcal{A} \vDash T$。 如下一阶逻辑的可定义定理成立。

定理 A.5 一个模型类是一阶可定义的当且仅当它对同构和超积封闭, 并且它的补类对超幂封闭。

一个 L 结构 $\mathcal{B}$ 称为 $\mathcal{A}$ 的**初等扩张**（记为 $\mathcal{A} \preccurlyeq \mathcal{B}$）, 如果 $\mathcal{A}$ 是 $\mathcal{B}$ 的子结构, 并且对每个一阶公式 α, $\mathcal{A} \vDash \alpha[a_0, \cdots, a_{n-1}]$ 当且仅当 $\mathcal{B} \vDash \alpha[a_0, \cdots, a_{n-1}]$ 对 $\text{dom}(\mathcal{A})$ 中每个 n 元组 $(a_0, \cdots, a_{n-1})$。

定理 A.6(向下 Löwenheim-Skolem 定理) 令 $\mathcal{A}$ 是一阶语言 L 的结构并且 X 是 $\text{dom}(\mathcal{A})$ 的子集。令 λ 是基数使得 $|L| + |X| \leqslant \lambda \leqslant |\text{dom}(\mathcal{A})|$。那么 $\mathcal{A}$ 是某个结构 $\mathcal{B}$ 的初等扩张使得 $|\text{dom}(\mathcal{B})| = \lambda$ 并且 $X \subseteq \text{dom}(\mathcal{B})$。

定理 A.7(紧致性) 令 T 是一阶理论。如果 T 的每个有限子集有模型, 那么 T 有模型。

推论 A.1(向上 Löwenheim-Skolem 定理) 令 L 是基数为 λ 的一阶语言, $\mathcal{A}$ 是无限 L 结构并且基数至多为 λ。那么 $\mathcal{A}$ 有基数为 λ 的初等扩张。

一阶逻辑有许多真扩张。例如, 考虑二阶逻辑、弱二阶逻辑、无穷逻辑等等。然而, 在抽象模型论(Barwise and Feferman, 1985)中, 一阶逻辑的表达力可以使用一些基本的逻辑性质来刻画。

定理 A.8 一阶逻辑的任何扩张具有紧致性和 Löwenheim-Skolem 性质当且仅当它的表达力不超过一阶逻辑。

现在进入代数部分。一个**代数相似型**是一个有序对 $\mathcal{O} = (O, \rho)$，其中 O 是非空集，并且 $\rho: O \to \omega$ 是一个函数。O 中元素称为**算子**。每个算子 $o \in O$ 被指派一个元数 $\rho(o)$。一个集合 A 上的 **n 元算子** o 是一个从 A^n 到 A 的函数。

定义 A.7　给定任何代数相似型 $\mathcal{O}$，一个 $\mathcal{O}$ **代数**是一个有序对 $\mathfrak{A} = (A, I)$，其中 A 是非空集，I 是解释函数使得每个算子 $o \in O$ 被指定在 A 中的解释 o^A。也可以把 $\mathcal{O}$ 代数写成 $\mathfrak{A} = (A, o^A)_{o \in O}$。如果不产生混淆，则可删除下标。

现在定义从旧代数构造新代数的运算。

定义 A.8　令 $\mathfrak{A} = (A, o^A)$ 和 $\mathfrak{B} = (B, o^B)$ 是 $\mathcal{O}$ 代数。一个函数 $f: A \to B$ 称为**同态**，如果对每个 n 元算子 $o \in O$ 和 A 中 n 元组 $(a_0, \cdots, a_{n-1})$，$f(o^A(a_0, \cdots, a_{n-1})) = o^B(f(a_0), \cdots, f(a_{n-1}))$。一个双射同态称为**同构**。

定义 A.9　令 $\mathfrak{A} = (A, o^A)$ 是 $\mathcal{O}$ 代数并且 B 是 A 的非空子集。称 $\mathfrak{B} = (B, o^B)$ 是 $\mathfrak{A}$ 的**子代数**，如果 B 对所有运算 o^A 封闭。称 $\mathfrak{C}$ 可**嵌入** $\mathfrak{A}$，如果 $\mathfrak{C}$ 同构于 $\mathfrak{A}$ 的某个子代数。

定义 A.10　令 $\{\mathfrak{A}_i = (A_i, o^{Ai}): i \in I\}$ 是 $\mathcal{O}$ 代数族。定义该代数族的**乘积**为代数 $\mathfrak{A} = (A, o^A)$，其中 $A = \prod_{i \in I} A_i$，并且对任何 n 元 $o \in O$，定义 o^A 如下：对 $\prod_{i \in I} A_i$ 中每个 n 元组 $(a_0, \cdots, a_{n-1})$，$o^A(a_0, \cdots, a_{n-1})$ 是 $\prod_{i \in I} A_i$ 中这样给出的元素，即 $o^A(a_0, \cdots, a_{n-1})(i) = o^{Ai}(a_0(i), \cdots, a_{n-1}(i))$。如果 $A_i = A$，则写 $\prod_{i \in I} A$ 并称之为 A 的**幂**。

现在引入重要的变种概念。一个代数类称为**变种**，如果它对同态象、子代数和乘积封闭。给定任何代数类 $\mathbf{C}$，令 $\mathbb{V}(\mathbf{C})$ 是由 $\mathbf{C}$ 生成的变种，即包含 $\mathbf{C}$ 的最小变种。

代数和模型论可以结合起来形成代数模型论。这个分支的核心概念必然是在代数逻辑中的可定义性。代数相似型 $\mathcal{O}$ 和变元集 X，定义 X 上的 $\mathcal{O}$ **项集** $\mathrm{Term}(X, \mathcal{O})$ 为最小集合使得对每个 n 元 $o \in O$，

(1) $X \subseteq \mathrm{Term}(X, \mathcal{O})$。

(2) 如果 $t_0, \cdots, t_{n-1} \in \mathrm{Term}(X, \mathcal{O})$，那么 $o(t_0, \cdots, t_{n-1}) \in \mathrm{Term}(X, \mathcal{O})$。

那么我们有了代数语言：$\mathrm{Term}(X, \mathcal{O})$ 上所有等式 $s \approx t$ 的集合。这个语言的代数语义如何给出呢？显然我们的结构类是全体 $\mathcal{O}$ 代数。

定义 A.11　令 $\mathcal{O}$ 是代数相似型并且 X 是变元集。对任何 $\mathcal{O}$ 代数 $\mathfrak{A} = (A, o^A)$，一个在 $\mathfrak{A}$ 中对变元的**指派**是一个函数 $\theta: X \to A$。那么 θ 可以如下扩展为函数 $\hat{\theta}: \mathrm{Term}(X, \mathcal{O}) \to A$：

(1) $\hat{\theta}(x) = \theta(x)$ 对所有 $x \in X$。

(2) $\hat{\theta}(o(t_0, \cdots, t_{n-1})) = o^A(\hat{\theta}(t_0), \cdots, \hat{\theta}(t_{n-1}))$ 对每个 n 元 $o \in O$。

称等式 $s \approx t$ 在 $\mathfrak{A}$ 中**有效**（记为 $\mathfrak{A} \vDash s \approx t$），如果 $\hat{\theta}(s) = \hat{\theta}(t)$ 对每个指派 θ。

一个代数类 C 是**等式可定义的**，如果存在等式集 T 使得对每个代数 $\mathfrak{A}$，$\mathfrak{A} \in$ C 当且仅当 $\mathfrak{A} \vDash T$。那么我们有如下泛代数的 Birkhoff 可定义性定理。

定理 A.9 一个代数类是等式可定义的当且仅当它是一个变种。

附录 B　基本模态逻辑

附录 B 回顾基本模态逻辑的一些重要结果。关于基本模态逻辑的细节问题，参见一些经典的模态逻辑著作(Blackburn et al., 2001；Chagrov and Zakharyaschev, 1997；Kracht, 1999)。

定义 B.1　基本模态语言是由命题字母集 Φ 和一元模态算子 $\Diamond$ 组成。基本模态公式是由如下规则给出的：

$$\phi := p \mid \neg\phi \mid \phi \vee \psi \mid \Diamond\phi,$$

其中 $p \in \Phi$。定义 $\Diamond$ 的对偶算子为 $\Box\phi := \neg\Diamond\neg\phi$。

一个关系**框架**是一个有序对 $\mathfrak{F} = (W, R)$，其中 W 是非空集，R 是 W 上的二元关系。W 的元素称为状态、点、可能世界等。一个关系**模型**是一个有序组 $\mathfrak{M} = (W, R, V)$，其中 (W, R) 是框架并且 $V : \Phi \to \wp(W)$ 是赋值。一个**点框架**是一个有序对 $(\mathfrak{F}, w)$，其中 w 是框架 $\mathfrak{F}$ 的状态。一个**点模型**是一个有序对 $(\mathfrak{M}, w)$，其中 w 是模型 $\mathfrak{M}$ 的状态。

定义 B.2　给定点模型 $(\mathfrak{M}, w)$，递归定义**满足关系** $\mathfrak{M}, w \vDash \phi$ 如下：

(1) $\mathfrak{M}, w \vDash p$ 当且仅当 $w \in V(p)$。

(2) $\mathfrak{M}, w \vDash \neg\phi$ 当且仅当并非 $\mathfrak{M}, w \vDash \phi$。

(3) $\mathfrak{M}, w \vDash \phi \vee \psi$ 当且仅当 $\mathfrak{M}, w \vDash \phi$ 或者 $\mathfrak{M}, w \vDash \psi$。

(4) $\mathfrak{M}, w \vDash \Diamond\phi$ 当且仅当存在状态 v 使得 Rwv 并且 $\mathfrak{M}, v \vDash \phi$。

称 ϕ 在 $\mathfrak{M}$ 中**全局真**(记为 $\mathfrak{M} \vDash \phi$)，如果 $\mathfrak{M}, w \vDash \phi$ 对 $\mathfrak{M}$ 中所有状态 w。称 ϕ 在点框架 $(\mathfrak{F}, w)$ 中**有效**(记为 $\mathfrak{F}, w \vDash \phi$)，如果对 $\mathfrak{F}$ 中每个赋值 V，$\mathfrak{F}, V, w \vDash \phi$。称 ϕ 在框架 $\mathfrak{F}$ 中**有效**(记为 $\mathfrak{F} \vDash \phi$)，如果对 $\mathfrak{F}$ 中所有状态 w，$\mathfrak{F}, w \vDash \phi$。

由模态算子的语义，容易看出基本模态公式可翻译为一阶公式。把关系模型看做一阶模型，赋值 V 解释对应于命题字母的一元谓词，可以定义标准翻译。

定义 B.3　递归定义模态公式 ϕ 相对于自由变元 x 的**标准翻译** $\mathrm{ST}(\phi)$ 如下：

(1) $\mathrm{ST}(p) = Px$。

(2) $\mathrm{ST}(\neg\phi) = \neg\mathrm{ST}(\phi)$。

(3) $\mathrm{ST}(\phi \vee \psi) = \mathrm{ST}(\phi) \vee S T(\psi)$。

(4) $\mathrm{ST}(\Diamond\phi) = \exists y(Rxy \wedge \mathrm{ST}(\phi))$，其中 y 是新变元。

定理 B.1 对任何点模型 $(\mathfrak{M}, w)$ 和点框架 $(\mathfrak{F}, w)$ 以及基本模态公式 $\phi(p_1,\cdots,p_n)$，

(1) $\mathfrak{M}, w \vDash \phi$ 当且仅当 $\mathfrak{M} \vDash \mathrm{ST}(\phi)[w]$。

(2) $\mathfrak{M} \vDash \phi$ 当且仅当 $\mathfrak{M} \vDash \forall x\mathrm{ST}(\phi)$。

(3) $\mathfrak{F}, w \vDash \phi$ 当且仅当 $\mathfrak{F} \vDash \forall P_1\cdots\forall P_n\mathrm{ST}(\phi)[w]$。

(4) $\mathfrak{F} \vDash \phi$ 当且仅当 $\mathfrak{F} \vDash \forall P_1\cdots\forall P_n\forall x\,\mathrm{ST}(\phi)$。

所有模态公式可翻译为等价的一阶公式。很自然问题如下：一阶逻辑的哪个片段等于模态逻辑的翻译？这里出现了所谓的互模拟概念。

定义 B.4(互模拟) 令 $\mathfrak{M} = (W, R, V)$ 和 $\mathfrak{M}' = (W', R', V')$ 是模型。一个非空二元关系 $Z \subseteq W \times W'$ 称为 $\mathfrak{M}$ 和 $\mathfrak{M}'$ 之间的**互模拟**（记为 $Z: \mathfrak{M} \underline{\leftrightarrow} \mathfrak{M}'$），如果以下条件对每个 $(w, w') \in Z$ 成立：

(1) $w \in V(p)$ 当且仅当 $w' \in V'(p)$ 对每个命题字母 p。

(2) 如果 Rwu，那么存在 $u' \in W'$ 使得 $R'w'u'$ 并且 uZu'。

(3) 如果 $R'w'u'$，那么存在 $u \in W$ 使得 Rwu 并且 uZu'。

称 Z 是**满射互模拟**，如果对每个 $u' \in W'$ 都存在 $u \in W$ 使得 uZu'。如果存在满射 $Z: \mathfrak{M} \underline{\leftrightarrow} \mathfrak{M}'$，则称 $\mathfrak{M}'$ 是 $\mathfrak{M}$ 的**满射互模拟象**。我们写 $\mathfrak{M}, w \underline{\leftrightarrow} \mathfrak{M}', w'$ 表示存在互模拟关系 $Z: \mathfrak{M} \underline{\leftrightarrow} \mathfrak{M}'$ 使得 wZw'。

互模拟的特殊情况包括：不相交并、生成子结构和有界态射。不相交并和生成子结构容易定义。这里给出有界态射的定义。

定义 B.5 令 $\mathfrak{M} = (\mathfrak{F}, V)$ 和 $\mathfrak{M}' = (\mathfrak{F}', V')$ 是模型，$\mathfrak{F} = (W, R)$ 和 $\mathfrak{F}' = (W', R')$ 是框架。一个函数 $f: W \to W'$ 称为从 $\mathfrak{M}$ 到 $\mathfrak{M}'$ 的**有界态射**，如果以下成立：

(1) $w \in V(p)$ 当且仅当 $f(w) \in V'(p)$ 对每个命题字母 p。

(2) 如果 Rwu，那么 $R'f(w)f(u)$。

(3) 如果 $R'f(w)u'$，那么存在 $u \in W$ 使得 Rwu 并且 $f(u) = u'$。

称 f 是从 $\mathfrak{F}$ 到 $\mathfrak{F}'$ 的**有界态射**，如果(1)和(2)成立。如果上述映射是满射，则称目标结构为原结构的**有界态射象**。

容易验证，所有基本模态公式在互模拟下不变，即如果 $\mathfrak{M}, w \underline{\leftrightarrow} \mathfrak{M}', w'$，那么对每个基本模态公式 ϕ，$\mathfrak{M}, w \vDash \phi$ 当且仅当 $\mathfrak{M}', w' \vDash \phi$。然而，并非所有一

阶公式都是在互模拟下不变的。例如，公式 Rxx 就是一个反例。那么哪些一阶公式在互模拟下不变？答案就是如下 van Benthem 刻画定理。

定理 B.2　一个只含一个自由变元的一阶公式 $\alpha(x)$ 等值于某个模态公式的标准翻译当且仅当它对互模拟不变。

可定义性如何呢？我们区分两个结构层次：(点)模型和(点)框架。首先看模型可定义性。互模拟的概念对于模型可定义性来说十分关键。

定理 B.3　一个点模型类被某个模态公式集定义当且仅当它对互模拟和超积封闭，并且它的补类对超幂封闭。

模型类的可定义性要复杂一些。我们需要使用超滤扩张的概念。给定模型 $\mathfrak{M} = (W, R, V)$，它的**超滤扩张模型**定义为 $\mathfrak{M}^{\mathrm{ue}} = (W^{\mathrm{ue}}, R^{\mathrm{ue}}, V^{\mathrm{ue}})$：

(1) W^{ue} 是 W 上超滤子的集合。

(2) $uR^{\mathrm{ue}}v$ 当且仅当 $\Diamond X \in u$ 对所有 $X \in v$。

(3) $V^{\mathrm{ue}}(p) = \{u : V(p) \in u\}$ 对每个命题字母 p。

注意 $\Diamond X = \{w \in W : R(w) \cap X \neq \varnothing\}$。任给框架 $\mathfrak{F} = (W, R)$，它的**超滤扩张**定义为 $\mathfrak{F}^{\mathrm{ue}} = (W^{\mathrm{ue}}, R^{\mathrm{ue}})$。

定理 B.4　对任何基本模态公式 ϕ，$[\![\phi]\!]_{\mathfrak{M}} \in u$ 当且仅当 $\mathfrak{M}^{\mathrm{ue}}, u \vDash \phi$。此外，$\mathfrak{F}^{\mathrm{ue}} \vDash \phi$ 蕴涵 $\mathfrak{F} \vDash \phi$。

定理 B.5(Venema, 1999)　一个模型类被某个模态公式集定义当且仅当它对不相交并、满射互模拟和超滤扩张封闭，并且它的补类对超滤扩张封闭。

在框架层次上，可定义性问题要复杂得多。到目前位置，最好的结果就是如下 Goldblatt-Thomason 定理。

定理 B.6(Goldblatt and Thomason, 1974)　一个对超滤扩张封闭的框架类是模态可定义的当且仅当它对不相交并、生成子框架和有界态射象封闭，并且它的补类对超滤扩张封闭。

然而，我们可以使用另一个条件代替左边超滤扩张的封闭条件。比如一阶可定义，或者对超积封闭，二者都蕴涵对超滤扩张封闭。这条定理有两种证明方法。原始证明是代数证明。另一种是范本特姆(van Benthem, 1993)给出的模型论证明。对于代数证明，我们需要模态代数的概念。

定义 B.6　一个**布尔代数**是有序组 $\mathfrak{A} = (A, +, -, 0)$，其中 A 是非空集，并且如下等式对二元算子 $+$、一元算子 $-$ 和常元 0 成立：

$$x + y = y + x, \qquad\qquad x \cdot y = y \cdot x,$$

$$x + (y + z) = (x + y) + z, \qquad\qquad x \cdot (y \cdot z) = (x \cdot y) \cdot z,$$

$$x + 0 = x, \qquad\qquad\qquad x \cdot 1 = 1,$$
$$x + (-x) = 1, \qquad\qquad\qquad x \cdot (-x) = 0,$$
$$x + (y \cdot z) = (x + y) \cdot (x + z), \qquad x \cdot (y + z) = (x \cdot y) + (x \cdot z),$$

其中 $1 := -0$ 并且 $x \cdot y = -(-x + -y)$。

定义 B.7 一个**模态代数**是有序组 $\mathfrak{A} = (A, +, -, 0, \Diamond)$，其中 $(A, +, -, 0)$ 是布尔代数，$\Diamond$ 是一元算子使得 $\Diamond 0 = 0$ 并且 $\Diamond(x + y) = \Diamond x + \Diamond y$ 对所有 $x, y \in A$。

极小正规模态逻辑 K 是由重言式、公理 $\Box(p \to q) \to (\Box p \to \Box q)$ 和规则 MP、统一代入和 $\Box$ 概括得到的。模态代数类可以用来使模态逻辑代数化。

定理 B.7 令 $\Lambda = K \oplus \Sigma$ 是正规模态逻辑，$\mathbb{V}_{\Sigma}$ 是由 Σ 定义的变种，即模态代数类 $\{\mathfrak{A} : \mathfrak{A} \vDash \phi \approx \top \text{对所有} \phi \in \Sigma\}$。对任何公式 ϕ，$\phi \in \Lambda$ 当且仅当 $\mathbb{V}_{\Sigma} \vDash \phi$。

下面定义关系框架的复代数。

定义 B.8 一个框架 $\mathfrak{F} = (W, R)$ 的**全复代数**定义为 $\mathfrak{F}^{+} = (\wp(W), \cup, -, \varnothing, \Diamond)$，其中 $\Diamond$ 定义为 $\Diamond X = \{y \in W : R(y) \cap X \neq \varnothing\}$。一个**复代数**是某个全复代数的子代数。令 K 是框架类。定义 $\mathsf{CmK} = \{\mathfrak{F}^{+} : \mathfrak{F} \in \mathsf{K}\}$。

复模态代数可以用来使关系语义代数化。

定理 B.8 令 K 是框架类。对任何模态公式 ϕ，(i) $\mathsf{K} \vDash \phi$ 当且仅当 $\mathsf{CmK} \vDash \phi \approx \top$，并且 (ii) $\mathsf{K} \vDash \phi \leftrightarrow \psi$ 当且仅当 $\mathsf{CmK} \vDash \phi \approx \psi$。

然而，根据下面的表示定理，可以证明正规模态逻辑的弱完全性。

定理 B.9(Jónsson-Tarski) 每个模态代数可嵌入某个全复代数。

我们已经看到一些关于基本模态逻辑的基本定理，这些定理基本属于语义方面。然而在句法方面，也有相当好的结果，即萨奎斯特定理。

定义 B.9 一个**萨奎斯特蕴涵式**是形如 $\phi \to \psi$ 的公式，其中 ψ 是正公式，ϕ 是由如下规则得到的：

$$\phi := \bot \mid \top \mid \mathsf{BA} \mid \mathsf{NEG} \mid \phi_1 \wedge \phi_2 \mid \phi_1 \vee \phi_2 \mid \Diamond\phi,$$

其中 BA 是形如 $\Box^n p$ $(n \geq 0)$ 的必然原子($\Box^0 p := p$)，并且 NEG 是负公式。一个**萨奎斯特公式**是从萨奎斯特蕴涵式使用 $\wedge$、$\vee$ 和 $\Box$ 构造起来的。

定理 B.10 每个萨奎斯特公式有自动可计算的局部一阶对应公式。

定理 B.11 令 Σ 是一个萨奎斯特公式集。那么正规模态逻辑 $K \oplus \Sigma$ 相对于一阶可定义的框架类 $\mathsf{Frm}(\Sigma)$ 是强完全的。

附录 C 余代数理论

附录 C 给出余代数理论的一些基本概念(Rutten, 2000；Jacobs and Rutten, 2000)。此外，魏讷玛(Venema, 2007)关于余代数理论与模态逻辑的联系有一段十分精彩的考察。余代数是动态系统的抽象数学模型。余代数理论是以范畴论为基础的。关于范畴的知识，参见阿沃德的著作(Awodey, 2006)。

定义 C.1　一个**范畴** $\mathcal{C}$ 由如下部分组成：

(1) 对象族：$\mathrm{Ob}(\mathcal{C})$。

(2) 箭头族：$\mathcal{C}(A, B)$对任何对象 A 和 B。

(3) 恒等箭头：$\mathrm{Id}_A \in \mathcal{C}(A, A)$对每个对象 A。

并且如下条件成立：

(1) 箭头族对复合封闭，即对每个箭头 $f \in \mathcal{C}(A, B)$ 和 $g \in \mathcal{C}(B, C)$，存在箭头 $g \circ f \in \mathcal{C}(A, C)$。

(2) 如果 $f \in \mathcal{C}(A, B)$、$g \in \mathcal{C}(B, C)$并且 $h \in \mathcal{C}(C, D)$，那么 $h \circ (g \circ f) = (h \circ g) \circ f$。

(3) 如果 $f \in \mathcal{C}(A, B)$并且 $g \in \mathcal{C}(B, C)$，那么 $\mathrm{Id}_B \circ f = f$并且 $g \circ \mathrm{Id}_B = g$。

范畴 **SET** 是以集合为对象、函数为箭头组成的。

定义 C.2　给定两个范畴 $\mathcal{C}$ 和 $\mathcal{D}$，一个**函子** $T : \mathcal{C} \to \mathcal{D}$ 是一个映射使得对象映射到对象、箭头映射到箭头并且如下条件成立：

(1) $T(\mathrm{Id}_A) = \mathrm{Id}_{F(A)}$。

(2) $T(g \circ f) = T(g) \circ F(f)$对所有 $f, g \in \mathcal{C}$。

一个函子 $T : \mathcal{C} \to \mathcal{C}$称为 $\mathcal{C}$ 上的**自函子**。

定义 C.3　令 $T : \mathcal{C} \to \mathcal{C}$是自函子。一个 **$T$ 余代数**是有序对 $\mathbb{S} = (S, \gamma)$，其中 S 是 $\mathcal{C}$ 的对象并且 $\gamma \in \mathcal{C}(S, \mathrm{TS})$。箭头 γ 称为 $\mathbb{S}$ 的**转换映射**。

余代数并非孤立地加以研究。我们可以引入余代数之间的运算。

定义 C.4　令 $T : \mathcal{C} \to \mathcal{C}$自函子，$\mathbb{S} = (S, \gamma)$并且$\mathbb{S}' = (S', \gamma')$是 T 余代数。那么一个箭头 $f \in \mathcal{C}(S, S')$是从 $\mathbb{S}$ 到 $\mathbb{S}'$ 的**同态**，如果 $\gamma' \circ f = \mathrm{Tf} \circ \gamma$。

考虑集合范畴上幂集函子 $\wp : \mathbf{SET} \to \mathbf{SET}$。对每个集合 X, $\wp(X)$是 X 的幂集。

对每个函数 $\eta : X \to Y$，定义 $\wp\eta : \wp(X) \to \wp(Y)$ 如下：

$$\wp\eta(U) = \eta[U]，对每个 U \in \wp(X)。$$

那么，每个关系框架可以看作 $\wp$ 余代数。对每个关系框架 $\mathfrak{F} = (W, R)$，可以定义 $\wp$ 余代数 $\mathbb{S}_{\mathfrak{F}} = (W, R[.])$，其中 $R[.] : W \to \wp(W)$ 是转换映射，使得对 W 中每个状态 x，$R[x] = \{y \in W : Rxy\}$。由此可得如下事实。给定两个框架 $\mathfrak{F}$ 和 $\mathfrak{F}'$，一个函数 $f : W \to W'$ 是从 $\mathfrak{F}$ 到 $\mathfrak{F}'$ 的有界态射当且仅当 f 是从 $\mathbb{S}_{\mathfrak{F}}$ 到 $\mathbb{S}_{\mathfrak{F}'}$ 的同态。

下面的运算是取子余代数和求和。

定义 C.5　令 $\mathbb{S} = (S, \gamma)$ 和 $\mathbb{S}' = (S', \gamma')$ 是 T 余代数，$S \subseteq S'$ 并且 $\gamma = \gamma'\upharpoonright_S$。那么称 $\mathbb{S}$ 为 $\mathbb{S}'$ 的**子余代数**，如果包含映射是同态。

定义 C.6　令 $\{\mathbb{S}_i : i \in I\}$ 是 T 余代数族。定义它们的**求和** $\coprod_{i \in I} \mathbb{S}_i$ 为余代数 (S, γ) 使得 S 是 S_i 的不相交并，$\gamma : S \to TS$ 是唯一的转换映射使得所有嵌入 $e_i : S_i \to S$ 是同态。

本附录最后一部分是关于互模拟性和行为等价两个概念的。

定义 C.7　令 $\mathbb{S} = (S, \gamma)$ 和 $\mathbb{S}' = (S', \gamma')$ 是两个 T 余代数，其中 $T : \mathsf{SET} \to \mathsf{SET}$ 是自函子。一个非空二元关系 $Z \subseteq S \times S'$ 称为 $\mathbb{S}$ 和 $\mathbb{S}'$ 之间的**互模拟性关系**，如果存在 T 余代数 $\mathbb{T} = (T, \beta)$ 使得两个投影 $\pi : T \to S$ 和 $\pi' : T \to S'$ 都是同态。

定义 C.8　令 $\mathbb{S} = (S, \gamma)$ 和 $\mathbb{S}' = (S', \gamma')$ 是两个 T 余代数对自函子 $T : \mathsf{SET} \to \mathsf{SET}$。对任何状态 $s \in S$ 和 $s' \in S'$，称它们是**行为等价的**，如果存在 T 余代数 $\mathbb{X} = (X, \xi)$ 和同态 $f : \mathbb{S} \to \mathbb{X}$ 和 $f' : \mathbb{S}' \to \mathbb{X}$ 使得 $f(s) = f'(s')$。

不难证明，互模拟性蕴涵行为等价。然而，反过来一般不成立。但是如果函子保持弱拉回性质，则互模拟性和行为等价两个概念是重合的。

定义 C.9　在范畴 $\mathcal{C}$ 中，两个箭头 $f_0 : S_0 \to Q$ 和 $f_1 : S_1 \to Q$ 的一个**弱拉回**是一个箭头对 (p_0, p_1) 使得 $p_0 \in (W, A_0)$ 并且 $p_1 \in (W, A_1)$ 使得

(1) $f_0 \circ p_0 = f_1 \circ p_1$

(2) 对每个箭头 $p_0' \in (W', A_0)$ 和 $p_1' \in (W', A_1)$ 使得 $f_0 \circ p_0' = f_1 \circ p_1'$，都存在 $p' \in (W', W)$ 使得 $p_0 \circ p' = p_0'$ 并且 $p_1 \circ p' = p_1'$。

一个函子 $T : \mathcal{C} \to \mathcal{D}$ **保持弱拉回**，如果对 $\mathcal{C}$ 中 (f_0, f_1) 的任何弱拉回 (p_0, p_1)，(Tp_0, Tp_1) 都是 $\mathcal{D}$ 中 (Tf_0, Tf_1) 的弱拉回。

后　记

　　本书主要内容是基于我的博士论文"分次模态语言的模型论"（清华大学，2010），其中绝大部分内容是受范本特姆教授邀请在荷兰阿姆斯特丹大学逻辑、语言与计算研究所（ILLC）访问期间（2009~2010）完成的，那时在魏讷玛教授的主持下，有许多研究余代数理论的同事。还要感谢我在清华大学学习期间的导师王路教授，在他的指导下，我学会了做学问的方式。还要感谢清华大学数学系李大法教授，北京大学哲学系周北海教授、叶峰教授和刘壮虎教授，他们教会了我许多数理逻辑、模态逻辑、集合论和模型论的基础知识。此外，与武汉大学哲学学院徐明教授的多次谈话，使我受益匪浅。最后，我还要感谢我的好朋友、日本科学与技术高等研究院的佐野勝彦（Katsuhiko Sano）博士，我们每次讨论都能相互得到许多启发。

　　感谢西南大学何向东教授的不断鼓励和帮助，在他的支持下，受重庆市人文社会科学重点研究基地项目"模态模型论研究"（10SKB30）资助，本书才得以出版。还要感谢科学出版社郭勇斌编辑、樊飞编辑热情的帮助和为本书出版付出的辛苦劳动，没有他们的努力，本书难以问世。本书涉及的模态模型论的问题较多，作者水平有限，其中难免有不周详之处，敬请学界同仁批评指正。